流域水循环模拟与调控国家重点实验室资助

输水工程混凝土结构 安全评估与质量检测

吕小彬　顾宁　李秀琳　余自业　李萌　肖俊 等 著

中国水利水电出版社
www.waterpub.com.cn
·北京·

内 容 提 要

　　本书系统阐述了输水工程常见的水工混凝土结构如渡槽、隧洞等的质量和缺陷检测以及结构安全复核计算。主要内容包括：渡槽结构的安全评估，水工隧洞衬砌结构安全复核计算，SASW 法及多道表面波法检测衬砌混凝土质量，地质雷达用于水利工程质量检测，混凝土表面缺陷定位，无人机摄影测量技术检查混凝土结构表面缺陷，以及数据库操作。本书在兼顾基础理论知识阐述的同时，更注重工程中的实际应用情况，书中的工程实例基本都来自作者近几年承担的比较有代表性的水工结构检测和安全评估项目。

　　本书主要面向从事水利工程混凝土结构质量检测和安全评估工作的工程技术人员，同时可供相关领域的研究生阅读参考。

图书在版编目（CIP）数据

输水工程混凝土结构安全评估与质量检测 / 吕小彬
等著. -- 北京 ： 中国水利水电出版社，2021.10
　ISBN 978-7-5226-0157-1

　Ⅰ. ①输… Ⅱ. ①吕… Ⅲ. ①输水建筑物－混凝土结
构－安全评价②输水建筑物－混凝土结构－质量检验
Ⅳ. ①TV672

中国版本图书馆CIP数据核字(2021)第212229号

书　　名	**输水工程混凝土结构安全评估与质量检测** SHUSHUI GONGCHENG HUNNINGTU JIEGOU ANQUAN PINGGU YU ZHILIANG JIANCE
作　　者	吕小彬　顾宁　李秀琳　余自业　李萌　肖俊 等 著
出版发行	中国水利水电出版社 （北京市海淀区玉渊潭南路 1 号 D 座　100038） 网址：www. waterpub. com. cn E-mail：sales@waterpub. com. cn 电话：(010) 68367658（营销中心）
经　　售	北京科水图书销售中心（零售） 电话：(010) 88383994、63202643、68545874 全国各地新华书店和相关出版物销售网点
排　　版	中国水利水电出版社微机排版中心
印　　刷	北京印匠彩色印刷有限公司
规　　格	184mm×260mm　16 开本　21.5 印张　523 千字
版　　次	2021 年 10 月第 1 版　2021 年 10 月第 1 次印刷
定　　价	**160.00 元**

本书编委会

主编　吕小彬

主审　顾　宁

委员　李秀琳　余自业　李　萌　肖　俊
　　　潘自林　马　宇　张海晨　鲍志强

　　水利工程混凝土结构在服役过程中，由于长期受外部荷载作用、水流冲蚀和其他复杂环境因素影响，容易产生质量缺陷和耐久性劣化。在运行期对结构损伤和混凝土耐久性劣化的程度和范围进行全面的检测，并对其发展趋势做出合理的判断，在此基础上对结构进行准确的安全评估，为制定有针对性的修复、加固乃至重建方案提供科学依据，这对保障结构安全运行具有重要的意义。

　　但是目前我国水利行业，特别是在一些老旧灌区，水工混凝土结构运行期的维护普遍存在一些问题，主要表现在对在役结构的质量检测和安全评估没有系统性的规划，不能准确掌握结构的健康状态。混凝土质量的检测大多还是采用回弹、超声波等比较常规的无损检测手段，检测结果往往不能反映结构内部的真实状况，对于一些水工结构的复核计算和安全评估方法也缺乏明确的规定。

　　本书作者长期从事水工混凝土结构的安全评估工作，结合在实践中积累的工程经验，对输水工程常见的水工混凝土结构，如渡槽、隧洞等的质量和缺陷检测以及结构安全复核计算进行了比较系统的总结，形成了本书的主要内容，共分为七章。第1章讲述老旧灌区渡槽结构的安全评估，主要包括槽壳结构复核计算、渡槽结构抗震复核计算、渡槽结构混凝土动弹模的检测，以及涉及渡槽结构安全的有关风荷载和温度荷载的问题。其重点内容之一是渡槽的抗震复核计算，详细介绍了地震反应谱和模态分析的基本原理以及振型分解反应谱法的分析方法，最后通过一个实际工程案例概述了渡槽结构抗震复核的基本过程；另一个重点内容是渡槽结构的动力检测，通过现场测试排架结构在自然脉动下的自振频率和基本振型，结合有限元动力响应反分析，获得排架结构的动弹模，从而推算出混凝土的P波波速，以此来评价排架结构整体混凝土质量。第2章关注输水工程中隧洞的衬砌结构安全复核计算，在对水工隧洞衬砌结构荷载特别是如何准确测定弹性抗力进行论述后，重点讲述新、老水利和电力规范有关圆形有压隧洞和无压隧洞衬砌结构的分析计算方法，讨论了圆形有压隧洞衬砌按老规范未开裂设计和新规范开裂设计产生的配筋差别，阐述了混凝土裂缝宽度限制往往是圆形有压隧洞衬砌配筋的控制性因素，其计算结果对围岩单位弹性抗力系数的取值比较敏感；最后还对水工隧洞衬砌结构采用粘贴碳纤维布加固的计算方法和隧洞结构的地震响应分析进行了简要介绍。第 3 章针对隧洞、暗涵和渠道等输水工程中只具有一个可测临空面的薄板衬砌结构的质量检测，介绍了表面波谱分析法（SASW）的基本原理和 R 波频散曲线的基本概念，给出了利用 MATLAB 实现 SASW 分析的基本程序代码，并通过数值模拟分析和工程应用实例论证了采用 SASW 法评价衬砌结构内部混凝土质量的可靠性；最后还阐述了基于多通道检测的多道表面波法（MASW）和频率−波数法（F−K）的基本原理，并给出了实现 F−K 分析的基本 MATLAB 代码。第 4 章讨论在水利工程质量检测中应用非常广泛的地质雷达，详细论述了地质雷达检测的原理，介绍了电磁波在介质中的传播特性、数值模拟及影像特征，最后结合工程实例列举了地质雷达在输水隧洞衬砌质量检测、抽水蓄能电站水库面板检查以及渗漏检测中的应用。第 5 章主要讨论水工混凝土结构表面缺陷的准确定位问题，首先讲述如何利用 MATLAB 读取 AutoCAD 格式的结构表面缺陷分布图，便于利用 MATLAB 的计算功能对缺陷的状况进行多次检测后的前后比较分析，更好地掌握结构表面缺陷的发展趋势；然后介绍通过实时动态全球卫星定位系统 GNSS RTK 对混凝土面板裂缝进行精确测量，同时采用 MATLAB 对检测数据进行处理并绘制表面裂缝分布状况的方法。第 6 章介绍无人机飞测平台结合数字图像处理技术的水工结构表面缺陷检测新方法，讲述航空摄影测量的基本原理、关键技术以及软硬件的发展现状，扼要叙述无人机检查混凝土建筑表面缺陷的整个检测和数据处理过程，并以两个案例介绍该方法在水利工程中的应用。第 7 章简要介绍数据库操作，借鉴结构安全监测的数据库管理模式，初步探讨利用 MATLAB 的数据库编程功能，将水工结构现场质量检测结果输入数据库中，方便进行检测数据的系统性集成化管理。

本书创新点包括：在渡槽结构的安全评估分析中，完善并形成了一种基于梁、板及实体单元混合构建渡槽结构三维有限元模型的方法，结合渡槽结构动力响应测试的结果，可以比较合理地模拟槽壳与排架之间的连接特性，并能够准确地反映渡槽整体结构的振动特性，从而提高有限元模型静力和动力分析的准确性。由于优化了建模方法，使用梁、板等单元能够方便、快速地获得静力状态荷载基本组合作用下以及动力状态地震作用组合下结构构件（槽壳、排架柱、排架连梁、支墩、拱圈梁等）各控制截面的荷载效应设计值（轴力、弯矩、剪力等），非常便于进行各控制截面的承载力计算和配筋复核。

与以往的以实体单元建模为主的类似研究相比，省去了利用截面全部实体单元应力积分获取荷载效应的繁琐步骤，有效地提高了有限元模型的分析效率和计算精度。通过有限元数值模拟分析，验证渡槽排架结构前两阶横向主振模态的自振频率和整体混凝土动弹模之间存在理论上的线性相关关系。借鉴桥梁工程的经验，根据现场条件优化速度传感器的布置方式，测试排架结构主振模态的自振频率和相应水平变位，通过三维有限元模型模态频率和振型反分析获得排架整体混凝土动弹模以及排架混凝土质量分布状况，不但能够比较客观地评价排架结构混凝土的质量现状，还可以为渡槽结构抗震分析提供合理的材料动力学参数。针对老旧输水渡槽在设计建造时特殊的历史条件以及经历汶川地震后目前我国对结构抗震性能的关注，考虑到西北大部分地区都处在强震影响区域，本书也系统性地总结了渡槽结构的抗震分析方法，详细阐述了振型分解反应谱法在渡槽结构抗震安全评估中的应用，这对于准确确定渡槽的安全类别具有非常重要的意义。

本书论述了以混凝土动弹性模量为基本参数的混凝土结构质量检测方法，对于渡槽、隧洞、蓄水库等输水工程建筑物的槽壳、排架、拱圈、衬砌、面板等主要结构或构件，根据现场实际情况采用冲击弹性波 P 波、SASW 法或模态频率动力测试等适用的检测方法，对结构混凝土动弹模的变化情况进行长期的现场定期检测，能够跟踪混凝土动弹模的变化趋势，定量判断混凝土的劣化程度和进程，从而实现对混凝土耐久性劣化的监测。

本书特此致谢三合（北京）探测技术有限公司的张赓博士提供地质雷达检测相关理论和工程实例方面的素材，感谢天津杰创天成科技有限公司的李俊杰经理、范子义工程师对编写无人机摄影测量技术的指导并提供工程案例。北京中水科海利工程技术有限公司高曙光参与了本书编写。

本书涉及的知识点较多，加之作者自身水平有限，书中难免有疏漏和不足之处，恳请读者批评指正。

作者

2021 年 9 月

前言

第1章 渡槽结构的安全评估 ··· 1

1.1 概述 ·· 1

1.2 槽壳结构复核计算 ····································· 2

1.3 波槽结构抗震复核计算 ································· 10

1.4 波槽结构混凝土动弹模的检测 ··························· 48

1.5 渡槽结构安全评估的其他问题 ··························· 64

参考文献 ··· 72

第2章 水工隧洞衬砌结构安全复核计算 ························· 73

2.1 概述 ·· 73

2.2 水工隧洞衬砌结构荷载 ································· 73

2.3 衬砌结构分析计算方法概述 ····························· 104

2.4 圆形有压隧洞衬砌结构配筋计算 ························· 109

2.5 隧洞衬砌裂缝宽度验算 ································· 119

2.6 边值数值解法简介 ····································· 122

2.7 无压隧洞衬砌结构分析计算 ····························· 122

2.8 水工隧洞衬砌结构加固简介 ····························· 130

2.9 地震响应分析 ··· 136

参考文献 ··· 146

第3章 SASW法及多道表面波法检测衬砌混凝土质量 ············· 148

3.1 应用背景 ··· 148

3.2 R波波速评价混凝土质量的依据 ························· 149

3.3 R波频散曲线的基本概念 ······························· 151

3.4 SASW法的基本原理 ··································· 152

3.5 傅里叶变换基本概念 ··································· 154

3.6 MATLAB实现SASW分析的主要函数和基本步骤 ··········· 155

3.7 SASW分析计算程序的编制 ····························· 165

3.8 SASW法检测混凝土衬砌的数值模型验证 ················· 175

3.9 SASW法的工程应用实例 ······························· 181

3.10　MASW 方法和 F - K 方法 ·· 186

参考文献 ··· 192

第 4 章　地质雷达用于水利工程质量检测 ·· 195

4.1　地质雷达探测技术介绍 ·· 195

4.2　电磁场与电磁波传播原理 ·· 197

4.3　电磁波在介质中的传播特征及数值模拟 ···································· 202

4.4　电磁波的数值模拟与影像特征 ··· 212

4.5　地质雷达在水利工程质量检测中的应用 ···································· 222

参考文献 ··· 238

第 5 章　混凝土表面缺陷定位 ·· 240

5.1　概述 ··· 240

5.2　MATLAB 读取 DXF 文件 ·· 241

5.3　GNSS RTK 检测混凝土表面缺陷 ··· 261

第 6 章　无人机摄影测量技术检查混凝土结构表面缺陷 ························ 276

6.1　航空摄影测量技术概述 ·· 276

6.2　无人机检查混凝土结构表面缺陷方案 ·· 287

6.3　无人机检查混凝土结构表面缺陷实例 ·· 298

第 7 章　数据库操作 ·· 305

7.1　引言 ··· 305

7.2　SQL Server 数据库简介 ··· 305

7.3　数据库连接 ·· 313

7.4　数据库的基本操作 ·· 317

7.5　数据库编程实例 ··· 326

第 1 章

渡槽结构的安全评估

1.1 概述

渡槽是与渠道连接以输送水流跨越河渠、道路、山谷等低凹障碍的高架输水建筑物，是灌区水工建筑物中应用最广泛的交叉建筑物之一，是一种量大面广的水工建筑物。我国在 20 世纪 60—80 年代在国内各主要灌区修建了一大批输水渡槽，这些渡槽基本都是混凝土结构，主要以排架支撑简支梁式槽壳和拱圈梁＋排架支撑简支梁式槽壳等两种结构型式为主（图 1-1），其中以前者最为普遍。

(a) 排架支撑简支梁槽壳式　　　　　　　　　　(b) 拱圈梁＋排架支撑简支梁式槽壳式

图 1-1　老旧灌区混凝土渡槽主要结构型式

由于一些老旧灌区的渡槽修建年代久远，渡槽结构基本都不具备结构监测设施，而且受客观条件的限制，运行维护水平普遍比较差。经过长达 50～60 年的运行，这些渡槽基本到了服役期的晚期，相当一部分出现了不同程度的混凝土老化和病害现象，这对渡槽结构的安全造成了比较大的威胁。由于灌区干渠和支渠的输水建筑物一般是线性串联布置，一旦某个渡槽出现问题将会影响其所在支渠或干渠甚至整个灌区的正常运行。

因此，对老旧灌区渡槽结构的现实工作状态进行系统性安全评估，对于保证整个灌区的输水安全具有非常重要的意义：通过结构安全评估确定渡槽安全类别，从而为后续制定合理的修补、加固乃至重建方案提供科学依据。

本章从最基本的槽壳结构复核计算开始，随后重点讲述渡槽结构抗震复核计算以及渡槽结构混凝土动弹模的检测，最后对涉及渡槽结构安全评估的其他问题（风荷载和温度荷载作用等）进行讨论。

1.2　槽壳结构复核计算

梁式渡槽是我国老旧灌区普遍采用的一种渡槽结构型式，其特点是槽壳（身）直接搁置于支墩或排架上，通过设置横向伸缩缝将整个渡槽分成若干节，能够比较有效地适应温

度变化及地基不均匀沉降造成的变形（图1-2）。简支梁式渡槽在我国应用最多，一般跨度在 8～15m 之间，其主要的优点是预制槽壳，现场施工吊装非常方便，而且伸缩缝构造比较简单。梁式槽壳常见的形状有矩形和U形，一般在顶部沿纵向均匀设置数道横向拉梁来帮助维持槽壳壁在内水压力作用下的稳定。

我国大部分老旧灌区的输水渡槽都是在20世纪60—80年代建成的，受限于当时经济和技术水平，这些渡槽的槽壳一般设计得比

图 1-2　典型简支梁式渡槽

较薄，基本在 10～15cm 之间，有的甚至还不足 10cm。目前相当一部分渡槽已接近甚至超过 50 年服役年限，很多渡槽都出现了不同程度的混凝土耐久性劣化，特别是槽壳，普遍存在钢筋锈蚀和混凝土保护层崩落现象（图1-3和图1-4），成为槽壳结构安全的隐患。因此，对这些已出现明显老化、病害缺陷的槽壳进行准确的安全评估，在此基础上制定科学合理的修补加固方案是非常重要的。

图 1-3　槽壳拉梁钢筋锈蚀

图 1-4　槽壳内侧环向钢筋锈蚀和保护层崩落

1.2.1　槽壳结构三维有限元模型

大多数老旧灌区钢筋混凝土梁式渡槽的设计都是在计算机模型分析技术尚未普及的情况下进行的，一般采用结构力学或材料力学方法将槽壳简化为杆件体系，计算各个构件的内力（弯矩、轴力和剪力），最终完成结构配筋设计。比如对于槽壳的纵向受力，将槽壳简化为受垂直均布荷载（自重和水重）作用的简支梁或连续梁，计算各个控制截面（简支梁的跨中以及连续梁的跨中和支座处）的弯矩和剪力，完成横截面的形状和纵向配筋设

计。而对于槽壳侧壁在水压力作用下的横向受力，当槽壳顶部未设置横向拉梁时，沿纵向取宽 1m 的槽壳段，按结构力学的杆件静定结构求解该单宽区段槽壳纵截面的内力；当槽壳顶部设置横向拉梁时，取拉梁的纵向影响区域槽壳段（一般是相邻两根拉梁的中间），按结构力学的杆件超静定结构采用力法（以拉梁的拉力为未知力）求解该单宽区段槽壳纵截面的内力。上述计算过程基本通过手算完成，需要工程师具备比较扎实的结构力学功底。

随着计算机技术的进步，对于这些老旧灌区渡槽槽壳结构的安全评估可以通过有限元模型分析的方法比较轻松地实现。下面以结构分析软件 SAP2000 为例来说明有限元模型在槽壳结构受力分析中的应用。

槽壳的薄壁可以采用壳单元（shell）来模拟，不但能够获得各单元的应力分布，而且还可以直接得到槽壳各个截面的横向和纵向弯矩及剪力，不用像实体单元建模那样需要通过比较繁琐的截面应力积分来获得上述用于配筋设计的荷载效应。SAP2000 提供了薄壳（thin）和厚壳（thick）两种常用的壳单元，两种壳的区别是在壳弯曲中是否包括横向剪切变形。一般来讲当壳的厚度大于其跨度的 1/10～1/5 时，剪切变形会比较显著，而对于薄壳，剪切变形可以忽略。总的来说，采用厚壳比薄壳的计算准确度要高一些。SAP2000 还引入了混凝土壳的配筋设计功能[1]，但对于槽壳结构的安全评估并没有太大的实际意义，在实际工作中还是推荐采用通过分析壳单元的内力来进行槽壳配筋的安全复核。

西北地区某灌区一输水渡槽，采用 U 形简支梁式槽壳，跨度为 12m。槽壳壁厚 15cm，底部增厚至 26cm，槽壳顶部两侧均设置纵向梯形肋梁（翼缘），且沿纵向等距离设置 7 根横向水平拉梁，槽壳典型截面形状见图 1-5。整个槽壳通过两端厚 30cm 的端肋放置在排架上。槽壳三维有限元模型见图 1-6，由于槽壳壁较薄，因此采用薄壳单元，端肋采用厚壳单元，槽壳顶部的横向拉梁和纵向翼缘肋梁采用杆单元，其中梯形纵向翼缘

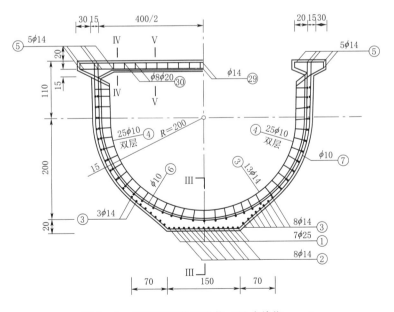

图 1-5　槽壳典型截面形状（尺寸单位：cm）

肋梁采用 SAP2000 中的截面设计器（section designer）来创建其横截面形状。由于 SAP2000 的杆单元和壳单元的节点都具有 6 个自由度（3 个方向的平动及转动），因此模型中两种单元的连接不会造成像实体单元（节点处只有 3 个平动自由度）和杆单元相连接情况下的自由度缺失。SAP2000 还允许对任一壳单元指定边约束（edge constraint），程序将该单元边上的所有节点与相邻单元的节点建立连接，不但可以用来连接节点位置不匹配但实际上是结合在一起的相邻壳单元，也可以连接节点位于壳单元边上任何其他单元（如杆单元），这对于采用壳单元和杆单元混合建模是非常有帮助的。

SAP2000 提供了一种在壳单元表面施加沿深度线性增加的水压力的简便方法：节点模式（joint pattern）。

$$节点模式值 = Ax + By + Cz + D \tag{1-1}$$

式中：x、y、z 为节点在模型中的坐标值；A、B、C、D 为常系数。

水压力的变化只跟坐标 z 的变化有关，故常系数 $A = B = 0$，因此确定节点模式值只包含 C 和 D 两个系数。由于水压力沿深度 z 方向是线性变化的，可选水位线和槽壳底两个位置，设定节点模式值与相应水压力相等，则水位线处所有节点模式值为 0，而槽壳底节点模式值为槽内运行水位下的水压力。根据两个位置处的坐标值 z，即可解出常系数 C 和 D，最终确定相应于槽内运行水位水压力的节点模式。在施加壳单元表面压力（surface pressure）时，选择有水压力作用的所有壳单元，赋值节点模式值为 1，即完成沿深度 z 方向线性变化并垂直作用于壳单元表面的水压力的施加。图 1-7 为图 1-6 所示的槽壳内一个横向壳单元条带的水压力分布（设计运行水位 2.5m），图中数字为相应节点处水压力值（10^3kg/m^3）。

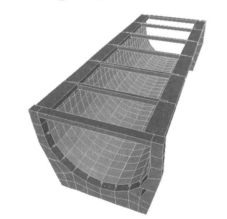

图 1-6　槽壳三维有限元模型

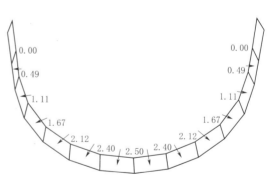

图 1-7　一个横向壳单元条带的表面
水压力荷载图（单位：10^3kg/m^2）

该渡槽槽壳混凝土原设计标号为 250 号，现场检测结果表明槽壳混凝土强度目前在 C25 以上，在静力状态分析中采用相应混凝土的静弹模 $E_c = 28000 \text{MPa}$，密度取 2450kg/m^3，泊松比 0.16。

有限元模型分析的第一步需要检查模型的基础反力（base reactions）是否与施加的荷载一致，一般来讲自重是模型各个单元自带的属性，只要材料密度及几何尺寸输入正确就不会有太大出入。图 1-6 所示的槽壳在设计水深 2.5m 情况下模型的基础反力（表 1-1），模型可变作用基础反力与槽内水体重量基本相同。

表 1-1　　　　　单节 12m 槽壳永久作用和可变作用的竖向反力标准值

项　　目	模型基础竖向反力/kN	实际重量/kN
永久作用（槽壳自重）	636.4	
可变作用（设计水深 2.5m）	970.6	974.1

1.2.2　静力状态下承载能力极限状态荷载组合

根据《水利水电工程等级划分及洪水标准》（SL 252—2017）的规定，灌溉工程中的渠道及渠系永久性水工建筑物的级别应根据灌溉流量按表 1-2 确定。根据设计资料，该渡槽的设计流量为 20m³/s，综合考虑整个灌区的重要性，取该渡槽为 3 级水工建筑物。

表 1-2　　　　　　　　灌溉工程永久性水工建筑物级别表

设计灌溉流量/（m³/s）	主要建筑物	次要建筑物	设计灌溉流量/（m³/s）	主要建筑物	次要建筑物
≥300	1	3	≥5，<20	4	5
≥100，<300	2	3	<5	5	5
≥20，<100	3	4			

根据《水工混凝土结构设计规范》（SL 191—2008）的规定，对于基本组合下承载力极限状态需满足式（1-2）要求：

$$KS \leqslant R \tag{1-2}$$

式中：K 为承载力安全性系数，参照规范对于 3 级水工建筑物钢筋混凝土结构基本荷载状态下取 1.2，对于偶然荷载状态下取 1.0；S 为荷载效应组合设计值；R 为结构构件的截面承载力设计值。

承载能力极限状态计算时，结构构件计算截面上的荷载效应组合设计值 S（构件截面内力设计值 M、N、V、T 等）应按下列规定计算：

（1）基本组合。

当永久荷载对结构起不利作用时：

$$S = 1.05 S_{G1K} + 1.20 S_{G2K} + 1.20 S_{Q1K} + 1.10 S_{Q2K} \tag{1-3}$$

当永久荷载对结构起有利作用时：

$$S = 0.95 S_{G1K} + 0.95 S_{G2K} + 1.20 S_{Q1K} + 1.10 S_{Q2K} \tag{1-4}$$

式中：S_{G1K} 为自重、设备等永久荷载标准值产生的荷载效应；S_{G2K} 为土压力、围岩压力等永久荷载标准值产生的荷载效应；S_{Q1K} 为一般可变荷载标准值产生的荷载效应；S_{Q2K} 为可控制不超过规定限值的可变荷载标准值产生的荷载效应。

（2）偶然组合（校核水位）。

$$S = 1.05 S_{G1K} + 1.2 S_{G2K} + 1.20 S_{Q1K} + 1.10 S_{Q2K} + 1.0 S_{AK} \tag{1-5}$$

式中：S_{G1K} 为自重、设备等永久荷载标准值产生的荷载效应；S_{G2K} 为土压力、围岩压力等永久荷载标准值产生的荷载效应；S_{Q1K} 为一般可变荷载（槽内流水）标准值产生的荷载效应；S_{Q2K} 为可控制不超过规定限值的可变荷载标准值产生的荷载效应；S_{AK} 为偶然荷载标准值产生的荷载效应。

根据原设计资料，该渡槽设计流量 $20m^3/s$，设计水深 2.5m，校核流量 $25m^3/s$，但并未提供校核水深的数据，估算约 2.7m。因此在结构安全复核计算中，采用槽内运行水深 2.5m，校核水深 2.7m。在复核渡槽槽壳结构的承载力时，基本组合中永久荷载为渡槽自重（荷载分项系数 1.05），可变荷载采用设计水深 2.5m（保守取荷载分项系数 1.2）；偶然组合中永久荷载为渡槽自重（荷载分项系数 1.05），可变荷载采用校核水深 2.7m（荷载分项系数 1.0）。根据式（1-3）和式（1-5）不难看出，在考虑承载力安全系数 K 的情况下，基本组合和偶然组合产生的荷载效应基本是相同的，因此下面在槽壳结构复核计算时只选用其中的基本组合。

1.2.3　槽壳变形

变形属于混凝土结构正常使用极限状态的复核，需采用荷载标准组合（1.0×结构自重＋1.0×设计水深），槽壳的结构变形见图 1-8。在 2.5m 设计水深水压力的作用下，槽壳底部中间最大向下垂直位移为 0.75mm，变形量较小，相对于 12m 跨度 $\Delta/L = 6.1 \times 10^{-5}$，远小于《水工混凝土结构设计规范》（SL 191—2008）中表 3.2.8 中规定的渡槽槽身挠度限值 $L/600$，说明槽壳结构在原设计条件下具有比较好的整体刚度。

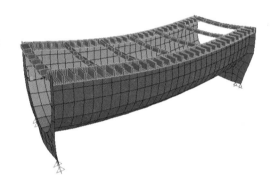

图 1-8　荷载标准组合下 12m 槽壳结构变形示意图

1.2.4　槽壳结构承载力复核计算

对于槽壳结构在荷载基本组合下的纵向抗弯承载力复核，规范方法是先获取跨中的弯矩，然后根据正截面抗弯承载力的计算公式进行截面纵向配筋计算。但是由于槽壳断面为不规则的 U 形，会给正截面抗弯承载力计算带来不便。

复核 U 形槽壳横截面纵向配筋可以采用下面的有限元应力分析方法。在荷载基本组合（1.05×结构自重＋1.2×设计水深）作用并考虑承载力安全系数 $K=1.2$（3 级水工建筑物）情况下，12m 槽壳纵向应力分布（内侧、外侧）见图 1-9 和图 1-10。槽壳跨中底部受拉，内表面最大拉应力 1.38MPa，外表面最大拉应力 1.74MPa；槽壳跨中侧墙顶部受压，最大压应力 2.04MPa。

槽壳底部厚度为 260mm，按照其内、外表面最大纵向拉应力分布计算作用在其横截面上的合力（拉力）的偏心距很小，只有约 5mm，由此产生的截面弯矩也很小，因此基本可以将其视为轴心受拉截面。由于混凝土在结构设计中不承受拉应力，因此这部分纵向拉力需由槽壳底部的纵向钢筋承担。根据这两个最大拉应力值可以保守计算出槽壳底部宽度150cm范围内的总拉力 N 为：

$$N=（1.38+1.74）/2\ \text{MPa}\times1500\text{mm}\times260\text{mm}=608.4\text{kN}$$

采用 I 级钢，取钢筋强度设计值210MPa，通过计算在槽壳底部需要配置2897mm²的纵向钢筋。槽壳底部实配纵向钢筋 8φ14（内侧）和 7φ25＋7φ14（外侧），配筋面积约5745mm²，且现场检测未发现槽壳底部纵向钢筋有明显锈蚀迹象，因此槽壳底部的实际纵向配筋满足要求，且安全裕度较大。槽壳跨中侧墙顶部最大压应力2.04MPa，也远小于C25混凝土轴心抗压强度设计值11.9MPa。由此可见渡槽槽壳跨中正截面抗弯承载力满足要求。

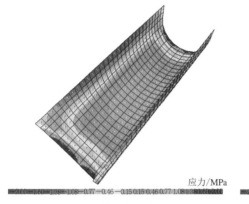

图1-9　荷载基本组合下12m
槽壳纵向应力分布图（内侧）

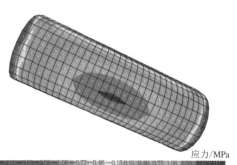

图1-10　荷载基本组合下12m
槽壳纵向应力分布图（外侧）

常规的槽壳侧壁环向配筋计算一般采用结构力学方法，即先沿槽壳纵向切出一个由一定宽度的槽壳侧壁及其从属拉梁组成的超静定模型，施加自重和水荷载，采用结构力学力法计算槽壳侧壁各个纵向断面的弯矩和轴力，按偏心受拉构件计算环向钢筋。但是老旧灌区输水渡槽的槽壳一般都比较薄，基本在10~15cm之间，有的甚至还不到10cm，而且在现场检测中发现很多槽壳环向钢筋的混凝土保护层厚度在施工时没有得到比较好的控制，这对构件截面偏心受拉计算会产生很大的影响，因此对槽壳侧壁环向配筋的复核也建议采用有限元（壳单元）应力分析方法。

在荷载基本组合（1.05×结构自重＋1.2×设计水深）作用并考虑承载力安全系数 $K=1.2$ 情况下，12m槽壳环向应力分布（内侧、外侧）见图1-11和图1-12。槽壳内侧底部15cm厚槽壳向厚26cm槽壳过渡区出现了比较明显的环向拉应力条带，最大环向拉应力约0.64MPa，相应位置的槽壳外侧环向拉应力约0.4MPa。取该部位槽壳厚150mm，按照其内、外表面最大环向拉应力分布计算作用在其纵截面上的合力（拉力）的偏心距仅6mm左右，由此产生的截面弯矩也很小，截面处在小偏心受拉且近似轴心受拉状态。这部分纵向拉力需由配置在槽壳内部的环向钢筋承担。根据这两个最大拉应力值可以保守计算出槽壳水平单宽1m范围内的总环向拉力 N 为：

$$N=（0.64+0.4）/2\text{MPa}\times1000\text{mm}\times150\text{mm}=78\text{kN}$$

采用 I 级钢，取钢筋强度设计值210MPa，通过计算在槽壳内部水平单宽需要配置

372mm² 的环向钢筋。根据设计资料，槽壳底部实配环向钢筋内侧、外侧均为 $\phi 10@$ 100mm，单侧配筋面积约785mm²，总配筋面积约1571mm²，因此按照原设计槽壳实际环向配筋满足要求，且安全裕度较大。

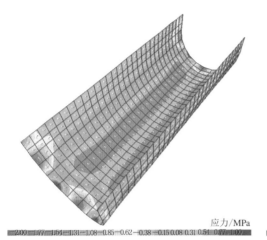

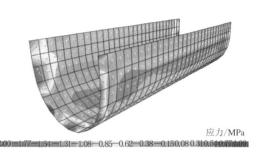

应力/MPa
-2.00 -1.77 -1.54 -1.31 -1.08 -0.85 -0.62 -0.38 -0.15 0.08 0.31 0.54 0.77 1.00

图1-11　荷载基本组合下 12m
槽壳环向应力分布图（内侧）

应力/MPa
-2.00 -1.77 -1.54 -1.31 -1.08 -0.85 -0.62 -0.38 -0.15 0.08 0.31 0.54 0.77 1.00

图1-12　荷载基本组合下 12m
槽壳环向应力分布图（外侧）

虽然槽壳下部厚度过渡区的内侧环向拉应力比较小（约0.64MPa），但是由于槽壳内侧普遍存在环向钢筋锈蚀（甚至断裂）和混凝土保护层崩落（图1-4），很容易在该处产生水平方向的混凝土裂缝。如果衬砌外侧的环向钢筋也出现严重锈蚀（根据上述计算当锈蚀截面积超过原钢筋截面积的一半时），上述水平裂缝很可能会贯穿整个衬砌厚度形成渗漏通道，加速混凝土结构的耐久性劣化。虽然从现场检测的结果来看槽壳外侧环向钢筋还没有发生明显锈蚀，但内侧环向钢筋的锈蚀确实是影响槽壳稳定的一个潜在威胁。

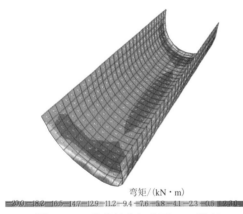

弯矩/(kN·m)
-20.0 -18.2 -16.5 -14.7 -12.9 -11.2 -9.4 -7.6 -5.8 -4.1 -2.3 -0.5 1.2 3.0

图1-13　荷载基本组合下 12m 槽壳
纵向弯矩分布图

在荷载基本组合（1.05×结构自重＋1.2×设计水深）作用并考虑承载力安全系数 $K=1.2$ 情况下，槽壳底部与端肋结合处出现了比较大的应力集中（图1-13），该处最大纵向负弯矩（内侧受拉）达到约20kN·m。取槽壳底部宽度1.5m，厚度26cm，槽壳底部横截面总弯矩30kN·m，槽壳端肋处控制截面受弯承载力计算见表1-3。

从表1-3中可以看出，在荷载基本组合并考虑承载力安全系数 $K=1.2$ 情况下，槽壳底部与端肋结合处横截面纵向受弯承载力达到相应弯矩设计值的158.4%，且现场检测未发现槽壳内侧、外侧纵向钢筋有明显锈蚀迹象，因此该截面受弯承载力满足要求。

表 1 - 3   槽壳端肋处控制截面受弯承载力计算表（考虑承载力安全系数 K＝1.2）

项　　目	纵　　向
混凝土强度等级	C25
钢筋强度等级	Ⅰ级
截面高度 h/mm	260
截面宽度 b/mm	1500
截面抗弯纵向配筋	内侧：$7\phi14$　外侧：$8\phi14＋7\phi25$
正截面受弯承载力 M_u/（kN・m）	47.5①
弯矩设计值 M_d/（kN・m）	30.0（内侧受拉）
M_u/M_d	158.4%（＞100%，满足要求）

① 保护层厚度 a_s 取 25mm。

1.2.5　槽壳侧墙拉梁复核计算

在荷载基本组合（1.05×结构自重＋1.2×设计水深）作用并考虑承载力安全系数 K＝1.2 情况下，12m 长槽壳中间的拉梁受拉，轴向拉力设计值在 3.4～3.6kN 之间，两端的拉梁受压，轴向压力设计值在 9.0kN 左右，都比较小，因此这些轴向力目前还不会引起拉梁的破坏。产生这种现象的原因主要是由于槽壳内水压力相对来讲都比较小，而且两侧的端肋对槽壳在水压力下的变形起到了一定的限制作用。

如果把槽壳横向拉梁取消，则在相同受力条件下 12m 无拉梁槽壳环向应力分布（内侧）见图 1-14，槽壳内侧底部厚度过渡区的最大环向拉应力将达到 0.92MPa，比有拉梁时的 0.64MPa 增加约 43.8%。可见虽然槽壳横向拉梁受力较小，但其对槽壳环向受力状况的改善还是比较显著的。12m 无拉梁槽壳纵向应力分布（内侧）见图 1-15，图 1-15 与图 1-9 相比可以看出，横向拉梁对槽壳纵向受力影响不大。

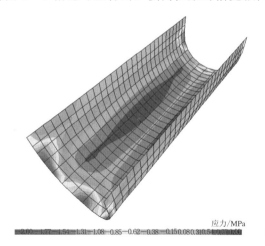

图 1-14　荷载基本组合下 12m 无拉梁
槽壳环向应力分布图（内侧）

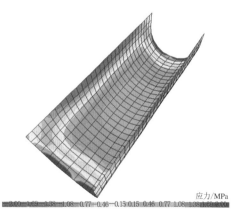

图 1-15　荷载基本组合下 12m 无拉梁
槽壳纵向应力分布图（内侧）

1.3　渡槽结构抗震复核计算

1.3.1　抗震复核计算对确定渡槽安全类别的作用

我国大部分老旧灌区渡槽都是在 20 世纪 60—80 年代建成的，那时我国还没有形成一套科学、完善的结构抗震规范体系，对于结构的抗震分析方法和抗震构造措施也缺乏系统性的规定。进入 21 世纪特别是在 2008 年汶川特大地震之后，建筑结构的抗震安全在我国受到了更为广泛的关注，结合国家经济条件的发展，各类抗震规范也进行了相应的制定和修订。在此背景下，关系灌区输水安全的渡槽结构的抗震设计和抗震措施也被首次纳入现行的水工结构抗震规范《水电工程水工建筑物抗震设计规范》（NB 35047—2015）和《水工建筑物抗震设计标准》（GB 51247—2018）。

我国水工界目前还未正式制定有关渡槽安全鉴定的行业标准，目前业界普遍采用的是 2018 年 6 月开始实施的中国水利协会发布的团体标准《渡槽安全评价导则》（T/CHES 22—2018）。该团体标准明确将抗震安全复核与槽下净空复核、槽身过流能力复核、结构安全复核、金属结构安全复核和机电设备安全复核等五项其他五项一起作为整个渡槽工程安全复核评价的内容。渡槽抗震复核计算应根据现行水工结构抗震规范进行，渡槽的抗震措施应满足现行水工结构抗震规范和水工混凝土结构设计规范的要求。渡槽抗震安全按下列标准进行分级：

（1）渡槽抗震复核计算满足现行水工结构抗震规范要求，抗震措施有效，则评定为 A 级；

（2）渡槽抗震复核计算满足现行水工结构抗震规范要求，抗震措施有效存在缺陷尚不影响总体安全，则评定为 B 级；

（3）不满足上述 A 级和 B 级条件的，评定为 C 级。

在进行最后的渡槽工程安全综合评价时，渡槽安全类别应根据管理评价、工程质量评价以及上述工程安全复核评价的六项安全性分级结果来确定。如果渡槽抗震安全评级为 B 级，则不论工程的管理评价、工程质量评价以及工程安全复核评价中的其他五项安全性分级如何高，渡槽安全类别最高可评定为二类；如果渡槽抗震安全评级为 C 级，则不论工程的管理评价、工程质量评价以及工程安全复核评价中的其他五项安全性分级如何高，渡槽安全类别最高可评定为三类。

因此，考虑到老旧灌区输水渡槽在设计和修建时的历史条件以及目前我国对结构抗震安全的关注，特别是当这些渡槽位于强震影响区域时，按现行相关规范对其结构的抗震性能进行复核计算是很有必要的。

1.3.2　渡槽结构抗震计算基本方法

与以往的水工建筑物抗震设计规范相比，现行的《水电工程水工建筑物抗震设计规范》（NB 35047—2015）和《水工建筑物抗震设计标准》（GB 51247—2018）新增加了有关渡槽结构抗震计算的规定，其主要内容包括：①对设计烈度为Ⅶ度及Ⅷ度以上的渡槽，其抗震计算应同时考虑顺槽向、横槽向和竖向的地震作用。②对 1 级渡槽，应建立考虑相邻结构和边界条件影响的三维空间模型，采用动力法进行抗震计算；对 2 级渡槽，可对槽墩和其上部槽身结构分别按悬臂梁和简支梁结构单独采用动力法进行抗震计算；对 3 级及 3 级以下渡槽的抗震计算，可对槽墩和槽身模型按拟静力法分别进行抗震计算，其槽墩的地震惯性力动态分布系数按规范相关规定取值。③对于 1 级、2 级渡槽抗震计算，应考虑槽内动水压力的作用。④渡槽的动力分析一般可采用振型分解反应谱法求解，对于 1 级渡槽应按时程分析法进行计算。

时程分析法也称直接动力分析法，需要建立整个结构的三维有限元模型，在结构基础处输入实际地震记录或人工模拟的加速度时程曲线，通过时域和频率域分析，获得整个时间历程内结构的地震反应。时程分析法的类型主要包括线性时程分析法（含周期时程分析）和非线性时程分析法，其中非线性时程分析法主要用于减隔振结构及高层建筑，在水工结构的抗震计算中应用很少。

线性时程分析法主要包括振型叠加法（modal superposition）和直接积分法。振型叠加法以结构模态分析和振型分解为基础，通过引入基于各阶振型的广义坐标，利用振型的正交性将多自由度体系以微分方程组表达的动力平衡方程简化为多个独立的单自由度体系进行求解，最后将各个单自由度体系的动力响应叠加成为结构整体的动力响应（此部分内容将在本章后面进行详细论述）。直接积分法其实就是一种增量计算方法，与振型叠加法不同的是不需要对结构进行模态分析，而是直接对结构的运动方程进行逐步数值积分，其基本计算过程如下：假设 $t=0$ 时刻结构各质点状态向量（位移、速度、加速度）为已知，计算 $t=0+\Delta t$ 时刻的状态向量，进而计算 $t=t+\Delta t$ 时刻的状态向量，直到 $t=T$ 时刻计算终止。在计算时间间隔 Δt 内假设结构状态向量（位移、速度、加速度）的变化规律，不同的假设得到不同的积分方法，在工程中常用的有 Newmark 法、Wilson-θ 法、HHT（Hilber-Hughes-Taylor）法等。

现行水工结构抗震规范提到的拟静力法其实就是《建筑抗震设计规范》（GB 50011—2010）中的底部剪力法，主要应用于高度不超过 40m、以剪切变形为主且质量和刚度沿高度分布比较均匀的结构，以及近似于单质点体系的结构。该方法首先根据结构的基本自振周期和地震反应谱，计算出地震引起的结构总水平地震作用（底部总剪力），将此总剪力按一定的动态分布系数沿结构高度以接近于倒三角的形式来分配，最后采用静力分析求出结构的内力和变形。

相比时程分析法和拟静力法，振型分解反应谱法是目前在结构抗震分析中应用最普遍的分析方法，其理论基础是结构的模态分析和地震反应谱理论。

综上所述，除了要求对在实际工程中比较少见的 1 级渡槽应采用时程分析法外，现行水工建筑物抗震设计规范认为基于振型分解反应谱法的动力分析方法能够比较准确地获得其他低级别渡槽结构的地震作用效应。虽然规范允许将 2 级及以下渡槽的槽墩或槽身单独拿出来进行抗震分析，但是这种做法不能准确反映整个渡槽结构在地震作用下动力响应特性，尤其是对结构型式比较复杂的拱式渡槽。目前比较流行的商用计算分析软件如 ANSYS、ABAQUS、SAP2000 等都具有非常强大的三维建模功能，使得对渡槽结构进行整体三维有限元模型动力响应分析变得比较简便。

1.3.3   《建筑抗震设计规范》地震设计反应谱

反应谱理论是振型分解反应谱法的基础。在讨论地震的设计反应谱之前，有必要了解一下《建筑抗震设计规范》（GB 50011—2010）规定的三个地震烈度水准及其相对应的设防目标。自 1989 年颁布《建筑抗震设计规范》（GBJ 11—89）以来，我国所有房屋建筑按此规范要求均应达到"多遇地震（小震）不坏、设防地震（中震）可修和罕遇地震（大震）不倒"的三个水准设防目标。按照最新第五代《中国地震动参数区划图》（GB 18306—2015）的规定，多遇地震、设防地震和罕遇地震分别为 50 年超越概率 63%、10% 和 2%～3% 的地震，即重现期分别为 50 年、475 年和 1600～2400 年的地震。我国目前的结构抗震设计原则是采用二阶段设计实现三个水准的设防目标：

第一阶段为承载力验算，用相应于该地区设防烈度的多遇地震计算结构的构件内力和弹性位移，用极限状态方法进行截面承载力验算，并进行结构变形验算，按延性和耗能要求进行截面配筋及构造设计，采取相应的抗震构造措施。这样不但满足第一水准"小震不坏"的设防要求，还可以满足第二水准"中震可修"的设防要求。对大多数的结构，可只进行第一阶段设计，而通过概念设计和抗震构造措施来满足第三水准"大震不倒"的设计要求。

第二阶段为弹塑性变形验算。对于一些重要的或特殊的结构，经过第一阶段设计后，要求用与该地区设防烈度相应的罕遇地震对结构的薄弱部位进行弹塑性层间变形验算并采取相应的抗震构造措施，以实现第三水准"大震不倒"的目标。

因此，在进行抗震设计或复核计算时，需要根据结构具体的设防目标水准来制定相应的设计反应谱。

结构抗震分析中用到的反应谱是根据单自由度体系在地震中的响应特性来创建的，然后再通过结构振型分解的方法将反应谱应用到多自由度体系的抗震计算中。下面简单介绍反应谱的基本原理。

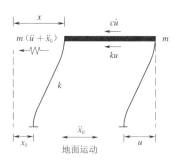

图 1-16   单自由度体系的
地震响应图

考虑图 1-16 中 x 方向的单自由度结构体系，单质点隔离体质量为 m，结构体系侧向刚度为 k，阻尼为 c。假定地面运动位移为 $x_0(t)$，加速度为 $\ddot{x}_0(t)$，在水平地面运动作用下，单质点隔离体与地面的相对位移、相对速度和相对加速度分别为 $u(t)$、$\dot{u}(t)$ 和 $\ddot{u}(t)$。单质点隔离体的惯性力与其绝对加速度有关，数值为 $m[\ddot{x}_0(t) + \ddot{u}(t)]$，而阻尼力和弹性抗力只跟隔离体与地面的相对速度和相对位移有关，分别为 $c\dot{u}(t)$ 和 $ku(t)$，因此根据经典结构动力学理论，建立隔离体动力平衡方程为：

$$m[\ddot{x}_0(t) + \ddot{u}(t)] + c\dot{u}(t) + ku(t) = 0 \qquad (1-6)$$

整理后得：

$$m\ddot{u}(t) + c\dot{u}(t) + ku(t) = -m\ddot{x}_0(t) \qquad (1-7)$$

对于有阻尼的单自由度体系，结构自振（圆）频率 $\omega = \sqrt{k/m} = 2\pi/T$，其中 T 为结构自振周期，阻尼比 $\xi = \dfrac{c}{2m\omega}$，代入式（1-7）则有：

$$\ddot{u}(t) + 2\xi\omega\dot{u}(t) + \omega^2 u(t) = -\ddot{x}_0(t) \tag{1-8}$$

根据经典的结构动力学理论，式（1-8）可采用杜哈梅积分得到质点相对于地面的位移为：

$$u(t) = -\frac{1}{\omega_d}\int_0^t \ddot{x}_0(\tau)\mathrm{e}^{-\xi\omega(t-\tau)}\sin\omega_d(t-\tau)\mathrm{d}\tau \tag{1-9}$$

其中

$$\omega_d = \omega\sqrt{1-\xi^2}$$

对式（1-9）中的相对位移取微分得到相对速度，再对相对速度取微分得到质点的相对加速度如下：

$$\ddot{u}(t) = \omega_d\int_0^t \ddot{x}_0(\tau)\mathrm{e}^{-\xi\omega(t-\tau)}\left[\left(1-\frac{\xi^2}{1-\xi^2}\right)\sin\omega_d(t-\tau) + \frac{2\xi}{\sqrt{1-\xi^2}}\cos\omega_d(t-\tau)\right]\mathrm{d}\tau - \ddot{x}_0(t) \tag{1-10}$$

则质点的绝对加速度为：

$$\ddot{x}(t) = \ddot{u}(t) + \ddot{x}_0(t) = \omega_d\int_0^t \ddot{x}_0(\tau)\mathrm{e}^{-\xi\omega(t-\tau)}$$
$$\left[\left(1-\frac{\xi^2}{1-\xi^2}\right)\sin\omega_d(t-\tau) + \frac{2\xi}{\sqrt{1-\xi^2}}\cos\omega_d(t-\tau)\right]\mathrm{d}\tau \tag{1-11}$$

忽略式（1-11）中阻尼的部分影响，则单自由度质点绝对加速度的最大值 S_a 可以表示为：

$$S_a = \omega\left|\int_0^t \ddot{x}_0(\tau)\mathrm{e}^{-\xi\omega(t-\tau)}\sin\omega(t-\tau)\mathrm{d}\tau\right|_{\max} \tag{1-12}$$

在实际地震过程中，地面加速度 $\ddot{x}_0(t)$ 是一个随时间变化的变量，而在地震分析中最关注的是质点绝对加速度的最大值，这样就能确定作用在质点上的最大惯性力，并将其以静力的形式施加在结构上，从而获得结构最大的地震内力响应。于是地震作用在质点上产生的惯性力最大值 F_a 为：

$$F_a = mS_a \tag{1-13}$$

在实际抗震设计规范应用中，将式（1-13）改写成式（1-14）：

$$F_a = mS_a = mg\frac{S_a}{g} = mg\left(\frac{|\ddot{x}_0|_{\max}}{g}\right)\left(\frac{S_a}{|\ddot{x}_0|_{\max}}\right) = Gh\beta \tag{1-14}$$

式（1-14）中 h 称为地震系数，定义为地面运动最大加速度 $|\ddot{x}_0|_{\max}$ 和重力加速度 g 的比值。《建筑抗震设计规范》（GB 50011—2010）中表 3.2.2 给出了不同抗震设防烈度下的设计基本地震加速度取值，由此可得设防地震（中震）下的地震系数（表 1-4）。

表 1-4   《建筑抗震设计规范》设防地震（中震）下的地震系数 h

地震动水准	抗 震 设 防 烈 度			
	6 度	7 度	8 度	9 度
设防地震	0.05	0.10（0.15）	0.20（0.30）	0.40

注　括号内数值分别用于设计基本地震加速度 0.15g 和 0.3g 的地区。

除了设防地震的设计基本地震加速度，《建筑抗震设计规范》（GB 50011—2010）中第 5.1.2 条还给出了多遇和罕遇地震的地面运动最大加速度 $|\ddot{x}_0|_{max}$，三个水准地震地面运动最大加速度值见表 1-5。

表 1-5	三个水准地震地面运动最大加速度		单位：cm/s²

地震动水准	抗 震 设 防 烈 度			
	6 度	7 度	8 度	9 度
多遇地震	18	35（55）	70（110）	140
设防地震	49	98（147）	196（294）	392
罕遇地震	125	220（310）	400（510）	620

注　括号内数值分别用于设计基本地震加速度 0.15g 和 0.3g 的地区。

式（1-14）中的 β 称为动力（放大）系数，表示单质点弹性体系在地震作用下质点绝对加速度最大值 S_a 与地面运动最大加速度 $|\ddot{x}_0|_{max}$ 的比值，按式（1-15）计算：

$$\beta = \frac{S_a}{|\ddot{x}_0|_{max}} = \frac{\omega}{|\ddot{x}_0|_{max}} \left| \int_0^t \ddot{x}_0(\tau) e^{-\xi\omega(t-\tau)} \sin\omega(t-\tau) d\tau \right|_{max} \tag{1-15}$$

从式（1-15）可以看出，对于一个特定场地上发生的地震，在给定结构阻尼比 ξ 的条件下，动力系数 β 随结构自振周期 T 的变化而变化，这个 β-T 曲线也被称为动力系数的反应谱曲线（我国目前水工结构抗震规范采用这种反应谱，见 1.3.4 详述）。图 1-17 为根据 1940 年美国 El Centro 地震波绘制的结构不同阻尼比 ξ 条件下的 β-T 曲线[2]，从图 1-17 中可以看出随着阻尼比 ξ 的增大，动力系数 β 有明显减小的趋势。当结构自振周期 $T=0$（刚度无穷大）时，结构振动与地面运动等幅同步，因此 β 接近 1.0，而当结构自振周期与地震动周期相近时，结构容易产生共振，此时动力系数 β 最大。

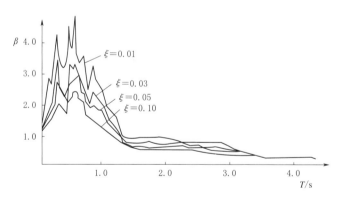

图 1-17　美国 El Centro 地震波的 β-T 曲线图

根据大量实测地震记录的分析研究，场地类别和震中距对 β-T 曲线也有非常大的影响。图 1-18 为不同场地特性条件下 β-T 曲线形状的示意图[2]，可以看出当场地条件较差时，代表 β 峰值的曲线平台段明显变宽并沿 T 轴延伸，因此会对自振周期较大的柔性结构会产生比较大的影响。在《建筑抗震设计规范》（GB 50011—2010）中第 5.1.2 条的条文说明中给出这个动力系数 β 的峰值一般为 2.25。

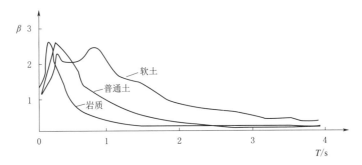

图 1-18 不同场地特性条件下 β-T 曲线形状示意图

在《建筑抗震设计规范》（GB 50011—2010）中，质点最大绝对加速度与重力加速度的比值被定义为地震影响系数 α，则式（1-14）可以改写为：

$$F_a = \frac{S_a}{g}G = h\beta G = \alpha G \qquad (1-16)$$

式中：G 为结构重力荷载代表值，取结构和构配件自重标准值和各可变荷载组合值之和，各可变荷载的组合值系数在《建筑抗震设计规范》（GB 50011—2010）中有明确的规定。

地震影响系数 α 可以表示为地震系数 h 和动力放大系数 β 的乘积，而根据表 1-4，对于特定的场地地震系数 h 为定值，因此 α 随结构自振周期 T 的变化规律与 β-T 曲线相同，这个 α-T 曲线在《建筑抗震设计规范》（GB 50011—2010）中被称为地震影响系数曲线，综合考虑结构阻尼、场地特性及震中距等因素的影响，对 α-T 曲线进行平滑处理，最终形成规范中的设计反应谱（图 1-19）。

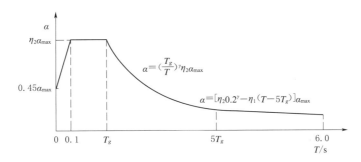

图 1-19 《建筑抗震设计规范》（GB 50011—2010）规定的反应谱图

设计反应谱主要分为三段：

（1）第一段是从 $T=0$s 到 $T=0.1$s 的斜线段，α 从 $0.45\alpha_{max}$ 增加到 $\eta_2\alpha_{max}$，其中 α_{max} 为地震影响系数最大值（表 1-7）。η_2 为阻尼调整系数：

$$\eta_2 = 1 + \frac{0.05 - \xi}{0.08 + 1.6\xi} \qquad (1-17)$$

式中：ξ 为系统阻尼比。

当阻尼比 $\xi=0.05$（一般的钢筋混凝土结构）时，$\eta_2=1.0$，且 ξ 越小，η_2 越大，符合图 1-17 中实测地震记录的特征。当结构自振周期 $T=0$（刚度无穷大）时，$\alpha=0.45\alpha_{max}$，

基本等于 α_{max} 除以 2.25（动力系数 β）。

（2）第二段是从 $T=0.1s$ 到 T_g 的水平直线段，代表因结构自振周期与地震动周期相近产生共振而导致地震影响系数出现最大值 $\eta_2\alpha_{max}$。T_g 为场地的特征周期，应根据场地类别和设计地震分组按表 1-6 采用。

表 1-6   场 地 特 征 周 期 表   单位：s

设计地震分组	场 地 类 别				
	I_0	I_1	II	III	IV
第一组	0.20	0.25	0.35	0.45	0.65
第二组	0.25	0.30	0.40	0.55	0.75
第三组	0.30	0.35	0.45	0.65	0.90

场地类别根据土层剪切波速和场地覆盖层厚度划分为四类，场地条件越差，T_g 越长，符合图 1-18 描述的特征。地震分组中的第一组和第三组分别相当于常说的近震和远震。需要指出的是，表 1-6 给出的特征周期是针对多遇地震的反应谱，当计算罕遇地震时，《建筑抗震设计规范》（GB 50011—2010）规定特征周期应增加 0.05s。

（3）第三段是从 T_g 到 6.0s 的下降段，表明随着结构自振周期逐渐增大远离地震动周期，地震影响系数逐渐减小。从 T_g 到 $5T_g$ 曲线段衰减系数 γ 以及从 $5T_g$ 到 6s 直线段下降斜率调整系数 η_1 分别按式（1-18）、式（1-19）计算：

$$\gamma = 0.9 + \frac{0.05-\xi}{0.3+6\xi} \tag{1-18}$$

$$\eta_1 = 0.02 + \frac{0.05-\xi}{4+32\xi} \tag{1-19}$$

根据《建筑抗震设计规范》（GB 50011—2010）中第 5.1.4 中条和第 3.10 条，三个水准（多遇、设防和罕遇）地震水平地震影响系数最大值 α_{max} 见表 1-7。

表 1-7   三个水准地震水平地震影响系数最大值 α_{max}

地震动水准	抗 震 设 防 烈 度			
	6 度	7 度	8 度	9 度
多遇地震	0.04	0.08 (0.12)	0.16 (0.24)	0.32
设防地震	0.12	0.23 (0.34)	0.45 (0.68)	0.90
罕遇地震	0.28	0.50 (0.72)	0.90 (1.20)	1.40

注 括号内数值分别用于设计基本地震加速度 $0.15g$ 和 $0.3g$ 的地区。

如前所述，对大多数结构的承载力和结构变形验算，《建筑抗震设计规范》（GB 50011—2010）采用相应于该地区设防烈度的多遇地震计算结构的构件内力和弹性位移。因此，在结构设计和安全复核计算中从表 1-7 中选取该多遇地震的水平地震影响系数最大值 α_{max}，根据结构的自振周期在图 1-19 中的设计反应谱上获得水平地震影响系数 α，利用式（1-16）确定作用在质点上的最大惯性力，计算结构的水平地震作用。

1.3.4 水工建筑物抗震设计反应谱

《水电工程水工建筑物抗震设计规范》（NB 35047—2015）和《水工建筑物抗震设计

标准》（GB 51247—2018）中规定需根据抗震设防类别（见表 1-8）采用相应的设计地震。对工程抗震设防类别为甲类的壅水和重要泄水建筑物，取 100 年超越概率为 0.02（4950 年一遇）；对乙类中的 1 级非壅水建筑物取 50 年超越概率为 0.05（975 年一遇）；对于工程抗震设防类别其他非甲类水工建筑物取 50 年超越概率为 0.10（475 年一遇）。这与《建筑抗震设计规范》（GB 50011—2010）的相关规定相比要严格，反映出我国对于重要水利工程抗震安全的重视。

表 1-8 水利工程抗震设防类别

工程抗震设防类别	建筑物类别	场地地震基本烈度
甲类	1 级（壅水和重要泄水）	≥6 度
乙类	1 级（非壅水）、2 级（壅水）	
丙类	2 级（非壅水）、3 级	≥7 度
丁类	4 级、5 级	

在实际的水工结构安全评估工作中最经常遇到的还是抗震设防类别为丙类和丁类的建筑物，其采用的设计地震为 50 年超越概率为 0.10（475 年一遇），相当于《建筑抗震设计规范》（GB 50011—2010）规定的设防地震（中震）。水工建筑物抗震分析采用的不是《建筑抗震设计规范》（GB 50011—2010）中那样的基于地震影响系数的反应谱，而是在 1.3.3 讨论过的动力系数反应谱曲线（β-T 曲线），如图 1-20 所示。

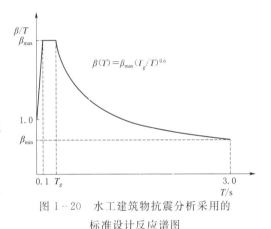

图 1-20 水工建筑物抗震分析采用的标准设计反应谱图

水工建筑物的动力系数标准设计反应谱的形状与《建筑抗震设计规范》（GB 50011—2010）的地震影响系数反应谱基本相同，也分成初始斜线上升段、水平段和下降段，且三段间的两个分界点（$T=0.1s$ 和 $T=T_g$）也相同。反应谱上动力系数 β 的最大值 β_{max} 根据不同建筑物的类型按表 1-9 取值，从表 1-9 中可以看出，对于非大坝的其他水工建筑物，水工行业抗震设计规范和《建筑抗震设计规范》（GB 50011—2010）β_{max} 的取值是相同的。

表 1-9 各类水工建筑物标准设计反应谱最大值的代表值 β_{max}

建筑物类别	土石坝	重力坝	拱坝	水闸、进水塔等其他建筑物及边坡
β_{max}	1.60	2.00	2.50	2.25

以抗震设防类别为丙类和丁类的非大坝其他建筑物为例，其采用的设计地震为 50 年超越概率为 0.10（475 年一遇），相当于《建筑抗震设计规范》（GB 50011—2010）规定的设防地震（中震）。如果按照地震系数 h 和动力系数 β 的乘积来计算水平地震影响系数 α，当采用图 1-20 所示的反应谱时，获得的 α_{max} 相当于表 1-7 中设防地震的数值，这比《建筑

抗震设计规范》（GB 50011—2010）采用的多遇地震（小震）要高出一个水准，因此计算得到的地震作用比《建筑抗震设计规范》（GB 50011—2010）要高许多。

但是，这里需要指出的是《水电工程水工建筑物抗震设计规范》（NB 35047—2015）和《水工建筑物抗震设计标准》（GB 51247—2018）中都在第5.7.4条规定对于钢筋混凝土构件的抗震设计，在按上述反应谱方法确定地震作用效应后，应按《水工混凝土结构设计规范》（SL191—2017）进行截面承载力抗震验算，当采用动力法计算地震作用效应时，应取地震作用的效应折减系数为0.35。如果将表1-7中设防地震水平地震影响系数最大值α_{max}乘以0.35，不难发现其结果与多遇地震的α_{max}值基本相同。也就是说，对于抗震设防类别为丙类和丁类的非大坝其他建筑物，现行水工建筑物抗震规范与《建筑抗震设计规范》（GB 50011—2010）按各自反应谱计算得到的地震作用效应基本是相同的。

但是，对于表1-9中的土石坝、重力坝和拱坝等重要的壅水建筑物，其设计地震水准更高，标准设计反应谱的最大值β_{max}也不等于2.25，因此按现行水工建筑物抗震规范的设计反应谱计算地震作用效应时需特别注意。

1.3.5　结构动力响应分析方法

如前所述，对于单自由度体系，可以通过经典的结构动力学理论获得单质点在地震作用下的位移、速度和加速度，利用反应谱分析能够比较方便地计算出结构产生的最大地震作用效应，但是实际工程中很少存在这种简单的单自由度体系。参照单自由度体系公式（1-6），在x方向水平地震作用下，多自由度结构体系的运动微分方程可由式（1-20）表达：

$$[M][\{I\}\ddot{x}_0(t)+\{\ddot{u}(t)\}]+[C]\{\dot{u}(t)\}+[K]\{u(t)\}=0 \qquad (1-20)$$

对于多自由度结构体系，目前通常的分析方法是分别建立结构在纵向（x）和横向（y）这两个方向水平地震（对于某些大跨度和长悬臂结构还应考虑竖向z地震）作用下的运动微分方程，每个方向求解完成后将两个方向的地震效应按一定方式（如SRSS）组合在一起。

式（1-20）整理后有：

$$[M]\{\ddot{u}(t)\}+[C]\{\dot{u}(t)\}+[K]\{u(t)\}=-[M]\{I\}\ddot{x}_0(t) \qquad (1-21)$$

式中：$[M]$为结构质量矩阵，$n\times n$阶（n为体系自由度数）；$[C]$为结构阻尼矩阵，$n\times n$阶；$[K]$为结构刚度矩阵，$n\times n$阶；$\{I\}$为荷载方向列向量，$n\times 1$阶，与地面运动方向一致的平动自由度关联项为1，其他取0；$\ddot{x}_0(t)$为x方向的地面运动加速度；$\{\ddot{u}(t)\}$、$\{\dot{u}(t)\}$、$\{u(t)\}$为质点相对加速度、速度和位移向量，$n\times 1$阶。

式（1-21）是一个非齐次的n阶（n为体系自由度数）微分方程组，直接求解一般采用基于时间步长Δt的增量数值解法，目前比较常用的有Newmark法、Wilson-θ法、Hilber-Hughes-Taylor α（HHT）法等。

结构动力响应分析主要采用两种质量矩阵$[M]$。第一种是一致质量矩阵，也称协调质量矩阵，根据单元动能和位能相互协调的原理计算结构中每个单元的质量，最后集成的整体质量矩阵不是对角阵，存在很多非对角的质量耦合项，因此在实际工程中应用不是很多；第二种是集中质量矩阵，将结构单元分布质量换算成节点集中质量，按节点自由度顺序形成集中质量矩阵，该矩阵为对角阵，而且因为假定质量集成质点，没有转动惯量，所以对角阵中与转动自由度相关的对角项为 0。计算经验表明，在单元数目相同的条件下，两种质量矩阵给出的计算精度相差不多[3]，但由于集中质量矩阵是对角阵，且可省去转动惯性项，使得动力平衡方程的自由度数显著减少，计算过程得到很大简化。SAP2000 的动力分析采用的就是集中质量矩阵。

结构刚度矩阵 $[K]$ 的集成方法与结构静力分析一样，这里不再赘述。当采用数值解法对多自由体系的动力方程进行求解时，目前阻尼矩阵 $[C]$ 最常用的确定方法是瑞利阻尼，也称比例阻尼，其基本假定是：

$$[C] = a[M] + b[K] \qquad (1-22)$$

式中：a 和 b 为两个待定的常数。

需要利用阻尼矩阵 $[C]$ 的振型正交性以及体系两个模态的实测阻尼比来确定。因为数值解法不是本章讨论的主要内容，因此这里不做详细介绍。

目前各种抗震设计规范中求解如公式（1-21）的多自由度结构体系运动方程最常用的方法是振型分解反应谱法（也有文献称之为振型叠加反应谱法），这也是本章主要论述的方法。其基本原理是通过振型分解，把 n 个自由度结构体系在地震作用下的强迫振动转化为 n 个单自由度体系（模态）的强迫振动，应用上节讨论的单质点反应谱对每一个模态进行最大地震效应的计算，最后将这些模态的结果按照一定方式进行组合（如 SRSS、CQC 等），获得结构最大地震作用效应。

1.3.6 模态分析和振型分解的基本概念

1.3.6.1 模态分析

振型分解反应谱法的基础是多自由度结构体系的模态分析。下面以一个横梁刚度无限大的三层平面刚架结构体系来说明模态分析的基本原理（图1-21），该体系沿水平 x 方向有三个平移自由度，各层质量集中在横梁上，第一层、二层质量为 m，第三层为 $m/2$。每一层的侧向刚度为 k，假定基础固定，每层的位移和加速度分别为 x_i 和 $\ddot{x}_i$，其中 $i=1$、2、3。

因为只单纯考虑对体系的固有振型进行分解，不求解结构真实的动力响应，因此在建立各层质点隔离体动力平衡时不考虑阻尼力的影响（图1-22）。

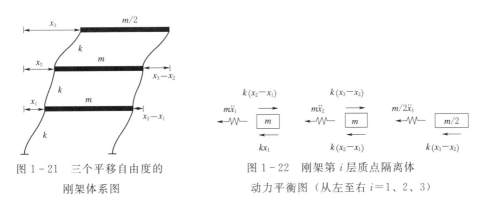

图 1-21　三个平移自由度的
刚架体系图

图 1-22　刚架第 i 层质点隔离体
动力平衡图（从左至右 $i=1$、2、3）

由此可获得各层质点动力平衡方程组如下：

$$\begin{cases} m\ddot{x}_1 + kx_1 - k(x_2 - x_1) = 0 \\ m\ddot{x}_2 + k(x_2 - x_1) - k(x_3 - x_2) = 0 \\ \dfrac{m}{2}\ddot{x}_3 + k(x_3 - x_2) = 0 \end{cases} \qquad \begin{cases} m\ddot{x}_1 + 2kx_1 - kx_2 = 0 \\ m\ddot{x}_2 - kx_1 + 2kx_2 - kx_3 = 0 \\ \dfrac{m}{2}\ddot{x}_3 - kx_2 + kx_3 = 0 \end{cases} \qquad (1-23)$$

整理并写成矩阵表达形式（1－24）：

$$\begin{bmatrix} m & 0 & 0 \\ 0 & m & 0 \\ 0 & 0 & m/2 \end{bmatrix} \begin{Bmatrix} \ddot{x}_1 \\ \ddot{x}_2 \\ \ddot{x}_3 \end{Bmatrix} + \begin{bmatrix} 2k & -k & 0 \\ -k & 2k & -k \\ 0 & -k & k \end{bmatrix} \begin{Bmatrix} x_1 \\ x_2 \\ x_3 \end{Bmatrix} = 0 \qquad (1-24)$$

即：

$$[M]\{\ddot{X}\} + [K]\{X\} = 0 \qquad (1-25)$$

$$[M] = \begin{bmatrix} m & 0 & 0 \\ 0 & m & 0 \\ 0 & 0 & m/2 \end{bmatrix}$$

$$[K] = \begin{bmatrix} 2k & -k & 0 \\ -k & 2k & -k \\ 0 & -k & k \end{bmatrix}$$

$$\{X\} = \begin{Bmatrix} x_1 \\ x_2 \\ x_3 \end{Bmatrix}$$

式中：$[M]$ 为结构质量矩阵；$[K]$ 为结构刚度矩阵；$\{X\}$ 为结构质点位移列向量，一般在分析时对每一方向分别计算。

结构体系自由振动为简谐振动，固二阶常微分方程组（1－24）的特解为：

$$x_i(t) = A_i \sin(\omega t + \varphi) \qquad (1-26)$$

$$\ddot{x}_i(t) = -\omega^2 A_i \sin(\omega t + \varphi) \qquad (1-27)$$

式中：A_i 为各质（量）点的位移振幅，$i = 1$、2、3；ω 为结构体系自振圆频率；φ 为结构体系自振相位角。

式（1－26）表明结构体系所有质（量）点按同一频率和相同相位角作同步简谐振动，只不过各质（量）点振幅不同。各质（量）点同时达到其各自最大振幅，此时确定结构体系振动的形状，即通常提到的振型。

将式（1－26）、式（1－27）代入式（1－24），并定义与振型 j 相应的特征值 $\lambda_j = \omega_j^2$，则有：

$$(-\lambda_j [M] + [K])\{\phi^{(j)}\} = 0 \qquad (1-28)$$

$\{\phi^{(j)}\}$ 为第 j 阶振型向量，$\{\phi^{(j)}\} = \begin{Bmatrix} A_1 \\ A_2 \\ A_3 \end{Bmatrix}$。

式（1－28）其实就是特征向量法模态分析的广义特征方程，通过对它的求解可以获得结构体系的各阶自振频率及其相应的模态振型。对于图 1－21 中的例子，展开式（1－

28），即有：

$$\begin{bmatrix} 2k-m\lambda & -k & 0 \\ -k & 2k-m\lambda & -k \\ 0 & -k & k-m\lambda/2 \end{bmatrix} \begin{Bmatrix} A_1 \\ A_2 \\ A_3 \end{Bmatrix} = 0 \tag{1-29}$$

若使式（1-29）中三元齐次方程组有非零解，则系数行列式为零，即：

$$\begin{vmatrix} 2k-m\lambda & -k & 0 \\ -k & 2k-m\lambda & -k \\ 0 & -k & k-m\lambda/2 \end{vmatrix} = 0 \tag{1-30}$$

求得特征值 λ 的三个解为：

$$\lambda_1 = 0.268\frac{k}{m} \text{ , } \lambda_2 = 2.00\frac{k}{m} \text{ , } \lambda_3 = 3.73\frac{k}{m} \tag{1-31}$$

则图 1-21 中结构三个振型的自振圆频率分别为：

$$\omega_1 = 0.518\sqrt{\frac{k}{m}} \text{ , } \omega_2 = 1.414\sqrt{\frac{k}{m}} \text{ , } \omega_3 = 1.932\sqrt{\frac{k}{m}} \tag{1-32}$$

将式（1-31）重新代入式（1-29），求解振型向量 $\{\phi^{(j)}\}$ 并对结果进行归一化处理，可得结构三个模态振型向量分别为：

$$\{\phi^{(1)}\} = \begin{Bmatrix} 0.5 \\ 0.666 \\ 1.0 \end{Bmatrix} \text{ , } \{\phi^{(2)}\} = \begin{Bmatrix} -1.0 \\ 0 \\ 1.0 \end{Bmatrix} \text{ , } \{\phi^{(3)}\} = \begin{Bmatrix} 0.5 \\ -0.866 \\ 1.0 \end{Bmatrix} \tag{1-33}$$

图 1-21 中结构三个模态振型见图 1-23。

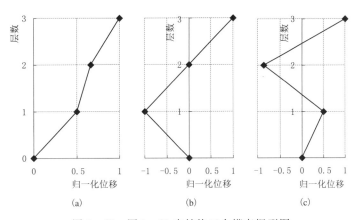

图 1-23 图 1-21 中结构三个模态振型图

根据式（1-33）不难验证结构体系的质量矩阵和刚度矩阵均具有振型正交性，即：

$$\begin{cases} \{\phi^{(i)}\}^{\mathrm{T}}[M]\{\phi^{(j)}\} = m_i^* & i = j \\ \{\phi^{(i)}\}^{\mathrm{T}}[M]\{\phi^{(j)}\} = 0 & i \neq j \end{cases} \tag{1-34}$$

$$\begin{cases} \{\phi^{(i)}\}^{\mathrm{T}}[K]\{\phi^{(j)}\} = k_i^* & i = j \\ \{\phi^{(i)}\}^{\mathrm{T}}[K]\{\phi^{(j)}\} = 0 & i \neq j \end{cases} \tag{1-35}$$

式中：$\{\phi^{(i)}\}^{\mathrm{T}}$ 是向量 $\{\phi^{(i)}\}$ 的转置，标量 m_i^* 和 k_i^* 分别定义为振型 i 的模态质量（modal mass）和模态刚度（modal stiffness）。

振型正交性可以理解为结构体系某一振型产生的惯性力不会在其他振型上做功，也就是说各个振型的简谐振动是相互独立的，能量不会从一个振型转移到另一个振型。振型正交性假定是结构地震响应分析中振型分解法和振型分解反应谱法的理论基础。

1.3.6.2　振型分解法

如式（1－21）所述，在 x 方向水平地震 $\ddot{x}_0(t)$ 作用下多自由度（n）体系的动力平衡式（1－36）为：

$$[M]\{\ddot{u}(t)\}+[C]\{\dot{u}(t)\}+[K]\{u(t)\}=-[M]\{I_x\}\ddot{x}_0(t) \qquad (1-36)$$

式中：$\{I_x\}$ 为荷载方向列向量，$n\times 1$ 阶，与 x 方向平动自由度关联项为 1，其他取 0。

假定结构体系各质点对于地面的相对位移是各振型的线性组合，即：

$$\{u(t)\}=\sum_{j=1}^{n}q_j(t)\{\phi^{(j)}\} \qquad (1-37)$$

则体系各质点相对速度向量 $\{\dot{u}(t)\}$ 和相对加速度向量 $\{\ddot{u}(t)\}$ 分别为：

$$\{\dot{u}(t)\}=\sum_{j=1}^{n}\dot{q}_j(t)\{\phi^{(j)}\} \qquad (1-38)$$

$$\{\ddot{u}(t)\}=\sum_{j=1}^{n}\ddot{q}_j(t)\{\phi^{(j)}\} \qquad (1-39)$$

式中：n 为体系自由度数；$\{\phi^{(j)}\}$ 为第 j 阶振型向量；$q_j(t)$ 为第 j 阶振型组合系数，也是时间 t 的函数。

将式（1－37）、式（1－38）和式（1－39）代入式（1－36）中，则有：

$$\sum_{i=1}^{n}\ddot{q}_i(t)[M]\{\phi^{(i)}\}+\sum_{i=1}^{n}\dot{q}_i(t)[C]\{\phi^{(i)}\}+\sum_{i=1}^{n}q_i(t)[K]\{\phi^{(i)}\}=-[M]\{I_x\}\ddot{x}_0(t)$$

$$(1-40)$$

等式两边同乘以第 j 阶振型向量的转置 $\{\phi^{(j)}\}^{\mathrm{T}}$，利用式（1－34）和式（1－35）中质量矩阵 $[M]$ 和刚度矩阵 $[K]$ 的振型正交性，并假定阻尼矩阵 $[C]$ 也具有振型正交性，上式可以简化为：

$$m_j^*\ddot{q}_j(t)+c_j^*\dot{q}_j(t)+k_j^*q_j(t)=-\{\phi^{(j)}\}^{\mathrm{T}}[M]\{I_x\}\ddot{x}_0(t) \qquad (1-41)$$

式中：m_j^* 为振型 j 的模态质量，$m_j^*=\{\phi^{(j)}\}^{\mathrm{T}}[M]\{\phi^{(j)}\}$；$c_j^*$ 为振型 j 的模态阻尼，$c_j^*=\{\phi^{(j)}\}^{\mathrm{T}}[C]\{\phi^{(j)}\}$；$k_j^*$ 为振型 j 的模态刚度，$k_j^*=\{\phi^{(j)}\}^{\mathrm{T}}[K]\{\phi^{(j)}\}$。

通过上述变换，式（1－36）中的微分方程组就变成了式（1－41）所示的 n 个相互独立的微分方程，原来微分方程组的未知量从质点的相对位移向量 $\{u(t)\}$ 变成了 $q_1(t)$、$q_2(t)$、$\cdots$、$q_n(t)$，因此 $q_j(t)$ 可以被视为一种广义坐标。

根据经典结构动力学理论，多自由度体系各个振型的自振（圆）频率和阻尼比可由下式确定：

模态自振（圆）频率：　　　$\omega_j=\sqrt{k_j^*/m_j^*}=2\pi/T_j$ 　　　$(1-42)$

模态阻尼比：　　　$\xi_j=\dfrac{c_j^*}{2m_j^*\omega_j}$ 　　　$(1-43)$

则式（1－41）可以简化为：

$$\ddot{q}_j(t) + 2\xi_j\omega_j\dot{q}_j(t) + \omega_j^2 q_j(t) = -\gamma_{jx}\ddot{x}_0(t) \tag{1-44}$$

式中：γ_{jx} 为振型 j 关于 x 方向水平地震作用的振型参与系数，计算方法如下。

$$\gamma_{jx} = \frac{\{\phi^{(j)}\}^{\mathrm{T}}[M]\{I_x\}}{\{\phi^{(j)}\}^{\mathrm{T}}[M]\{\phi^{(j)}\}} \tag{1-45}$$

式（1-9）采用杜哈梅积分得到在 x 方向水平地震 $\ddot{x}_0(t)$ 作用下振型 j 的广义坐标为：

$$q_j(t) = -\frac{\gamma_{jx}}{\omega_{jd}}\int_0^t \ddot{x}_0(\tau)\mathrm{e}^{-\xi_j\omega_j(t-\tau)}\sin\omega_{jd}(t-\tau)\mathrm{d}\tau \tag{1-46}$$

式中：$\omega_{jd} = \omega_j\sqrt{1-\xi_j^2}$。

将 $q_i(t)$ 代入式（1-37）即可获得在 x 方向水平地震 $\ddot{x}_0(t)$ 作用下原结构体系各质点对于地面的相对位移，即：

$$\{u(t)\} = q_1(t)\{\phi^{(1)}\} + q_2(t)\{\phi^{(2)}\} + \cdots + q_n(t)\{\phi^{(n)}\} \tag{1-47}$$

通过引入广义坐标 $q_j(t)$ 并利用质量、阻尼和刚度的振型正交性，以上计算过程将多自由度体系相对复杂的以微分方程组表达的地震响应简化为 n 个（体系自由度数）独立的单自由度体系的地震响应，这是振型分解法的基本原理。SAP2000 等计算软件中基于模态组合的结构动力响应时程分析采用的就是这种振型分解法，如根据式（1-47）可以得到在 x 方向水平地震作用下任一时刻 t 时结构体系各质点对于地面的相对位移 $\{u(t)\}$，对于线弹性体系，其内力 $\{F\}$ 与变位间存在如下线性相关关系：

$$\{F\} = [K]\{u(t)\} \tag{1-48}$$

以上论述的是多自由度结构体系受 x 方向水平地震作用时的情况，同理还可以获得其在 y 方向水平地震及 z 方向竖向地震作用下的地震响应：

y 方向水平地震作用下：

$$[M]\{\ddot{u}(t)\} + [C]\{\dot{u}(t)\} + [K]\{u(t)\} = -[M]\{I_y\}\ddot{y}_0(t) \tag{1-49}$$

z 方向水平地震作用下：

$$[M]\{\ddot{u}(t)\} + [C]\{\dot{u}(t)\} + [K]\{u(t)\} = -[M]\{I_z\}\ddot{z}_0(t) \tag{1-50}$$

式中：$\{I_y\}$、$\{I_z\}$ 为荷载方向列向量，$n\times1$ 阶，与相应地面运动方向一致的平动自由度关联项为 1，其他取 0；$\ddot{y}_0(t)$、$\ddot{z}_0(t)$ 为 y 和 z 方向的地面运动加速度。

振型 j 关于 y 和 z 方向地震作用的振型参与系数 γ_{jy} 和 γ_{jz} 分别为：

$$\gamma_{jy} = \frac{\{\phi^{(j)}\}^{\mathrm{T}}[M]\{I_y\}}{\{\phi^{(j)}\}^{\mathrm{T}}[M]\{\phi^{(j)}\}} \tag{1-51}$$

$$\gamma_{jz} = \frac{\{\phi^{(j)}\}^{\mathrm{T}}[M]\{I_z\}}{\{\phi^{(j)}\}^{\mathrm{T}}[M]\{\phi^{(j)}\}} \tag{1-52}$$

1.3.7 振型分解反应谱法

1.3.7.1 基本原理

在结构抗震计算中，最受关注的是结构的最大地震效应。如果采用式（1-47）的振型分解法，则需要绘制结构在整个分析时段内随时间变化的动力响应（位移、速度、加速度），然后再判断结构各构件产生的地震效应最大值，分析起来费时费力。振型分解反应谱法就是为了简化这个繁琐的计算过程而提出来的。

为方便讨论，将前述单自由度体系在 x 方向水平地震作用下单质点相对于地面的位移计算式（1-9）复述如下：

$$u(t) = -\frac{1}{\omega_d} \int_0^t \ddot{x}_0(\tau) e^{-\xi\omega(t-\tau)} \sin\omega_d(t-\tau) d\tau$$

将前述采用振型分解法得到的多自由度体系在 x 方向水平地震作用下振型 j 的广义坐标 $q_j(t)$ 的计算式（1-46）也复述如下：

$$q_j(t) = -\frac{\gamma_{jx}}{\omega_{jd}} \int_0^t \ddot{x}_0(\tau) e^{-\xi_j\omega_j(t-\tau)} \sin\omega_{jd}(t-\tau) d\tau \qquad (1-46)$$

对比式（1-46）和式（1-9），广义坐标 $q_j(t)$ 可以表示为：

$$q_j(t) = \gamma_{jx}\Delta_j(t) \qquad (1-53)$$

由此可得式（1-54）：

$$\ddot{q}_j(t) = \gamma_{jx}\ddot{\Delta}_j(t) \qquad (1-54)$$

式中：$\Delta_j(t)$ 和 $\ddot{\Delta}_j(t)$ 分别为在 x 方向水平地震 $\ddot{x}_0(t)$ 作用下自振频率为 ω_j（相应于多自由度体系振型 j）的单自由度体系质点的相对位移和相对加速度。

将式（1-54）代入式（1-39）中，则在 x 方向水平地震 $\ddot{x}_0(t)$ 作用下多自由度体系质点相对加速度向量为：

$$\{\ddot{u}(t)\} = \sum_{j=1}^n \ddot{q}_j(t)\{\phi^{(j)}\} = \sum_{j=1}^n \gamma_{jx}\ddot{\Delta}_j(t)\{\phi^{(j)}\} \qquad (1-55)$$

因此第 i 个质点 x 方向的相对加速度值为：

$$\ddot{u}_{ix}(t) = \sum_{j=1}^n \gamma_{jx}\phi_{ix}^{(j)}\ddot{\Delta}_j(t) \qquad (1-56)$$

式中：$\phi_{ix}^{(j)}$ 为振型 j 的振型向量中第 i 个质点 x 方向的位移。

于是，从式（1-56）中可以单独提取出振型 j 第 i 个质点 x 方向的相对加速度值 $\ddot{u}_{ijx}(t)$ 为：

$$\ddot{u}_{ijx}(t) = \gamma_{jx}\phi_{ix}^{(j)}\ddot{\Delta}_j(t) \qquad (1-57)$$

下面考虑振型 j 第 i 个质点 x 方向上作用的等效地震加速度 $\ddot{x}_{ij0}(t)$，根据式（1-44）由广义坐标表达的振型 j 的动力平衡方程：

$$\ddot{q}_j(t) + 2\xi_j\omega_j\dot{q}_j(t) + \omega_j^2 q_j(t) = -\gamma_{jx}\ddot{x}_0(t) \qquad (1-44)$$

方程两边同乘以振型 j 的振型向量中第 i 个质点 x 方向的位移 $\phi_{ix}^{(j)}$，得到：

$$\ddot{q}_j(t)\phi_{ix}^{(j)} + 2\xi_j\omega_j\dot{q}_j(t)\phi_{ix}^{(j)} + \omega_j^2 q_j(t)\phi_{ix}^{(j)} = -\gamma_{jx}\phi_{ix}^{(j)}\ddot{x}_0(t) \qquad (1-58)$$

式（1-58）可以被看成是一个单自由度体系（振型 j 第 i 个质点）x 方向的动力平衡方程，因此作用在质点上的等效地震加速度 $\ddot{x}_{ij0}(t)$ 其实就是等号右边的项，即：

$$\ddot{x}_{ij0}(t) = \gamma_{jx}\phi_{ix}^{(j)}\ddot{x}_0(t) \qquad (1-59)$$

综合式（1-57）和式（1-59），振型 j 在第 i 个质点的 x 方向水平地震惯性力 $F_{ijx}(t)$ 计算式（1-60）为：

$$F_{ijx}(t) = -m_i(\ddot{x}_{ij0}(t) + \ddot{u}_{ijx}(t)) = -m_i\gamma_{jx}\phi_{ix}^{(j)}(\ddot{\Delta}_j(t) + \ddot{x}_0(t)) \qquad (1-60)$$

式中：m_i 为第 i 个质点的质量。

对式（1-60）中加速度项取最大值，并参照式（1-16），将振型 j 第 i 个质点视为一个单自由度体系，则其 x 方向最大水平地震作用（惯性力）为：

$$F_{ijx} = -\alpha_j \gamma_{jx} \phi_{ix}^{(j)} G_i \tag{1-61}$$

式中：F_{ijx} 为振型 j 第 i 个质点 x 方向水平地震作用标准值；G_i 为第 i 个质点的重力作用代表值；α_j 为相应于振型 j 自振周期的单自由度体系地震影响系数。

式（1-61）就是《建筑抗震设计规范》（GB 50011—2010）中第 5.2.2 条给出的振型分解反应谱法单个质点在单向水平地震作用计算的公式。

由此可以总结出振型分解反应谱法的基本分析过程如下：①首先利用模态分析获得多自由度结构体系的模态振型及相应的自振周期（频率）；②利用振型分解法将多自由度结构体系分解为 n（n 为自由度数）个独立的单自由度体系，每个单自由度体系对应原多自由度结构体系的一个振型；③将每个振型视作一个单自由度体系，利用其自振周期在设计反应谱（地震影响系数曲线）获得相应的地震影响系数；④根据式（1-45）计算各个振型的振型参与系数 γ_j；⑤根据式（1-61）计算各个振型在原多自由度结构体系每个质点上的水平地震作用标准值；⑥将得到的水平地震作用标准值施加在结构的相应质点上，通过静力分析获得各个振型产生的结构地震效应 S_j；⑦将各个振型在单向水平地震作用下的效应组合在一起，最后获得结构单向水平地震作用的总效应。

关于竖向地震作用下的反应谱计算《建筑抗震设计规范》（GB 50011—2010）和现行水工结构抗震设计规范的规定有一些不同。

《建筑抗震设计规范》规定"8、9 度时的大跨度和长悬臂结构及 9 度时的高层建筑，应计算竖向地震作用"，对于大跨度空间结构的竖向地震作用可按竖向振型分解反应谱法计算，其竖向地震影响系数可采用相应水平地震影响系数的 65%，但特征周期可按设计第一组（即近震）采用。

《水电工程水工建筑物抗震设计规范》（NB 35047—2015）和《水工建筑物抗震设计标准》（GB 51247—2018）规定对设计烈度于Ⅷ度及Ⅷ度以上的渡槽结构应同时计入水平向和竖向地震作用，并且"竖向设计地震动峰值加速度的代表值可取水平向设计地震动加速度代表值的 2/3，在近场地震（第一组）时应取水平向设计地震动加速度代表值"。

1.3.7.2 模态阻尼

振型分解反应谱法的基本原理是通过振型分解，把 n 个自由度结构体系的动力响应分析转化为 n 个单自由度体系的动力响应分析，每个单自由度体系相应于原结构体系的一个模态（振型），应用基于单自由度体系地震响应的设计反应谱对每一个振型进行最大地震效应的计算，然后将这些模态的结果按照一定方式进行组合，最终获得结构最大地震作用效应。

因此，在采用振型分解反应谱法进行结构抗震计算时需要输入的是相应于各个模态的模态阻尼比（modal damping），其定义为式（1-43）。模态阻尼比振型分解反应谱法分析主要有两方面的影响：首先是影响图 1-19 所示的设计反应谱曲线的形状（定义曲线形状的阻尼调整系数 η_2 和 η_1 都与阻尼比相关）；其次会对考虑相邻振型间耦合效应的各个模态地震效应的 CQC 组合（见第 1.3.7.3 项）产生影响。

SAP2000 在振型分解反应谱法分析中模态阻尼比有三种输入方式：①所有模态都采用一个常数（如钢筋混凝土结构采用 0.05，钢结构采用 0.02～0.04，混合结构采用 0.04

等），这种输入方式最简单，但是没有考虑高频模态和低频模态之间可能存在的阻尼比差异；②在一些离散的频率点输入指定的阻尼比，软件自动采用插值方法计算其他频率的模态阻尼比；③采用式（1-22）的瑞利阻尼比，需要两个模态的实测阻尼比来确定模态质量和模态刚度的比例系数。

但是，结构模态阻尼比的准确测量是比较困难的，一般的规律是结构频率越高，阻尼比越大。比如《建筑抗震设计规范》（GB 50011—2010）中第8.2.2条的规定"钢结构多遇地震下的计算，高度不大于50m时可取0.04；高度大于50m且小于200m时，可取0.03；高度不小于200m时，宜取0.02"。在实际工作中最常用的还是第一种方式，即所有模态的阻尼比都采用一个常数。在图1-19所示的设计反应谱曲线上，最大地震影响系数的阻尼调整系数η_2随阻尼比的增加而减小，因此当对所有模态采用一个阻尼比时，有可能会高估高阶模态的地震影响系数，使得振型分解反应谱法的分析结果更加保守。

1.3.7.3 地震效应模态组合方式

关于上述所提到的各个振型地震效应的组合（模态组合）方式，目前工程界普遍采用的主要有以下两种：

（1）SRSS法（Square Root of Sum of Squares），平方和的平方根法。《建筑抗震设计规范》（GB 50011—2010）规定在确定结构水平地震效应（弯矩、剪力、轴力和变形）时，当相邻振型的周期之比小于0.85时，可按式（1-62）确定：

$$S_{EK} = \sqrt{\sum S_j^2}$$
（1-62）

式中：S_{EK}为结构水平地震的总效应；S_j为振型j的水平地震效应。

SRSS模态组合方法假定所有模态都是相互独立的，因此不考虑各振型之间的耦合效应，通过所有振型最大水平地震效应的平方和的平方根进行组合。但是实际结构的模态之间基本都是相互关联的，存在耦合效应，尤其是对一些比较复杂的三维结构有限元模型，相邻振型之间周期相差很小，按规范要求不适合采用这种模态组合方法。

（2）CQC法（Complete Quadratic Combination）完全平方根组合。与SRSS法不同，CQC法考虑了相邻两个振型之间由于阻尼作用产生的耦合效应，因此这种模态组合方法比SRSS要合理，更能准确反映复杂结构在地震中的真实动力响应。《建筑抗震设计规范》（GB 50011—2010）规定对于单向地震作用下的扭转耦联效应可按式（1-63）确定：

$$S_{EK} = \sqrt{\sum_{j=1}^{m}\sum_{k=1}^{m}\rho_{jk}S_jS_k}$$
（1-63）

$$\rho_{jk} = \frac{8\sqrt{\xi_j\xi_k}(\xi_j+\lambda_T\xi_k)\lambda_T^{1.5}}{(1-\lambda_T^2)^2+4\xi_j\xi_k(1+\lambda_T^2)\lambda_T+4(\xi_j^2+\xi_k^2)\lambda_T^2}$$
（1-64）

式中：S_j、S_k分别为振型j和k的水平地震效应；ξ_j、ξ_k分别为振型j和k的阻尼比；ρ_{jk}为振型j和k的耦联系数；λ_T为振型j与振型k的自振周期比。

《水电工程水工建筑物抗震设计规范》（NB 35047—2015）和《水工建筑物抗震设计标准》（GB 51247—2018）规定的模态组合方式与《建筑抗震设计规范》（GB 50011—2010）中的规定基本相同。

1.3.7.4 地震效应方向组合方式

以上讨论的模态组合是单方向水平地震作用下各个振型地震效应的组合，实际工程中结构很可能受到双方向水平地震作用，甚至可能同时受到双方向水平地震加竖向地震作用的影响，此时需要考虑地震效应的方向组合。

《建筑抗震设计规范》（GB 50011—2010）规定在双向地震作用下的扭转耦联效应可按式（1-65）、式（1-66）的较大值确定：

$$S_{EK} = \sqrt{S_x^2 + (0.85S_y)^2} \qquad (1-65)$$

$$S_{EK} = \sqrt{S_x^2 + (0.85S_x)^2} \qquad (1-66)$$

式中：S_x、S_y 分别为 x 向和 y 向单向水平地震作用按式（1-63）计算的地震效应。

但是对于竖向地震效应，《建筑抗震设计规范》（GB 50011—2010）没有采取以上方向组合的方式，而是将竖向地震效应作为一个与水平地震效应相互独立的分项纳入到结构构件截面抗震验算的基本组合中。《公路工程抗震规范》（JTG B02—2013）中规定采用设计加速度反应谱法表征地震作用，在同时考虑三个正交方向（水平向 X、Y 和竖向 Z）的地震作用时，可分别单独计算 X 向、Y 向和 Z 向地震作用在 i 计算方向产生的最大效应 E_{iX}、E_{iY} 和 E_{iZ}，i 方向总的设计最大地震作用效应 E_i 可由式（1-67）计算：

$$E_i = \sqrt{E_{iX}^2 + E_{iY}^2 + E_{iZ}^2} \qquad (1-67)$$

虽然《水电工程水工建筑物抗震设计规范》（NB 35047—2015）和《水工建筑物抗震设计标准》（GB 51247—2018）规定对设计烈度为Ⅷ度及Ⅷ度以上的渡槽的抗震计算应同时考虑顺槽向、横槽向和竖向的地震作用，但却没有对竖向地震效应的组合方式做出具体明确的规定。

1.3.7.5　振型参与质量系数

振型参与质量系数（modal participation mass ratio）是振型分解反应谱法中一个非常重要的参数，其物理意义是结构在某个特定方向的地震加速度荷载作用下，各个振型产生的基底剪力与整个结构产生的基底剪力的比值。对于复杂的三维多自由度结构体系，无论是根据特征向量法还是里兹向量法进行模态分析，可以获得的振型数量都将会是非常多的。如果采用振型分解反应谱法分析所有振型的地震响应，不但费时费力，而且由于后面的高阶振型对结构地震响应的贡献很小，结构地震效应计算精度并不能得到本质的提高。因此，《建筑抗震设计规范》（GB 50011—2010）中的条文说明里给出了振型个数可以取振型参与质量系数累计达到 90% 时的振型数这样一个参考控制指标。

首先定义多自由度体系第 j 振型关于某特定方向（如 x、y、z）地震作用的参与质量 m_{jp} 为第 j 振型的模态质量乘以该振型关于该特定方向地震作用的振型参与系数的平方，即：

$$m_{jp} = \gamma_j^2 m_j^* = \frac{(\{\phi^{(j)}\}^T [M]\{I\})^2}{\{\phi^{(j)}\}^T [M]\{\phi^{(j)}\}} = \frac{(\{\phi^{(j)}\}^T [M]\{I\})^2}{m_j^*} \qquad (1-68)$$

式中：$\{I\}$ 为荷载方向列向量，与该特定方向平动自由度关联项为 1，其他取 0。

另外不难证明多自由度体系所有振型关于该特定方向地震作用的振型参与质量之和等于体系各个质点的质量之和，即：

$$\sum_{j=1}^n \gamma_j^2 m_j^* = \sum_{i=1}^k m_j \qquad (1-69)$$

式中：n 为体系自由度数（振型数）；k 为体系质点数；m_j 为质点集中质量，$j=1$、2、$\cdots$、k。

如果在抗震分析中只取前面若个阶振型进行振型分解反应谱法的计算，那么这些振型关于某特定方向地震作用的振型参与质量之和与体系总质量之比即为关于该方向地震作用的振型参与质量系数，各振型的振型参与质量系数分别用式（1－70）～式（1－72）表示

水平向 x：
$$U_{jx} = \frac{\gamma_{jx}^2 m_j^*}{\sum\limits_{i=1}^{k} m_j} \tag{1－70}$$

水平向 y：
$$U_{jy} = \frac{\gamma_{jy}^2 m_j^*}{\sum\limits_{i=1}^{k} m_j} \tag{1－71}$$

竖向 z：
$$U_{jz} = \frac{\gamma_{jz}^2 m_j^*}{\sum\limits_{i=1}^{k} m_j} \tag{1－72}$$

式中：U_{jx}、U_{jy}、U_{jz} 分别为振型 j 关于 x、y、z 方向地震作用的振型参与质量系数；γ_{jx}、γ_{jy}、γ_{jz} 分别为振型 j 关于 x、y、z 方向地震作用的振型参与系数。

振型参与质量系数的作用主要有两个：①衡量每个振型在 x、y、z 方向上对结构地震响应贡献的大小；②确定振型分解反应谱法进行结构抗震分析要达到一定精度水平所需的振型个数。

另外，SAP2000 分析软件还提供了多自由度体系关于 x、y、z 轴转动的振型参与质量系数的计算，定义为振型关于绕某坐标轴转动地震作用的振型参与转动惯量之和与体系总转动惯量之比。它主要是针对在地震作用下刚性楼板扭转效应比较显著的高层建筑，用于判断某振型起控制作用的振动形式是平动还是扭动，如当振型水平方向的振型参与质量系数之和 $U_{jx}+U_{jy}$ 小于绕竖向转动的振型参与质量系数 R_{jz}，则振型 j 为扭转振型，反之为平动振型。

下面以图 1－21 中沿水平 x 方向有三个平移自由度的平面刚架结构体系为例来说明振型参与质量系数在振型分解反应谱法中的应用。

根据式（1－34），平面刚架体系三个振型的模态质量分别为：

$$m_1^* = \{\phi^{(1)}\}^{\mathrm{T}}[M]\{\phi^{(1)}\} = \{0.5, 0.666, 1.0\}\begin{bmatrix} m & 0 & 0 \\ 0 & m & 0 \\ 0 & 0 & m/2 \end{bmatrix}\begin{Bmatrix} 0.5 \\ 0.666 \\ 1.0 \end{Bmatrix} = 1.1936m$$

$$m_2^* = \{\phi^{(2)}\}^{\mathrm{T}}[M]\{\phi^{(2)}\} = \{-1.0, 0, 1.0\}\begin{bmatrix} m & 0 & 0 \\ 0 & m & 0 \\ 0 & 0 & m/2 \end{bmatrix}\begin{Bmatrix} -1.0 \\ 0 \\ 1.0 \end{Bmatrix} = 1.5m$$

$$m_3^* = \{\phi^{(3)}\}^{\mathrm{T}}[M]\{\phi^{(3)}\} = \{0.5, -0.866, 1.0\}\begin{bmatrix} m & 0 & 0 \\ 0 & m & 0 \\ 0 & 0 & m/2 \end{bmatrix}\begin{Bmatrix} 0.5 \\ -0.866 \\ 1.0 \end{Bmatrix} = 1.5m$$

根据式（1－45），三个振型关于 x 方向地震作用的振型参与系数分别为：

$$\gamma_{1x} = \frac{\{\phi^{(1)}\}^{\mathrm{T}}[M]\{I_x\}}{\{\phi^{(1)}\}^{\mathrm{T}}[M]\{\phi^{(1)}\}} = \{0.5, 0.666, 1.0\}\begin{bmatrix} m & 0 & 0 \\ 0 & m & 0 \\ 0 & 0 & m/2 \end{bmatrix}\begin{Bmatrix} 1 \\ 1 \\ 1 \end{Bmatrix}/1.1936m = 1.3958$$

$$\gamma_{2x} = \frac{\{\phi^{(2)}\}^{\mathrm{T}}[M]\{I_x\}}{\{\phi^{(2)}\}^{\mathrm{T}}[M]\{\phi^{(2)}\}} = \{-1.0, 0, 1.0\}\begin{bmatrix} m & 0 & 0 \\ 0 & m & 0 \\ 0 & 0 & m/2 \end{bmatrix}\begin{Bmatrix} 1 \\ 1 \\ 1 \end{Bmatrix}/1.5m = -0.3333$$

$$\gamma_{3x} = \frac{\{\phi^{(3)}\}^{\mathrm{T}}[M]\{I_x\}}{\{\phi^{(3)}\}^{\mathrm{T}}[M]\{\phi^{(3)}\}} = \{0.5, -0.866, 1.0\}\begin{bmatrix} m & 0 & 0 \\ 0 & m & 0 \\ 0 & 0 & m/2 \end{bmatrix}\begin{Bmatrix} 1 \\ 1 \\ 1 \end{Bmatrix}/1.5m = 0.0893$$

根据式（1-70），三个振型关于 x 方向地震作用的振型参与质量系数为：

$$U_{1x} = \frac{\gamma_{1x}{}^2 m_1^*}{\sum\limits_{i=1}^{3} m_j} = \frac{1.3958^2 \times 1.1936m}{(1+1+0.5)m} = 93.0\%$$

$$U_{2x} = \frac{\gamma_{2x}{}^2 m_2^*}{\sum\limits_{i=1}^{3} m_j} = \frac{(-0.3333)^2 \times 1.5m}{(1+1+0.5)m} = 6.6\%$$

$$U_{3x} = \frac{\gamma_{3x}{}^2 m_3^*}{\sum\limits_{i=1}^{3} m_j} = \frac{(-0.0893)^2 \times 1.5m}{(1+1+0.5)m} = 0.4\%$$

$$\sum_{i=1}^{3} U_{ix} = 100\%$$

根据以上计算结果可以看出，该三层刚架体系第一阶振型关于 x 方向地震作用的振型参与质量系数达到了 93.0%，表明第一阶振型最容易被激发，地震作用产生的大部分能量都集中在这个振型中，其对结构地震响应的贡献最大。按照《建筑抗震设计规范》（GB 50011—2010）推荐的振型参与质量系数 90% 这个参考标准，采用振型分解反应谱法时可只选择这一个振型就能够满足结构抗震计算精度的要求。这个简单的例子也能够在一定程度上反映出《建筑抗震设计规范》（GB 50011—2010）水平地震作用中适用于规则楼房结构的底部剪力法的合理性，该方法基本就是按照第一阶振型的变形特征将水平地震作用分别施加在各层楼板上，通过静力计算获得结构的地震效应。

1.3.8　构件截面承载力复核计算方法

钢筋混凝土构件截面承载力的计算主要包括正截面受弯、正截面受压、正截面受拉以及斜截面受剪等。在采用振型分解反应谱法进行抗震设计和复核计算时，在考虑地震效应方向组合方式的情况下，渡槽支撑结构构件（排架、拱圈等）的各个控制截面基本处在双向偏心受压状态，有时甚至可能出现偏心受拉。以下结合《水工混凝土结构设计规范》（SL 191—2008）简要介绍渡槽结构抗震设计和复核计算中最常见的几种构件承载能力极限状态的计算方法。

1.3.8.1　正截面受压承载力计算

构件正截面受压承载力计算主要分为轴心受压、偏心受压及双向偏心受压等三种情况。

（1）轴心受压。轴心受压构件，当配置的箍筋满足规范要求时，其正截面受压承载力应符合下列规定：

$$KN \leqslant \phi(f_c A + f_y' A_s') \tag{1-73}$$

式中：K 为承载力安全性系数；N 为截面压力设计值，N；f_c 为混凝土轴心抗压强度设计值，N/mm²；A 为构件截面面积，mm²；f_y' 为纵向钢筋抗压强度设计值，N/mm²；A_s' 为纵向受力钢筋截面面积，mm²；ϕ 为钢筋混凝土轴心受压构件的稳定系数，按表 1 - 10 计算：

表 1 - 10　　　　　　　　钢筋混凝土轴心受压构件的稳定系数 ϕ

l_0/b	≤8	10	12	14	16	18	20	22	24	26	28
l_0/i	≤28	35	42	48	55	62	69	76	83	90	97
ϕ	1.0	0.98	0.95	0.92	0.87	0.81	0.75	0.70	0.65	0.60	0.56
l_0/b	30	32	34	36	38	40	42	44	46	48	50
l_0/i	104	111	118	125	132	139	146	153	160	167	174
ϕ	0.52	0.48	0.44	0.40	0.36	0.32	0.29	0.26	0.23	0.21	0.19

注　l_0 为构件计算长度（mm），按表 1 - 11 条的规定计算；b 为矩形截面的短边尺寸（mm）；i 为截面最小回转半径（mm）。

表 1 - 11　　　　　　　　　　　　构 件 计 算 长 度 l_0

构件及两端约束情况		l_0
直　杆	两端固定	0.5l
	一端固定，一端为不移动的铰	0.7l
	两端均为不移动的铰	1.0l
	一端固定，一端自由	2.0l
拱	三铰拱	0.58S
	双铰拱	0.54S
	无铰拱	0.36S

注　l 为构件支点间长度；S 为拱轴线长度。

（2）偏心受压。矩形截面偏心受压构件正截面受压承载力应符合下列规定（图1-24）：

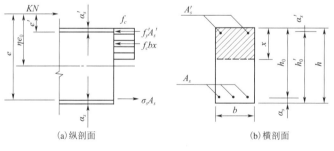

(a) 纵剖面　　　　　　　　(b) 横剖面

图 1 - 24　矩形截面偏心受压构件正截面受压承载力计算示意图

$$KN \leqslant f_c bx + f_y' A_s' - \sigma_S A_s \qquad (1-74)$$

$$KNe \leqslant f_c bx\left(h_0 - \frac{x}{2}\right) + f_y' A_s'(h_0 - a_s') \qquad (1-75)$$

$$e = \eta e_0 + \frac{h}{2} - a_s \qquad (1-76)$$

$$e_0 = M/N$$

式中：e 为轴向压力作用点至受拉边或受压较小边纵向钢筋合力点之间的距离，mm；e_0 为轴向压力对截面重心的偏心距，mm；η 为偏心受压构件考虑二阶效应影响的轴向压力偏心距增大系数；f_y、f_y' 分别为钢筋抗拉和抗压强度设计值，MPa；A_s、A_s' 分别为远离和靠近轴向压力一侧纵向受力钢筋截面面积，mm²；σ_s 为受拉边或受压较小边纵向钢筋应力，MPa；a_s 为受拉边或受压较小边纵向钢筋合力点至截面近边缘距离，mm；a_s' 为受压较大边纵向钢筋合力点至截面近边缘距离，mm；h、h_0 分别为截面高度和有效高度，mm；x 为受压区计算高度，mm，当 $x > h$ 时，取 $x = h$。

在按上述规定计算时，尚应符合下列要求：

1）纵向钢筋的应力 σ_s 可按下列情况计算。

①当 $\xi \leqslant \xi_b$ 时为大偏心受压（ξ 为相对受压区计算高度，$\xi = x/h_0$；ξ_b 为相对界限受压区计算高度），取 $\sigma_s = f_y$：

$$\xi_b = \frac{x_b}{h_0} = \frac{0.8}{1 + \dfrac{f_y}{0.0033E_s}} \tag{1-77}$$

式中：E_s 为钢筋弹性模量，N/mm²；x_b 为界限受压区计算高度，mm。

②当 $\xi > \xi_b$ 时为小偏心受压，此时 $\sigma_s = \dfrac{f_y}{\xi_b - 0.8}\left(\dfrac{x}{h_0} - 0.8\right)$，$-f_y' \leqslant \sigma_s \leqslant f_y$。

2）当计算中计入纵向受压钢筋时，受压区计算高度 x 满足 $x \geqslant 2a_s'$ 的条件；当不满足此条件时，其正截面受压承载力可按式（1-78）计算：

$$KN e_e' \leqslant f_y A_s (h_0 - a_s') \tag{1-78}$$

式中：e' 为轴向压力作用点至受压区纵向钢筋合力点之间的距离。

3）矩形截面的偏心受压构件，其偏心距增大系数可按式（1-79）～式（1-81）计算：

$$\eta = 1 + \frac{1}{1400 e_0/h_0}\left(\frac{l_0}{h}\right)^2 \xi_1 \xi_2 \tag{1-79}$$

$$\xi_1 = \frac{0.5 f_c A}{KN} \tag{1-80}$$

$$\xi_2 = 1.15 - 0.01 \frac{l_0}{h} \tag{1-81}$$

式中：e_0 为轴向压力对截面中心的偏心距，mm，当 $e_0 < h_0/30$ 时，取 $e_0 = h_0/30$；l_0 为构件的计算长度，mm；A 为构件截面面积，mm²；ξ_1 为考虑截面应变对截面曲率影响的系数，当 $\xi_1 > 1$ 时，取 $\xi_1 = 1$；对于大偏心受压构件，直接取 $\xi_1 = 1$；ξ_2 为考虑构件长细比对截面曲率影响的系数，当 $l_0/h < 15$ 时，取 $\xi_2 = 1$。

当构件长细比 $l_0/h < 8$ 时，可取偏心距增大系数 $\eta = 1$。

对于单向偏心受压构件，通过分析计算能够获得其各个不利位置截面在基本组合下的荷载效应，即压力设计值 N_d 和弯矩设计值 M_d。联立式（1-74）和式（1-75）求解配筋面积时方程组共有 4 个未知量，A_s、A_s'、σ_s 和 x。即使先假设截面为大偏心受压，受拉边或受压较小边纵向钢筋应力 $\sigma_s = f_y$，两个方程仍有 3 个未知量，除非假设截面对称配筋（$A_s = A_s'$），否则不太容易对式（1-74）和式（1-75）进行求解来确定配筋，而实际工程中有些衬砌截面配筋是不对称的，增加了求解难度。

根据截面偏心受压的特点，在已知截面配筋的条件下，本书作者提出一种基于破坏包络线的矩形截面偏心受压承载力复核计算方法，对于单向偏心受压构件，计算步骤如下：

①根据已知截面内力设计值 M_d 和 N_d 计算偏心距 e_0，进而获得偏心距 e。

②假定保持偏心距 e_0 不变，截面内力按比例增加到抗压破坏包络线上的破坏弯矩 M_u 及其相应的破坏压力 N_u（图 1-25）。

③首先假定截面为大偏心受压，$\sigma_s = f_y$，由于截面配筋 A_s 和 A'_s 为已知，此时式（1-74）和式（1-75）两个方程只有压力 N 和截面受压区高度 x 两个未知数，可以求解截面受压区高度 x。

④根据受压区计算高度 x 计算结果判断大、小偏心受压。

⑤如果截面为大偏心受压且满足 $x \geq 2a'_s$ 的条件，继续利用式（1-74）和式（1-75）求解 N_u，进而获得 M_u。如果不满足 $x \geq 2a_s$ 的条件，则直接利用式（1-78）计算 N_u 和 M_u。

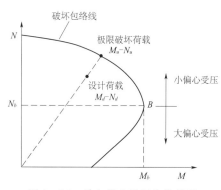

图 1-25 单向偏心受压构件截面
复核计算示意图

⑥如果截面为小偏心受压，$\sigma_S = \dfrac{f_y}{\xi_b - 0.8}(\dfrac{x}{h_0} - 0.8)$，将 σ_s 代入式（1-74）和式（1-75），两个方程只有压力 N 和截面受压区高度 x 两个未知数，求解 N_u，进而获得 M_u。

⑦根据 M_u 和 N_u，计算 M_u/M_d 和 N_u/N_d（由于假设内力按比例增加到截面抗压破坏包络线，$M_u/M_d = N_u/N_d$）。当 M_u/M_d 或 $N_u/N_d \geq 1.0$ 时，表明截面内力设计值在图 1-25 所示的破坏包络线上或在其之内，截面抗压承载力满足要求。而当 M_u/M_d 或 $N_u/N_d \leq 1.0$ 时，表明截面内力设计值在破坏包络线之外，截面抗压承载力不满足要求。

上述矩形截面偏心受压承载力复核计算方法能够比较直观地反映出在现有配筋条件下截面抗压承载力的安全裕度，而且也非常方便在截面承载力不足的情况下进行粘贴碳纤维布加固计算。

（3）双向偏心受压对具有两个互相垂直的对称轴的矩形、I 形截面的双向偏心受压构件，其正截面受压承载力应符合下列规定（见图 1-26）：

$$KN \leq \cfrac{1}{\cfrac{1}{N_{ux}} + \cfrac{1}{N_{uy}} - \cfrac{1}{N_{u0}}} \qquad (1-82)$$

式中：N_{u0} 为构件截面轴心受压承载力，kN，按式（1-73）计算，且不考虑稳定系数 ϕ；N_{ux} 为轴向压力作用于 x 轴并考虑相应的偏心距 $\eta_x e_{0x}$ 后，按全部纵向钢筋计算的构件偏心受压承载力，kN，当纵向钢筋沿截面两对边布置时，

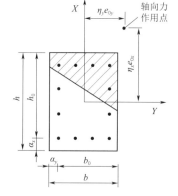

图 1-26 双向偏心受压
构件的截面示意图

N_{ux}按上述矩形截面偏心受压构件正截面受压承载力计算式（1-74）～式（1-76）计算；N_{uy}为轴向压力作用于 y 轴并考虑相应的偏心距 $\eta_y e_{0y}$ 后，按全部纵向钢筋计算的构件偏心受压承载力，kN，当纵向钢筋沿截面两对边布置时，N_{uy} 按上述矩形截面偏心受压构件正截面受压承载力计算式（1-74）～式（1-76）计算。

N_{ux} 和 N_{uy} 可以采用图1-25所示的基于破坏包络线的矩形截面偏心受压承载力复核计算求得，代入式（1-82）即可计算出正截面双向偏心受压承载力。

1.3.8.2 正截面受拉承载力计算

轴向拉力 N 作用在钢筋 A_s 合力点与 A'_s 合力点之间的矩形截面小偏心受拉构件（图1-27），其正截面受拉承载力应符合下列规定：

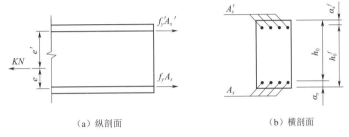

（a）纵剖面   （b）横剖面

图1-27 矩形截面小偏心受拉构件正截面受拉承载力计算示意图

$$KNe \leqslant f_y A'_s (h_0 - a'_s) \qquad (1-83)$$

$$KNe' \leqslant f_y A_s (h'_0 - a_s) \qquad (1-84)$$

式中：A_s、A'_s 分别为靠近和远离轴向拉力一侧纵向受力钢筋截面面积，mm^2；e 为轴向拉力作用点至钢筋 A_s 合力点之间的距离，mm；e' 为轴向拉力作用点至钢筋 A'_s 合力点之间的距离，mm；其他符号含义同前。

轴向拉力 N 不作用在钢筋 A_s 合力点与 A'_s 合力点之间的矩形截面大偏心受拉构件（图1-28），其正截面受拉承载力应符合下列规定：

$$KN \leqslant f_y A_s - f'_y A'_s - f_c bx \qquad (1-85)$$

$$KNe \leqslant f_c bx \left(h_0 - \frac{x}{2} \right) + f'_y A'_s (h_0 - a'_s) \qquad (1-86)$$

式中：符号含义同前。

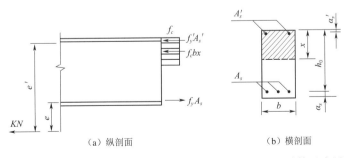

（a）纵剖面   （b）横剖面

图1-28 矩形截面大偏心受拉构件正截面受拉承载力计算示意图

受压区的计算高度 x 还应满足 $x \leqslant 0.85\xi_b h_0$ 和 $x \geqslant 2a'_s$。在计算中计入受压钢筋且不

符合 $x \geqslant 2a'_s$ 的条件，正截面受拉承载力应按式（1-84）计算。

对于对称配筋的大、小偏心受拉构件，正截面受拉承载力均可按式（1-84）计算。

1.3.8.3　斜截面受剪承载力计算

在荷载基本组合（非地震）下，当矩形截面的受弯构件配有箍筋时，其斜截面受剪承载力应符合下列规定：

$$KV \leqslant 0.7f_t bh_0 + 1.25 f_{yv} \frac{A_{sv}}{s} h_0 \tag{1-87}$$

式中：K 为承载力安全性系数，地震作用组合下取 1.0；V 为斜截面剪力设计值，N；A_{sv} 为配置在同一截面内箍筋各肢的全部截面积，mm^2；f_t 为混凝土轴心抗拉强度设计值，MPa；f_{yv} 为箍筋抗拉强度设计值，MPa。

如能满足 $KV \leqslant 0.7 f_t bh_0$，可不进行斜截面受剪承载力计算，仅需按构造要求配置箍筋。

在地震作用组合下，当构件只出现压力时，其斜截面受剪承载力应由式（1-88）计算：

$$KV_d \leqslant 0.3 f_t bh_0 + f_{yv} \frac{A_{sv}}{s} h_0 + 0.056N \tag{1-88}$$

式中：V_d 为地震作用组合下斜截面剪力设计值，N；A_{sv} 为配置在同一截面内箍筋各肢的全部截面积，mm^2；f_t 为混凝土轴心抗拉强度设计值，MPa；f_{yv} 为箍筋抗拉强度设计值，MPa；N 为地震作用组合下构件轴向压力设计值，N；s 为箍筋间距，mm。

在地震作用组合下，当构件只出现拉力时，其斜截面受剪承载力应由式（1-89）计算：

$$KV_d \leqslant 0.3 f_t bh_0 + f_{yv} \frac{A_{sv}}{s} h_0 - 0.2N_t \tag{1-89}$$

式中：N_t 为地震作用组合下构件轴向拉力设计值，N。

对比式（1-89）和式（1-87）、式（1-88）可以看出，当结构构件在地震作用下产生拉力时，其斜截面受剪承载力将会显著降低，这一点在结构抗震复核计算中应引起重视。

1.3.9　渡槽结构抗震复核计算实例

1.3.9.1　基本情况

西北地区某灌区拱式输水渡槽见图 1-29，该渡槽是 20 世纪 70 年代初建成的，为钢筋混凝土结构，拱圈跨度 48m。由于时间比较久远，在设计时并未考虑地震作用对整体结构（特别是大跨度拱圈）稳定的影响。在进行该渡槽的安全评估与鉴定时，考虑到建造时特殊的历史条件以及目前我国对结构抗震性能的关注，另外其工程所在地也是一个强震影响区域，有必要对渡槽结构的抗震安全按现行相关规范进行复核计算，为最终确定渡槽的安全类别提供一个重要依据。但是需要指出的是，本次复核计算只是根据结构的实际配筋状况来校核在地震作用组合下主要支撑构件的截面承载力，未考虑结构的抗震构造措施。

根据原始设计资料，该渡槽设计流量为 40m^3/s，槽内设计水深 2.5m。根据表 1-2

中《水利水电工程等级划分及洪水标准》（SL 252—2017）对于灌溉工程中的渠道及渠系永久性水工建筑物级别的划分标准，并综合考虑到渡槽对整个灌区的重要性，取该渡槽为3级水工建筑物。

根据《水工混凝土结构设计规范》（SL 191—2008），抗震验算时，钢筋混凝土构件截面承载力的设计表达式仍采用式（1-2），且承载力安全性系数 K 按偶然组合项采用，对于3级水工建筑物钢筋混凝土结构 K 取1.0。地震作用组合下的荷载效应组合值 S 按式（1-5）计算，此处重述如下（此情况下 S_{AK} 为地震产生的荷载效应）：

$$S = 1.05 S_{G1K} + 1.2 S_{G2K} + 1.20 S_{Q1K} + 1.10 S_{Q2K} + 1.0 S_{AK} \qquad (1-5)$$

一般来讲，在渡槽结构的抗震计算中需要考虑的是结构自重、槽内水重和地震作用。槽内水重保守起见建议采用 S_{Q1K}（荷载分项系数1.2），本工程为3级渡槽（实际工作中也较少会遇到1级和2级渡槽），不需考虑槽内动水压力的作用。对于高度比较低的渡槽结构风荷载一般不起控制作用，并且由于设计最大风荷载与设计地震同时发生的可能性极小，根据《建筑抗震设计规范》（GB 50011—2010）中关于地震作用组合的相关规定，考虑地震作用时忽略风荷载作用的影响。

图1-29　西北地区某灌区拱式输水渡槽

根据《水工混凝土结构设计规范》（SL 191—2008）第13.6.2条的规定，对于简支桥梁的上部结构可不进行抗震承载力及稳定性验算，因此本次抗震复核计算重点在于渡槽主体支撑结构——主拱圈和排架。

1.3.9.2　地震反应谱

根据《建筑抗震设计规范》（GB 50011—2010）中附录 A.0.27 的规定，该渡槽所在地区抗震设防烈度均为8度，设计地震基本加速度值为0.20g，设计地震分组为第三组。由于该渡槽建成年代比较久远，无法获得其设计时的详细地勘资料。但根据原设计图纸中的布置图，该渡槽上游侧排架和拱圈基础坐落在黏土岩和破碎硬砂岩上，下游侧基础坐落在砂岩上。参考《建筑抗震设计规范》（GB 50011—2010）地基土类型划分和剪切波速范围见表1-12，保守估计该基础层为中硬土，剪切波速在250～500m/s 之间。建筑的场地类别应根据土的等效剪切波速和场地覆盖层厚度按表1-13划分为四类，由此估算该渡槽场地类别为Ⅱ类。

表1-12　　　　　　　　　　　地基土类型划分和剪切波速范围表

土的类型	岩土名称和性状	土的剪切波速范围/（m/s）
岩石	坚硬、较硬且完整的岩石	$v_s > 800$
坚硬土或软质岩石	破碎和较破碎的岩石或软和较软的岩石、密实的碎石土	$800 \geqslant v_s > 500$
中硬土	中密、稍密的碎石土，密实、中密的砾、粗、中砂，$f_{ak} > 150$kPa 的黏性土和粉土，坚硬黄土	$500 \geqslant v_s > 250$

土的类型	岩土名称和性状	土的剪切波速范围/（m/s）
中软土	稍密的砾、粗、中砂，除松散外的细、粉砂，$f_{ak} \leqslant 150\text{kPa}$的黏性土和粉土，$f_{ak} > 130\text{kPa}$的填土，可塑新黄土	$250 \geqslant v_s > 150$
软弱土	淤泥和淤泥质土，松散的砂，新近沉积的黏性土和粉土，$f_{ak} \leqslant 130\text{kPa}$的填土，流塑黄土	$v_s \leqslant 150$

表 1-13　各类建筑场地的覆盖层厚度表

岩石的剪切波速或土的等效剪切波速/（m/s）	场　地　类　别				
	I_0	I_1	II	III	IV
$v_s > 800$	0				
$800 \geqslant v_s > 500$		0			
$500 \geqslant v_{se} > 250$		<5	≥5		
$250 \geqslant v_{se} > 150$		<3	3~50	>50	
$v_{se} \leqslant 150$		<3	3~15	15~80	>80

注　表中 v_s 为岩石的剪切波速。

　　根据《建筑抗震设计规范》（GB 50011—2010）中的表 5.1.4-1 和表 5.1.4-2，水平地震影响系数最大值 $\alpha_{\max}$ 为 0.16，特征周期 T_g 为 0.45s。按照《建筑抗震设计规范》（GB 50011—2010）中第 5.1.2 条的规定以及上述地震设计参数，取渡槽钢筋混凝土结构的阻尼比为 5%，制定应用于该渡槽地震影响系数（反应谱）曲线见图 1-30。

　　本书 1.3.4 项曾有讨论，图 1-30 中的反应谱与《水电工程水工建筑物抗震设计规范》（NB 35047—2015）和《水工建筑物抗震设计标准》（GB 51247—2018）规定的采用动力法计算地震效应并考虑 0.35 效应折减系数获得的反应谱基本上是一致的。

1.3.9.3　渡槽结构三维有限元模型

　　根据业主提供的结构设计图（含设计变更）采用 SAP2000 建立渡槽主体结构三维有限元模型，见图 1-31。该渡槽全长 84m，但上、下游侧端部两个 4m 长槽壳的基础基本都埋入土中，因此三维有限元模型只模拟了除此两个槽壳之外共计 19 个槽壳，模型纵向总长度为 76m，包括中间跨度约 48m 的拱圈结构。

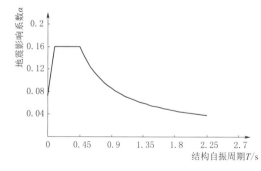

图 1-30　渡槽地震影响系数（反应谱）曲线

　　为准确、方便地获得承载力复核计算中所需的各个构件的内力（轴力 N，弯矩 M 和剪力 V），本模型采用框架单元和壳单元进行结构建模。其中拱圈梁、排架、槽壳底板纵梁采用框架单元模拟（图 1-32）。钢筋混凝土组合式拱圈梁采用 SAP2000 中的截面设计器（section designer）来创建其横截面形状（见图 1-33），组合式拱圈梁横截面特性见表1-14。模型中整个拱圈梁按其支撑的横槽向排架的位置分成22个直线梁段。根据设计图纸，拱圈模拟为无铰拱，即拱脚模拟为固定支座。

槽壳的底板和两个侧墙采用壳单元模拟，槽壳顶部横向拉梁及边墙竖向肋梁采用框架单元模拟。该渡槽的槽壳由预制的底板和侧墙拼装而成，并通过底板下与底板一起浇筑的五道纵梁放置在下部横向排架顶部的连梁上，两者之间并未设置减震支座。整个槽壳设置间距不等（4m、8m和12m）的横向伸缩缝，这些伸缩缝在有限元模型中是很难准确模拟的，而且不同的伸缩缝连接方式对于整个渡槽结构的振动模态有非常大的影响，尤其是顺槽向X的振动模态及自振频率，导致渡槽该方向的地震响应产生比较大的误差。通过对三维模型中不同槽壳和排架连接方式的模拟计算，并结合该渡槽的实际情况，最终采用槽壳底板纵梁以简支梁（三向铰支座）的形式与排架顶部连梁相连接，伸缩缝两侧槽壳底板壳单元的间距设定为2cm来模拟该伸缩缝。通过与其他连接方式结构动力响应结果的对比分析，这种模型简化处理方式能够比较客观地反映该渡槽在静力和地震作用下的结构响应。

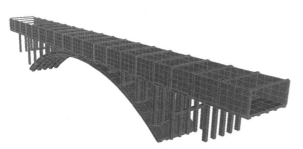

图1-31 渡槽结构三维有限元整体模型图

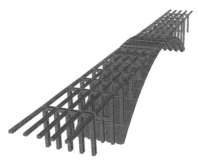

图1-32 渡槽槽壳支撑结构模型图

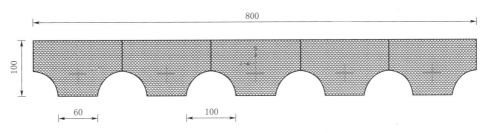

图1-33 组合式拱圈梁横截面示意图（单位：cm）

表1-14 组合式拱圈梁横截面特性表

截面积 A/m^2	水平轴惯性矩 I_{33}/m^4	竖轴惯性矩 I_{22}/m^4	水平轴抗弯截面模量上边缘 S_{33}/m^3	水平轴抗弯截面模量下边缘 S_{33}/m^3	竖轴抗弯截面模量 S_{22}/m^3
6.059	0.419	32.021	1.029	0.707	8.005

1.3.9.4 混凝土力学参数的选择

原设计中该渡槽主拱圈的拱脚和拱顶部位为 200 号混凝土，拱圈其他部位为 150 号混凝土，槽壳（包括底板纵梁、肋梁和拉梁）和排架均为 200 号混凝土。该渡槽已运行多年，现场检测发现各部位混凝土强度均有所提高，根据现场强度检测的结果并考虑渡槽结构混凝土的耐久性劣化现状，在抗震截面承载力计算时采用 C20 混凝土，其混凝土物理力学参数见表 1-15。

表 1-15　　　　　　　　　　　渡槽结构混凝土物理力学参数表

密度/（kg/m³）	静弹性模量/GPa	泊松比	抗压强度/MPa
2450	25.5	0.167	9.6

为更准确地获取渡槽结构的动力响应特性，本次复核计算在结构的抗震分析中采用材料在震动作用下的弹性模量，即动弹性模量。关于混凝土动弹性模量与静弹性模量之间相关关系的经验公式有很多，比较典型的是 Lydon 和 Balendran 公式[4]：

$$E_c = 0.83 E_d \text{ 或 } E_d = 1.20 E_c \qquad (1-90)$$

式中：E_c 和 E_d 分别为混凝土的静弹性模量和动弹性模量，MPa。

在进行混凝土坝抗震分析时，朱伯芳院士[5]建议取混凝土动弹性模量 E_d 取 115% E_c，与式（1-90）基本相同。而《水电工程水工建筑物抗震设计规范》（NB 35047—2015）和《水工建筑物抗震设计标准》（GB 51247—2018）规定对不进行专门试验确定其混凝土材料动态性能的大体积水工混凝土建筑物，其动弹性模量标准值可较静弹性模量标准值提高 50%，显然这比前面两个动弹性模量的取值要大很多。渡槽结构并非大体积水工混凝土，建议在抗震分析中混凝土动弹性模量取 120% 左右的混凝土静弹性模量为宜。

除了上述经验公式方法外，还可以通过测试混凝土的弹性波波速来计算其动弹性模量。对排架柱或梁可以采取超声波对测，对槽壳可以采取冲击弹性波平测（本章后面将进行详细介绍）。其基本原理是在小应变条件下可假定混凝土为理想弹性体，弹性波（P 波）的速度和动弹性模量 E_d 具有如下关系：

三维传播（无限空间）：$\quad V_{P3} = \sqrt{\dfrac{E_d}{\rho} \dfrac{1-\mu}{(1+\mu)(1-2\mu)}} \qquad (1-91)$

式中：V_{P3} 为 P 波三维传播速度，m/s；μ 为泊松比，一般取 0.167～0.2；E_d 为材料动弹性模量，Pa；ρ 为材料密度，kg/m³。

现场超声波对测表明渡槽排架柱的 P 波波速基本在 3700～3800m/s 的范围内，结合式（1-90）和式（1-91）估算渡槽混凝土的动弹性模量约 31GPa，将此数值作为混凝土的弹性模量用于模型的抗震分析。

1.3.9.5 渡槽结构运行状态下自振特性

在采用振型分解反应谱法进行地震分析时，振型参与质量系数（modal participating mass ratios）是衡量反应谱法分析是否充分的一个重要指标。如果分析所有振型的地震响应，不但费时费力，而且由于后面的高阶振型对结构地震响应的贡献很小；如果考虑的振型过少也不能保证结构地震效应计算精度。因此，《建筑抗震设计规范》（GB 50011—2010）在其条文说明里给出了振型个数可以取振型参与质量系数累计达到 90% 时的振型数这样一个参考控制指标。在运行水深 2.5m 的条件下，该渡槽结构自振特性见表 1－16，三个方向的主振模态见图 1－34～图 1－36。

表 1－16 　　　　　　渡槽结构自振特性表 （运行水深 2.5m）

自振特性	顺槽向	横槽向	竖向
主振模态自振周期/s	0.418	0.263	0.122
主振模态振型参与质量系数/%	20.0	60.5	42.5
总振型质量参与系数 （150 个振型） /%	90.6	92.6	92.3

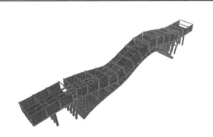

图 1－34　渡槽结构顺槽向
主振模态图 （$T=0.418$s）

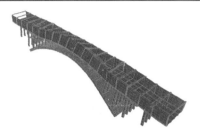

图 1－35　渡槽结构横槽向
主振模态图 （$T=0.263$s）

从表 1－16 和图 1－34～图 1－36 可以看出，该渡槽结构顺槽向、横槽向和竖向主振模态以拱圈振动为主，尤其是横槽向主振模态振型参与质量系数超过 60%，能量比较集中。如要满足三个方向总的振型参与质量系数均超过 90%，则在振型分解反应谱法中需要考虑 150 个振型。

1.3.9.6　振型分解反应谱法的计算工况

分析这 150 个振型可以发现其模态周期 （频率） 相互间隔很近，尤其是渡槽结构的高阶模态，

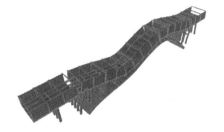

图 1－36　渡槽结构竖向
主振模态图 （$T=0.122$s）

不能满足适用于式 （1－62） SRSS 模态组合法的相邻振型周期之比小于 0.85 的条件，因此在抗震分析中应采用式 （1－63） CQC 完全平方根模态组合法，更能准确反映渡槽结构在地震中的真实动力响应。

如前所述，《水电工程水工建筑物抗震设计规范》 （NB 35047—2015） 和《水工建筑物抗震设计标准》 （GB 51247—2018） 虽然要求对设计烈度为Ⅷ度及Ⅷ度以上的渡槽的抗震计算应同时考虑顺槽向、横槽向和竖向的地震作用，但却没有对竖向地震效应的组合方式做出具体明确的规定。在本例中参考《公路工程抗震规范》 （JTG B02—2013） 的相关规定，保守采用式 （1－67） SRSS 方向组合法。但是需要指出的是本例中设计地震分组为第三组，属于远震，根据 NB 35047—2015、GB 51247—2018 现行水工结构抗震规范规定，竖向设计地震动峰值加速度的代表值可取水平向设计地震动加速度代表值的 2/3。

SAP2000 程序振型分解反应谱法计算工况界面见图 1－37。分析类型为反应谱分析 （Response Spectrum），模态组合采用 CQC，方向组合采用 SRSS，采用模态 （modal） 分

析获得的 150 个振型，反应谱曲线 FUNC1 见图 1－30。由于反应谱曲线体现的是无量纲的地震影响系数，所以需要对纵向 X（U1）和横向 Y（U2）地震加速度（Accel）输入放大倍数 9.8（即重力加速度，单位 m/s^2），而竖向 Z（U3）地震加速度放大倍数需输入 6.53（即 2/3 的重力加速度）。为简化计算，所有模态的阻尼都取 5％。

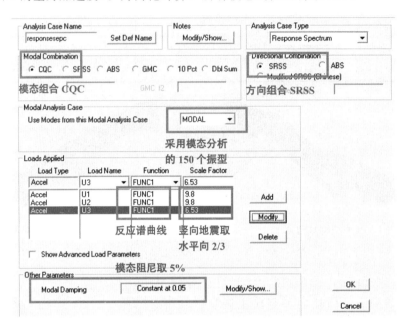

图 1－37　SAP2000 程序振型分解反应谱法计算工况界面图

由振型分解反应谱法获得的顺槽向的基础反力为 1711.3kN，横槽向为 2905.7kN，竖向为 1491.2kN，很明显横槽向的振动对渡槽拱圈整体结构的影响更大。渡槽模型结构的总自重为 16818.0kN，运行水深 2.5m 的条件下水重为 13015.5kN，总重量约 29833.5kN，由此计算顺槽向和横槽向基础反力分别为结构总重量的 5.74％和 9.74％。值得注意的是如果采用底部剪力法，由于顺槽向和横槽向的主振模态周期都在图 1－30 中反应谱曲线 0.1～0.45s 的平台段内，因此最大水平地震影响系数为 0.16，由此计算得到的基础反力与上述由振型分解反应谱法获得的基础反力相比要大很多。产生这个区别的主要原因是对于拱式渡槽这种相对比较复杂的结构，振型分解反应谱法充分考虑了其他高阶模态对结构地震响应的影响，而不是像底部剪力法那样对于简单结构只考虑主振模态。

1.3.9.7　拱圈结构抗震承载力复核计算

在式（1－5）所描述的地震作用组合下，渡槽拱圈的荷载效应组合设计值（承载力安全性系数 $K=1.0$）（见图 1－38～图 1－42）。从图 1－38～图 1－42 中可以看出，在地震作用下拱圈梁属于双向偏心受压构件，控制截面主要有三个：①拱脚截面，拱圈梁横槽向弯矩最大（图 1－40）；②拱脚向上第 1 和第 2 个排架中间处截面，拱圈结构顺槽向负弯矩（截面顶部受拉）最大（图 1－39）；③拱顶向下第 1 个伸缩缝处截面（距离拱顶 6m），拱圈梁顺槽向正弯矩（截面底部受拉）最大（图 1－39）。

图 1-38　渡槽拱圈地震作用下轴向压力设计值 N 包络线图（单位：kN）

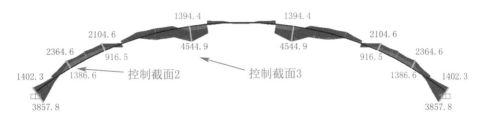

图 1-39　渡槽拱圈地震作用下顺槽向弯矩设计值 M_3 包络线图（单位：kN·m）

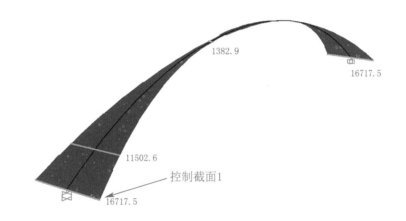

图 1-40　渡槽拱圈地震作用下横槽向弯矩设计值 M_2 包络线图（单位：kN·m）

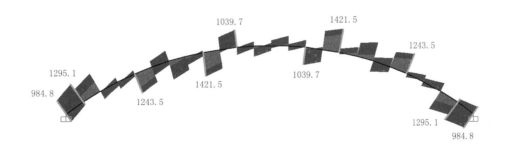

图 1-41　渡槽拱圈地震作用下垂直向剪力设计值 V_2 包络线图（单位：kN）

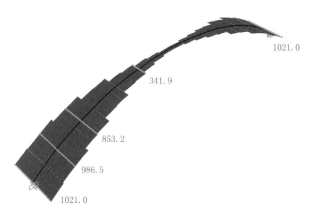

图 1-42　渡槽拱圈地震作用下横槽向剪力设计值 V_3 包络线图（单位：kN）

控制截面 1 为拱脚截面，此处拱圈梁横槽向弯矩最大，且横槽向剪力也最大。该拱脚截面为顺槽向和横槽向的双向偏心受压构件。对于拱圈梁这种以承压为主的混凝土构件，首先可采用经典材料力学式（1-92）来计算在轴向压力 N_d、顺槽向弯矩 M_3 和横槽向弯矩 M_2 共同作用下组合拱圈梁应力大小及分布状况，如果该控制截面全断面受压且最大压应力不超过混凝土的轴心抗压强度设计值（C20 混凝土为 9.6MPa），则可以判断在地震作用组合下该截面的正截面受压承载力满足要求。

$$\sigma = \frac{N_d}{A} \pm \frac{M_3}{S_3} \pm \frac{M_2}{S_2} \qquad (1-92)$$

式中：σ 为地震作用组合下截面混凝土应力，kPa；N_d 为地震作用组合下轴向压力设计值，kN；M_3、M_2 分别为地震作用组合下顺槽向和横槽向弯矩设计值，kN·m；A 为拱圈梁截面面积，m^2；S_3、S_2 分别为拱圈梁截面分别对于水平轴和竖轴的抗弯截面模量，m^3。

由于地震作用的方向性以及模态振型的复杂性，图 1-38～图 1-42 所示的其实是拱圈梁地震荷载效应最大值和最小值的包络线，因此在采用式（1-92）计算截面最大压应力和拉应力时应考虑最不利的地震荷载效应组合，比如计算截面可能的最大压应力时应采用最大轴向压力设计值+对压应力贡献最大的弯矩设计值，而计算截面可能的最大拉应力（或最小压应力）时应采用最小轴向压力（或最大轴向拉力）设计值+对拉应力贡献最大的弯矩设计值。控制截面 1 双向偏心受压下正截面应力状况见表 1-17，该控制截面最大压应力为+9.58MPa，最大拉应力为-4.33MPa。在地震作用组合下，虽然断面最大压应力未超过 C20 混凝土的轴心抗压强度设计值，但产生的最大拉应力远超 C20 混凝土的轴心抗拉强度设计值（1.10MPa），因此仅按素混凝土构件来复核该截面的正截面受压承载力是不满足要求的。

表 1-17　　　　　　拱圈控制截面 1 双向偏心受压下正截面应力状况

轴向压力 N_d			
截面面积/m^2	最大轴力/kN	最小轴力/kN	最大压应力/MPa	最小压应力/MPa
6.059	22649.9	19522.1	+3.74	+3.22

续表

顺槽向 M_3（下边缘受拉）				
抗弯截面模量（上边缘）/m³	抗弯截面模量（下边缘）/m³	弯矩 /（kN·m）	上边缘应力 /MPa	下边缘应力 /MPa
1.029	0.707	3857.8	+3.75	−5.46

横槽向 M_2				
抗弯截面模量（左边缘）/m³	抗弯截面模量（右边缘）/m³	弯矩 /（kN·m）	侧边缘最大应力/MPa	侧边缘最小应力/MPa
8.005	8.005	16717.5	+2.09	−2.09

截面应力/MPa	最大	最小
	+9.58	−4.33

注　压应力为+，拉应力为−。

这种情况下就需要考虑拱圈梁截面的配筋（图 1-43），按双向偏心受压构件式 (1-82)来复核其正截面受压承载力并评价拱圈梁的稳定性，其计算结果见表 1-18。由于拱圈梁截面并非规则对称形状，在横槽向和顺槽向偏心受压承载力计算时分别将截面近似等效为矩形截面（表 1-18 的②和⑤）。

根据表 1-18 的计算结果，在地震作用组合下，拱圈控制截面 1 的正截面受压承载力达到轴向压力设计值 N_d 的 178.5%，因此该控制截面的正截面受压承载力满足要求，且有一定的安全裕度。

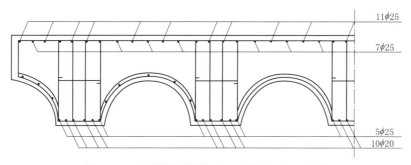

图 1-43　渡槽拱圈梁截面（对称的一半）配筋

表 1-18　拱圈控制截面 1 双向偏心受压正截面受压承载力复核计算结果表

项　目	横槽向偏压承载力计算	顺槽向偏压承载力计算	轴心受压承载力计算
混凝土强度等级	C20		
钢筋强度等级	Ⅰ级		
拱圈计算长度 l_0/m	18.8①	2.5④	—
截面高度 h/mm	8000	1000	1000
截面宽度 b/mm	757②	6059⑤	6059⑤
截面相应受力配筋	10ϕ25+4ϕ20 对称③	36ϕ25 压 10ϕ25+20ϕ20 拉⑥	46ϕ25+20ϕ20⑦

续表

项 目	横槽向偏压承载力计算	顺槽向偏压承载力计算	轴心受压承载力计算
截面压力设计值 N_d/kN	19522.1[8]		
截面弯矩设计值 M_d/kN·m	16717.5	3857.8	—
截面轴心受压承载力 N_{u0}/kN	—	—	64198.9
横槽向偏心受压承载力 N_{ux}/kN	47698.4	—	—
顺槽向偏心受压承载力 N_{uy}/kN	—	42914.5	—
双向偏心受压正截面承载力 N_u/kN	34854.6		
正截面受压承载力复核计算结果 N_u/N_d	178.5%（>100%，满足要求）		

① 根据《水工混凝土结构设计规范》（SL 191—2008）表 5.2.2-2，横槽向为无铰拱取 0.36S，S 为拱轴线长度。
② 根据图 1-33 中拱圈梁截面面积 6.059m^2 和横向截面高度 8000mm 反算得出。
③ 分别取横截面最左、右侧拱肋区域配筋作为截面横槽向受拉和受压钢筋，a_s 取 800mm。
④ 顺槽向取两个约束（排架基础）之间的拱圈梁弧长。
⑤ 根据图 1-33 拱圈梁截面面积 6.059m^2 和竖向截面高度 1000mm 反算得出。
⑥ 取拱圈梁底部和顶部配筋作为截面顺槽向受拉和受压钢筋，a_s 取 25mm。
⑦ 取拱圈梁截面上、下表面全部纵向配筋。
⑧ 轴向压力有利于拱圈稳定，故取地震作用下轴向压力设计值的最小值。

在地震作用组合下，拱圈拱脚处控制截面 1 为双向偏心受压，其斜截面受剪承载力由式（1-88）计算，其复核计算结果见表 1-19，其斜截面受剪承载力满足要求，且安全裕度较大。

表 1-19 拱圈控制截面 1 斜截面受剪承载力复核计算结果表

项 目	横槽向	顺槽向（竖向）
混凝土强度等级	C20	
钢筋强度等级	Ⅰ级	
截面高度 h/mm	8000	1000
截面宽度 b/mm	757[1]	6059[2]
截面抗剪配筋	0[3]	0[3]
截面压力设计值 N/kN	19522.1[4]	
斜截面剪力设计值 V_d/kN	1021.0	984.8
斜截面受剪承载力 V_u/kN	3088.0	3067.2
V_u/V_d	302.4%（>100%，满足要求）	311.0%（>100%，满足要求）

① 根据图 1-33 中拱圈梁截面面积 6.059m^2 和横向截面高度 8000mm 反算得出。
② 根据图 1-33 中拱圈梁截面面积 6.059m^2 和竖向截面高度 1000mm 反算得出。
③ 保守计算不考虑抗剪箍筋，仅考虑混凝土的抗剪强度。
④ 轴向压力有利于拱圈稳定，故取地震作用下轴向压力设计值的最小值。

同样的，进一步的复核计算表明拱圈其他 2 个控制截面的正截面受压承载力和斜截面受剪承载力也满足要求，且安全裕度也较大。

1.3.9.8 排架结构抗震承载力复核计算

根据三维有限元抗震模型的分析结果，受地震作用影响比较显著的是拱圈上的几列排架柱。拱脚向上第 2 列排架柱地震作用下荷载效应组合设计值包络线见图 1-44。两侧排架柱底部截面轴向压力设计值 N_d 为 98.8kN（轴向压力有利于截面稳定，故取地震作用下轴向压力设计值的最小值），顺槽向和横槽向弯矩设计值 M_3 和 M_2 分别为 35.7kN·m 和 51.0kN·m。该排架柱是顺槽向和横槽向双向偏心受压构件，其正截面受压承载力由本报告前述式（1-82）计算，其复核计算结果见表 1-20。从计算结果可以看出，该排架柱正截面受压承载力为排架柱轴向压力设计值的 103.0%，满足要求；但全部纵向钢筋配筋率仅为 0.5%，不满足要求。

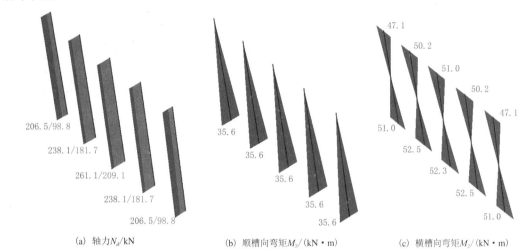

(a) 轴力 N_d/kN   (b) 顺槽向弯矩 M_3/(kN·m)   (c) 横槽向弯矩 M_2/(kN·m)

图 1-44 拱脚向上第 2 列排架柱地震作用下荷载效应组合设计值包络线图

表 1-20 拱脚向上第 2 列排架柱双向偏心受压正截面受压承载力复核计算结果表

项 目		横槽向偏压承载力计算	顺槽向偏压承载力计算	轴心受压承载力计算
混凝土强度等级		C20		
钢筋强度等级		Ⅰ 级		
排架柱计算长度 l_0/m		4.2	4.2	
截面高度 h/mm		400	600	400
截面宽度 b/mm		600	400	600
截面相应受力配筋		$3\phi16$ 对称	$2\phi16$ 对称	$6\phi16$
截面压力设计值 N_d/kN		98.8①		
截面弯矩设计值 M_d/(kN·m)		51.0	35.6	—
截面轴心受压承载力 N_{u0}/kN		—		2557.3
横槽向偏心受压承载力 N_{ux}/kN		119.6		
顺槽向偏心受压承载力 N_{uy}/kN		—	538.0	
双向偏心受压正截面承载力 N_u/kN		101.7		
正截面受压承载力复核计算结果	N_u/N_d	103.0%（>100%，满足要求）		
	全部纵向钢筋配筋率	0.5%（<0.8%，不满足要求）		

① 轴向压力有利于排架柱稳定，故取地震作用下轴向压力设计值的最小值。

拱脚向上第 3 列排架柱地震作用下荷载效应组合设计值包络线见图 1-45。这一列排架柱的长度较短，约 2.5m 左右。所受顺槽向弯矩设计值 M_3 明显偏大，中间柱最大为 281.2kN·m。该排架柱是顺槽向和横槽向双向偏心受压构件，其正截面受压承载力复核计算结果见表 1-21。

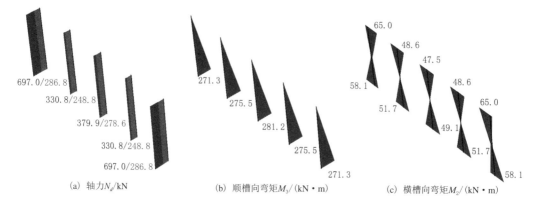

(a) 轴力 N_d/kN　　　　(b) 顺槽向弯矩 M_3/(kN·m)　　　　(c) 横槽向弯矩 M_2/(kN·m)

图 1-45　拱脚向上第 3 列排架柱地震作用下荷载效应组合设计值包络线图

表 1-21　拱脚向上第 3 列排架柱双向偏心受压正截面受压承载力复核计算结果表

项　目		横槽向偏压承载力计算	顺槽向偏压承载力计算	轴心受压承载力计算
混凝土强度等级		C20		
钢筋强度等级		Ⅰ 级		
排架柱计算长度 l_0/m		2.5	2.5	—
截面高度 h/mm		400	600	400
截面宽度 b/mm		600	400	600
截面相应受力配筋		3ϕ16 对称	2ϕ16 对称	6ϕ16
截面压力设计值 N_d/kN		278.6[①]		
截面弯矩设计值 M_d/(kN·m)		49.1	281.2	—
截面轴心受压承载力 N_{u0}/kN		—	—	2557.3
横槽向偏心受压承载力 N_{ux}/kN		864.5	—	—
顺槽向偏心受压承载力 N_{uy}/kN		—	64.7	—
双向偏心受压正截面承载力 N_u/kN		61.7		
正截面受压承载力复核计算结果	N_u/N_d	23.2%（≪100%，不满足要求）		
	全部纵向钢筋配筋率	0.5%（＜0.8%，不满足要求）		

① 轴向压力有利于排架柱稳定，故取地震作用下轴向压力设计值的最小值。

从表 1-21 中可以看出，该排架柱正截面受压承载力仅为排架柱轴向压力设计值的 23.2%，不能满足抗震要求。造成这个情况的主要原因是在顺槽向地震的作用下，由于拱圈的变形在拱脚向上第 3 列排架柱的底部靠拱顶一侧造成了非常大的弯矩（见图 1-46），而且排架柱的配筋过少，纵向配筋率只有 0.5％（仅 $6\phi16$），且顺槽向的抗弯配筋仅为双侧对称布置的 $2\phi16$。

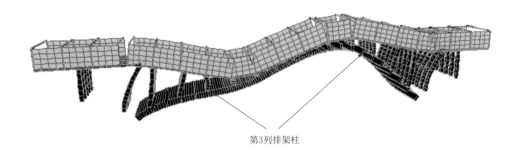

第3列排架柱

图 1-46　顺槽向地震作用下渡槽结构变形示意图

由于该弯矩发生在排架柱与拱圈相连的根部，因此不易进行加固处理。从抗震计算的角度，拱脚向上第 3 列排架柱沿顺槽向抵抗弯矩的配筋应该达到双侧对称布置的 $5\phi25$，并且纵向钢筋应嵌固进入下部的拱圈内部。但是，从结构整体稳定的角度来看，当这第 3 列排架柱的底部在地震作用下发生弯矩破坏时，该处会由固定支座变成铰支座，地震效应会向渡槽的其他部分传递，虽会造成渡槽上部结构的局部破坏，但不会引起主拱圈的垮塌。

在地震作用组合下，拱脚向上第 3 列排架柱斜截面受剪承载力由式（1-88）计算，其复核计算结果见表 1-22。其斜截面受剪承载力满足要求，但顺槽向受剪承载力安全裕度较低。进一步的复核计算表明拱圈其他几列排架柱的斜截面受剪承载力也满足要求。

表 1-22　　　　　　拱脚向上第 3 列中间排架柱斜截面受剪承载力计算结果表

项　　目	横　槽　向	顺　槽　向
混凝土强度等级	C20	
钢筋强度等级	Ⅰ级	
截面高度 h/mm	400	600
截面宽度 b/mm	600	400
截面抗剪配筋	$2\phi8$@200mm	$2\phi8$@200mm
截面压力设计值 N/kN	278.6[①]	
斜截面剪力设计值 V_d/kN	38.9	113.5
斜截面受剪承载力 V_u/kN	129.4	152.2
V_u/V_d	332.7％ （>100％，满足要求）	134.1％ （>100％，满足要求）

① 轴向压力有利于排架柱稳定，故取地震作用下轴向压力设计值的最小值。

1.3.9.9　渡槽结构抗震复核计算结论

（1）由于设计、施工年代久远，当时的设计规范对于地震高烈度区（本工程为 8 度）

钢筋混凝土结构的抗震构造措施未做出明确的规定，导致上述渡槽的拱圈及排架结构以《水工混凝土结构设计规范》（SL 191—2008）的条文规定来评价存在先天不足，比如钢筋和混凝土的强度等级、抗压构件截面配筋率、连梁和排架柱抗剪箍筋的布置方式、梁柱节点的设计、槽壳梁与排架间的支座设置以及防跌落措施，以及相邻两个槽壳之间的弹性缓冲措施等，而且这些构造缺陷是很难通过修补加固措施来进行修正的。

（2）在地震作用组合下，渡槽主拱圈三个控制截面在双向偏心受压下的正截面受压承载力满足要求，且有一定的安全裕度；而且相应截面处的抗剪承载力也满足要求，安全裕度较大。

（3）在地震作用组合下，由于抗弯配筋过少，主拱圈拱脚向上第 3 列排架柱正截面受压承载力仅为排架柱轴向压力设计值的 23.2%，不能满足抗震要求。但是从结构整体稳定的角度来看，这列排架柱底部在地震作用下发生弯矩破坏时应不会引起主拱圈的垮塌。

（4）在地震作用组合下，排架连梁截面的受弯承载力满足要求，排架连梁所受的剪力比较小，排架连梁的抗剪强度满足要求。

1.4　渡槽结构混凝土动弹模的检测

1.4.1　问题的提出

在恶劣环境因素的影响下，经过长期的运行，我国老旧灌区的渡槽结构普遍存在不同程度的混凝土老化和病害现象，已成为影响渡槽结构安全运行的隐患。而一个非常不利的情况是由于修建年代久远，这些渡槽基本都不具备结构监测设施。因此，对渡槽混凝土结构的现实质量和耐久性劣化状况进行准确的检测，正确评价结构的真实健康状态是渡槽结构安全评估的主要任务。

目前我国对于渡槽排架结构混凝土质量的检测主要依靠回弹、超声波等比较常规的无损检测手段。回弹法是通过测试混凝土表面的硬度来推定混凝土的抗压强度。但表面硬度与混凝土强度之间并没有直接、明确的理论关系，两者之间相关性的影响因素很多，如原材料（特别是骨料）的品种、环境因素造成的表面硬度变化（碳化、表面腐蚀等）、含水率、含气量等，只是在某些特定的条件下两者具有很好的相关关系，因此检测结果往往存在比较大的误差，特别是对碳化深度较大的水工混凝土，碳化深度修正方法有时会严重低估混凝土的真实强度。而超声波法或超声回弹综合法受各种因素的影响，超声波速度与混凝土强度之间的相关性并没有人们想象的那么好，日本建筑学会曾对普通混凝土的压缩强度与超声波速度的相关关系做了调查，结果表明其相关系数只有 0.46 左右。

由此可见，目前这两种常规检测方法技术水平不高，检测结果往往并不能反映结构混凝土的真实状况，而且检测的参数基本仍以强度为主，忽略了耐久性劣化因素对混凝土性能造成的影响。更重要的是，在现场检测时不可能对每一个构件（拱圈梁、排架、槽壳等）都搭设通高、通长脚手架，因此回弹和超声波法只能对检测人员能够到达的一个非常有限的局部区域进行检测，无法对结构整体的质量状况进行准确评价。

综上所述，目前对于渡槽结构需要一种原理清晰、现场适用性强、能够准确反映结构整体混凝土质量的检测和评估方法。

1.4.2　冲击弹性波检测

1.4.2.1　概述

冲击弹性波检测与传统的超声波相比，冲击弹性波[6]主要具有如下特点：

（1）冲击弹性波由冲击锤激发，能量大且集中，测试深度明显提高，能够穿透 10m 以上的混凝土；

（2）冲击弹性波检测与波的卓越频率一般在几百到几千 Hz 左右，波长较长，受混凝土骨料颗粒散射影响小，受外界杂散波影响小；

（3）现场适用性强，操作方便，适合对大体积混凝土结构进行快速、全面检测；

（4）频谱特性好，适合于 IE、SASW 等有限元数值模拟分析。

当混凝土结构具有两个对立可测临空面时（如柱、墩、梁等）可考虑用图 1-47 中的方法测定 V_P，对于只有一个可测临空面（如渡槽槽壁等）的薄壁混凝土结构，可采用图 1-48 中的布置方式测试二维板内 P 波传播速度。在一侧使用与加速度传感器相连的球形激振锤激发弹性波，在相对一侧布置加速度传感器接收信号。两个传感器接收到的 P 波信号首波之间的时间差为 Δt（见图 1-49），激振锤敲击混凝土面后弹性波从钢锤的敲击端到另一端加速度传感器处的传播时间为 Δt_1（延时，可直接由钢锤的直径除以弹性波在钢材中的传播速度得出），若弹性波在混凝土中的传播长度为 L，则 V_P 可由式（1-93）求出：

$$V_P = L/(\Delta t + \Delta t_1) \tag{1-93}$$

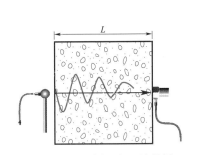 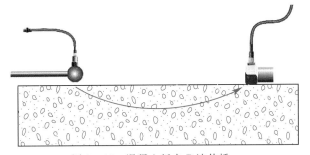

图 1-47　混凝土中 P 波传播
速度 V_P 的测定图（对测）

图 1-48　混凝土板中 P 波传播
速度 V_P 的测定图（平测）

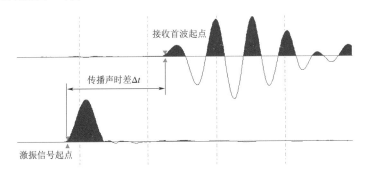

图 1-49　两传感器 P 波信号首波时间差 Δt 的测定图

弹性波速度是唯一与混凝土的力学性能（强度、动弹模等）直接相关的参量。在小应变条件下，可以合理地假设混凝土为理想弹性体，那么 P 波速度与混凝土的动弹性模量之间存在直接的理论关系：

三维（无限媒质中传播）：

$$V_{P3} = \sqrt{\frac{E_d}{\rho} \frac{(1-\mu)}{(1+\mu)(1-2\mu)}} \qquad (1-94)$$

二维（板内传播）：

$$V_{P2} = \sqrt{\frac{E_d}{\rho(1-\mu^2)}} \qquad (1-95)$$

一维（杆件中传播）：

$$V_{P1} = \sqrt{E_d/\rho} \qquad (1-96)$$

式中：V_{P3} 和 V_{P1} 分别为 P 波三维和一维传播速度，m/s；E_d 为混凝土动弹性模量，Pa；ρ 为混凝土密度，kg/m³；μ 为混凝土动泊松比。

由于混凝土的动弹性模量与强度有很好的相关关系，因此 P 波速度与强度之间也有较好的相关关系，弹性波速度可以用来评价检测断面内部混凝土质量分布情况。目前，工程界仍比较广泛地使用 Leslie 和 Cheeseman 于 1949 年提出的 P 波速度评价混凝土质量参考标准见表 1-23。

表 1-23　　　　　　　　常用 P 波速度评价混凝土质量参考标准表　　　　　　　单位：m/s

P 波速度	>4500	3600~4500	3000~3600	2100~3000	<2100
混凝土质量	优良	较好	一般（可能有问题）	差	很差

动弹性模量 E_d 是混凝土在振动条件下应力与应变的比值，它是对混凝土建筑物承受动荷载（包括地震荷载、冲击、爆炸）条件下进行结构分析的一个重要参数，同时也是目前我国水工行业规范评价混凝土耐久性的最重要指标，通过混凝土动弹性模量的变化规律来准确判断结构混凝土现实耐久性劣化状况。根据结构的重要性程度和破坏程度，采用相同测试方法对混凝土的动弹性模量每隔几年或者十几年检测一次，通过对检测数据的积累、分析和预测，就能够充分掌握混凝土耐久性劣化发展的速度和趋势。除此之外，测试动弹性模量的另一个重要用途是保证在结构三维有限元抗震分析中输入合理的材料力学参数。

根据 P 波速度与混凝土的动弹性模量之间的理论关系公式，相对动弹性模量可以用弹性波（P 波）速度的相对关系来表示：

$$P_c = (V_P^2/V_{P0}^2) \times 100\% \qquad (1-97)$$

式中：P_c 为劣化前后混凝土相对动弹性模量；V_P 为劣化后混凝土的 P 波速度，m/s；V_{P0} 为混凝土初始 P 波速度，m/s。

因此，在结构使用过程中对其混凝土的弹性波速度进行现场检测从理论上讲就能够实现对混凝土耐久性劣化的评价。

1.4.2.2　拱圈梁的检测

利用冲击弹性波对西北地区某大跨度拱式渡槽的 3 根拱圈梁的进行混凝土整体弹性波波速检测，弹性波射线路径 56.8m，纵向贯穿整个拱圈梁长度（见图 1-50）。传感器的布置仍采用图 1-48 中的方式，每条测线进行 6 次测试，拱圈梁弹性波检测典型信号处理结果见图 1-51，通过读取首波时间差，利用式（1-93）并根据 6 次测试的平均值计算该测线的 P 波速度。需要指出的是，由此获得的是 P 波在杆件内的一维传播速度，实际工程中需根据式（1-94）和式（1-96）转换为 P 波的三维传播速度 V_{P3}，其检测结果表 1-24。

图 1-50 拱圈梁整体混凝土质量状况冲击弹性波检测

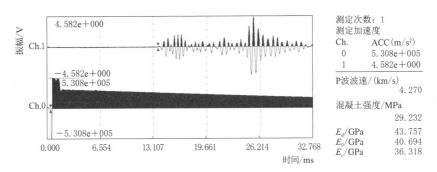

图 1-51 拱圈梁弹性波检测典型信号处理结果图

表 1-24   渡槽拱圈梁 P 波波速检测结果表

测线位置	测线长度/m	梁内一维 P 波波速 V_{P1} 检测值/（m/s）						平均 V_{P1}/（m/s）	换算 V_{P3}[①]/（m/s）	动弹模 E_d[②]/MPa
		1	2	3	4	5	6			
左拱圈梁	56.8	4270	4384	4287	4278	4259	4282	4293	4526	45163
中拱圈梁	56.8	3792	3802	3746	3739	3858	3751	3781	3986	35031
右拱圈梁	56.8	4112	4074	4129	4115	4130	4138	4116	4339	41516

① 根据式（1-94）式（1-96）将杆件一维 P 波波速换算为三维波速 V_{P3}，动泊松比取 0.20。

② 动弹性模量 E_d 由式（1-94）和式（1-96）计算，混凝土密度取 2450kg/m³，动泊松比取 0.20。

从表 1-24 中可以看出，该拱式渡槽左、右两根拱圈梁的混凝土 P 波波速 V_{P3} 比较高，均超过 4300m/s，中间拱圈梁 V_{P3} 略低，但也在 4000m/s 左右。根据表 1-23，这 3 根拱圈梁混凝土质量可以被评价为较好。虽然中间拱圈梁弹性波波速稍低，但从现场实际观察来看，中拱圈梁外部并未产生明显的破坏迹象，判断其 V_{P3} 相比其他两根偏低的原因主要还是由于施工质量造成的。因此从弹性波检测结果来看这 3 根拱圈梁结构整体性较好，混凝土未出现严重的耐久性劣化。

1.4.2.3 槽壳的检测

图 1-52 槽壳内侧典型弹性波测线布置

某梁式渡槽槽壳长度 10m，内侧未曾被修补过，呈现原状混凝土表面。从其 18 节槽壳（顺水流从上游到下游 1～18 号）中选取 7 节典型槽壳进行了整体弹性波波速检测，在所选槽壳的左、右侧墙的上部（水位变化区）和下部分别布置 2 条纵向弹性波测线（图 1-52），共计 28 条测线。测线长度一般为 9.4m，基本贯穿整段槽壳的长度（10m），实现对槽壳整体混凝土质量的评价。

弹性波测试的传感器布置方式见图 1-48，每条测线进行 4 次测试，槽壳内侧典型测线弹性波检测信号处理结果见图 1-53，通过读取首波时间差，利用式（1-93）并根据 4 次测试的平均值计算该测线的 P 波速度。需要指出的是，由此获得的是 P 波在薄板（槽壁）内的二维传播速度，实际工程中需根据式（1-94）和式（1-95）转换为 P 波的三维传播速度 V_{P3}，然后取槽壳所有测线 V_{P3} 的平均值为该槽壳混凝土 V_{P3} 的代表值，反映槽壳混凝土整体质量状况，其检测结果见表 1-25。

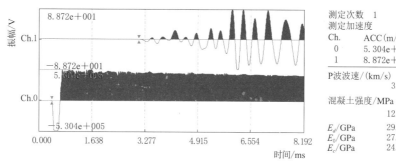

图 1-53 槽壳内侧典型测线弹性波检测信号处理结果图

表 1-25　　　　　　　　　　典型槽壳 P 波波速检测结果表

槽段	测线位置	测线长度/m	板内二维 P 波波速 V_{P2} 检测值/（m/s）					换算 V_{P3}[①]/（m/s）	测线相对动弹性模量[②]/%	整体平均 V_{P3}/（m/s）	槽壳相对动弹性模量[③]/%
			1	2	3	4	平均				
2 号	左侧墙上	9.4	3826	3906	3800	3889	3855	3982	92.4	4041	96.4
	左侧墙下	9.4	3881	3888	3933	3802	3876	4003	93.4		
	右侧墙上	9.4	3987	3948	3979	4034	3987	4118	98.8		
	右侧墙下	9.4	4035	3978	3885		3932	4060	96.1		
4 号	左侧墙上	9.4	3594	3626	3674	3712	3652	3771	82.9	3928	91.1
	左侧墙下	9.4	3773	3723	3802	3652	3738	3860	86.8		
	右侧墙上	9.4			3950	3950	3950	4080	97.0		
	右侧墙下	9.4	3885	3861	3885	3873	3876	4003	93.4		

续表

| 槽段 | 测线位置 | 测线长度/m | 板内二维P波波速V_{P2}检测值/（m/s） | | | | | 换算V_{P3}[①]/（m/s） | 测线相对动弹性模量[②]/% | 整体平均V_{P3}/（m/s） | 槽壳相对动弹性模量[③]/% |
			1	2	3	4	平均				
6号	左侧墙上	9.4	3442	3552	3584	3573	3538	3654	77.8	3825	86.4
	左侧墙下	9.4	3675	3670	3771	3664	3695	3816	84.9		
	右侧墙上	9.4	3762	3619	3751	3676	3702	3823	85.2		
	右侧墙下	9.4	3890	3910	3834	3888	3881	4008	93.6		
8号	左侧墙上	9.4	4011	4000	4048	3985	4011	4143	100.0	4116	100.0
	左侧墙下	9.4	4000	3964	4027	4000	3998	4129	99.3		
	右侧墙上	9.4	3933	3953	3974	3969	3957	4087	97.3		
	右侧墙下	9.4	3927	4012	3995	3963	3974	4105	98.2		
11号	左侧墙上	9.4	3494	3489	3476	3414	3468	3581	74.7	3607	76.8
	左侧墙下	9.4	3521	3573	3607	3549	3563	3679	78.9		
	右侧墙上	9.4	3375	3462	3396	3462	3424	3536	72.9		
	右侧墙下	9.4	3485	3521	3568	3485	3515	3630	76.8		
12号	左侧墙上	9.4	3721	3761	3736	3761	3745	3868	87.2	3947	92.0
	左侧墙下	9.4	3880	3875	3902	3848	3876	4003	93.4		
	右侧墙上	9.4	3802	3805	3805	3796	3802	3927	89.9		
	右侧墙下	9.4	3840	3862	3829	3923	3864	3990	92.8		
14号	左侧墙上	9.4	3763	3761	3732	3737	3748	3871	87.3	3988	93.9
	左侧墙下	9.4	3836	3756	3786	3811	3797	3922	89.6		
	右侧墙上	9.4	3974	3913	3908	3938	3933	4062	96.2		
	右侧墙下	9.4	3985	3954	3943	3979	3965	4095	97.7		
平均P波波速/（m/s）								3922		3922	
最小P波波速/（m/s）								3536		3607	
最大P波波速/（m/s）								4143		4116	

① 根据式（1-94）和式（1-95）将板内二维P波波速换算为三维波速V_{P3}，泊松比取0.20。

② 以所有测线最高V_{P3}为基准，计算其他测线混凝土的相对动弹性模量。

③ 以所有受检槽壳最高整体平均V_{P3}为基准，计算其他槽壳混凝土的相对动弹性模量。

从表1-25中可以看出，渡槽选取的7节典型槽壳整体平均V_{P3}在3600～4100m/s范围内。如果以整体平均V_{P3}最高的槽壳（8号槽壳，V_{P3}=4116m/s）为基准来评价其他槽壳混凝土耐久性的状况，则11号槽壳整体混凝土的相对动弹性模量只有76.8%。若以所有测线中最高的V_{P3}为基准，则11号槽壳4条测线的混凝土相对动弹性模量都在80%以下，而且有2条测线的V_{P3}已经低于3600m/s，且4条测线的平均值仅为3607m/s，根据表1-23，11号槽壳混凝土可以归入"一般，可能有问题"类别。

根据以上弹性波检测结果，该渡槽槽壳混凝土质量分布不均匀，主要表现为11号槽壳出现了比较明显的混凝土动弹模降低现象，该槽壳整体性已受到影响，可能已发生耐久性劣化。

1.4.3 渡槽高排架的动力检测

1.4.3.1 动力检测的基本原理

动弹性模量 E_d 是混凝土在振动条件下应力与应变的比值，因此不难想象结构的振动特性（自振频率、振型等）应该与混凝土的动弹性模量有直接的相关关系，下面采用有限元数值模拟分析来验证上述假定。对于图 1-54 的西北地区某高排架（A 形排架，高度16.2m）梁式渡槽，利用 SAP2000 建立单个排架的三维有限元结构模型，排架柱和连梁均采用杆单元模拟。

在有限元模型中排架柱和连梁是以线对线的形式相连接，默认情况下 SAP2000 所有杆单元无端部偏移，即杆单元刚度的计算从其端点算起。但实际结构中由于梁和柱具有几何尺寸，在相交节点位置会形成一个刚域（图 1-55），这个刚域范围的选择对排架结构整体刚度的影响是比较大的[7]。SAP2000 中定义刚域长度为刚域系数（rigid zone factor，简称 RZF）与端部偏移长度（end offset）之积，在刚域长度范围内，杆单元具有无穷大刚度。

杆件的端部偏移长度默认情况下取其在节点内的长度（见图 1-55 中的 a_1、a_2、c_1 和 c_2），刚域长度可参考《高层建筑混凝土结构技术规程》（JGJ 3—2010）第 5.3.4 条的规定计算：

$$l_{b1} = a_1 - 0.25h_b \tag{1-98}$$

$$l_{b2} = a_2 - 0.25h_b \tag{1-99}$$

$$l_{c1} = c_1 - 0.25b_c \tag{1-100}$$

$$l_{c2} = c_2 - 0.25b_c \tag{1-101}$$

式中各参数意义见图 1-55。根据刚域长度和端部偏移长度即可计算出各个节点的刚域系数，据此对 SAP2000 中各杆件单元进行相应的赋值。

上部槽壳自重及槽内水重（根据检测时的实际情况确定）以集中重力荷载的形式施加在排架两根排架柱的顶端，在 SAP2000 中定义结构的质量源（mass source）来自结构自重及槽内水重。通过排架结构的模态分析，可以获得结构前两阶横向模态自振频率和整体混凝土动弹模之间的相关关系（见图 1-56 和图 1-57）。

图 1-54 西北地区某高排架梁式渡槽

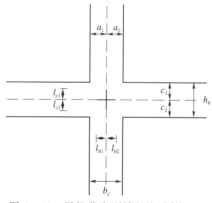

图 1-55 梁柱节点刚域长度计算图

从图 1-56 和图 1-57 中可以看出，排架结构前两阶横向主振模态的自振频率和整体混凝土动弹性模量之间存在理论上的线性相关关系，相关系数接近 1.0。因此，只要准确测定排架结构主振模态的自振频率，首先，能够对渡槽所有同类型、同高度排架的混凝土动弹模进行数值对比，判断这些排架混凝土质量分布的总体状况；其次，可以通过三维有限元模型模态频率反分析获得排架整体混凝土动弹性模量，在多次定期检测数据的基础上实现对排架混凝土结构耐久性劣化的监测；再者为渡槽结构抗震分析提供合理的材料动力学参数。

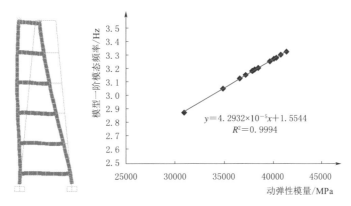

图 1-56 排架一阶模态频率和混凝土动弹性模量相关关系图

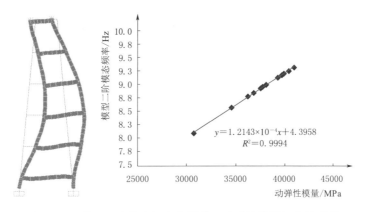

图 1-57 排架二阶模态频率和混凝土动弹性模量相关关系图

1.4.3.2 渡槽高排架主振模态频率现场检测

图 1-54 所示的西北地区某高排架梁式渡槽，A 形排架高度 16.2m，U 形槽壳跨度 10m，槽壳尺寸较小，半径 0.9m，壁厚仅 7cm。槽壳通过其端肋放置于排架顶部连梁上，槽壳端肋和排架间没有通过预埋件牢固地焊接在一起，现场动力检测发现在场地风力作用下各个排架呈现出相互独立的自然振动状态，自振频率各不相同，因此可以将每个排

图 1-58 排架全高度范围布置脚手架

架单独拿出来进行检测和分析。

当有条件沿排架全高度范围布置脚手架时（图1-58），可采用传感器布置方式见图1-59。低频速度传感器布置在各层排架连梁和一侧排架柱连接节点位置，最顶部传感器布置在槽壳拉梁与槽壁连接节点位置，如此布置的主要目的是充分利用两个水平和垂直构件相交节点处的固端刚性，最大限度地保证速度传感器的水平运动。

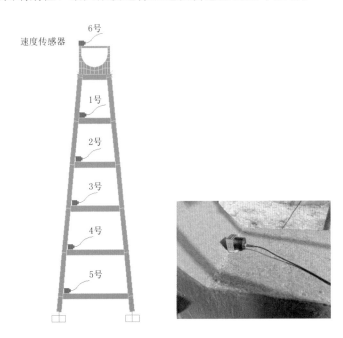

图1-59　排架全高度范围布置脚手架时采用的传感器布置方式图

低频速度传感器采用941B型拾振器主要技术指标见表1-26。该传感器按检测参量加速度、小速度、中速度和大速度分为4档，本次检测采用2档，非常适合排架结构在自然脉动状态下的动力响应检测。

表1-26　　　　　　　　　　　941B型拾振器主要技术指标表

档位		1	2	3	4
检测参量		加速度	小速度	中速度	大速度
灵敏度 /（V·s²/m）或（V·s/m）		≈0.3	21～23	2.1～2.4	0.6～0.8
最大量程	位移/mm		20	200	500
	速度/（m/s）		0.125	0.3	0.6
	加速度/（m/s²）	20			
通频带/Hz		0.25～80	1～100	0.25～100	0.17～100

根据初步三维模型动力分析获得的排架自振频率的大致范围，确定检测采样频率和分析频率（采样频率的一半），排架的主振模态频率一定要小于分析频率。检测中充分利用排架

结构在场地风力作用下产生的横向自然脉动，对于所有的排架应采用相同的采样频率、FFT（快速傅里叶变换）点数（即分段时间序列点数）、分段时间序列重叠数、窗函数、频谱分辨率以及采样时间。根据现场测试数据的稳定性将采样时间控制在 10～20min 之间。

图 1-60～图 1-62 为图 1-54 所示渡槽 3 个典型排架按图 1-59 布置方式进行动力检测获得的频谱图。检测参数为：采样频率 51.2Hz，分析频率 25.6Hz（频谱图频率最大值，根据 FFT 的基本分析原理是采样频率的一半），FFT 点数 4096，计算频谱图分辨率 0.0125Hz，分段序列重叠数 1/2，加汉宁窗（hanning 窗），采样时间 10min，FFT 分析平均次数 14 次。

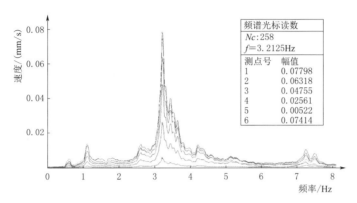

图 1-60　62 号排架动力测试结果图（一阶模态频率 $f_1 = 3.2125\text{Hz}$）

从图 1-60～图 1-62 中可以看出，这三个典型排架 1～6 号传感器（65 号和 66 号排架槽壳顶部未布置传感器）得到的排架一阶主振模态频率完全相同，所有频率峰值完全重叠在一起，而且振动幅值也符合从上到下逐渐减小的一般规律。从三个频谱图还可以看出排架一阶模态的能量（振幅）比二阶模态（频率 7～8Hz）要大很多，其主要原因是在横向风的作用下排架的一阶模态与风荷载作用下排架的变形基本一致，更容易被激发。因此，在进行排架振动频率和模态分析时采用一阶模态。在实测一阶主振模态频率的基础上，通过三维有限元模型模态频率反分析获得排架结构整体混凝土动弹性模量。

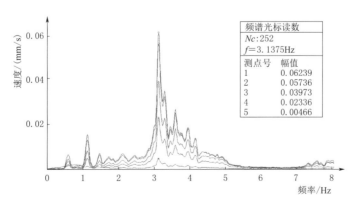

图 1-61　65 号排架动力测试结果图（一阶模态频率 $f_1 = 3.1375\text{Hz}$）

采取图1-59所示的传感器布置方式还可以获得排架结构主振模态的相应振型信息。由各个传感器在频谱图上对应一阶模态频率的峰值振幅可以计算出一阶模态下排架各层的位移，以排架最上层计算位移为基准对整个各层排架位移进行归一化，并与有限元模型分析得到的排架一阶模态振型进行对比，典型排架实测和有限元分析一阶模态振型对比结果见图1-63。

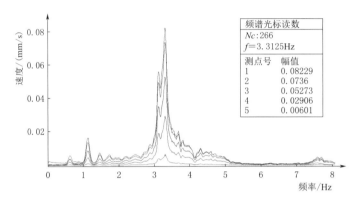

图1-62　66号排架动力测试结果图（一阶模态频率 $f_1 = 3.3125$Hz）

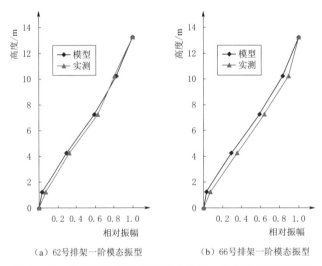

（a）62号排架一阶模态振型　　　　（b）66号排架一阶模态振型

图1-63　典型排架实测和有限元分析一阶模态振型对比图

本章前面曾论述过基于特征向量法的结构模态分析需要求解广义特征方程，即式（1-28），现复述如下：

$$(-\lambda_j[M] + [K])\{\phi^{(j)}\} = 0 \tag{1-28}$$

考虑图1-64所示的简单工况，假定排架连梁完全刚性，排架横向刚度矩阵 $[K]$ 只取决于排架柱的刚度，而且每一层的两侧排架柱具有相同的动弹性模量（如图1-64中的 $E_{C1} \sim E_{C6}$）。按照图1-59的检测布置获得排架在一阶主振模态下的振型向量（图1-64中的 $u_1 \sim u_6$），此时式（1-28）可以简化为含有6个未知量（$E_{C1} \sim E_{C6}$）的6个等式的方程组，理论上可以计算出每一层排架柱的动弹性模量，从而比较准确地了解排架柱混凝土质量分布状况。但是，即使是这样一种简单工况，根据每一层排架柱的动弹性模量计算整个排架的横向刚度矩阵［K］也不是很方便的，如果再考虑连梁的刚度、两侧排架柱动弹性模量不相同、每个梁柱节点同时有水平、垂直和转动三个位移分量，那么求解式（1-28）的广义特征方程将会是非常繁琐的。

因此，在实际应用中可以采取以下简化的分析评估方法：如果排架实测和有限元分析所得的一阶模态振型基本相近［图1-63中（a）的62号排架］，由于有限元模型中对所有排架梁、柱构件输入的是一个统一的动弹性模量，因此可以判断排架结构整体质量比较均匀；如果排架实测和有限元分析所得的一阶模态振型有一些偏差（图1-63中右侧的66号排架），则可能的情况是排架某些组成构件比其他部位质量要稍差，需要在三维有限元模型中逐步调节各构件的动弹性模量，使模型所得一阶模态频率及其相应振型与实测一致，进而判断整个排架混凝土质量的分布状况。

在实际检测中不会经常出现排架能搭设通高脚手架的情况，这时采取传感器布置方式见图1-65，顶部传感器布置在排架顶槽壳连梁与槽壁连接节点位置，底部传感器布置在人员可到达的排架连梁和排架柱连接节点位置。上述渡槽31号排架按图1-65传感器布置方式获得的31号排架振动频谱见图1-66。这种布置方式虽然不能获得排架一阶模态振型，但还是能够准确获得排架结构的一阶模态频率，通过三维有限元模型模态频率反分析获得排架结构整体混凝土动弹性模量。

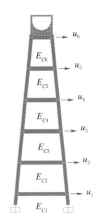

图1-64 排架结构模态振型
分析的简单工况图

图1-65 排架能搭设通高脚手架时
采用传感器布置方式图

1.4.3.3 高排架结构混凝土动弹模和P波波速

在上述现场试验获得渡槽高排架一阶主振模态频率的基础上，通过三维有限元模型模态频率反分析（图1-56中的排架一阶模态频率和混凝土动弹性模量相关关系公式）获得排架结构整体混凝土动弹性模量，并进而根据式（1-94）计算排架混凝土的三维P波波速。渡槽16个典型排架整体混凝土动弹性模量和P波波速计算结果见表1-27。

31号排架实测一阶模态频率仅为2.825Hz，比其他15个排架一阶模态频率的平均值3.15Hz低11.5%。而计算得出的31号排架整体混凝土动弹性模量29596MPa比其他15

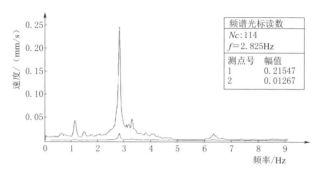

图 1-66　按图 1-65 传感器布置方式获得的 31 号排架振动频谱图

(一阶模态频率 $f_1 = 2.825\text{Hz}$)

个排架的平均值 37166MPa 要低 20.4%，几乎是自振频率降低值的两倍，说明排架混凝土动弹模对于结构自振频率的变化非常敏感。

根据表 1-23 中 P 波速度评价混凝土质量一般标准，红井坑渡槽 16 个典型排架中除 31 号排架外混凝土 P 波波速基本都在 4000~4300m/s 范围内，现实质量较好。但 31 号排架整体混凝土 P 波波速仅为 3600m/s 左右，混凝土质量明显要差，这与现场观察到的排架混凝土的外观质量情况相吻合。

表 1-27　　　渡槽 16 个典型排架整体混凝土动弹性模量和 P 波波速计算结果表

序号	排架	实测 1 阶模态频率 /Hz	有限元模型反分析排架混凝土动弹性模量 E_d/MPa	排架混凝土三维 P 波波速 V_{P3}/ (m/s)	序号	排架	实测 1 阶模态频率 (Hz)	有限元模型反分析排架混凝土动弹模 E_d (MPa)	排架混凝土三维 P 波波速 V_{P3}/ (m/s)
1	66 号	3.3125	40951	4310	9	58 号	3.1125	36292	4057
2	65 号	3.1375	36875	4089	10	57 号	3.0875	35710	4024
3	64 号	3.1375	36875	4089	11	55 号	3.075	35419	4008
4	63 号	3.225	38913	4201	12	53 号	3.1125	36292	4057
5	62 号	3.2125	38622	4185	13	52 号	3.0875	35710	4024
6	61 号	3.2125	38622	4185	14	31 号	2.825	29596	3664
7	60 号	3.2125	38622	4185	15	18 号	3.0625	35128	3991
8	59 号	3.1875	38039	4153	16	17 号	3.075	35419	4008

1.4.3.4　渡槽排架联动状态下的动力检测和模态分析

上节例子中的渡槽由于其槽壳端肋和排架之间没有形成有效的连接，导致各个排架在场地自然风的作用下基本呈现相互独立振动的特性，这是一种相对比较简单的动力检测情形，可以通过测试单个排架的自振频率和模态振型来判断其混凝土质量（动弹性模量）的状况。但在实际工程中很多情况下，渡槽的槽壳通过其端肋和排架顶部预埋件之间焊接或其他的结构措施连接在一起，在自然脉动状态下基本呈现渡槽整体结构联动的动力特性，如图 1-67 所示的西北地区某高排架（A 型排架，高度 24m）梁式渡槽。这种情况下只能通过排架动力检测与渡槽整体结构模型动力响应反分析结果的对比来判断排架结构混凝土动弹性模量的整体分布状况。

从图1-67中可以看出，渡槽由于其上、下游侧部分排架已经埋入土中，因此根据其两端的实际约束情况选取中间部位的12节槽壳及相应排架建立渡槽结构的整体三维模型，见图1-68。模型中排架柱和连梁都采用框架单元模拟，梁柱节点的刚域系数按图1-55计算，槽壳（含端肋）采用壳单元模拟。由于槽壳端肋与排架顶部连梁之间并没有设置像桥梁结构常用的橡胶支座，因此在模型中采用图1-69中所示的纵向虚梁来近似模拟上述两个构件之间的连接，通过调整该"虚梁"的长度还可以设置相邻两节槽壳之间伸缩缝的宽度。

图1-67 西北地区某高排架
（A型排架，高度24m）梁式渡槽

有限元动力分析表明该"虚梁"的刚度对渡槽结构模型沿横槽向的振动特性（模态振型和相应自振频率）影响不大。

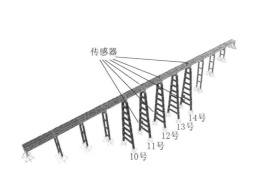

图1-68 渡槽结构的整体三维模型及
速度传感器布置

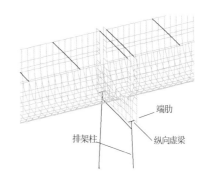

图1-69 槽壳端肋与排架连接的
近似模拟示意图

现场检测时由于没有条件搭设沿排架通高的脚手架，因此只在11号、12号和14号排架底部两层连梁与排架柱的节点处以及槽壳顶部拉梁与槽壁连接节点位置布置了941B型拾振器，见图1-68。检测参数为采样频率51.2Hz，分析频率25.6Hz，FFT点数4096，计算频谱图分辨率0.0125Hz，分段序列重叠数1/2，加hanning窗，采样时间10min，FFT分析平均次数14次。

在上述拾振器布置和检测参数条件下，11号、12号和14号排架动力检测获得的频谱图（图1-70～图1-72）。从图1-70～图1-72中可以看出，对于每一个排架，3个放置于不同高程的拾振器获得的排架自振频率完全相同，频率峰值重叠在一起，而且振动幅值从上到下逐渐减小，能够相互验证检测结果的可靠性。11号和12号排架的频谱图几乎完全相同，在8Hz以内只出现一个卓越振动频率3.5125Hz，此主振频率下槽壳顶部的最大振幅基本都是 0.015mm/s，而且排架底部两个测点的振幅也基本相同，表明 11 号和 12 号排架的自振基本上是联动同步的。但是 14 号排架的频谱图与上述两个排架相比有显著的区别，出现了两个明显的振动频率，一阶频率 2.775Hz，二阶频率虽然与 11 号和 12 号排架的主振频率 3.5125Hz 相同，但此频率下槽壳顶部最大振幅仅为 0.006mm/s，仅相当于 11 号和 12 号排架相应振幅的 40% 左右。

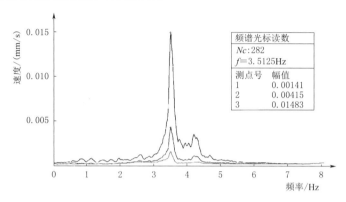

图 1-70　11 号排架动力测试结果图（主振频率 $f_1 = 3.5125$Hz）

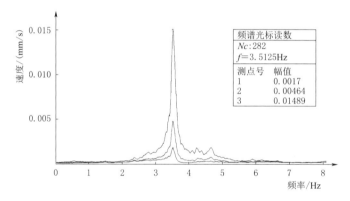

图 1-71　12 号排架动力测试结果图（主振频率 $f_1 = 3.5125$Hz）

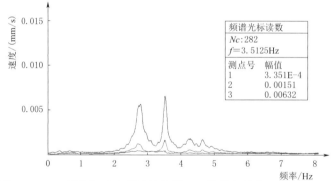

图 1-72　14 号排架动力测试结果图（一阶模态频率 $f_1 = 2.775$Hz，
二阶模态频率 $f_2 = 3.5125$Hz）

根据上述动力检测结果可以有这样一个判断，即渡槽整体结构的横槽向主振模态（频率 3.5125Hz）包括 11 号、12 号和 14 号排架的横向振动，且 11 号和 12 号排架基本只受该主振模态的影响，振动幅度要远大于相对靠模型端部的 14 号排架；14 号排架的横向振动除了受结构横向主振模态的影响外，还受到整体结构另一个低频横槽向振动模态（频率 2.775Hz）的影响，但 11 号和 12 号排架基本未参与该低频模态的振动。

对图 1-68 中的渡槽整体结构有限元模型进行模态分析，排架混凝土的动弹模取 34GPa，在 SAP2000 中定义质量源（mass source）来自结构自重（现场检测时渡槽处在停水状态），其横槽向三个比较显著的振动模态（振型参与质量系数大于 10%）的特性见表 1-28，其相应的模态振型分别见图 1-73～图 1-75。

表 1-28　　　　　　　　　渡槽整体结构有限元模型横槽向振动特性表

模态	周期/s	频率/Hz	横槽向振型参与质量系数/%
♯2	0.401	2.492	14.9
♯3	0.393	2.543	14.2
♯8	0.284	3.516	41.6

从图 1-73 中可以看出♯8 模态主要表现渡槽中部 5 个（10～14 号）24m 高 A 形排架的整体横向振动，频率为 3.516Hz，横槽向振型参与质量系数达到 41.6%，判断为该渡槽横槽向的主振模态。

图 1-74 中可以看出，♯2 模态主要表现为模型下游侧 15～17 号排架的局部横向振动，频率为 2.492Hz，横槽向振型参与质量系数为 14.9%，明显小于主振♯8 模态。该振型对临近的 14 号排架有一定影响，但对远端的 11 号和 12 号排架影响很小。

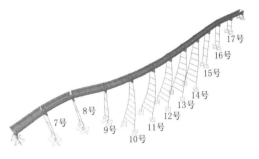

图 1-73　渡槽整体结构横槽向振动模态 8 号图（$f = 3.516$Hz）

图 1-75 中可以看出，♯3 模态主要表现为模型上游侧 7～9 号排架的局部横向振动，频率为 2.543Hz，横槽向振型参与质量系数为 14.2%，与♯2 模态基本相同。该振型对临近的 10 号排架有一定影响，但对远端的 11 号、12 号和 14 号排架影响很小。

有限元模态分析表明 11 号和 12 号排架基本只参与渡槽整体结构横槽向主振模态（♯8 模态）的振动，其他横槽向模态对这两个排架的振动贡献很小，在输入排架混凝土动弹性模量 34GPa 的条件下，该主振频率为 3.516Hz，且两个排架槽壳顶部幅值相差很小（1∶0.92）。上述模态分析结果与现场动力检测得到的 11 号和 12 号排架频谱图（图 1-70 和图 1-71）上的单独卓越频率 3.5125Hz 及槽壳顶部相对振幅值（≈1∶1）基本一致。

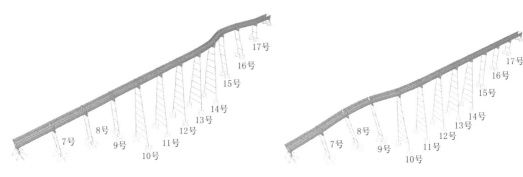

图 1-74 渡槽整体结构横槽向 ♯2 振动模态图（$f=2.492\mathrm{Hz}$）   图 1-75 渡槽整体结构横槽向 ♯3 振动模态图（$f=2.543\mathrm{Hz}$）

有限元模态分析还表明 14 号排架同时受到 ♯2 模态（频率 2.492Hz）和 ♯8 模态（频率 3.516Hz）振动的影响，分别与现场动力检测得到的 14 号排架频谱图（图 1-71）的两个卓越频率 2.775Hz 和 3.5125Hz 相近和基本相同。在 ♯8 模态振型下 11 号、12 号和 14 号排架槽壳顶部的相对位移为 1：0.92：0.36，与动力检测获得的各排架槽壳顶部频谱图相应卓越频率 3.5125Hz 的振幅相对值（0.015mm/s：0.015mm/s：0.006mm/s）非常接近。

根据以上排架动力检测与渡槽整体结构有限元模型模态分析结果的对比，可以发现当在模型中输入排架混凝土动弹性模量 34GPa 时，渡槽结构模型的动力响应与现场动力检测结果具有比较好的一致性。因此，判断渡槽排架混凝土动弹性模量在 34GPa 左右，采用式（1-94）计算排架混凝土三维 P 波波速为 3930m/s，根据表 1-23，该渡槽排架混凝土现实质量可以评价为较好。

需要指出的是，在上述有限元模态分析中对所有排架混凝土输入一个相同的动弹性模量，反映的是渡槽排架作为一个整体的平均结构特性。但是实际工程中各个排架混凝土质量可能是有差异的（如上节中讨论的例子），在这种情况下如果对渡槽所有的排架都进行动力检测，获得每个排架的卓越振动频率以及相应的振动幅度，然后在渡槽整体结构有限元模型中不断调整各个排架混凝土的动弹性模量，使模态分析得到的各个排架的振动频率和相对振幅趋近现场动力检测的结果，最终有可能获得排架混凝土弹性模量的分布状况。当然这只是一个最理想的情况，取决于渡槽结构的有限元模型是否能够准确地反映其真实的状况，特别是各构件之间（如槽壳和排架）连接、支座、单元类型和尺寸及模型范围等的选择。

1.5 渡槽结构安全评估的其他问题

1.5.1 风荷载组合作用下渡槽排架结构稳定计算

1.5.1.1 风荷载作用影响分析

图 1-67 中的渡槽排架最大高度为 24m，结构复核计算中应考虑横槽向风荷载对排架

结构稳定造成的影响。根据《水工建筑物荷载设计规范》（SL 744—2016）第 10.1.1 条的规定，垂直作用于建筑物表面的风荷载标准值由式（1-102）计算：

$$w_k = \beta_z \mu_s \mu_z w_0 \tag{1-102}$$

式中：w_k 为风荷载标准值，kN/m^2；β_z 为高度 z 处的风振系数；μ_s 为风荷载体型系数；μ_z 为风压高度变化系数；w_0 为基本风压，kN/m^2。

根据《建筑结构荷载规范》（GB 50009—2012）中表 E.5 的规定，该地区基本分压值 w_0（$n=50$）为 $0.30kN/m^2$。体型系数 μ_s 根据该规范表 8.3.1 保守取 1.2，风压高度变化系数 μ_z 根据该规范表 8.2.1 取 1.33（取槽壳侧面平均高度 26m，地面粗糙度为 B 类），对于这种比较简单的排架—简支梁式渡槽结构，风振系数 β_z 取 1.0。由式（1-102）计算出风荷载标准值 $w_k = 0.480kN/m^2$。

在对风荷载组合进行渡槽结构安全复核计算时，需要考虑本章前述式（1-3）和式（1-4）所描述的两种基本荷载组合工况，复述如下：

（1）永久荷载对结构起不利作用工况，用于校核渡槽排架柱的抗压承载能力，考虑渡槽结构的自重、设计水重和风荷载：

$$S = 1.05 S_{G1K} + 1.20 S_{G2K} + 1.20 S_{Q1K} + 1.10 S_{Q2K} \tag{1-3}$$

（2）永久荷载对结构起有利作用工况，用于校核渡槽排架结构的稳定，仅考虑渡槽结构的自重和风荷载：

$$S = 0.95 S_{G1K} + 0.95 S_{G2K} + 1.20 S_{Q1K} + 1.10 S_{Q2K} \tag{1-4}$$

该渡槽设计流量为 $5.4m^3/s$，4 级水工建筑物（表 1-2）。根据《水工混凝土结构设计规范》（SL 191—2008），承载力安全系数 $K=1.15$，风荷载分项系数取 1.2。

1.5.1.2 风荷载组合作用下渡槽排架柱复核计算

采用图 1-68 所示的渡槽结构三维有限元模型进行风荷载作用计算。由于风荷载作用计算属于静力计算，渡槽结构混凝土物理力学参数见表 1-29。

表 1-29　　　　　　　　　渡槽结构混凝土物理力学参数表

类　别	密度 /（kg/m³）	弹性模量 /GPa	泊　松　比
C25 排架	2450	28.0	0.167
C20 槽壳	2450	25.5	0.167

将计算获得的风荷载标准值 $w_k = 0.480kN/m^2$ 沿横槽向以水平均布荷载（投影方式）施加在模型中槽壳的一个侧面。首先要对渡槽结构三维有限元模型中风荷载产生的基础总反力进行校核，保证风荷载施加方式的正确性。在式（1-3）和式（1-4）所描述的两个风荷载组合工况下（考虑承载力安全系数 $K=1.15$），该渡槽中间受力较大的 10～14 号 A 形排架柱的荷载效应见图 1-76、图 1-77。

在风荷载组合 1（永久荷载不利）作用下，该渡槽 10～14 号 A 形高排架柱（高 24m）背风向排架柱底部受力最为不利，截面轴向压力设计值达到 833.7kN（考虑承载力安全系数 $K=1.15$），比荷载基本组合的 764.1kN 高出 9.1%，而且横槽向弯矩普遍较小，可视为轴心受压构件，正截面轴心受压承载力由式（1-73）计算，其承载力计算见表1-30。

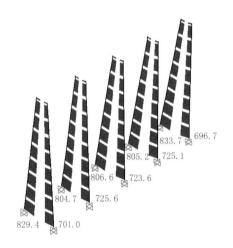

图 1-76 风荷载组合 1（永久荷载不利）
作用下排架柱轴向压力设计值
（K=1.15，单位：kN）

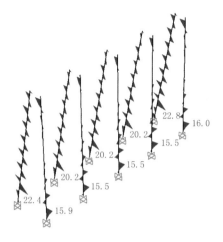

1-77 风荷载组合 1（永久荷载不利）作用
下排架柱横槽向弯矩设计值
（K=1.15，单位：kN·m）

表 1-30　　风荷载组合工况 1 下 10～14 号高排架柱正截面轴心受压承载力计算
（考虑承载力安全性系数 K=1.15）

项　目	轴心受压承载力计算	项　目	轴心受压承载力计算
混凝土强度等级	C25	稳定系数 ϕ	0.44
钢筋强度等级	Ⅰ级	截面相应受力配筋	$8\phi22+4\phi16$
排架柱计算长度 l_0/m	27①	截面压力设计值 N_d/kN	833.7
截面高度 h/mm	600	截面轴心受压承载力 N_{ux}/kN	2868.6
截面宽度 b/mm	800	正截面轴心受压承载力 复核计算结果 N_u/N_d	344.1%（>100%，满足要求）
l_0/b	33.75		

①　取排架柱总高度。

从表 1-30 中可以看出，在风荷载组合工况 1（永久荷载不利）作用下，10～14 号高排架柱的底部截面轴心受压承载力达到轴向压力设计值 N_d 的 340% 左右，正截面受压承载力满足要求，且安全裕度较大。

对于永久荷载对结构起有利作用的风荷载组合工况 2，其主要目的是检查在此工况下渡槽排架柱是否会在缺少槽壳内水体压重的情况下出现拉力。从图 1-78 和图 1-79 中可以看出，风荷载组合工况 2 作用下渡槽所有排架柱仍然是全高度范围内受压，底部与基础结合部位没有出现上拔力，排架不存在倾覆的风险。

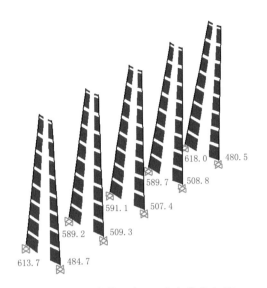

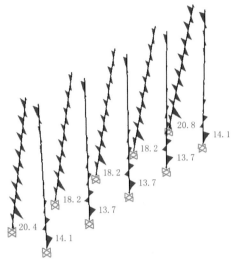

图 1-78 风荷载组合 2（永久荷载有利）
作用下排架柱轴向压力设计值
（$K=1.15$，单位：kN）

图 1-79 风荷载组合 2（永久荷载有利）
作用下排架柱横槽向弯矩设计值
（$K=1.15$，单位：kN·m）

1.5.1.3 风荷载作用下渡槽基础承载力复核计算

在风荷载作用下该渡槽受力最为不利的 24m 高 10～14 号 A 形高排架柱的基础为扩展基础。在地基承载力验算时需采用上部结构在荷载标准组合（荷载分项系数 1.0，且不考虑承载力安全系数）作用下传递给基础的作用力，并考虑基础自身的重量。根据《建筑地基基础设计规范》（GB 50007—2011）的规定，扩展基础地基承载力应满足式（1-103）、式（1-104）要求：

$$p_k \leqslant f_a \tag{1-103}$$

$$p_{kmax} \leqslant 1.2f_a \tag{1-104}$$

式中：p_k 为荷载效应标准组合作用下，基础底面平均压应力，kPa；p_{kmax} 为荷载效应标准组合作用下基础底面最大压应力，kPa；f_a 为修正后地基承载力特征值，kPa。

根据原设计图纸，A 形高排架柱扩展基础的持力层为非湿陷性黄土，由于缺乏相关的地基承载力信息，本次复核计算中保守估计该非湿陷性黄土的承载力特征值 $f_a = 100$kPa。

扩展基础地基承载力计算见图 1-80，从图 1-80 中可以看出，N_k 和 M_k 分别表示在考虑渡槽上部结构自重、设计水重和风荷载的标准组合作用下排架施加在扩展基础上的垂直集中力和倾覆弯矩。根据三维有限元模型风荷载影响分析结果，典型 10～14 号 A 形高排架柱扩展基础地基承载力计算见表 1-31。

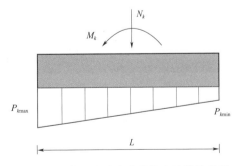

图 1-80 扩展基础地基承载力计算示意图

表 1-31　　　　　风荷载作用下 10～14 号高排架柱扩展基础地基承载力计算

项　目	地基承载力计算	项　目	地基承载力计算
扩展基础长度 L/m	11.0	扩展基础自重 G_k/kN	1093.0
扩展基础宽度 b/m	4.0	排架倾覆弯矩标准值 M_k/(kN·m)	357.4
扩展基础厚度 t/m	1.5m（沿厚度变截面）	基础底面平均压应力 p_k/kPa	52.7<100kPa，满足要求
地基承载力特征值 f_a/kPa	100	基础底面最大压应力 p_{kmax}/kPa	57.1<120kPa，满足要求
排架垂直集中力标准值 N_k/kN	1227.2	基础底面最小压应力 p_{kmin}/kPa	48.3>0，基础不脱空

在考虑渡槽上部结构自重、设计水重、风荷载以及扩展基础自重的标准组合作用下，10～14 号 A 形高排架柱下扩展基础的基底平均压应力为 52.7kPa，最大压应力为 57.1kPa，均远小于相应的地基承载力特征值，且最小压应力为 48.3kPa，基底未出现脱空。因此，在风荷载作用下该渡槽扩展基础地基承载力满足要求，而且安全裕度比较大。

1.5.2　渡槽拱圈梁温度荷载组合作用下结构复核计算

联拱式渡槽也是我国老旧灌区常见的一种渡槽结构形式。华中某灌区 9 跨联拱式渡槽见图 1-81，从图 1-81 中可以看出，共 9 跨，每跨净宽 45m（支座中心距 48m），不包括进出口段全长 440.00m。槽身底宽 8.37m，净宽 7.0m，正常水深 3.0m，加大水深 3.5m，渡槽设计流量 46.50m³/s，加大流量 51.20m³/s，根据表 1-2 定为 3 级水工建筑物。根据《水工混凝土结构设计规范》（SL 191—2008）的规定，承载力安全系数 K=1.2。

该渡槽主拱圈为无铰拱，矢跨比为 1/6，属于坦拱，支座沉降和温度应力对无铰拱应力状态影响较大。在工程中主拱圈的支墩都坐落在基岩上，因此在渡槽结构静力复核计算中应重点关注极端温度变化对主拱圈稳定的影响。

图 1-81　华中某灌区 9 跨联拱式渡槽

为准确、方便地获得承载力复核计算中所需的各个构件的内力（轴力 N，弯矩 M 和剪力 V），本模型也采用框架单元和壳单元进行渡槽整体结构模型见图 1-82。其中主拱圈、腹拱、腹拱支撑墙和支撑排架采用框架单元模拟，槽壳的底板和两个侧墙采用壳单元模拟，相邻槽壳之间设置宽 2cm 的伸缩缝。主拱圈采用 SAP2000 中的截面设计器（section designer）创建组合式截面，渡槽整体结构模型中的组合式主拱圈断面见图 1-83。

图 1-82 渡槽整体结构模型图

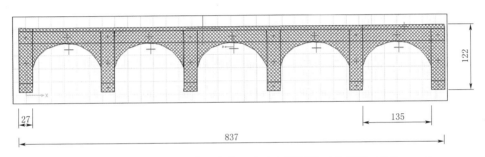

图 1-83 渡槽整体结构模型中的组合式主拱圈断面示意图（单位：cm）

原设计中拱圈梁为 200 号混凝土，腹拱为 200 号混凝土，槽壳为 150 号混凝土，墩帽为 100 号混凝土。现场检测发现大多数构件的现实强度超过设计强度，最终在三维有限元模型中拱圈梁采用 C20 混凝土，槽壳采用 C15 混凝土，腹拱为 C20 混凝土，支墩墩帽为 C10 混凝土。原设计图支墩上排架为 50 号浆砌石，但实际为混凝土材料，根据现场检测的结果保守采用与支墩墩帽相同的 C10。其余腹拱支撑墙采用 50 号浆砌石，支墩采用 75 号浆砌石。

根据当地的气候条件并参考原设计时的参数，在渡槽结构静力复核计算中考虑 15℃ 温升和温降对主拱圈变形和受力造成的影响。

在未考虑温度荷载的正常使用极限状态荷载标准组合（结构自重＋槽内水重）作用下，该渡槽主拱圈拱顶向下的垂直位移为 11.5 mm，相比于跨度 48m 的拱圈结构，$\Delta/L \approx 2.40 \times 10^{-4}$，小于《水工混凝土结构设计规范》（SL 191—2008）表 3.2.8 中规定的渡槽槽身挠度限值 $L/600$。但是，单独考虑无铰拱的主拱圈在 15℃ 温降作用下拱顶向下的垂直位移就达到 11.1mm，与荷载标准组合造成的主拱圈变形几乎相同。

在上述温度荷载的单独作用下渡槽典型主拱圈（中间第 5 跨）的荷载效应标准值（不考虑荷载分项系数）见图 1-84～图 1-87。通过与荷载基本组合（1.05 结构自重＋1.2× 设计水深）作用下主拱圈梁顺槽向弯矩 M_d 设计值分布状况的对比，可以发现拱圈升温和荷载基本组合产生的顺槽向弯矩可以部分相互抵消，而拱圈降温和荷载基本组合下的顺槽向弯矩则相互叠加，对主拱圈截面应力状态最为不利，因此最终确定主拱圈梁两个受力控制截面见图 1-87。

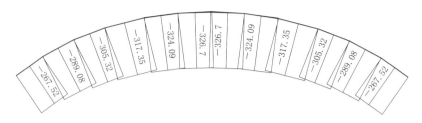

图 1-84　拱圈梁在 15℃ 温升作用下轴向压力 N 标准值（压力为负，单位：kN）

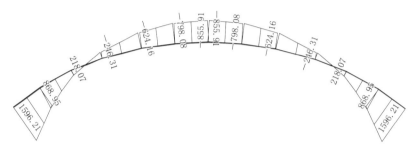

图 1-85　拱圈梁在 15℃ 温升作用下顺槽向弯矩 M_3 标准值（单位：kN·m）

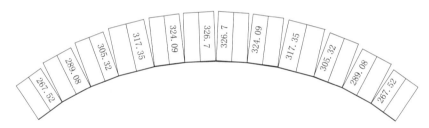

图 1-86　拱圈梁在 15℃ 温降作用下轴向压力 N 标准值（拉力为正，单位：kN）

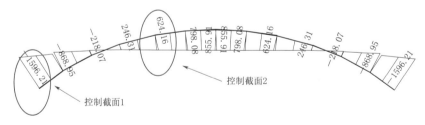

图 1-87　拱圈梁在 15℃ 温降作用下顺槽向弯矩 M_3 标准值（单位：kN·m）

在式（1-3）所描述的温度荷载组合（1.05×结构自重+1.2×设计水深+1.2×温度应力）作用并考虑承载力安全系数 $K=1.2$ 情况下，采用经典材料力学式（1-105）计算在轴向压力设计值 N_d 和顺槽向弯矩设计值 M_d 共同作用下拱圈梁控制截面偏心受压下正截面应力分布状况，其结果见表 1-32 和表 1-33。

$$\sigma = \frac{N_d}{A} \pm \frac{M_d}{S_3} \tag{1-105}$$

式中：σ 为混凝土应力，kPa；N_d 为温度荷载组合下轴向压力设计值，kN；M_d 为温度荷载组合下顺槽向弯矩设计值，kN·m；A 为拱圈梁截面面积，m^2；S_3 为拱圈梁顺槽向抗弯截面模量，m^3。

表 1-32 温度荷载组合（温降 15℃）下控制截面 1 偏心受压正截面应力计算结果表

（考虑承载力安全系数 $K=1.20$）

轴 向 压 力			
断面积/m^2	轴力 N_d/kN		断面压应力/MPa	
4.055	32076.7		+7.91	
顺槽向（上边缘受拉）				
抗弯截面模量（上边缘）/m^3	抗弯截面模量（下边缘）/m^3	弯矩 M_d/(kN·m)	上边缘拉应力/MPa	下边缘压应力/MPa
1.314	0.6193	4175.1	−3.18	+6.74
截面应力			上边缘应力/MPa	下边缘应力/MPa
			+4.73	+14.65

注 压应力为正，拉应力为负。

表 1-33 温度荷载组合（温降 15℃）下控制截面 2 偏心受压正截面应力计算结果表

（考虑承载力安全系数 $K=1.20$）

轴 向 压 力			
断面积/m^2	轴力 N_d/kN		断面压应力/MPa	
4.055	21739.9		+5.36	
顺槽向（下边缘受拉）				
抗弯截面模量（上边缘）/m^3	抗弯截面模量（下边缘）/m^3	弯矩 M_d/(kN·m)	上边缘拉应力/MPa	下边缘压应力/MPa
1.314	0.6193	2613.1	+1.99	−4.22
截面应力			上边缘应力/MPa	下边缘应力/MPa
			+7.35	+1.14

注 压应力为正，拉应力为负。

从表 1-32 可以看出，在温度荷载组合（温降 15℃）作用并考虑承载力安全系数 $K=$ 1.20 情况下，拱脚控制截面 1 全断面受压，且下边缘最大压应力达到 14.65MPa。当保守采用 C20 时，混凝土轴心抗压强度设计值 $f_c=9.6$ MPa，该控制截面混凝土最大压应力超出这个限值约 52.6%。即使在计算中考虑承载力安全系数 1.2，该拱脚控制截面的压应力也已超出 C20 混凝土抗压强度。

从表 1-33 可以看出，在温度荷载组合（温降 15℃）作用并考虑承载力安全系数 $K=$ 1.20 情况下，主拱圈控制截面 2 全断面均为压应力，顶部为 7.35MPa，底部为 1.14MPa，均未超出 C20 混凝土轴心抗压强度设计值 $f_c=9.6$ MPa。

根据以上分析可以看出温度荷载对主拱圈的工作状态主要有两方面的影响：首先是温降作用会使主拱圈产生与荷载标准组合（自重＋水重）作用基本相当的垂直向下变形；再

者在温度荷载组合作用下主拱圈拱脚处截面会产生过高的混凝土压应力，不但会影响截面承载力安全，也会使主拱圈产生比较大的轴向变形，进一步加剧上部被支撑结构的不均匀沉降。该渡槽普遍存在跨间伸缩缝张开漏水现象以及支墩上方槽壳侧墙上、下游和左、右侧对称竖向裂缝（图1-88）与此可能有很大的关联，是渡槽安全运行的隐患。

图1-88　支墩上方槽壳侧墙上、下游和
左、右侧对称竖向裂缝

参 考 文 献

［1］　北京金土木软件技术有限公司. SAP2000中文版使用指南［M］. 北京：人民交通出版社，2012.

［2］　彭俊生，罗永坤，彭地. 结构动力学、抗震计算与SAP2000应用［M］. 成都：西南交通大学出版社，2007.

［3］　朱伯芳. 有限单元法原理与应用［M］. 北京：中国水利水电出版社，1998.

［4］　Lydon F D，Balendran R V. Some Observations on Elastic Properties of Plain Concrete［J］. Cement and Concrete Research，1986，16（3）：314-324.

［5］　朱伯芳. 论混凝土坝抗振设计与计算中混凝土动态弹性模量的合理取值［J］. 水利水电技术，2009，40（11）：19-22.

［6］　吕小彬，吴佳晔. 冲击弹性波理论与应用［M］. 北京：中国水利水电出版社，2016.

［7］　北京筑信达工程咨询有限公司. SAP2000技术指南及工程应用［M］. 北京：人民交通出版社，2018.

第 2 章

水工隧洞衬砌结构安全复核计算

2.1 概述

隧洞是引水工程中很常见的水工建筑物，开挖后的基岩面一般都采用混凝土进行衬砌，其主要的作用是用来抵抗因岩体松动而产生的围岩压力，维持隧洞结构的稳定，同时还能防止内水外渗和外水内渗，因此混凝土衬砌结构对整个隧洞的安全运行至关重要。但是，在实际工程中有时会遇到因施工缺陷或设计问题而影响衬砌结构稳定的情况，需要根据围岩和衬砌结构的实际状况对其进行安全复核计算。

我国现行水工隧洞设计规范中隧洞衬砌的分析计算主要包括结构力学方法、弹性力学方法及有限元方法。其中结构力学和弹性力学方法是沿用至今的常规隧洞衬砌分析方法，其主要原理是将衬砌与围岩相互分开，以研究衬砌本身为主，适当考虑围岩的作用。这种方法作为一种简化计算是可行的，从力学分析观点上来看力系比较明确且容易理解，在多年应用过程中形成了一套比较完整的体系。这也是本章要讲述的主要内容。

而有限元方法是将衬砌与围岩当作一个整体来研究，以研究围岩为主。岩体千变万化，十分复杂，加上断层节理层面等地质构造的存在，使其更加复杂。有限元能够对这些复杂情况进行较为符合实际的模拟分析，成为水工隧洞应力分析的主要工具。因此，隧洞尺寸较大、地质条件复杂时，隧洞衬砌结构应该采用有限元法进行分析计算，有兴趣的读者可以参考其他相关的文献资料。

2.2 水工隧洞衬砌结构荷载

2.2.1 围岩分类

在隧洞衬砌结构的安全评估工作中经常会遇到沿洞线布置方向围岩类型的划分问题，了解围岩分类的概念和方法有助于理解施工加固措施，并对衬砌结构设计校核起到指导作用，这对隧洞衬砌结构的安全评估具有非常重要的意义。

目前水利水电工程现行的涉及围岩分类的国家标准包括《水利水电工程地质勘察规范》（GB 50487—2008）和《水力发电工程地质勘察规范》（GB 50287—2016），这两个规范对于围岩分类的规定基本是相同的。

两个规范都规定，围岩的工程地质分类方式分为初步分类和详细分类。初步分类适用于规划阶段、可研阶段以及深埋洞室施工前的围岩分类；详细分类主要用于初步设计、招标和施工图设计阶段的围岩分类。根据分类的结果，评价围岩的稳定性，并作为确定支护类型的依据。

2.2.1.1 围岩的初步分类

围岩初步分类以岩质类型（岩石强度）、岩体完整程度、岩体结构类型为基本依据，以岩层走向与洞轴线的关系、水文地质条件为辅助依据，围岩初步分类见表2-1。

表2-1　　　　　　　　　　　　　围岩初步分类表

围岩类别	岩质类型	岩体完整程度	岩体结构类型	围岩分类说明
Ⅰ、Ⅱ	硬质岩	完整	整体或巨厚层状结构	坚硬岩Ⅰ类，中硬岩Ⅱ类
Ⅱ、Ⅲ		较完整	块状结构、次块状结构	坚硬岩Ⅱ类，中硬岩Ⅱ类，薄层状结构Ⅲ类
Ⅱ、Ⅲ			厚层或中厚层状结构、层（片理）面结合牢固的薄层状结构	
Ⅲ、Ⅳ		完整性差	互层状结构	洞轴线与岩层走向夹角小于30°，定Ⅳ类
Ⅲ、Ⅳ			薄层状结构	岩质均一且无软弱夹层时可定Ⅲ类
Ⅲ			镶嵌结构	
Ⅳ、Ⅴ		较破碎	碎裂结构	有地下水活动时定Ⅴ类
Ⅴ		破碎	碎块或碎屑状散体结构	
Ⅳ、Ⅴ	软质岩	完整	整体或巨厚层状结构	较软岩Ⅲ类，软岩Ⅳ类
		较完整	块状结构、次块状结构	较软岩Ⅳ类，软岩Ⅴ类
			厚层、中厚层或互层状结构	
		完整性差	薄层状结构	较软岩无夹层可定Ⅳ类
		较破碎	碎裂结构	较软岩可定Ⅳ类
		破碎	碎块或碎屑状散体结构	

从表2-1中可以看出，初步分类的目的是实现在地质勘察资料较少的情况下围岩基本分类的可操作性。围岩的初步分类是《水利水电工程地质勘察规范》（GB 50487—2008）在2008年修订时新加入的内容，其原规范《水利水电工程地质勘察规范》（GB 50287—1999）只有围岩详细分类，并无初步分类。需要注意的是，上一版水利行业规范《水工隧洞设计规范》（SL 279—2002）有关围岩分类的内容应该参考的是《水利水电工程地质勘察规范》（GB 50287—1999），而现行水利行业规范《水工隧洞设计规范》（SL 279 2016）应该参考的是《水利水电工程地质勘察规范》（GB 50487—2008）。

表2-1中岩质类型划分应符合表2-2的规定。

表2-2　　　　　　　　　　　　　岩质类型划分表

岩质类型	硬质岩		软质岩		
	坚硬岩	中硬岩	较软岩	软岩	极软岩
岩石饱和单轴抗压强度 R_b/MPa	$R_b>60$	$60≥R_b>30$	$30≥R_b>15$	$15≥R_b>5$	$R_b≤5$

表 2-1 中岩体完整程度划分根据结构面组数、间距确定应符合表 2-3 的规定。

表 2-3   岩体完整程度划分表

间距 /cm	结 构 面 组 数			
	1～2	2～3	3～5	>5 或无序
>100	完整	完整	较完整	较完整
50～100	完整	较完整	较完整	差
30～50	较完整	较完整	差	较破碎
10～30	较完整	差	较破碎	破碎
<10	差	较破碎	破碎	破碎

表 2-1 中岩体结构类型划分应符合表 2-4 的规定。

表 2-4   岩体结构类型划分表

类型	亚 类	岩体结构特征
块状 结构	整体结构	岩体完整，呈巨块状，结构面不发育，间距大于 100cm
	块状结构	岩体较完整，呈块状，结构面轻度发育，间距一般 50～100cm
	次块状结构	岩体较完整，呈次块状，结构面中等发育，间距一般 30～50cm
层状 结构	巨厚层状结构	岩体完整，呈巨厚状，层面不发育，间距大于 100cm
	厚层状结构	岩体较完整，呈厚层状，层面轻度发育，间距一般 50～100cm
	中厚层状结构	岩体较完整，呈中厚层状，层面中等发育，间距一般 30～50cm
	互层结构	岩体较完整或完整性差，呈互层状，层面较发育或发育，间距一般 10～30cm
	薄层结构	岩体完整性差，呈薄层状，层面发育，间距一般小于 10cm
	镶嵌结构	岩体完整性差，岩块镶嵌紧密，层面较发育到很发育，间距一般 10～30cm
碎裂 结构	块裂结构	岩体完整性差，岩块间有岩屑和泥质物充填，嵌合中等紧密～较松弛，层面较发育到很发育，间距一般 10～30cm
	碎裂结构	岩体破碎，结构面很发育，间距一般小于 10cm
散体 结构	碎块状结构	岩体破碎，岩块夹岩屑或泥质物
	碎屑状结构	岩体破碎，岩屑或泥质物夹岩块

对于深埋洞室，当可能发生岩爆或塑性变形时，按表 2-1 确定的围岩类别宜降低一级。

2.2.1.2 围岩的详细分类

根据《水利水电工程地质勘察规范》（GB 50487—2008）的要求，凡是水工隧洞衬砌结构设计和安全评估所涉及的围岩分类都应该是详细分类。但是笔者所接触的一些工程特别是一些中小型工程，并没有严格按照规范的要求对隧洞沿线的围岩进行详细分类，一般都是采用类似初步分类的方法对围岩类别进行划分，准确性存在一定的疑问。这种情况应该在隧洞衬砌结构安全评估中引起注意。

《水利水电工程地质勘察规范》（GB 50487—2008）及其替换的原规范《水利水电工程地质勘察规范》（GB 50287—1999）对于围岩详细分类的规定基本相同，都是以岩石强度（A）、岩体完整程度（B）、结构面状态（C）、地下水（D）和主要结构面产状（E）等五项指标评分之和的总评分 $T=A+B+C+D+E$ 作为基本判据，以围岩强度应力比为限定判据，最终确定围岩的类别。

岩石强度的评分应符合表 2-5 的规定，可以插值计算相应评分，基本的原则是岩石强度越高，评分越高，但设定了一个最高值 30（$R_b \geqslant 100\text{MPa}$）。

表 2-5　　　　　　　　　　　岩 石 强 度 评 分 A

岩质类型	硬质岩		软质岩	
	坚硬岩	中硬岩	较软岩	软岩
岩石饱和单轴抗压强度 R_b/MPa	$R_b>60$	$60{\geqslant}R_b>30$	$30{\geqslant}R_b>15$	$R_b{\leqslant}15$
岩石强度评分 A	30~20	20~10	10~5	5~0

注　1. 岩石饱和抗压强度大于 100MPa 时，A=30。

　　2. 岩石饱和抗压强度小于 5MPa 时，A=0。

岩石完整程度的评分应符合表 2-6 的规定。表中的岩石完整性系数 K_v 由式（2-1）计算：

$$K_v = (v_{pm}/v_{pr})^2 \tag{2-1}$$

式中：v_{pm} 为岩体纵波速度，m/s；v_{pr} 为岩块纵波速度，m/s。

可以插值计算相应评分，在 K_v 相同时，硬质岩比软质岩的评分要高。

表 2-6　　　　　　　　　　　岩体完整程度评分 B

岩体完整程度		完整	较完整	完整性差	较破碎	破碎
岩体完整性系数 K_v		$K_v>0.75$	$0.75{\geqslant}K_v>0.55$	$0.55{\geqslant}K_v>0.35$	$0.35{\geqslant}K_v>0.15$	$K_v{\leqslant}0.15$
岩体完整程度评分 B	硬质岩	40~30	30~22	22~14	14~6	<6
	软质岩	25~19	19~14	14~9	9~4	<4

注　1. 当 60MPa$\geqslant R_b>$30MPa，岩体完整程度 B 与结构面状态评分 C 之和>65，按 65 评分。

　　2. 当 30MPa$\geqslant R_b>$15MPa，岩体完整程度 B 与结构面状态评分 C 之和>55，按 55 评分。

　　3. 当 15MPa$\geqslant R_b>$5MPa，岩体完整程度 B 与结构面状态评分 C 之和>40，按 40 评分。

　　4. 当 $R_b\leqslant$5MPa，岩体完整程度与结构面状态不参加评分，即 B=C=0。

岩体结构面是指岩体中各种具有一定方向、延展较大、厚度较小的二维地质界面，包括断层、节理、层理和破碎带等。结构面状态是指隧洞某一洞段内比较发育的、强度最弱的结构面的状态，包括宽度（分为小于 0.5mm、0.5~5mm、大于 5mm 三个等级）、充填物（无充填、岩屑和泥质充填三种）、起伏状况（起伏粗糙、起伏光滑或平直粗糙、平直光滑三种情况）以及延伸长度（反映结构面贯穿性，分为小于 3m、3~10m 和大于 10m 三个等级）等四方面的影响因素。结构面状态评分应符合表 2-7 的规定。

表 2-7　　　　　　　　　　　结 构 面 状 态 评 分 C

结构面状态	宽度 W/mm	W<0.5			0.5≤W≤5.0								W>5.0		
	充填物				无充填			岩屑			泥质			岩屑	泥质	无充填
	起伏粗糙状况	起伏粗糙	平直光滑	起伏粗糙	起伏光滑或平直粗糙	平直光滑	起伏粗糙	起伏光滑或平直粗糙	平直光滑	起伏粗糙	起伏光滑或平直粗糙	平直光滑			
结构面状态评分 C	硬质岩	27	21	24	21	15	21	17	12	15	12	9	12	6	0~3
	较软岩	27	21	24	21	15	21	17	12	15	12	9	12	6	0~3
	软岩	18	14	17	14	8	14	11	8	10	8	6	8	4	0~2

注　1. 结构面的延伸长度小于 3m 时，硬质岩、软质岩的结构面状态评分另加 3 分，软岩加 2 分；结构面的延伸长度大于 10m 时，硬质岩、软质岩减 3 分，软岩减 2 分。

　　2. 结构面状态最低分为 0 分。

地下水活动从重到轻分为涌水、线（状）流（水）、渗水或滴水、干燥四种状态，其评分应符合表2-8的规定，干燥状态评分为0，其他状态基本为负分。综合反映岩石强度、岩体完整程度和结构面状态的基本因素 T' 越低，相同地下水状态下负分越低；地下水活动越严重，相同 T' 情况下负分越低。

表2-8   地下水状态评分 D

活动状态		渗水到滴水	线状流水	涌水
水量 Q/[L/(min·10m洞长)] 或压力水头 H/m		$Q \leqslant 25$ 或 $H \leqslant 10$	$25 < Q \leqslant 125$ 或 $10 < H \leqslant 100$	$Q > 125$ 或 $H > 100$
基本因素评分 T'	$T' > 85$	0	$0 \sim -2$	$-2 \sim -6$
	$85 \geqslant T' > 65$	$0 \sim -2$	$-2 \sim -6$	$-6 \sim -10$
	$65 \geqslant T' > 45$	$-2 \sim -6$	$-6 \sim -10$	$-10 \sim -14$
	$45 \geqslant T' > 25$	$-6 \sim -10$	$-10 \sim -14$	$-14 \sim -18$
	$T' \leqslant 25$	$-10 \sim -14$	$-14 \sim -18$	$-18 \sim -20$

（地下水评分 D 列于中间栏）

注 1. 基本因素 T' 是前述岩石强度评分 A、岩体完整程度评分 B 和结构面状态评分 C 的和。
　 2. 干燥状态取0分。

结构面产状包括结构面走向与洞轴线夹角 β 以及结构面倾角 α。主要结构面产状对隧洞围岩的稳定也有非常大的影响，结构面与隧洞洞轴线夹角 β 及结构面倾角 α 不同，影响程度也不同。对于高倾角的主要结构面，当其走向和洞轴线基本平行时对隧洞围岩的稳定非常不利，但当其走向和洞轴线基本垂直时，则对隧洞围岩的稳定几乎没有影响。主要结构面产状评分应符合表2-9的规定。

表2-9   主要结构面产状评分 E

结构面走向与洞轴线夹角 β		$90° \geqslant \beta \geqslant 60°$				$60° > \beta \geqslant 30°$				$\beta < 30°$			
结构面倾角 α/(°)		$\alpha > 70°$	$70° \geqslant \alpha > 45°$	$45° \geqslant \alpha > 20°$	$\alpha \leqslant 20°$	$\alpha > 70°$	$70° \geqslant \alpha > 45°$	$45° \geqslant \alpha > 20°$	$\alpha \leqslant 20°$	$\alpha > 70°$	$70° \geqslant \alpha > 45°$	$45° \geqslant \alpha > 20°$	$\alpha \leqslant 20°$
结构面产状评分 E	洞顶	0	-2	-5	-10	-2	-5	-10	-12	-5	-10	-12	-12
	边墙	-2	-5	-2	0	-5	-10	-2	0	-10	-12	-5	0

注 按岩体完整程度分级为完整性差、较破碎和破碎的围岩不进行主要结构面产状评分的修正。

根据上述五项指标总评分 T 和围岩的强度应力比 S，按表2-10对围岩进行详细分类。

表2-10   围岩详细分类

围岩类别	围岩总评分 T	围岩的强度应力比 S	围岩类别	围岩总评分 T	围岩的强度应力比 S
I	$T > 85$	> 4	IV	$45 \geqslant T > 25$	> 2
II	$85 \geqslant T > 65$	> 4	V	$T \leqslant 25$	—
III	$65 \geqslant T > 45$	> 2			

注 对于II、III、IV类围岩，围岩的强度应力比小于上表规定时，围岩类别宜相应降低一级。

表 2-10 中的强度应力比 S 是反映围岩应力大小与岩石强度相对关系的定量指标，提出这个指标的目的是为了控制各类围岩的变形破坏特征。一般来讲，岩石越坚硬脆性越大，因此 I 类、II 类围岩在自身应力作用下不允许出现塑性挤出变形，强度应力比 S 要求比较高（>4），而 III 类、IV 类围岩允许出现局部塑性变形，强度应力比 S 要求稍低（>2）。围岩的强度应力比 S 由式（2-2）计算：

$$S = \frac{R_b K_v}{\sigma_m} \tag{2-2}$$

式中：R_b 为岩石饱和单轴抗压强度，MPa；K_v 为岩石完整性系数；σ_m 为围岩最大主应力，MPa，无实测资料可以自重应力代替。

2.2.1.3　围岩的稳定性评价

根据表 2-10 围岩详细分类的结果，可对隧洞围岩的稳定性进行评价，同时可给出相应的支护类型（见表 2-11）。

表 2-11　　　　　　　　　　　　围 岩 稳 定 性 评 价

围岩类型	围岩稳定性评价	支　护　类　型
I	稳定。围岩可长期稳定，一般无不稳定块体	不支护或局部锚杆或喷薄层混凝土。大跨度时，喷混凝土、系统锚杆加钢筋网
II	基本稳定。围岩整体稳定，不会产生塑性变形，局部可能产生掉块	
III	局部稳定性差。围岩强度不足，局部会产生塑性变形，不支护可能产生塌方或变形破坏。完整的较软岩，可能暂时稳定	喷混凝土、系统锚杆加钢筋网。采用 TBM 掘进时，需及时支护。跨度大于 20m 时，宜采用锚索或刚性支护
IV	不稳定。围岩自稳时间很短，规模较大的各种变形和破坏都可能发生	喷混凝土、系统锚杆加钢筋网，刚性支护，并浇筑混凝土衬砌，不适宜于开敞式 TBM 施工
V	极不稳定。围岩不能自稳，变形破坏严重	

2.2.2　围岩的弹性抗力

2.2.2.1　围岩弹性抗力系数的定义

围岩弹性抗力反映围岩抵抗外力变形的能力，也可以理解为在衬砌向外变形的影响下围岩对衬砌结构产生的反作用力。根据温克尔假定，基础弹性抗力与其变形成正比，即：

$$P_0 = K\Delta \tag{2-3}$$

式中：P_0 为围岩弹性抗力，kN/m^2；Δ 为围岩变位，m；K 为围岩弹性抗力系数，kN/m^3，代表单位面积（$1m^2$）围岩产生单位（$1m$）变位所需的作用力。

在隧洞衬砌结构分析中衡量围岩弹性抗力的指标是围岩弹性抗力系数 K。理论分析和工程经验表明，在相同地质条件下，围岩弹性抗力系数随隧洞开挖断面尺寸的增加而减小。因此在隧洞衬砌结构计算中引入围岩单位弹性抗力系数 K_0，K_0 与围岩弹性抗力系数 K 的关系如下：

$$K = K_0/r_e \tag{2-4}$$

式中：r_e 为圆形隧洞的开挖半径，m，与上述弹性抗力系数的量纲一致。由此可知，单位弹性抗力系数就是隧洞开挖半径为 1m 时的围岩弹性抗力系数。

围岩弹性抗力的取值对隧洞（特别是有压隧洞）衬砌结构配筋设计具有非常大的影响。单位弹性抗力系数的确定主要可以通过两种方法：间接公式计算法和现场直接试验法[1]。间接公式计算法是利用岩体变形模量通过弹性力学推导出的理论公式计算围岩单位弹性抗力系数，而现场直接试验法是通过径向液压枕法和水压法等现场原位试验直接测定围岩单位弹性抗力系数。《水电水利工程岩石试验规程》（DL/T 5368—2007）和《水利水电工程岩石试验规程》（SL/T 264—2020）都给出了岩体变形模量和围岩单位弹性抗力系数的现场原位试验方法。

以上单位弹性抗力系数的定义以及上述两本规范规定的围岩单位弹性抗力系数的现场原位试验方法（径向液压枕法和水压法）主要都是针对圆形有压隧洞。对于其他非圆形断面型式的隧洞，特别是引水工程中最常见的城门洞形无压隧洞，采用围岩单位弹性抗力系数不太合理，一般建议对无压隧洞的围岩弹性抗力系数取单一的 K 值，1965 年水利电力部总结的我国隧洞围岩弹性抗力系数见表 2-12[2]。

表 2-12　　　　　　　　　　围岩弹性抗力系数表

岩石坚硬程度	代表岩石	节理裂隙或风化程度	有压隧洞单位弹性抗力系数 K_0/（MPa/m）	无压隧洞弹性抗力系数 K/（MPa/m）
坚硬岩石	石英岩、花岗岩、流纹斑岩、安山岩、玄武岩、厚层硅质灰岩等	节理裂隙少，新鲜	10000～20000	2000～5000
		节理裂隙不太发育，微风化	5000～10000	1200～2000
		节理裂隙发育，弱风化	3000～5000	500～1200
中等坚硬岩石	砂岩、石灰岩、白云岩、砾岩等	节理裂隙少，新鲜	5000～10000	1200～2000
		节理裂隙不太发育，微风化	3000～5000	800～1200
		节理裂隙发育，弱风化	1000～3000	200～800
较软岩石	砂页岩互层、黏土质岩石、致密的泥灰岩等	节理裂隙少，新鲜	2000～5000	500～1200
		节理裂隙不太发育，微风化	1000～2000	200～500
		节理裂隙发育，弱风化	<1000	<200
松软岩石	严重风化及十分破碎的岩石、断层和破碎带等		<500	<100

注　无压隧洞围岩弹性抗力系数 K 适用于 5～10m 跨径，对于跨径较大的隧洞可适当降低，对于跨径较小的隧洞可相应提高。

2.2.2.2　围岩弹性抗力系数理论公式推导

根据弹性力学理论[3]，极坐标系 (ρ, θ) 在轴对称应力状态下的应力分量为：

$$\begin{cases} \sigma_\rho = \dfrac{A}{\rho^2} + B(1 + 2\ln\rho) + 2C \\ \sigma_\theta = -\dfrac{A}{\rho^2} + B(3 + 2\ln\rho) + 2C \\ \tau_{\rho\theta} = \tau_{\theta\rho} = 0 \end{cases} \quad (2-5)$$

式中：A、B、C 为常数。

由式（2-5）可以推导出极坐标系（ρ，θ）在轴对称应力状态下的径向位移分量 u_ρ 和环向位移分量 u_θ 表达式（2-6）为：

$$\begin{cases} u_\rho = \dfrac{1}{E}\left[-(1+\mu)\dfrac{A}{\rho}+2(1-\mu)B\rho(\ln\rho-1)+(1-3u)B\rho+2(1-\mu)C\rho\right] \\ \qquad + I\cos\theta + K\sin\theta \\ u_\theta = \dfrac{4B\rho\theta}{E}+H\rho+I\cos\theta+K\sin\theta \end{cases} \tag{2-6}$$

式中：A、B、C、H、I、K 为常数；E 为材料的弹性模量；μ 为材料的泊松比。

在式（2-6）环向位移表达式中，对于同一个 ρ 值（如 $\rho=\rho_1$），在 $\theta=\theta_1$ 和 $\theta_1+2\pi$ 时得到的两个环向位移分量 $u_{\theta1}$ 和 $u_{\theta1+2\pi}$ 应该是相等的，因为（ρ_1，θ_1）和（ρ_1，$\theta_1+2\pi$）是同一个点。因此，不难看出 u_θ 公式的第一项的常数项 $B=0$。

考虑图 2-1 中的厚壁圆筒模型（模拟隧洞围岩受力状况，假定理想均质弹性材料，应力和应变的分布为轴对称），内侧压力为 P_0（相应于围岩对衬砌弹性抗力的反力），内半径为 r_o（相应于隧洞外半径），半径 r 处的压力为 P_r（模拟围岩内部压力）。考虑如下边界条件：

$$\begin{cases} \rho=r_o: & \tau_{\rho\theta}=0; & \sigma_\rho=-P_0 \\ \rho=r: & \tau_{\rho\theta}=0; & \sigma_\rho=-P_r \end{cases} \tag{2-7}$$

式中应力单元拉应力为正。

将式（2-7）代入式（2-5）中的 σ_θ 表达式（2-8）中，则有：

$$\begin{cases} -P_0 = \dfrac{A}{r_o^2}+2C \\ -P_r = \dfrac{A}{r^2}+2C \end{cases} \tag{2-8}$$

联立式（2-8）中的两式，可求出常数 A 和 C：

$$\begin{cases} A = \dfrac{r_o^2 r^2}{r^2-r_o^2}(P_r-P_0) \\ C = \dfrac{P_0 r_o^2 - P_r r^2}{2(r^2-r_o^2)} \end{cases} \tag{2-9}$$

在图 2-1 中的厚壁圆筒模型中，对于同一个 ρ 值（如 $\rho=\rho_1$），不同的 θ 值对应的径向位移分量 u_ρ 是相同的，因此式（2-6）中的常数 I、K 都是 0。

考虑无限大隧洞围岩情况，当 r 趋向无穷大时，P_r 为 0。此时不难发现在式（2-9）中，$C=0$，$A=-r_o{}^2\times P_0$，代入式（2-6）中，可得在 $\rho=r_o$（衬砌与围岩结合面）处径向位移分量 u_ρ：

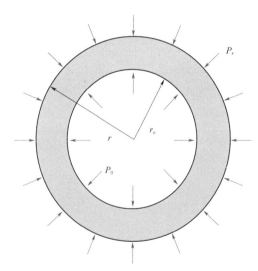

图 2-1　围岩结构的厚壁圆筒
弹性分析示意图

$$u_{\rho=r_o} = \frac{r_o(1+\mu)}{E}P_0 \quad \Rightarrow \quad P_0 = \frac{E}{r_o(1+\mu)}u_{\rho=r_o} \qquad (2-10)$$

将式（2-10）和式（2-3）对比，可以得到围岩的弹性抗力系数 K 由式（2-11）表示：

$$K = \frac{E}{r_o(1+\mu)} \qquad (2-11)$$

式中：E 为围岩的弹性模量；r_o 为隧洞外半径，量纲需与 K 相同；μ 为材料的泊松比。

根据式（2-11），当围岩的弹性模量和泊松比固定的条件下，隧洞外半径越大，围岩的弹性抗力系数 K 越小，这也就是式（2-4）引入围岩单位弹性抗力系数 K_0 的原因。根据式（2-11）和式（2-4），可知：

$$K_0 = \frac{E}{1+\mu} \qquad (2-12)$$

上述推导过程中采用了弹性力学的假定，因此仅适用于坚硬、完整、均质和各向同性的岩体，这在实际工程中很难出现，以此计算围岩（单位）弹性抗力系数往往会出现比较大的误差。由于实际工程岩体中往往充斥着裂隙及其内部的填充物，导致岩体并非弹性材料，加载后的变形中包含相当一部分的塑形变形，因此当采用式（2-11）或式（2-12）计算围岩弹性抗力系数时，一般采用基于岩体总变形的变形模量，而非基于岩体弹性变形的弹性模量，避免过高估计岩体对隧洞衬砌提供的弹性抗力作用。

此处有必要强调一下岩体弹性模量和变形模量的区别。在岩体变形的弹性阶段，应力和应变呈线性关系，该直线的斜率即为岩体的弹性模量；而具有弹性和非弹性性能的岩体在加载时应力与应变的比值，称为变形模量，变形模量取决于总变形量，即弹性变形和塑性变形之和。

2.2.2.3 岩体变形性能原位试验

《水电水利工程岩石试验规程》（DL/T 5368—2007）和《水利水电工程岩石试验规程》（SL/T 264—2020）都规定了测试岩体变形性能（弹性模量和变形模量）的原位试验方法，包括承压板法，狭缝法，双（单）轴压缩法，以及钻孔径向加压法等。以下以《水电水利工程岩石试验规程》（DL/T 5368—2007）为主介绍这几种方法的基本试验过程，《水利水电工程岩石试验规程》（SL/T 264—2020）虽略有补充和修改，但主要内容基本相同。

（1）承压板法。承压板法是在工程现场用刚性或柔性方法对待测岩体施加压力，通过测量岩体在受力过程中的变形，按照弹性理论计算岩体的弹性（或变形）模量。《水电水利工程岩石试验规程》（DL/T 5368—2007）规定需采用圆形承压板，根据具体情况也可以采用方形或矩形承压板，但弹性（或变形）模量的计算公式不同。

承压板法分刚性和柔性两种，可根据现场岩体的情况和设备条件选择使用，我国目前采用比较多的是刚性承压板法。一般来讲，刚性承压板适用于各类岩体，推荐采用直径不小于 $50.5cm$（面积不小于 $2000cm^2$）的圆形板；而柔性承压板适用于完整或较完整岩体，推荐采用外径 $60cm$、内径 $8cm$ 的圆环板。对于常用的圆形承压板，该规范给出了如下的柔性指数作为刚性和柔性的判断标准：

$$S = 3\frac{1-\mu_f^2}{1-\mu^2}\frac{E}{E_f}\frac{r^3}{h^3} \tag{2-13}$$

式中：S 为圆形承压板的柔性指数；μ_f 为承压板的泊松比；μ 为岩体的泊松比；E_f 为承压板的弹性模量，MPa；E 为岩体的弹性模量，MPa；r 为圆形承压板的直径，cm；h 为圆形承压板的高度，cm。

由式（2-13）计算柔性指数 S：$S<0.5$，绝对刚性；$0.5\leqslant S\leqslant10$，有限刚性；$S>10$，绝对柔性。规范同时还规定，当单块刚性承压板刚度不足时，可采用叠置垫板增大承压板厚度的方式来提高承压板的刚性。

《水电水利工程岩石试验规程》（DL/T 5368—2007）规定的刚性承压板法现场原位试验装置见图 2-2，分垂直方向加载和水平方向加载两种情况。柔性承压板法中心孔量测变形试验装置见图 2-3。

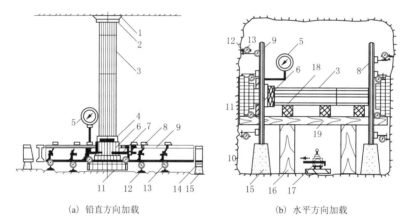

（a）铅直方向加载　　　　　　（b）水平方向加载

图 2-2　刚性承压板法现场原位试验装置示意图

1—砂浆顶板；2—垫板；3—传力柱；4—圆垫板；5—压力表；6—液压千斤顶；
7—高压油管（接油泵）；8—磁性表架；9—工字钢梁；10—钢板；11—刚性
承压板；12—标点；13—千分表；14—辊轴；15—混凝土支墩；
16—木柱；17—油泵（接千斤顶）；18—木垫；19—木梁

该规范对于测点的制备提出明确的限制条件：

1）测点的加载方向宜与岩体实际受力方向一致，各向异性的岩体，也可按要求的受力方向制备测点。

2）测点面积应大于承压板面积。

3）测点中心至洞壁或顶、底板的距离应大于承压板直径的 2 倍；测点中心至洞口的距离应大于承压板直径的 2.5 倍；测点中心至临空面的距离应大于承压板直径的 6 倍。

4）两个相邻测点的中心距应大于承压板直径的 4 倍。

5）测点表面以下 3 倍承压板直径深度范围内的岩体性质宜相同。

6）测点表层松动岩体应清除，表面起伏差不宜大于承压板直径的 1%。

7）承压板外 1.5 倍承压板直径范围内的岩体表面应平整，无松动岩块和石渣。

刚性承压板加压一般采用千斤顶，柔性承压板一般采用环形液压枕。加压方式宜采用逐级一次循环法（图2-4），根据情况也可采用逐级多次循环法（图2-5），试验最大压力不宜小于隧洞预定工作压力（如有压隧洞内水压力）的1.2倍，且加压宜分为5级，按最大压力等分施加。

每级加压后应立即从测量千分表读取变形数据，以后每隔10min读一次数，当刚性承压板上所有测表（或柔性承压板中心岩面上的测表）相邻两次读数差与同级压力下第一次变形读数和前一级压力下最后一次变形读数差之比小于5%时，可认为变形稳定，并开始退压。退压后的变形稳定标准与加压时相同。退压稳定后，按上述加压步骤依次加压到最大压力，结束试验。绘制测点岩体压力与变形量关系曲线（见图2-4、图2-5），以及压力与岩体变形模量和弹性模量关系曲线。

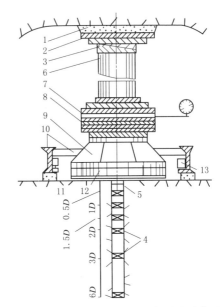

图2-3 柔性承压板法中心孔量测变形试验装置示意图
1—混凝土顶板；2—钢板；3—斜垫板；4—多点位移计；
5—锚头；6—传力柱；7—测力枕；8—加压枕；
9—环形传力箱；10—测架；11—环形传力枕；
12—环形钢板；13—小螺旋顶

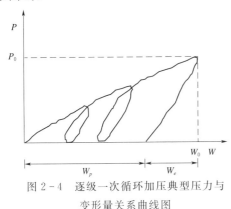

图2-4 逐级一次循环加压典型压力与
变形量关系曲线图

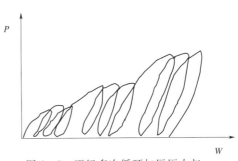

图2-5 逐级多次循环加压压力与
变形量关系曲线图

从图2-4中可以看出，在某一压力P_0下，W_0为岩体的总变形量，$W_0 = W_p + W_e$，其中W_p为岩体塑性永久变形，主要是由岩体裂隙及填充物挤压变形造成的，W_e为岩体的弹性变形。

①对于刚性承压板加压，将岩体视为均质、连续、各向同性的半无限弹性体，根据弹性力学绝对刚性垫板下岩体变形的布辛涅斯克式（2-14）计算岩体的变形参数：

$$E = \frac{\pi}{4} \frac{(1-\mu^2)PD}{W} \qquad (2-14)$$

式中：W 为岩体变形，cm；E 为岩体弹性（变形）模量，W 取压力与变形量关系曲线上的总变形 W_0 时计算的为变形模量 E_0，W 取弹性变形 W_e 时计算的为岩体弹性模量 E_e，MPa；P 为按刚性承压板面积计算的压力，MPa；D 为刚性承压板直径，cm；μ 为泊松比。

②根据弹性力学绝对柔性垫板下岩体变形的布辛涅斯克公式，作用在半径为 r 的圆面积上的法向均布力 P，其最大沉陷 W 发生在圆面积的圆心：

$$W = \frac{2(1-\mu^2)Pr}{E} \tag{2-15}$$

将环形柔性承压板的有效外半径 r_1 和内半径 r_2 分别代入式（2-15）后再相减，即得柔性承压板加压下量测岩体表面变形计算岩体变形参数的式（2-16）：

$$E = \frac{(1-\mu^2)P}{W}2(r_1-r_2) \tag{2-16}$$

式中：W 为柔性板中心岩体表面变形，cm；r_1、r_2 为环形柔性承压板的有效外半径和内半径，cm；其他符号意义同前。

③对于柔性承压板加压，当量测中心孔深部变形时，可通过式（2-17）计算岩体的变形系数：

$$E = \frac{P}{W_Z}K_Z \tag{2-17}$$

$$K_Z = 2(1-\mu^2)(\sqrt{r_1^2+Z^2}-\sqrt{r_2^2+Z^2})-(1+\mu)\left(\frac{Z^2}{\sqrt{r_1^2+Z^2}}-\frac{Z^2}{\sqrt{r_2^2+Z^2}}\right)$$

式中：W_Z 为中心孔深度 Z 处岩体变形，cm；Z 为测点深度，cm；K_Z 为与承压板尺寸、测点深度和泊松比有关的系数，cm；其他符号意义同前。

（2）狭缝法。狭缝法是在待测岩体上开一道狭缝，放入液压枕（扁千斤顶），用水泥浆将狭缝填实，待砂浆达到一定强度后，利用液压枕对岩体加压，通过布置在狭缝中垂线上的测量标点量测岩体变形，按照无限弹性平板中有限长狭缝加压的平面应力问题计算岩体变形参数。狭缝法适用于完整或较完整的岩体，其试验装置见图 2-6。

狭缝法的加压试验和变形稳定标准与上述承压板法基本相同。绘制测点岩体压力与变形量关系曲线，以及压力与岩体变形模量和弹性模量关系曲线。通过式（2-18）计算岩体的变形参数：

$$E = \frac{Pl}{2W\rho}\left[(3+\mu)-\frac{2(1+\mu)}{\rho^2+1}\right] \tag{2-18}$$

$$\rho = \frac{2y+\sqrt{4y^2+l^2}}{l} \tag{2-19}$$

式中：P 为施加在狭缝两侧岩体上的压力，MPa；ρ 为计算系数；W 为标点处岩体变形，cm；l 为狭缝长度，cm；y 为测量标点距狭缝中心线距离，cm；其他符号意义同前。

对于式（2-18）中施加在狭缝两侧岩体上的压力 P 的计算，规范建议根据液压枕的有效面积换算成作用在狭缝上的均布压力。

（3）双（单）轴压缩法。双（单）轴压缩法与狭缝法加载装置相同，都是采用液压枕。只不过不像狭缝法那样在测点上只开一道槽,而是在测点四周开四道狭槽,埋入液压枕对岩体施加压力,量测测点表面岩体变形,其装置见图2-7,根据弹性力学单向或双向受压公式计算岩体变形参数。该方法只适用于完整和较完整岩体。

双(单)轴压缩法的加压试验和变形稳定标准也与承压板法基本相同。绘制测点岩体压力与变形量关系曲线,以及压力与岩体变形模量和弹性模量关系曲线。通过式(2-20)计算岩体的变形参数:

$$E = \frac{P_x{}^2 - P_y{}^2}{\varepsilon_x P_x - \varepsilon_y P_y} \quad (2-20)$$

式中:ε_x 为 x 方向岩体平均应变;ε_y 为 y 方向岩体平均应变;P_x 为作用在 x 方向岩体上的压力,MPa;P_y 为作用在 y 方向岩体上的压力,MPa;其他符号意义同前。

(4)钻孔径向加压法。钻孔径向加压法的加压装置与常规岩土测试中的旁压试验相似。利用岩体钻孔,在孔内一定长度范围内对孔壁施加压力,通过量测孔壁的径向变形,根据弹性力学的厚壁圆筒理论,获得岩体的变形参数。

试验加压和变形量测装置可分为钻孔膨胀计、钻孔压力计和钻孔千斤顶。前两个属于柔性加压,将高压水或高压油泵入特制胶囊中对孔壁施加均匀压力,其装置见

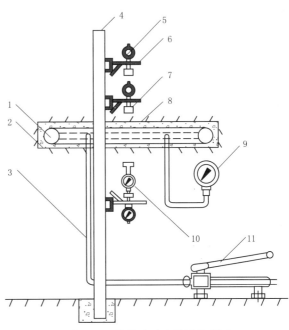

图 2-6 狭缝法试验装置示意图

1—液压枕;2—槽壁;3—油管;4—测表支架;5—百分表
(绝对测量);6—磁性表架;7—测量标点;8—砂浆;
9—标准压力表;10—百分表(相对测量);
11—油泵

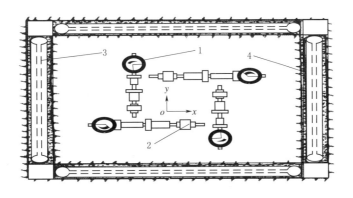

图 2-7 双(单)轴压缩法试验装置示意图

1—测表;2—标点;3—液压枕;4—砂浆

图 2-8，适用于完整和较完整的中硬岩和软质岩。钻孔膨胀计是通过量测体积变化来换算孔壁径向变形，钻孔压力计是通过电阻式或电感式等测量元件直接量测孔壁径向变形。

钻孔千斤顶属于刚性加压，通过多个活塞式千斤顶向与孔壁接触的承压板施加压力，利用位移传感器等直接量测孔壁径向变形，适用于完整和较完整的硬质岩。

钻孔径向加压法试验最大压力可为预定压力的 1.2～1.5 倍，可分 5～10 级，按最大压力等分施加。加压方式宜采用逐级一次循环法（图 2-4）或大循环法。

1）当采用逐级一次循环法时，每级加压后应立即读取变形数据，以后每隔 3～5min 读一次数，当相邻两次读数差与同级压力下第一次变形读数和前一级压力下最后一次变形读数差之比小于 5% 时，可认为变形稳定，并开始退压。

2）采用大循环法时，每级压力应稳定 3～5min，并测读稳定前后读数，最后一级压力稳定标准同逐级一次循环法，变形稳定后开始退压。大循环次数不应少于 3 次。

3）退压后的变形稳定标准与加压时相同。绘制测点岩体压力与变形量关系曲线，压力与岩体变形模量和弹性模量关系曲线，以及沿孔深的变形模量和弹性模量分布图。通过以下公式计算岩体的变形参数：

①当采用钻孔膨胀计或钻孔压力计进行试验时：

$$E = P(1 + \mu) \frac{d}{\Delta d} \qquad (2-21)$$

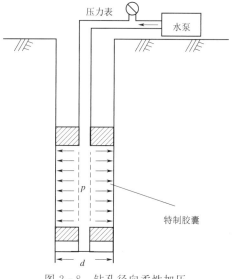

图 2-8　钻孔径向柔性加压法试验装置示意图

式中：E 为岩体弹性（变形）模量，以压力与变形量关系曲线上的总变形 Δd_t 计算为变形模量 E_0，以弹性变形 Δd_e 计算为岩体弹性模量 E，MPa；P 为计算压力，取试验压力与初始压力之差，MPa；d 为实测钻孔直径，cm；Δd 为岩体纵向变形。

②当采用钻孔千斤顶进行试验时：

$$E = KP(1 + \mu) \frac{d}{\Delta d} \qquad (2-22)$$

式中：K 为与三维效应、传感器灵敏度、加压角及弯曲效应有关的参数，根据率定确定。其他符号意义同前。

与承压板法相比，钻孔径向加压法试验方向不受限制，可以同时量测不同方向的变形，能够更好地反映出岩体的各向异性。

2.2.2.4　直接测定弹性抗力系数的现场原位试验

《水电水利工程岩石试验规程》（DL/T 5368—2007）规定了两种利用现场原位试验直接测定圆形有压隧洞岩体弹性抗力系数的方法：径向液压枕法和水压法。

（1）径向液压枕法。径向液压枕法的基本原理很简单，就是利用文克尔（Winkler）的弹性地基梁假定，即假设地基表面任一点的压力强度与该点的沉降成正比，两个的比值就是地基的弹性抗力系数。试验的基本做法是在圆形试验洞洞壁上沿环向布置多边形承力框架，使用液压枕对该框架施加各个方向的径向压力，该压力通过框架和洞壁之间的混凝土传力垫层传递到岩体上，用以模拟内水压力的作用，同时通过径向布置的变形测表量测岩体的径向变形，根据施加的压力和量测的变形直接计算围岩弹性抗力系数。

试验洞的直径由承力框架的尺寸确定。国内目前现有的是边长 70cm 的 8 边形、边长 50cm 的 12 边形和边长 50cm 的 16 边形承力框架，常用的是边长 50cm 的 12 边形的承力框架[4,5]，传力混凝土垫层的厚度一般要求 20cm，因此要求试验洞的最小直径分别为 223cm、241cm 和 305cm，试验段的长度可根据加载设备条件选择为 1 倍、2 倍或 3 倍试验洞洞径。岩体变形的量测方式有两种，直径向量测和半径向量测：直径向量测是在洞壁对称布置的一对测表基桩上安装表杆，再在表杆上安装量测整个直径向岩体变形的测表；半径向量测是在试验段中心轴测表刚性支架上安装量测半径向岩体变形的测表。每个断面变形测表的数量应根据承力框架多边形的边数确定。

白鹤滩水电站岩体径向液压枕法试验装置见图 2－9[4]，采用的是边长 50cm 的 12 边形的承力框架和半径向变形测表，试验洞的洞径 240cm，试验段长度 220cm。

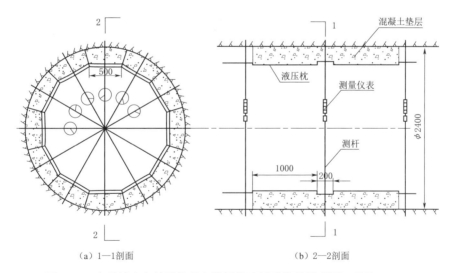

（a）1—1剖面   （b）2—2剖面

图 2－9 白鹤滩水电站岩体径向液压枕法试验装置示意图（单位：mm）

径向液压枕法试验最大压力不宜小于预定压力的 1.2 倍，宜分 5～10 级，按最大压力等分施加。加压方式宜采用逐级一次循环法（图 2－4），根据需要也可采用逐级多次循环法（见图 2－5）。

当采用逐级一次循环法时，每级加压后应立即读取变形数据，以后每隔 15min 读一次数，当所有测表相邻两次读数差与同级压力下第一次变形读数和前一级压力下最后一次变形读数差之比小于 5％时，可认为变形稳定，并开始退压。每次加压或退压稳定时间不宜少于 1h。退压后的变形稳定标准与加压时相同。

绘制各方向岩体压力与变形量关系曲线，中间主断面各方向压力与岩体变形模量和弹性模量关系曲线，以及压力与弹性抗力系数和单位弹性抗力系数关系曲线。

1）通过式（2-23）计算作用于岩体表面的压力：

$$P = \frac{nqA_f}{2\pi RL} \qquad (2-23)$$

式中：P 为作用于岩体表面的压力，MPa；n 为液压枕的个数；q 为液压枕内的压力，MPa；A_f 为液压枕有效面积，cm^2；R 为试验洞半径，cm；L 为试验段长度，cm。

2）按式（2-24）～式（2-26）计算岩体变形参数：

$$E = P(1+\mu)\frac{R}{\Delta R}\varphi \qquad (2-24)$$

$$K = \frac{P}{\Delta R}\varphi \qquad (2-25)$$

$$K_0 = K\frac{R}{100} \qquad (2-26)$$

式中：K 为岩体弹性抗力系数，MPa/cm；K_0 为岩体单位弹性抗力系数，MPa/cm；ΔR 为试验段中间主断面岩体表面半径向变形，当采用直径向量测岩体表面径向变形时，取直径向变形的 1/2，cm；φ 为中间断面变形修正系数，根据试验段长度 L、试验洞直径 D 和岩体泊松比 μ，查表 2-13 确定；当试验段长度不小于 3 倍试验段直径时，$\varphi=1$；其他符号意义同前。

式（2-26）中分母的 100 为单位换算（由于半径的单位采用的是 cm，而 1m = 100cm）。

表 2-13　　　　　　　　　　　中间断面变形修正系数 φ 值

μ	L/D										
	0.670	0.740	0.800	0.870	1.000	1.33	1.43	1.54	1.67	1.82	2.00
0.20	0.730	0.760	0.780	0.800	0.830	0.885	0.897	0.909	0.920	0.931	0.943
0.25	0.720	0.750	0.770	0.790	0.825	0.878	0.890	0.903	0.916	0.927	0.940
0.30	0.710	0.740	0.757	0.775	0.812	0.870	0.883	0.894	0.908	0.921	0.934
0.35	0.700	0.720	0.740	0.760	0.800	0.865	0.878	0.889	0.903	0.916	0.930
0.40	0.680	0.705	0.714	0.745	0.786	0.850	0.865	0.878	0.894	0.907	0.923

与《水电水利工程岩石试验规程》（DL/T 5368—2007）的规定略有不同，《水利水电工程岩石试验规程》（SL/T 264—2020）将式（2-24）中的变形修正系数 φ 定义为试验段有限长度变形修正系数 φ_1 和试验段间距变形修正系数 φ_2 的乘积，并给出了不同试验段长度及间距情况下两个修正系数的取值。

白鹤滩水电站径向液压枕法试验各方向岩体压力与变形量关系曲线见图 2-10[4]，不难看出岩体的变形模量存在比较明显的各向异性，水平向的变形模量比垂直向要高。

根据各测表半径向岩体变形的平均值，根据式（2-24）和式（2-25）分别计算不同

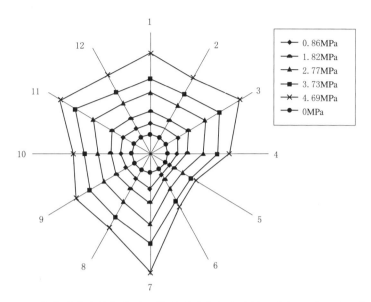

图 2-10 白鹤滩水电站径向液压枕法试验各方向岩体压力与变形量关系曲线图

压力下岩体的变形模量 E_0 和弹性抗力系数 K，获得压力与变形模量和弹性抗力系数关系曲线见图 2-11。从图 2-11 中可以看出，岩体的变形模量和弹性抗力系数关系并非一个定值，分别在 16.0～20.3GPa 和 102.8～129.7MPa/cm（10.28～12.97GPa/m）范围内波动，当径向压力超过 2.0MPa 时，随着径向压力的增加，两者都呈现下降趋势。

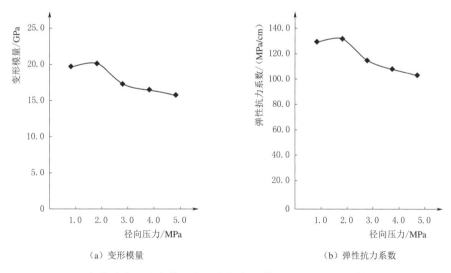

图 2-11 白鹤滩水电站岩体径向压力与变形模量和弹性抗力系数关系曲线图

国内 10 个水利工程岩体变形模量 E_0（刚性或柔性承压板法）和岩体单位弹性抗力系数 K_0（径向液压枕法）的试验结果见表 2-14[1]，表明岩体单位弹性抗力系数和变形模量之间确实存在近似的线性关系，见图 2-12。

表 2 – 14　　　　　　　　　　　　国内部分水电工程实测资料表

工程名称	岩石及性状	岩体变形模量 E_0/GPa	岩体单位弹性抗力系数 $K_0/(GPa/m)$
吉林白山 (1974)	微风化混合岩	14.70	12.60
	破碎弱风化混合岩	5.30	1.20
	细粒花岗闪长岩脉	4.10	3.80
湖北清江 (1980)	薄层泥质条带灰岩	29.21	22.42
	新鲜完整灰岩	35.28	27.16
湖南渔潭 (1981)	石英砂岩夹粉砂岩，裂隙较发育	9.30	5.70
太平溪坝址 (1965)	条带微晶灰岩	76.00	50.40
太平溪坝址 (1975)	新鲜石英闪长岩	50.00	37.00
	微风化石英闪长岩	40.00	30.00
鲁布革	灰质白云岩	25.07	20.10
	白云质灰岩	15.39	11.71
龚嘴	斑状弱风化花岗岩	10.50	8.97
	破碎带辉绿岩	6.60	2.03
	弱风化玄武岩	15.47	2.60
二滩	新鲜完整正长岩	22.60	14.00
	微风化正长岩，裂隙发育	33.00	20.95
映秀湾	微风化花岗闪长岩	23.20	16.350
构皮滩 (2002)	微晶生物碎屑灰岩	42.36	36.65
	普遍泥化的黏土岩	0.04~0.06	0.034~0.051
	完整新鲜的黏土岩	20.96	16.38

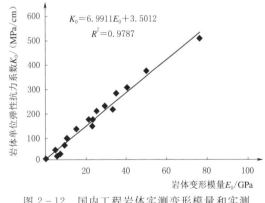

图 2 – 12　国内工程岩体实测变形模量和实测
单位弹性抗力系数的关系图

（2）水压法。水压法顾名思义就是直接将水压作用在试验洞的洞壁，利用文克尔（Winkler）的弹性地基梁假定和弹性力学理论，根据施加的水压力和量测的径向变形直接计算围岩弹性抗力系数。与径向液压枕法相比，水压法从受力条件上更接近有压隧洞的实际运行工况，因此是一种能够比较准确地测定岩体弹性抗力系数的方法。

水压法应在专门的试验洞内进行，适用于有自稳能力的岩体。试验洞的直径宜在 2~3m，需要将选定的试验段两端用堵头封堵，试验段的长度应大于试验洞直径的 3 倍。为避免渗透压力的影响，应对试验段洞壁进行防渗处理，可根据情况采用柔性或刚性（混凝土或砂浆）防渗层。由于量测半径向变形的测表支架在被封堵的试验段内安装存在困难，一般采用如径向液压枕法一样的直径向变形的量测方式。

水压法试验最大压力不宜小于预定压力的 1.2 倍，宜分 5～10 级，按最大压力等分施加。加压方式宜采用逐级一次循环法（图 2-4），根据需要也可采用逐级多次循环法（图 2-5）。

缓慢充水加压，当各压力表达到预定压力并稳定后立即读取变形数据，以后每隔 15min 读一次数，当所有测表相邻两次读数差与同级压力下第一次变形读数和前一级压力下最后一次变形读数差之比小于 5% 时，可认为变形稳定，并开始退压。每次加压或退压稳定时间不宜少于 1h。退压后的变形稳定标准与加压时相同。

绘制中间主断面各方向岩体压力与变形量关系曲线，中间主断面各方向压力与岩体变形模量和弹性模量关系曲线，以及压力与抗力系数和单位弹性抗力系数关系曲线。

按式（2-27）～式（2-29）计算岩体变形参数：

$$E = P(1 + \mu) \frac{D}{\Delta D} \qquad (2-27)$$

$$K = \frac{2P}{\Delta D} \qquad (2-28)$$

$$K_0 = K \frac{D}{200} \qquad (2-29)$$

式中：P 为作用在岩体表面的压力，MPa；D 为试验洞直径，cm；ΔD 为试验段中间主断面岩体表面直径向变形，cm；其他符号意义同前。

式（2-29）中分母的 200 为单位换算（由于直径的单位采用的是 cm，而 1m＝100cm）。

当采用混凝土或砂浆层防渗时，作用在岩体表面的压力应按式（2-30）计算：

$$P = P_0 \frac{d}{D} \qquad (2-30)$$

式中：P_0 为内水压力，MPa；d 为铺设混凝土或砂浆防渗层后试验洞直径，cm。

2.2.3 围岩压力

围岩压力是隧洞混凝土衬砌结构设计中一个非常重要的荷载，对于无压隧洞衬砌设计甚至能起到决定性的作用。围岩岩体的结构特征（包括岩石的力学特性、岩体的完整性及节理裂隙的发育程度等）是影响围岩压力的主要因素，其他影响因素还包括地下水、隧洞断面形式和尺寸、施工支护措施等。正是由于影响因素很多，导致围岩压力不能被准确地计算出来，在工程实践中往往采用近似的估算方法，其中应用最广泛的是普氏围岩压力计算方法，我国现行电力和水利隧洞设计规范有关围岩压力取值的规定都是参考这种方法确定的。

2.2.3.1 普氏围岩压力计算方法

普氏方法由俄国学者普罗托季亚科诺夫在 20 世纪初提出，它的基础就是松散体理论，即将整个围岩视为很多纵横交错的节理裂隙切割的具有一定黏聚力的松散体。隧洞开挖后，一部分岩体失去受力平衡形成坍落，但松散岩体的坍落是有限度的，坍落到一定程度会形成一个自然平衡的拱形坍落圈，称为"压力拱"。拱圈外的岩体重量通过拱效应传递到隧洞两侧，对隧洞无影响，而拱形坍落圈的岩体重量就是作用在隧洞衬砌结构上的围岩压力（图 2-13）。

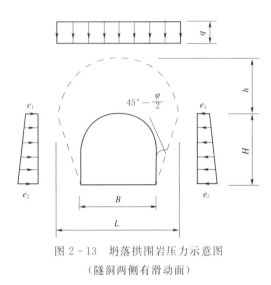

图 2-13　坍落拱围岩压力示意图
（隧洞两侧有滑动面）

根据坍落拱的受力平衡，普氏推导出了塌落拱的高度计算公式如下（隧洞两侧有滑动面）：

$$h = \frac{L/2}{f} = \frac{B + 2H\tan(45° - \varphi/2)}{2f}$$

$$(2-31)$$

式中：h 为塌落拱高度，m；B 为隧洞开挖宽度，m；H 为隧洞开挖高度，m；φ 为岩石内摩擦角；f 为岩石坚固系数。

岩石坚固系数 f 是一个无量纲的综合考虑岩石颗粒间摩擦系数和黏聚力的"等效摩擦系数"。若岩石的内摩擦角为 φ，黏聚力为 c，则岩石的抗剪强度 $\tau = \sigma\tan\varphi + c$，其中 σ 为剪切面上的正应力。岩石坚固系数 f 定义用式（2-32）计算：

$$f = \frac{\tau}{\sigma} = \tan\varphi + \frac{c}{\sigma}$$

$$(2-32)$$

对于松散体（$\varphi \leqslant 65°$），$f \approx \tan\varphi$；对于岩石（$\varphi \geqslant 65°$），$f = R/10$。其中 R 为岩石的极限抗压强度，MPa。

熊启钧[6]通过文献总结给出了普氏拟定的岩石坚固系数和其他物理力学指标（容重、极限抗压强度、内摩擦角等）的关系（表 2-15）。

表 2-15　　　　　　　　　岩石坚固系数及其他力学指标表

岩石坚硬程度	岩石类别	f	容重 /（kN/m³）	R /MPa	φ /（°）
极坚硬	最坚硬、致密的石英岩和玄武岩，非常坚硬的其他硬石	20	28～30	200	87
很坚硬	很坚硬的花岗岩、石英斑岩、硅质页岩，最坚硬的砂岩和石灰岩	15	26～27	150	85
很坚硬	致密的花岗岩，很坚硬的砂岩和石灰岩，坚硬的砾岩，很坚硬的铁矿	10	25～26	100	82.5
坚硬	坚硬的砂岩和石灰岩，不坚硬的花岗岩，大理岩，白云岩，黄铁矿	8	25	80	80
坚硬	普通砂岩，铁矿	6	24	60	75
坚硬	砂质片岩，片状砂岩	5	23	50	72.5

岩石坚硬程度	岩 石 类 别	f	容重 /（kN/m³）	R /MPa	φ /（°）
中等坚硬	坚硬的泥质页岩，不坚硬的砂岩和石灰岩，软砾岩	4	24～28	40	70
	各种不坚硬的页岩，致密的泥灰岩	3	24～26	30	70
	软页岩，软石灰岩，白垩土，岩盐，石膏，冻土，无烟煤，普通泥灰岩，破碎的砂岩，胶结的卵石和粗砂砾，石砾土	2	24	15～20	65
软	碎石土，破碎的页岩，结块的卵石和碎石，硬煤，硬化的黏土	1.5	22～24		60
	密实的黏土，普通煤，硬冲积土，黏质土	1.0	20～22		45
	轻砂质黏土，黄土，砾石，软煤	0.8	18～20		40
	腐殖土，泥炭，轻砂质土，湿沙	0.6	16～18		30
松散	沙，漂砾，细砾石，填土，开采的煤	0.5	14～16		27
流动	流沙，沼泽土，液化黄土和其他液化土	0.3	15～18		9

从图 2-13 中可以看出，坍落拱对隧洞的垂直压力可近似按均布计算，对于平顶隧洞，可以假定认为作用在隧洞顶部的均布垂直围岩压力 $q_v = \gamma h$，其中 γ 为围岩容重，h 为坍落拱高度。对于圆顶洞（如常见的有压圆形隧洞，无压城门洞形和马蹄形隧洞），考虑到假定的坍落拱一部分已作为隧洞的开挖断面被清除掉，所以对隧洞顶部的均布垂直围岩压力进行适当合理的折减：

$$q_v = 0.7\gamma h \tag{2-33}$$

式中：q_v 为均布垂直围岩压力，kN/m²；γ 为岩石容重，kN/m³；h 为塌落拱高度，按式（2-31）计算。

如图 2-13 所示，按照松散体理论，由坍落拱和洞侧滑动面造成的隧洞水平（侧）向围岩压力强度呈梯形分布，由式（2-34）、式（2-35）进行计算：

$$\text{洞顶面处：} e_1 = 0.7\gamma h \tan^2(45° - \varphi/2) \tag{2-34}$$

$$\text{洞底面处：} e_2 = \gamma(0.7h + H) \tan^2(45° - \varphi/2) \tag{2-35}$$

式中：e_1 为洞顶面处压力强度，kN/m²；e_2 为洞底面处压力强度，kN/m²；其他符号意义同前。

在实际工程中为简化计算，将水平（侧）向围岩压力也假设为均匀分布，强度为式（2-34）和式（2-35）的平均值，即：

$$e = \gamma(0.7h + H/2) \tan^2(45° - \varphi/2) \tag{2-36}$$

根据式（2-31）、式（2-33）和式（2-36），熊启钧[6]对 H/B 为 1 的隧洞在不同岩石坚固系数下垂直和水平（侧）向围岩压力强度进行了计算（表 2-16 和图 2-14）。

表 2－16			不同岩石坚固系数下垂直和侧向围岩压力强度			
岩石坚固系数 f	0.5	1	1.5	2	3	4
垂直围岩压力强度 $q_v/\gamma B$	1.558	0.640	0.358	0.253	0.158	0.118
侧向围岩压力强度 $e/\gamma H$	0.773	0.196	0.062	0.037	0.021	0.019
岩石坚固系数 f	5	6	8	10	15	20
垂直围岩压力强度 $q_v/\gamma B$	0.092	0.074	0.051	0.040	0.025	0.018
侧向围岩压力强度 $e/\gamma H$	0.014	0.010	0.004	0.003	0.001	0.001

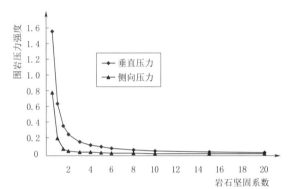

图 2－14　垂直和水平（侧）向围岩压力强度
随岩石坚固系数变化规律曲线图

注：垂直围岩压力强度乘数为 γB，侧向为 γH。

从表 2－16 和图 2－14 中可以看出，随着岩石坚固系数的增加，隧洞所受的垂直和侧向围岩压力强度迅速降低，尤其是当岩石坚固系数超过 5（坚硬）时，侧向围岩压力强度几乎可以忽略不计。当岩石坚固系数等于 2（中等坚硬）时，垂直和侧向围岩压力强度分别为：

$$q_v = 0.253\gamma B \ , \ e = 0.037\gamma H \ 。$$

由于普氏理论将岩体视为松散体，因此对于松散破碎的围岩，这种方法可能还是适用的。但是，工程实践表明，采用锚喷支护措施后，即使是较差的围岩也不会发生坍塌。如果单纯按照结构受力计算，几根锚杆和一层较薄的喷混凝土是不可能承受很大围岩压力的，这就说明即使是松散的岩体也是有很大的"自承"能力[7]。普氏方法的另一个缺点是岩石坚固系数的计算和岩石分类只是根据岩石的强度（$f = R/10$），忽略了结构面（断层、节理、裂隙）对岩体完整性的影响，而往往这些才是影响围岩压力的主要因素。因此，我国电力和水电行业隧洞设计规范都对普氏方法进行了相应的修正。

2.2.3.2　规范估算方法

（1）老电力标准《水工隧洞设计规范》（SD 134—84）估算方法。《水工隧洞设计规范》（SD 134—84）对围岩压力的估算有如下的规定：

1）作用在衬砌上的围岩压力，应根据围岩条件、埋设深度、断面形状和尺寸、施工方法、开挖后的支撑条件、衬砌浇筑时间及施工中围岩应力重分布等因素分析决定。建议在分析上述因素的基础上，根据不同的围岩类别，采用不同的方法，估算围岩松动压力：

①对于Ⅰ类围岩，设计衬砌时，可不计围岩的松动压力，但要注意研究围岩的地应力问题。

②对于Ⅱ类、Ⅲ类围岩，在隧洞开挖前建议按式（2-37）估算围岩松动压力：

$$q = （0.1\sim0.2）\gamma B \qquad (2-37)$$

式中：q 为均匀分布的垂直围岩松动压力标准值，kN/m^2；γ 为围岩容重，kN/m^3；B 为隧洞开挖宽度，m。

在隧洞开挖后应根据补充的地质资料和实际情况，用块体平衡法或有限元法，分析核算可能作用于衬砌上的压力，进行必要的修正。

③于Ⅳ类、Ⅴ类围岩，可按松动介质平衡理论估算围岩压力。

④当采用喷锚支护或钢支撑加固围岩，使围岩已达稳定时，内衬混凝土或钢筋混凝土层可少计或不计围岩压力。

2）对于不能形成稳定拱的浅埋隧洞，围岩的松动压力应采用等于隧洞拱顶以上覆盖的总重量。

可以看出，《水工隧洞设计规范》（SD 134—84）只对Ⅱ类、Ⅲ类围岩提出了具体的垂直围岩压力估算公式，大概相当于表 2-16 中岩石坚固系数为 4 的情况，并且不计侧向围岩压力；而对于更松散的Ⅳ类、Ⅴ类围岩，仍建议采用例如普氏方法的松动介质平衡理论估算围岩的松动压力。

(2) 现行电力标准《水工隧洞设计规范》（NB/T 10391—2020）计算方法。围岩压力采用《水工建筑物荷载标准》（GB/T 51394—2020）的有关条文规定，具体如下：

1）当洞室在开挖过程中，采取了锚喷支护或钢架支撑等施工加固措施，已使围岩处于基本稳定或已稳定的情况下，设计时宜少计或不计作用在永久支护结构上的围岩压力。

2）对于块状、中厚层至厚层状结构的围岩，可根据围岩中不稳定块体的重力作用确定围岩压力标准值。

3）对于薄层状及碎裂、散体结构的围岩，垂直均布压力标准值可按式（2-38）计算，并根据开挖后的实际情况进行修正：

$$q_{vk} = (0.2 \sim 0.3) \gamma_R B \tag{2-38}$$

式中：q_{vk} 为垂直均布压力标准值，kN/m^2；γ_R 为围岩容重，kN/m^3；B 为洞室开挖宽度，m。

4）对于碎裂、散体结构的围岩，水平均布压力标准值可按式（2-39）计算，并根据开挖后的实际情况进行修正：

$$q_{hk} = (0.05 \sim 0.1) \gamma_R H \tag{2-39}$$

式中：q_{hk} 为水平均布压力标准值，kN/m^2；H 为洞室开挖高度，m。

5）对于不能形成稳定拱的浅埋洞室，宜按洞室拱顶上覆岩体的重力作用计算围岩压力标准值，并根据施工所采取的措施予以修正。

与《水工隧洞设计规范》（SD 134—84）相比，《水工隧洞设计规范》（NB/T 10391—2020）在计算围岩压力时弱化了对围岩类型的描述，只规定了薄层状及碎裂、散体结构岩体的围岩压力，但在《水工建筑物荷载标准》（GB/T 51394—2020）中明确指出对于自稳条件好，开挖后变形稳定的围岩，可不考虑其作用。前、后两个规范都规定了当采用锚喷支护或钢架支撑等施工加固措施情况下，围岩压力可以少计甚至不计。

现行水利标准《水工隧洞设计规范》（SL 279—2016）对围岩作用在衬砌上的荷载有如下规定：

①自稳条件好，开挖后变形很快稳定的围岩，可不计围岩压力。

②洞室在开挖过程中采取支护措施，使围岩处于基本稳定或已稳定情况下，围岩压力

取值可适当减小。

③不能形成稳定拱的潜埋隧洞，宜按洞室顶拱的上覆岩体重力作用计算围岩压力，再根据施工所采取的支护措施予以修正。

④块状、中厚层至厚层状结构的围岩，可根据围岩中不稳定块体的重力作用确定围岩压力。

⑤薄层状及碎裂散体结构的围岩，作用在衬砌上的围岩压力可按式（2-40）、式（2-41）计算：

$$垂直方向：\qquad q_v = (0.2 \sim 0.3) \gamma_s B \qquad\qquad (2-40)$$
$$水平方向：\qquad q_h = (0.05 \sim 0.1) \gamma_s H \qquad\qquad (2-41)$$

式中：q_v 为垂直围岩压力标准值，kN/m^2；q_h 为侧向围岩压力标准值，kN/m^2；γ_s 为围岩容重，kN/m^3；B 为隧洞开挖宽度，m；H 为隧洞开挖高度，m。

不难看出，《水工隧洞设计规范》（SL 279—2016）与《水工隧洞设计规范》（NB/T 10391—2020）中有关隧洞衬砌围岩压力的规定基本相同。除此外，《水工建筑物荷载设计规范》（SL 744—2016）对隧洞围岩压力的规定也与上述两规范基本相同。

2.2.4　外水压力

除围岩压力外，水荷载是隧洞混凝土衬砌结构设计中另一个非常重要的荷载，分为内水压力和外水压力两种。内水压力取值比较明确：对于有压隧洞等于库水位高程减计算断面高程，再减去到计算断面处的水头损失，特殊情况下还应考虑水击压力（也属于可变荷载）；对于无压隧洞基本为计算断面处的洞内水深。

对于无压隧洞，外水压力会对混凝土衬砌结构的受力状态产生不利的影响，在地下水位稍高时甚至比围岩压力作用的影响还要大。而对于有压隧洞，在正常运行时外水压力会起到抵消内水压力的作用，对衬砌结构的稳定是有利的。若不考虑围岩的稳定性，单从防止外水压力破坏作用的角度来看，隧洞不衬砌对安全是有利的；如果衬砌，外水压力就会直接作用在衬砌与围岩接触的界面上，尤其是水头很高时会对混凝土衬砌结构造成严重的破坏，这样的案例在实际工程中曾经出现过。华南和西南地区的两个引水发电隧洞在试充水（内水压都超过200m水头）过程中（图2-15、图2-16），由于混凝土衬砌质量欠佳导致内水外渗到围岩中，在隧洞放空时高压水反压在衬砌结构上，从而导致衬砌结构破坏的情形。虽然这两个是特殊情况下的案例，但也可以看出外水压力对于隧洞衬砌结构的安全稳定具有相当大的负面效应。

但是，相比于易于确定的内水压力，外水压力的计算是一个比较复杂而且尚未完全解决的问题[8]。工程常用的设计原则是将水工隧洞衬砌视为不透水的结构，外水压力以面力的形式直接作用在衬砌的外边缘，其水头大小对于发电隧洞取决于水库蓄水后隧洞所处区域内的地下水位，对于长距离引水隧洞与隧洞沿线区域内天然地下水位有关，地下水位又受地形、地质、水文地质以及隧洞自身的防渗和排水措施的影响。最简单的计算方法是将地下水位相对于隧洞中心高程的高差作为外水压力水头，最准确是利用测压管直接量测外水压力（图2-17）。

许多工程的实际监测表明，测压管实测的外水压力水头普遍要比地下水位与隧洞中

图 2-15　华南地区某引水发电隧洞试充水后混凝土衬砌受外水压力破坏

图 2-16　西南地区某引水发电隧洞试充水后混凝土衬砌受外水压力破坏

的高差小，有的甚至相差很多，其主要原因是地下水在岩体渗流过程中受众多因素的影响产生了水头损失。基于此，NB/T 10391—2020 和 SL 279—2016 都规定了利用外水压力折减系数计算外水压力的方法：

$$P_e = \beta_e \gamma_w H_e \qquad (2-42)$$

式中：P_e 为作用在衬砌结构外表面的外水压力标准值，kN/m^2；β_e 为外水压力折减系数；γ_w 为水容重，kN/m^3；H_e 为地下水位线至隧洞中心的作用水头，m。

混凝土衬砌隧洞，可根据地下水的活动情况，结合隧洞的排水措施，外水压力折减系数见表2-17。

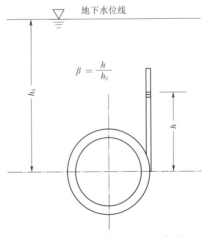

图 2-17　隧洞外水压力示意图

表 2-17　　　　　　　　　　　　　外水压力折减系数表

级别	地下水活动状态	地下水对围岩稳定的影响	β_e
1	洞壁干燥或潮湿	无影响	0~0.20
2	沿结构面有渗水或滴水	软化结构面的充填物质，降低结构面的抗剪强度，软化软弱岩体	0.10~0.40
3	沿裂隙或软弱结构面有大量滴水、线状流水或喷水	泥化软弱结构面的充填物质，降低其抗剪强度，对中硬岩体发生软化作用	0.25~0.60
4	严重滴水，沿软弱结构面有小量涌水	地下水冲刷结构面中的充填物质，加速岩体风化，对断层等软弱带软化泥化，并使其膨胀崩解及产生机械管涌。有渗透压力，能鼓开较薄的软弱层	0.40~0.80
5	严重股状流水，断层等软弱带有大量涌水	地下水冲刷带出结构面中的充填物质，分离岩体，有渗透压力，能鼓开一定厚度的断层等软弱带，并导致围岩塌方	0.65~1.00

注　当有内水压力组合时，β_e选用较小值；无内水压力组合时，β_e选用较大值。

以上讨论的情况适用于外水压力以面力的形式施加在假定为不透水的隧洞衬砌的外边缘。但事实上混凝土衬砌是具有一定渗透系数的弱透水结构，衬砌的渗透特性对作用在其上的外水压力分布有一定影响，因此外水压力应该是以一个体积力的形式作用在衬砌结构上，但其作用机理和计算方法非常复杂，需进行专门的论证。《水工隧洞设计规范》（SL 279—2016）规定"隧洞断面尺寸较大以及内外水头较高时，经论证可按透水衬砌进行计算"，这一新增条文来自广州抽水蓄能电站二期等几个工程高压隧洞按透水衬砌理论设计的成功经验。

2.2.5　覆土压力及车辆荷载

引水工程中还存在很多与隧洞结构类似但规模相对较小的涵洞和埋管等水工建筑物，包括渠下涵、穿堤涵洞、穿公路涵洞、暗渠等，对这些结构的安全评估也是实际工作中经常遇到的。涵洞和埋管按照埋设方式分为上埋式和沟埋式，两种埋设方式土压力的计算方法不同。涵洞和埋管所受土压力与上覆填土的种类、高度和压实度有关，而且还受到地基刚度的影响。

《水工建筑物荷载标准》（GB/T 51394—2020）和《水工建筑物荷载设计规范》（SL 744—2016）都对埋管（涵洞可参照埋管）覆土压力的取值做出了规定，并对上埋式埋管侧向土压力的计算方法进行了修订，并补充了沟埋式埋管土压力的计算方法。考虑到大部分输水涵洞和埋管属于水利工程，因此土压力计算方法的参考依据大多数情况下，应该采用《水工建筑物荷载设计规范》（SL 744—2016）。

引水工程中穿堤、穿公路的涵洞和埋管还会受到车辆荷载的影响。可根据《公路桥涵设计通用规范》（JTG D60—2015）对行驶的车辆传递到涵洞和埋管上的荷载作出合理的估算。

2.2.5.1　上埋式埋管覆土压力

根据《水工建筑物荷载设计规范》（SL 744—2016）的规定，作用在上埋式埋管上的垂直土压力可由式（2-43）计算：

$$F_s = K_s \gamma H_d D_1 \qquad (2-43)$$

式中：F_s 为单位长度上埋管垂直土压力标准值，kN/m；H_d 为管顶以上填土高度，m；γ 为土容重，kN/m^3；D_1 为埋管外直径（矩形涵洞为宽度），m；K_s 为埋管垂直土压力系数，与地基刚度、填土高度与埋管外半径的比值有关（图 2-18）。

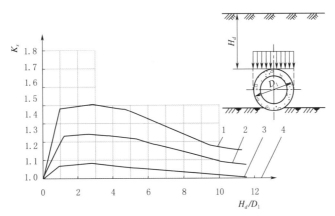

图 2-18　上埋式埋管垂直土压力系数图

1—基岩；2—密实砂类土、坚硬或硬塑黏性土；3—中密砂类土、
可塑黏性土；4—松散砂类土、流塑或软塑黏性土

　　需要引起注意的是，式（2-43）计算得出的 F_s 其实是作用在埋管顶部中央沿洞轴线单位长度内的一个线荷载，从图 2-18 中可以看出，在埋管顶部沿着管的水平直径方向分布的均布荷载不同。这个线荷载 F_s 是不能作为土压力荷载来进行埋管结构计算的，这是 SL 744—2016 中一个比较容易引起误解的地方。应该把垂直土压力换算成如图 2-18 中所示的类似围岩压力的均布荷载，作用在整个埋管顶部，而不是像式（2-43）计算得出的 F_s 那样只是一个沿洞轴线方向均匀分布的集中力。因此，作用在埋管顶部用于结构计算的均布土压力 q_s（kN/m^2）应该为：

$$q_s = K_s \gamma H_d \qquad (2-44)$$

　　上埋式埋管管顶垂直土压力的计算方法与 NB/T 10391—2020 和 SL 279—2016 中"对于不能形成稳定拱的浅埋隧洞，围岩的松动压力应采用等于隧洞拱顶以上覆盖的总重量"的规定类似，但是由于管侧填土相对于管顶沉降要大，这种不均匀沉降会对埋管产生一个向下的拽力，因此管顶垂直土压力一般要大于其上覆土重量。所以在式（2-43）中管顶覆土压力项 $\gamma H_d D_1$ 之前引入了一个不小于1的垂直土压力系数 K_s；随着地基刚度提高，K_s 也相应增加；在相同地基条件下，填土高度与埋管外半径的比值在1~5时，K_s 相对较高。

　　需要指出的是，式（2-43）的适用条件是填土压实度不低于 95%。对于疏松填土不均匀沉降会更大，垂直土压力系数会更高，对于这种情况 SL 744—2016 明确指出垂直土压力需经专门研究确定。

　　对于作用在上埋式埋管侧壁上的侧向土压力，SL 744—2016 规定可由式（2-45）~式（2-48）计算（图 2-19）：

$$F_t = (q_1 + q_2)D_d/2 \qquad (2-45)$$

$$q_1 = K_t\gamma H_d \qquad (2-46)$$

$$q_2 = K_t\gamma H \qquad (2-47)$$

$$K_t = \tan^2(45° - \varphi/2) \qquad (2-48)$$

式中：F_t 为单位长度上埋管侧向土压力标准值，kN/m；q_1、q_2 分别为埋管顶部和地基处侧向土压力（强度）标准值，kN/m²；D_d 为埋管突出地基的高度，m；H 为埋管地基埋深 $H = D_d + H_d$，m；K_t 为侧向土压力系数；φ 为埋管填土的内摩擦角（表 2-18 和表 2-19）。

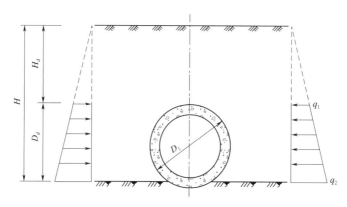

图 2-19　上埋式埋管侧向土压力计算图

表 2-18　　　　　　　　　　　砾类土 G、砂类土 S 的内摩擦角 φ

类　别	松　散　状　态	中　密　状　态	密　实　状　态
砾类土 G	30°~34°	34°~37°	37°~40°
砂类土 S	25°~30°	30°~35°	35°~40°

表 2-19　　　　　　　　　　　　细粒土 F 的内摩擦角 φ

塑性指数 I_P		孔　隙　比					
		<0.5	0.5~0.6	0.6~0.7	0.7~0.8	0.8~0.9	>0.9
<10	$\varphi/$ (°)	27	25	23	21	19	17
	$c/$ (kN/m²)	10	8	6	4	3	2
10~17	$\varphi/$ (°)	21	19	17	15	14	13
	$c/$ (kN/m²)	18	14	11	9	8	6
>17	$\varphi/$ (°)	17	15	13	12	11	10
	$c/$ (kN/m²)	35	28	22	17	13	10

同样，式（2-45）计算得出的 F_t 只是作用在埋管侧壁沿洞轴线单位长度内的一个线荷载（位置大概在埋管高度中央），不能直接用于埋管结构计算，而应该用式（2-46）和式（2-47）中埋管顶部和地基处侧向土压力（强度）q_1 和 q_2。

从式（2-46）和式（2-47）可以看出，上埋式埋管侧向土压力是按照朗肯主动土压力公式来计算。实测资料表明，埋管侧向土压力的数值介于静止土压力和主动土压力之间（静止土压力系数一般为 $K_0 = 1 - \sin\varphi$，比主动土压力系数要大）。从埋管的受力情况分析，无论有、无内水压力，侧向土压力都会对埋管在垂直土压力或内水压力作用下产生的侧向变形起到约束作用，因此采用偏小的主动土压力会使埋管的结构设计偏安全。

2.2.5.2　沟埋式埋管覆土压力

《水工建筑物荷载设计规范》（SL 744—2016）在规范条文中并未明确给出沟埋式埋管土压力的计算公式，只是强调由于埋管上填土受沟壁摩阻作用，沟埋式埋管所承受的土压力比上埋式的要小。但在其条文说明中对于一般的沟埋式埋管推荐了经苏联学者克列因修正的马斯顿方法，其计算见图 2-20。

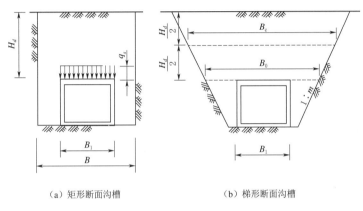

(a) 矩形断面沟槽　　　　　(b) 梯形断面沟槽

图 2-20　沟埋式埋管土压力计算图

从图 2-20 中可以看出，沟埋式埋管的沟槽分矩形断面和梯形断面两种。有文献[9]给出的沟埋式埋管土压力计算公式虽然与 SL 744—2016 在形式上基本相同，但公式的适用条件及土压力系数等略有不同，以下给出的是 SL 744—2016 推荐的计算方法：

（1）沟埋式埋管顶部垂直均布土压力分以下两种情况进行计算。

1）当沟槽宽度与高度差不大于 2m，且沟内填土未夯实时，作用在埋管顶部垂直均布土压力由式（2-49）计算：

$$q_s = \frac{K_g \gamma H_d B}{D_1} \tag{2-49}$$

式中：q_s 为埋管顶部垂直均布土压力标准值，kN/m^2；H_d 为管顶以上填土高度，m；γ 为土容重，kN/m^3；B 为沟槽宽度（梯形断面取管顶处槽宽 B_0），m；D_1 为埋管外直径（矩形涵洞为宽度），m；K_g 为沟埋式埋管垂直土压力系数（图 2-21）。

2）当沟槽宽度与高度差值大于 2m，且沟内填土夯实良好时，作用在埋管顶部垂直均布土压力由式（2-50）计算：

$$q_s = \frac{K_g \gamma H_d (B + D_1)}{2D_1} \tag{2-50}$$

垂直土压力系数 K_g 仍按图 2-21 取值。梯形断面沟槽时比值 H_d/B 中的宽度 B 采用距地面 $H_d/2$ 处的槽宽 B_c。

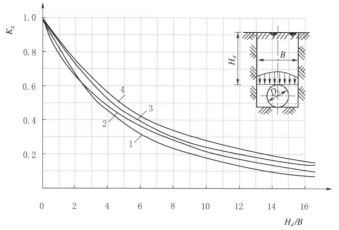

图 2 - 21　沟埋式埋管土压力系数 K_g 计算曲线图

1—干的密实砂土、坚硬黏土；2—湿的和饱和的砂土，硬塑黏土；

3—塑性黏土；4—流塑性黏土；其他类型土按与之

相近的填土选用

如果沟槽宽度 B 过大，导致由式（2 - 49）和式（2 - 50）计算出的垂直均布土压力大于式（2 - 44）计算出的上埋式埋管垂直均布土压力时，则采用式（2 - 44）的计算值。

（2）沟埋式埋管侧壁侧向土压力也分两种情况进行计算。

1）当沟槽宽度与高度差不大于 2m，侧向土压力可按式（2 - 51）～式（2 - 54）计算：

$$q_1 = K_n K_t \gamma H_d \tag{2 - 51}$$

$$q_2 = K_n K_t \gamma H \tag{2 - 52}$$

$$K_t = \tan^2(45° - \varphi/2) \tag{2 - 53}$$

$$K_n = (B - D_1)/2 \tag{2 - 54}$$

式中：q_1，q_2 为埋管顶部和地基处侧向土压力（强度）标准值，kN/m^2；K_n 为局部作用系数；B 为沟槽宽度（梯形断面取管顶处槽宽 B_0），m；其他同上埋式埋管侧壁上侧向土压力计算式（2 - 45）～式（2 - 48）的参数。

2）当沟槽宽度与高度差大于 2m，侧向土压力可按上埋式埋管侧壁上侧向土压力按式（2 - 45）～式（2 - 48）计算。

2.2.5.3　车辆荷载

根据《公路桥涵设计通用规范》（JTG D60—2015）规定各级公路桥涵设计的汽车荷载等级应符合表 2 - 20 的规定。

表 2 - 20

汽 车 荷 载 等 级 表

公路等级	高速公路	一级公路	二级公路	三级公路	四级公路
汽车荷载等级	公路—Ⅰ级	公路—Ⅰ级	公路—Ⅱ级	公路—Ⅱ级	公路—Ⅱ级

汽车荷载分为车道荷载和车辆荷载。根据JTG D60—2015的规定，汽车荷载引起的土压力采用车辆荷载加载，因此穿堤、穿公路的涵洞和埋管的设计应该考虑车辆荷载。公路—Ⅰ级和公路—Ⅱ级的车辆荷载是相同的，其主要技术指标和立面布置、平面尺寸分别见表2-21和图2-22。

表 2-21　车辆荷载主要技术指标表

项　目	单位	技术指标	项　目	单位	技术指标
车辆重力标准值	kN	550	轮距	m	1.8
前轴重力标准值	kN	30	前轮着地宽度和长度	m×m	0.3×0.2
中轴重力标准值	kN	2×120	中、后轮着地宽度和长度	m×m	0.6×0.2
后轴重力标准值	kN	2×140	车辆外形尺寸	m×m	15×2.5
轴距	m	3+1.4+7+1.4			

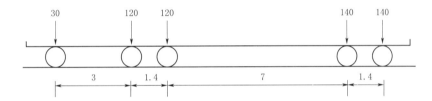

（a）立面布置

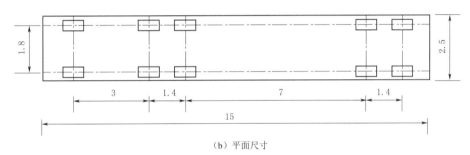

（b）平面尺寸

图 2-22　车辆荷载立面布置和平面尺寸示意图（单位：m）

从地下涵洞和埋管的受力情况分析，应该是车辆的两个后轮直接作用在涵洞和埋管的正上方最为不利。JTG D60—2015规定，计算涵洞顶上引起的竖向土压力时，车轮按着地面积的边缘向下作30°分布，当几个车轮的压力扩散线相重叠时，扩散面积以最外边的扩散线为准，车辆后轮压力扩散分布见图2-23。考虑到涵洞和埋管所在的堤顶行车道路一般多为交通量小、重型车辆少的非等级公路，因此在计算车辆荷载时，可按标准荷载的70%选用[10]。

从图2-23中可以看出，车辆后轮压力扩散分布，可以计算出作用在涵洞和埋管顶部的均布垂直土压力为：

$$q_{va} = \frac{0.7 \times 2 \times 140}{(2H_d \tan 30° + 1.4 + 0.2)(2H_d \tan 30° + 1.8 + 0.6)} \tag{2-55}$$

式中：q_{va} 为埋管顶部车辆荷载造成的垂直均布土压力标准值，kN/m²；H_d 为管顶以上填土高度，m。

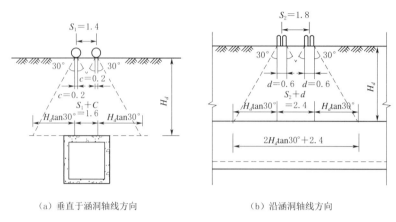

（a）垂直于涵洞轴线方向　　　　　　（b）沿涵洞轴线方向

图 2-23　车辆后轮压力扩散分布图（单位：m）

由于车辆后轮在涵洞和埋管顶部造成的附加垂直土压力，也会在其侧壁造成附加的侧向土压力。可以采用主动土压力的计算方法，从管顶到管底均匀分布，计算式（2-56）、式（2-57）为：

$$q_{vh} = K_t q_{va} \tag{2-56}$$

$$K_t = \tan^2(45° - \varphi/2) \tag{2-57}$$

式中：q_{vh} 为车辆荷载造成的埋管侧壁侧向均布土压力标准值，kN/m²；φ 为埋管填土的内摩擦角（见表 2-18 和表 2-19）。

2.3　衬砌结构分析计算方法概述

我国水利行业第一部正式颁布的水工隧洞设计规范应该是 1984 年的《水工隧洞设计规范》（SD 134—84），它是在 1966 年颁发的《水工隧洞设计暂行规范》的基础上修编的。之后颁布的 DL/T 5195—2004、NB/T 10391—2020 和 SL 279—2016 基本都是在 SD 134—84 的基础上修订的。在实际安全评估工作中经常会碰到一些按 SD 134—84 设计的隧洞，因此有必要首先了解 SD134—84 的相关规定。

2.3.1　老电力标准《水工隧洞设计规范》（SD 134—84）

老电力标准 SD 134—84 中，隧洞衬砌计算应遵循下列规定。

（1）隧洞衬砌计算，按各设计阶段的要求，根据衬砌结构特点、荷载作用形式、围岩和施工条件等，可选用结构力学方法、弹性力学方法及有限元方法进行分析：

对于 I 类围岩中的隧洞，宜采用有限元法或弹性力学方法计算。

对于 Ⅳ 类、Ⅴ 类围岩中的隧洞，宜采用结构力学方法计算。

对于 Ⅱ 类、Ⅲ 类围岩中的隧洞，可视围岩的条件和所能取得的基本资料选用合适的计算方法。一般，围岩稳定性较好、有较强的自承能力、衬砌目的主要用来加固围岩者，或者隧洞跨度较大、围岩很不均匀者，宜采用有限单元法分析，否则宜采用结构力学方法。

（2）对无压隧洞的衬砌，如按结构力学方法计算，可根据具体情况参照附录5（注：圆拱直墙式隧洞衬砌静力计算方法）、附录6（注：马蹄形隧洞衬砌静力计算方法）、附录7（注：隧洞衬砌计算通用程序）进行计算。

（3）在相对均质和稳定围岩中的圆形有压隧洞，当埋设深度大于3倍开挖直径，衬砌受均匀内水压力时，可将衬砌视作无限弹性介质中的厚壁圆筒进行计算。当隧洞的埋设深度小于3倍开挖直径时，是否和如何考虑围岩抗力，须经论证。

在其他荷载作用下，应根据衬砌变形情况，考虑围岩抗力的作用，按结构力学方法或有限元方法计算。

（4）衬砌按结构力学方法计算时，围岩抗力的大小和分布，可根据实测变形数据、工程类比或理论公式分析决定。

（5）隧洞衬砌承受明显的不对称荷载时，宜根据产生偏压的地质、地形等条件，进行专门研究。

SD 134—84最显著的一个特点是圆形有压隧洞混凝土衬砌根据要求按未开裂和开裂两种情况进行设计，这将在下面进行详细的说明。另外，由于颁布时间较早，与SD 134—84相匹配的混凝土设计规范是当时的《水工钢筋混凝土结构设计规范（试行）》（SDJ 20—78），采用的是目前已被淘汰的单一强度安全系数极限状态设计法，其基本表达式（2-58）为：

$$强度安全系数 K \times 荷载效应 \leq 设计强度 \tag{2-58}$$

式中：强度安全系数 K 为受力特征、荷载组合和建筑物级别选取相应的值；荷载效应为不包含任何系数的标准值；设计强度为混凝土和钢筋的标准强度除以一定的安全系数，混凝土一般为1.2～1.3，钢筋为1.0。

2.3.2 现行电力标准《水工隧洞设计规范》（NB/T 10391—2020）

《水工隧道设计规范》（NB/T 10391—2020）及被替换的DL/T 5195—2004在修订过程中对SD 134—84中有关隧洞衬砌计算方法的条文进行了简化，进一步明确了有限元法分析的适用范围，弱化了SD 134—84中有关Ⅰ～Ⅴ类围岩分类情况下计算方法的选择，具体规定如下：

（1）对于直径（宽度）不小于10m的Ⅰ级隧洞和高压隧洞宜采用有限元法计算。

（2）在围岩相对均质，且覆盖层厚度满足规范规定的有压圆形隧洞，可按厚壁圆筒方法进行计算，计算中应考虑围岩的弹性抗力。当隧洞周边围岩厚度小于3倍开挖直径时，其抗力需经论证确定。

（3）对无压圆形隧洞及其他断面形式（有压、无压）的隧洞（如城门洞形、马蹄形等）宜按边值数值解法计算。

（4）衬砌承受不对称荷载时，可根据地形、地质条件，进行专门的计算。

（5）在平行布置多条隧洞时，衬砌强度的计算，必须考虑相邻隧洞开挖引起的岩体应力状况和衬砌强度的变化，可采用有限元方法计算。

　　根据工程实际和大量试验资料表明,按抗裂设计时由于混凝土抗拉强度设计值较低,即使衬砌设计得很厚,仍然控制不了裂缝出现,故 NB/T 10391—2020 及被替换的 DL/T 5195—2004 在修订过程中取消了圆形有压隧洞衬砌的抗裂设计,推荐按允许开裂设计。也就是说 NB/T 10391—2020 中圆形有压隧洞混凝土衬砌的设计原则是限裂,而不是抗裂。基于此,NB/T 10391—2020 只保留 SD 134—84 中圆形有压隧洞混凝土衬砌混凝土开裂情况下的配筋计算方法。

　　NB/T 10391—2020 采用的混凝土结构设计方法是目前在水工行业被广泛应用的基于多系数(结构重要性系数、设计状况系数、结构系数、材料性能分项系数、荷载分项系数)的承载能力极限状态设计法,其基本荷载组合表达式(2-59)为:

$$\gamma_0 \psi S(\gamma_G G_k, \gamma_Q Q_k, a_k) \leqslant \frac{1}{\gamma_d} R(f_d, a_k) \qquad (2-59)$$

式中: γ_0 为结构重要性系数,对应于结构安全级别为 Ⅰ ～ Ⅲ级的隧洞衬砌可分别取 1.1、1.0、0.9; ψ 为设计状况系数,对应于持久状况、短暂状况、偶然状况,可分别取 1.0、0.95、0.85; S (＊) 为荷载效应函数; R (＊) 为衬砌抗力函数; γ_G 为永久作用分项系数; γ_Q 为可变作用分项系数; G_k 为永久作用标准值; Q_k 为可变作用标准值; f_d 为材料强度设计值; a_k 为衬砌几何参数,按实际情况取值; γ_d 为结构系数,根据衬砌类型取值。

　　对于圆形有压隧洞,NB/T 10391—2020 中附录表 G.1 给出了各种永久和可变作用的分项系数(表 2-22),同时规定对圆形有压隧洞钢筋混凝土衬砌结构系数 γ_d 取 1.35。这些分项系数和结构系数与《水工混凝土结构设计规范》(DL/T 5057—2009)的相关规定相比都有较大的区别,在实际工作中需要特别注意。

表 2-22　　　　　　　　　　　圆形有压隧洞荷载分项系数表

序　号	作　用　名　称	作用分项系数
永久作用	1. 围岩压力、地应力	1.0
	2. 衬砌自重	1.1 (0.9)
可变作用	3. 正常运行情况的静水压力	1.0
	4. 最高水击压力 (含涌浪压力)	1.1
	5. 回填灌浆压力	1.3
	6. 地下水压力	1.0 (0)
偶然作用	7. 校核洪水位时的静水压力	1.0

　　注　除非经专门论证,否则,当作用效应对结构受力有利时,作用分项系数取表中括号内数字。

　　对无压圆形隧洞及其他断面形式(有压、无压)的隧洞(如城门洞形、马蹄形等),本书作者建议采用现行电力标准《水工混凝土结构设计规范》(DL/T 5057—2009)规定的永久和可变作用的分项系数(见表 2-23),结构系数 γ_d 的取值见表 2-24。

表 2-23　　　　　　　　　　　其他类型隧洞荷载分项系数表

序　号	作　用　名　称	作用分项系数
永久作用	1. 围岩压力、地应力	1.05 (0.95)
	2. 衬砌自重	1.05 (0.95)

序　号	作 用 名 称	作用分项系数
可变作用	3. 正常水位时的内水压力	1.1
	4. 最低水位时的内水压力	1.1
	5. 不能控制其水位的内水压力	1.2
	6. 地下水压力	1.2 (0)
偶然作用	7. 校核洪水位时的内水压力	1.0

注　除非经专门论证，否则，当作用效应对结构受力有利时，作用分项系数取表中括号内数字。

表 2-24　　　　　其他类型隧洞衬砌结构系数 γ_d 表

素混凝土衬砌		钢筋混凝土衬砌
受拉破坏	受压破坏	
2.0	1.3	1.2

2.3.3　《水工隧洞设计规范》（SL 279）

　　《水工隧洞设计规范》（SL 279—2016）中关于隧洞衬砌计算方法的一般规定与《水工隧洞设计规范》（NB/T 10391—2020）基本相同，新、老水利行业隧洞设计规范中衬砌结构分析计算方法的一般规定见表 2-25。最大的区别是 SL 279—2016 借鉴广蓄二期高压隧洞的工程经验，明确提出"隧洞断面尺寸较大以及内外水头较高时，经论证可按透水衬砌进行计算"，即在专门论证的基础上，根据衬砌的渗透性能研究内、外水压力并将其作为一种体积力在衬砌和围岩体积范围围内的分布，而非像传统设计中将内、外水压力作为面力作用在衬砌边界表面上。

表 2-25　　　新、老水利行业隧洞设计规范中衬砌结构分析计算方法的一般规定

SL 279—2002	SL 279—2016
1. 将围岩作为承载结构的隧洞可采用有限元法进行围岩和衬砌的分析计算。计算时应根据围岩特性选取适宜的力学模型，并应模拟围岩中的主要构造 2. 以内水压力为主要荷载，围岩为Ⅰ类、Ⅱ类的圆形有压隧洞，可采用弹性力学解析方法计算 3. 对Ⅳ类、Ⅴ类围岩中的洞段可采用结构力学方法计算 4. 无压洞可采用结构力学方法计算	1. 高压隧洞或重要的水工隧洞，宜采用有限元法计算 2. 在围岩相对均质，且岩体覆盖厚度满足相关规范规定的有压圆形隧洞，可采用弹性力学解析方法计算，计算中应考虑围岩弹性抗力 3. 无压圆形隧洞及其他断面型式的隧洞宜按边值数值解法计算 4. 平行布置的多条隧洞，应考虑各隧洞间的相互影响，可采用有限元方法计算 5. 隧洞断面尺寸较大以及内外水头较高时，经论证可按透水衬砌进行计算

　　但是，《水工隧洞设计规范》（SL 279—2016）只是笼统地给出了如表 2-25 所示的一般性规定，并没有像 NB/T 10391—2020 那样在附录中提供隧洞衬砌具体的计算方法。因此，水利行业水工隧洞衬砌结构设计可以参考 NB/T 10391—2020 附录中的具体计算方法。但是考虑行业设计规范的相互匹配，混凝土衬砌结构设计应该遵循《水工混凝土结构设计规范》（SL 191—2008）和《水工建筑物荷载设计规范》（SL 744—2016）的相关

规定。

根据《水工混凝土结构设计规范》（SL 191—2008）的规定，承载力极限状态设计需满足式（2-60）要求：

$$KS \leqslant R \qquad (2-60)$$

式中：K 为承载力安全性系数，根据水工建筑物级别和荷载效应组合取值；S 为荷载效应组合设计值；R 为结构构件的界面承载力设计值。

承载能力极限状态计算时，结构构件计算截面上的荷载效应组合设计值 S（构件截面内力设计值 M、N、V、T 等）应按下列规定计算：

（1）基本组合。当永久荷载对结构起不利作用时：

$$S = 1.05 S_{G1K} + 1.20 S_{G2K} + 1.20 S_{Q1K} + 1.10 S_{Q2K} \qquad (2-61)$$

当永久荷载对结构起有利作用时：

$$S = 0.95 S_{G1K} + 0.95 S_{G2K} + 1.20 S_{Q1K} + 1.10 S_{Q2K} \qquad (2-62)$$

式中：S_{G1K} 为自重、设备等永久荷载标准值产生的荷载效应；S_{G2K} 为土压力、围岩压力等永久荷载标准值产生的荷载效应；S_{Q1K} 为一般可变荷载标准值产生的荷载效应；S_{Q2K} 为可控制不超过规定限值的可变荷载标准值产生的荷载效应。

（2）偶然组合（地震及校核水位）。

$$S = 1.05 S_{G1K} + 1.20 S_{G2K} + 1.20 S_{Q1K} + 1.10 S_{Q2K} + 1.0 S_{AK} \qquad (2-63)$$

式中：S_{AK} 为偶然荷载标准值产生的荷载效应。

2.3.4　衬砌结构分析计算方法小结

虽然字面表述略有差异，但上述这些规范对于隧洞衬砌结构的计算分析方法基本是相同的：

（1）对于重要和特殊的水工隧洞（如高压隧洞、大直径隧洞等）宜采用有限元法计算。

（2）对于一般的有压圆形引水隧洞，当基岩稳定（如Ⅰ类、Ⅱ类围岩）且隧洞埋深满足规范要求时，衬砌可只按受均匀内水压力作用，在考虑围岩弹性抗力的情况下将衬砌模拟为厚壁圆筒，采用弹性力学解析方法进行分析。

（3）当围岩不稳定时（如Ⅳ类、Ⅴ类围岩），衬砌应按均匀内水压力和其他荷载（垂直围岩压力、侧向围岩压力、衬砌自重、洞内水自重、外水压力等）共同作用计算，此时应根据衬砌的变形情况来考虑围岩的弹性抗力，可采用结构力学方法进行分析。

（4）对无压圆形隧洞及其他断面型式的隧洞宜按边值数值解法计算。需要指出的是，这些规范对隧洞衬砌结构计算方法的选择并没有采用强制性的用词"应"，而都是采用"宜"或者"可"，因此在实际安全复核工作中工程师可以根据工程的具体情况选择最适合的计算方法。比如无压圆形隧洞及其他断面型式的隧洞规范推荐边值数值解法，但是完全可以利用杆件单元建立一个单宽有限元模型，施加衬砌外部荷载及边缘约束，根据结构变形不断调整边缘约束条件，最终使衬砌变形与边缘约束相协调，也能够比较准确地获得衬砌结构的荷载效应，从而完成截面配筋复核计算。

2.4 圆形有压隧洞衬砌结构配筋计算

《水工隧洞设计规范》（SD 134—84）和 NB/T 10391—2020 在附录中都给出了一套完整的圆形有压隧洞衬砌配筋分析计算方法，不同的是 NB/T 10391—2020 取消了 SD 134—84 中的衬砌未开裂设计。整个分析过程非常适合于编制成 Excel 计算表。

SD 134—84 和 NB/T 10391—2020 给出的圆形有压隧洞衬砌配筋相关计算公式的参数量纲稍显杂乱，在本书中将所有这些参数量纲进行了统一，都采用 kN 和 m，因此公式的表达形式与 SD 134—84 和 NB/T 10391—2020 略有不同，但计算结果是相同的。

2.4.1 衬砌未开裂设计

虽然 NB/T 10391—2020 已经取消了衬砌未开裂设计，但是实际隧洞安全评估工作中还有可能会遇到按此方法设计的工程，而且了解衬砌未开裂设计的基本原理有助于更好理解现行的衬砌开裂设计方法，因此本书仍对此方法进行简要论述。根据 SD 134—84，圆形有压隧洞衬砌未开裂设计的基本计算步骤如下：

（1）采用厚壁圆筒弹性力学解析方法，利用衬砌与围岩变位协调原理，获得内水压力和围岩弹性抗力共同作用下衬砌断面上的轴向拉力。

对于圆形有压隧洞，在均匀内水压力 P 作用下，将混凝土衬砌模拟为浇筑在无限弹性介质（围岩）中的厚壁圆筒（内半径为 r_i，外半径为 r_o，厚度为 h），此时产生的围岩弹性抗力为 P_0（图 2-24）。

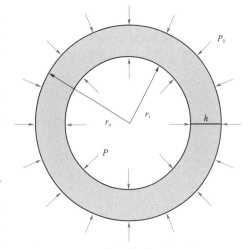

图 2-24 圆形有压隧洞均匀内水压力作用受力示意图

采用弹性力学解析方法，在 P 和 P_0 的共同作用下，可求得在衬砌（厚壁圆筒）内部半径 r 处的径向变位 u 为：

$$u = \frac{r(1+\mu)}{E_c}\left[\frac{(1-2\mu)+\left(\frac{r_o}{r}\right)^2}{t^2-1}P - \frac{\left(\frac{r_o}{r}\right)^2-(1-2\mu)t^2}{t^2-1}P_0\right] \qquad (2-64)$$

$$t = r_o/r_i$$

式中：u 为径向变位，m；P 为均匀内水压力，kN/m^2；P_0 为围岩弹性抗力，kN/m^2；r_i 为衬砌内半径，m；r_o 为衬砌外半径，m；t 为衬砌外、内半径之比；E_c 为混凝土衬砌弹性模量，kN/m^2；μ 为混凝土衬砌泊松比。

将衬砌的外半径 r_o 代入式（2-64），得到衬砌外半径处的径向变位 u_o：

$$u_o = \frac{r_o(1+\mu)}{E_c}\left[\frac{2-2\mu}{t^2-1}P - \frac{1-(1-2\mu)t^2}{t^2-1}P_0\right] \qquad (2-65)$$

根据弹性抗力式（2-3）和式（2-4），衬砌外半径处的径向变位 u_o 还可以用式（2-66）计算：

$$u_o = P_0/K = P_0 r_o/K_0 \qquad (2-66)$$

式中：K_0 为围岩弹性抗力，kN/m^3。

联立式（2-65）和式（2-66），经过整理，可得作用在衬砌上的围岩弹性抗力为：

$$P_0 = \frac{1-A}{t^2-A}P \qquad (2-67)$$

式中：A 为弹性特征因素。

$$A = \frac{E_C - (1+\mu)K_0}{E_C + (1+\mu)(1-2\mu)K_0} \qquad (2-68)$$

在衬砌配筋计算中需要知道断面上的轴力 N 和弯矩 M。现在回忆一下经典材料力学中薄壁压力圆筒筒壁环向拉应力计算式（2-69）：

$$\sigma_t = Pr_i/\delta \qquad (2-69)$$
$$\delta = r_o - r_i$$

式中：P 为筒内压力，kN/m^2；r_i 为内半径，m；δ 为筒壁厚度；r_o 为外半径，m。

利用式（2-69），则在图 2-24 中均匀外压力 P_0（围岩弹性抗力）作用下薄壁圆筒筒壁环向压应力计算式（2-70）：

$$\sigma_c = P_0 r_o/\delta \qquad (2-70)$$

此时简化计算，假定衬砌结构也符合式（2-69）和式（2-70），则衬砌断面上作用的拉力 N_P 为：

$$N_P = (\sigma_t - \sigma_c)\delta = Pr_i - P_0 r_o \qquad (2-71)$$

将式（2-67）代入式（2-71），可得在内水压力和围岩弹性抗力共同作用下衬砌断面上的轴向拉力为：

$$N_P = Pr_i - Pr_o\frac{1-A}{t^2-A} \qquad (2-72)$$

式（2-72）即为《水工隧洞设计规范》（SD 134—84）中双层钢筋混凝土衬砌在混凝土未出现裂缝时得到的内水压力作用下衬砌断面轴向拉力计算公式。由于采用了经典材料力学中薄壁压力圆筒的计算公式，忽略衬砌断面上的弯矩 M，只考虑断面轴向拉力 N_P。

（2）采用结构力学方法，根据衬砌变形情况确定是否考虑围岩弹性抗力，获得其他荷载作用下衬砌断面弯矩和轴力，利用上述两部分荷载效应的共同作用来进行衬砌配筋计算（Ⅰ类、Ⅱ类围岩可只考虑内水压力荷载效应）。

根据均匀内水压力作用下厚壁圆筒弹性解析方法得到的衬砌断面拉力 N_P 以及其他荷载（围岩垂直和侧向压力，衬砌自重、满水且无水头水压力、外水压力等）作用下采用结构力学方法得到的衬砌断面内力 $\sum M$ 和 $\sum N$（在衬砌开裂设计一节中详述），建立衬砌断面的受力平衡，分别对衬砌内圈和外圈钢筋取矩，可得衬砌内、外圈配筋计算式（2-73）和式（2-74）：

$$f_i = \frac{(N_P - \sum N)(h_0 - a) + 2\sum M}{2[\sigma_g](h_0 - a)} \qquad (2-73)$$

$$f_o = \frac{(N_P - \sum N)(h_0 - a) - 2\sum M}{2[\sigma_g](h_0 - a)} \tag{2-74}$$

式中：f_i 为衬砌内圈配筋面积，m^2；f_o 为衬砌外圈配筋面积，m^2；$\sum M$ 为除内水压力外其他荷载在衬砌断面上产生的弯矩总和，$kN \cdot m$，衬砌内表面受拉为正；$\sum N$ 为除内水压力外其他荷载在衬砌断面上产生的轴向力总和，kN，衬砌断面受压为正；$[\sigma_g]$ 为钢筋允许应力，kN/m^2，$[\sigma_g] = R_g/K_g$；R_g 为钢筋的设计强度，kN/m^2；K_g 为钢筋混凝土结构构件的强度安全系数；h_0 为衬砌的有效厚度，m；a 为内、外圈钢筋合力点到衬砌内、外边缘距离，m；其他符号意义同前。

（3）进行衬砌内、外表面混凝土应力校核：

为满足混凝土衬砌不开裂的条件，需要按式（2-75）和式（2-76）分别校核衬砌内、外表面拉应力不超过混凝土的允许轴向拉应力：

$$\sigma_i = \frac{F}{F_r}P\frac{\left(\frac{r_o}{r_i}\right)^2 + A}{\left(\frac{r_o}{r_i}\right)^2 - A} + 0.65\frac{\sum M}{W_r} - \frac{\sum N}{F_r} \leqslant [\sigma_{gh}] \tag{2-75}$$

$$\sigma_o = \frac{F}{F_r}P\frac{1 + A}{\left(\frac{r_o}{r_i}\right)^2 - A} - 0.65\frac{\sum M}{W_r} - \frac{\sum N}{F_r} \leqslant [\sigma_{gh}] \tag{2-76}$$

$$[\sigma_{gh}] = R_f/K_f$$
$$F_r = F + (f_i + f_o)E_g/E_c$$

式中：σ_i 为衬砌混凝土内表面的应力，kN/m^2；σ_o 为衬砌混凝土外表面的应力，kN/m^2；R_f 为混凝土的设计抗裂强度，kN/m^2；K_f 为钢筋混凝土结构构件的抗裂安全系数；$[\sigma_{gh}]$ 为混凝土的允许轴向拉应力，kN/m^2；F 为衬砌断面的面积，m^2；F_r 为衬砌断面的折算面积，m^2；E_g 为钢筋弹性模量，kN/m^2；其他符号意义同前。

不难发现，《水工隧洞设计规范》（SD 134—84）计算混凝土未开裂情况下衬砌配筋的式（2-73）和式（2-74）与校核衬砌内、外表面混凝土拉应力的式（2-75）和式（2-76）存在相互矛盾的地方。混凝土未开裂时，按理可不用配筋，采用素混凝土结构即可满足设计要求，SD 134—84 却规定按照混凝土开裂（断面上分别对衬砌内圈和外圈钢筋的力矩平衡）来计算衬砌内、外圈配筋，显然不甚合理，其结果使配筋量偏大，容易造成浪费。

基于衬砌未开裂的弹性力学解析方法和边值数值解法都是将围岩的约束作用模拟为围岩对衬砌的弹性抗力。由于混凝土未开裂，衬砌的刚度较大，因此在内水压力作用下分配到的内力也很大。而这两种方法的衬砌配筋设计都是基于这个明显偏大的内力，所以配筋计算结果会比较保守。这两种方法与目前被广泛接受的以围岩为承载主体（如新奥法）的设计思路不相符。

2.4.2　衬砌开裂设计

《水工隧洞设计规范》（NB/T 10391—2020）在附录中给出了圆形有压隧洞衬砌开裂设计的详细配筋计算方法，衬砌截面基本为小偏心受拉。但是需要注意的是，《水工隧洞设计规范》（SL 279—2016）取消了这部分的内容，而且也没有提供其他具体的计算方法。其基本计算步骤如下。

（1）根据弹性地基曲梁受力平衡方程，计算内水压力作用下衬砌双层配筋。在内水压力作用下，将开裂的厚壁圆筒模拟为坐落在弹性地基上的曲梁，衬砌中钢筋承担所有拉应力。根据衬砌与围岩变形一致原则，假定钢筋已达容许应力，建立受力力平衡方程，计算出所需钢筋面积和围岩弹性抗力。得到内水压力作用下衬砌双层配筋计算式（2-77）（内、外圈相同）为：

$$f = \frac{Pr_i + K_0\left(m - \dfrac{r_i}{E_g}[\sigma_s]\right)}{[\sigma_s]\left(1 + \dfrac{r_i}{r_o}\right) - E_g\dfrac{m}{r_o}} \tag{2-77}$$

$$m = \frac{Pr_i}{E_c'}\ln\frac{r_o}{r_i}$$

$$E_c' = 0.85E_c$$

$$[\sigma_s] = f_y / (\gamma_d\gamma_0\psi)$$

式中：f 为衬砌双层对称配筋中的单侧面积，m^2；E_c' 为考虑混凝土开裂弹模折减；$[\sigma_s]$ 为钢筋允许应力设计值，kN/m^2；f_y 为钢筋抗拉强度设计值，kN/m^2；γ_d 为结构系数，取 1.35；γ_0 为结构重要性系数；ψ 为设计状况系数；其他符号意义同前。

这里需要注意的是，在《水工隧洞设计规范》（NB/T 10391—2020）中式（2-77）使用的是钢筋允许应力设计值 $[\sigma_s]$，定义为钢筋抗拉强度设计值 f_y 除以结构系数 γ_d、结构重要性系数 γ_0 和设计状况系数 ψ，其中 f_y 由与 NB/T 10391—2020 相匹配的《水工混凝土结构设计规范》（DL/T 5057—2009）确定。而在 SD 134—84 中式（2-77）使用的是钢筋允许应力 $[\sigma_g]$，定义为钢筋设计强度 R_g 除以钢筋混凝土结构构件的强度安全系数 K_g，其中 R_g 和 K_g 由与 SD 134—84 相匹配的《水工钢筋混凝土结构设计规范（试行）》（SDJ 20—78）确定。

可以看出与 SD 134—84 衬砌未开裂设计中首先计算内水压力和围岩弹性抗力共同作用下衬砌断面上的轴向拉力不同，衬砌开裂设计直接计算出内水压力作用下衬砌双层配筋。

（2）采用结构力学方法，根据衬砌变形情况确定是否考虑围岩弹性抗力，获得其他荷载作用下衬砌断面弯矩和轴力，计算相应的衬砌内、外圈配筋，与步骤（1）中内水压力作用下衬砌双层配筋叠加，即为衬砌最终配筋。其他荷载（围岩垂直和侧向压力，衬砌自重、满水且无水头水压力、外水压力等）作用下利用结构力学方法得到的衬砌断面内力 $\sum M$ 和 $\sum N$，这个步骤与衬砌未开裂设计相同。根据衬砌断面的受力平衡，分别对衬砌内圈和外圈钢筋取矩，可得衬砌内、外圈配筋用式（2-78）和式（2-79）计算：

$$f_i = \frac{-\sum N(h_0 - a) + 2\sum M}{2[\sigma_s](h_0 - a)} \tag{2-78}$$

$$f_o = \frac{-\sum N(h_0 - a) - 2\sum M}{2[\sigma_s](h_0 - a)} \tag{2-79}$$

式中符号意义同前。

将式（2-77）和式（2-78）、式（2-79）组合在一起，即得内水压力和其他荷载共同作用下衬砌配筋公式。

（3）进行衬砌内、外圈钢筋应力校核。由于假设衬砌开裂，需根据式（2-80）和式（2-81）校核钢筋应力（对比衬砌未开裂设计需校核混凝土应力）：

$$\sigma_{si} = \frac{Pr_i + \left(E_g \dfrac{f_o}{r_o} + K_0\right)m}{f_i + f_o \dfrac{r_i}{r_o} + \dfrac{K_0 r_i}{E_g}} + \frac{-\sum N\ (h_0 - a)\ + 2\sum M}{2\ (h_0 - a)\ f_i} \leqslant [\sigma_s] \qquad (2-80)$$

$$\sigma_{so} = \frac{(Pr_i^2 - E_g f_i m)\ \dfrac{1}{r_o}}{f_i + f_o \dfrac{r_i}{r_o} + \dfrac{K_0 r_i}{E_g}} + \frac{-\sum N\ (h_0 - a)\ + 2\sum M}{2\ (h_0 - a)\ f_o} \leqslant [\sigma_s] \qquad (2-81)$$

式中：σ_{si} 为衬砌内圈钢筋应力，kN/m^2；σ_{so} 为衬砌外圈钢筋应力，kN/m^2；其他符号意义同前。

现在考虑有压隧洞只承受内水压力作用情况，对混凝土开裂情况下衬砌配筋计算式（2-77）和内圈钢筋应力校核式（2-80）之间的关系进行说明。

将配筋计算式（2-77）进行重新整理，则有：

$$f\left\{[\sigma_s]\left(1 + \frac{r_i}{r_o}\right) - E_g \frac{m}{r_o}\right\} = Pr_i + K_0\left(m - \frac{r_i}{E_g}[\sigma_s]\right)$$

$$fE_g \frac{m}{r_o} = f[\sigma_s]\left(1 + \frac{r_i}{r_o}\right) - Pr_i - K_0\left(m - \frac{r_i}{E_g}[\sigma_s]\right)$$

$$fE_g = \frac{r_o}{m}\left\{f[\sigma_s]\left(1 + \frac{r_i}{r_o}\right) - Pr_i - K_0\left(m - \frac{r_i}{E_g}[\sigma_s]\right)\right\}$$

由于 $f_i = f_o = f$，将整理后的 fE_g 项代入内圈钢筋应力校核式（2-80）的分子项中，整理可得：

$$\sigma_{si} = \frac{Pr_i + \left(E_g \dfrac{f_o}{r_o} + K_0\right)m}{f_i + f_o \dfrac{r_i}{r_o} + \dfrac{K_0 r_i}{E_g}} = \frac{E_g\{Pr_i r_o + E_g f m + K_0 m\}}{E_g f(r_o + r_i) + K_0 r_i r}$$

$$= \frac{E_g\left\{Pr_i r_o + r_o f[\sigma_s](1 + \dfrac{r_i}{r_o}) - Pr_i r_o - K_0 m r_o + K_0 \dfrac{r_i r_o}{E_g}[\sigma_s] + K_0 m r_o\right\}}{E_g f(r_o + r_i) + K_0 r_i r_o}$$

$$= \frac{\{E_g f(r_o + r_i) + K_0 r_i r_o\}[\sigma_s]}{E_g f(r_o + r_i) + K_0 r_i r_o} = [\sigma_s]$$

以上推导过程表明，在有压隧洞只承受内水压力作用情况下，衬砌配筋计算式（2-77）和内圈钢筋应力校核式（2-80）之间是相互关联的，即当采用衬砌配筋计算式（2-77）得出的配筋面积 f 时，内圈钢筋应力校核式（2-80）计算得出的钢筋应力一定等于钢筋允许应力设计值 $[\sigma_s]$。这说明在上述这种开裂厚壁圆筒的计算假定条件下，在内水压力作用情况下钢筋应力不会超标，但如果叠加上其他荷载（如围岩压力）就需要对钢筋应力按式（2-80）进行校核。

需要指出的是，上面讲述的是在衬砌开裂条件下的双层钢筋配筋计算。在此有必要介绍一下衬砌单层配筋的计算公式，这有利于理解后面将要讨论的衬砌内表面粘贴碳纤维布进行加固的计算方法。由于要抵抗内水压力，单层配筋一般都是放置在衬砌的内圈，配筋计算式（2-82）为：

$$f = \frac{Pr_i + K_0 m}{[\sigma_s]} - \frac{K_0 r_i}{E_g} \tag{2-82}$$

式中符号意义同前。

其他荷载作用下配筋计算式（2-83）为：

$$f = \frac{-\sum N h_0 + 2\sum M}{2[\sigma_s] h_0} \tag{2-83}$$

钢筋应力校核式（2-84）为：

$$\sigma_{si} = \frac{Pr_i + K_0 m}{f + \frac{K_0 r_i}{E_g}} + \frac{-\sum N h_0 + 2\sum M}{2 h_0 f} \leqslant [\sigma_s] \tag{2-84}$$

式中符号意义同前。

采用表 2-26 中的计算参数对圆形有压隧洞双层配筋和单侧配筋形式的配筋面积分别进行计算，得到双层配筋内圈 $1067 \mathrm{mm}^2/\mathrm{m}$，单侧配筋内圈为 $1979 \mathrm{mm}^2/\mathrm{m}$。也就是说，在内水压力作用下，衬砌单侧配筋面积需要比双层配筋单侧面积大不到 1 倍。

表 2-26　　　　　　　衬砌单层和双层配筋计算参数表

均匀内水压力 P/m	70（水头）	结构系数 γ_d	1.35
隧洞外半径 r_o/m	3.5	混凝土强度等级	C30
隧洞内半径 r_i/m	3.0	混凝土弹性模量/$(\mathrm{kN/m^2})$	3×10^7
围岩单位弹性抗力系数 $K_0/(\mathrm{kN/m^3})$	0.5×10^6	钢筋弹性模量/$(\mathrm{kN/m^2})$	2×10^8
钢筋抗拉强度设计值/$(\mathrm{kN/m^2})$	3×10^5		

2.4.3　其他荷载作用下衬砌内力计算

上述衬砌未开裂和开裂设计中其他荷载（围岩垂直和侧向压力、衬砌自重、满水且无水头水压力、外水压力等）作用下衬砌内力计算是相同的，需要根据衬砌与围岩间的相对变形考虑两种情况：考虑围岩弹性抗力和不考虑围岩弹性抗力。

2.4.3.1　考虑围岩弹性抗力

当围岩条件较好（如Ⅰ类、Ⅱ类）时，需考虑弹性抗力作用。荷载组合主要考虑围岩垂直压力、衬砌自重、洞内满水且无水头水压力。其基本假定是围岩弹性抗力按固定规律变化（见图 2-25），利用结构力学方法进行计算衬砌各断面的弯矩 M 和轴力 N。

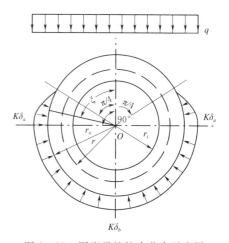

图 2-25　围岩弹性抗力分布示意图

从图 2-25 中可以看出，围岩弹性抗力有如下假定：

①不计衬砌与围岩之间的摩擦力。

②弹性抗力分布：

$$45° \leqslant \xi \leqslant 90°: K\delta = -K\delta_a \cos^2 \xi \qquad (2-85)$$

$$90° < \xi \leqslant 180°: K\delta = K\delta_a \sin^2 \xi + K\delta_b \cos^2 \xi \qquad (2-86)$$

式中：K 为围岩弹性抗力系数；ξ 为断面与垂直轴的夹角；δ_a 和 δ_b 为水平轴两侧和垂直轴底部围岩变形。

（1）围岩垂直压力。假定围岩垂直松动压力均匀分布，各断面弯矩和轴向力按式（2-87）和式（2-88）计算：

$$M = qrr_o [Aa + B + Cn(1+a)] \qquad (2-87)$$

$$N = qr_o [Da + E + Fn(1+a)] \qquad (2-88)$$

$$a = 2 - \frac{r_o}{r}$$

$$n = \frac{1}{0.06416 + \frac{E_c J}{r^3 r_o K b}}$$

$$K = K_0 / r_o$$

式中：M 为垂直均布围岩压力产生的弯矩，衬砌内侧受拉为正，kN·m；N 为垂直均布围岩压力产生的轴力，受压为正，kN；q 为均布的垂直围岩压力强度，kN/m²；r 为衬砌截面中心半径，m；b 为衬砌截面计算宽度，取单宽 $b=1.0$m；J 为衬砌断面惯性矩，m⁴；K 为围岩的弹性抗力系数，kN/m³；A、B、C、D、E、F 系数（表 2-27）。

表 2-27　　　　　　　　A、B、C、D、E、F 系数表

断面	A	B	C	D	E	F
$\varphi=0$	0.16280	0.08721	-0.00699	0.21220	-0.21222	0.02098
$\varphi=\pi/4$	-0.02504	0.02505	-0.00084	0.15004	0.34994	0.01484
$\varphi=\pi/2$	-0.12500	-0.12501	0.00824	0.00000	1.00000	0.00575
$\varphi=3\pi/4$	0.02504	-0.02507	0.00021	-0.15005	0.90007	0.01378
$\varphi=\pi$	0.08720	0.16277	-0.00837	-0.21220	0.71222	0.02237

注　φ 为断面与垂直轴的夹角。

（2）衬砌自重。衬砌自重在各断面产生的弯矩和轴向力按式（2-89）和式（2-90）计算：

$$M = gr^2 (A_1 + B_1 n) \qquad (2-89)$$

$$N = gr(C_1 + D_1 n) \qquad (2-90)$$

$$g = \gamma h$$

式中：M 为衬砌自重作用产生的弯矩，内侧受拉为正，kN·m；N 为衬砌自重作用产生的轴力，受压为正，kN；g 为单位宽衬砌的自重力，kN/m²；γ 为混凝土衬砌容重，kN/m³；h 为衬砌截面厚度，m；A_1、B_1、C_1、D_1 系数（表 2-28）。

表 2-28　　　　　　　　　　A_1、B_1、C_1、D_1 系数表

断　面	A_1	B_1	C_1	D_1
$\varphi=0$	0.34477	-0.02194	-0.16669	0.06590
$\varphi=\pi/4$	0.03348	-0.00264	0.43749	0.04660
$\varphi=\pi/2$	-0.39272	0.02589	1.57080	0.01807
$\varphi=3\pi/4$	-0.03351	0.00067	1.91869	0.04329
$\varphi=\pi$	0.44059	-0.02629	1.73749	0.07024

注　φ 为断面与垂直轴的夹角。

（3）洞内满水且无水头水压力。洞内满水且无水头水压力在各断面产生的弯矩和轴向力按式（2-91）和式（2-92）计算：

$$M = r_w r r_i^2 (A_2 + B_2 n) \tag{2-91}$$

$$N = r_w r_i^2 (C_2 + D_2 n) \tag{2-92}$$

式中：M 为洞内满水时静水压力产生的弯矩，内侧受拉为正，kN·m；N 为洞内满水时静水压力产生的轴力，受压为正，kN；γ_w 为水容重，kN/m³；A_2、B_2、C_2、D_2 为系数（表 2-29）。

表 2-29　　　　　　　　　　A_2、B_2、C_2、D_2 系数表

断　面	A_2	B_2	C_2	D_2
$\varphi=0$	0.17239	-0.01097	-0.58335	0.03295
$\varphi=\pi/4$	0.01675	-0.00132	-0.42771	0.02330
$\varphi=\pi/2$	-0.19636	0.01295	-0.21460	0.00903
$\varphi=3\pi/4$	-0.01677	0.00034	-0.39419	0.02164
$\varphi=\pi$	0.22030	-0.01315	-0.63126	0.03513

注　φ 为断面与垂直轴的夹角。

2.4.3.2　不考虑围岩弹性抗力

当围岩条件较差（如Ⅳ类、Ⅴ类），不考虑弹性抗力作用，只考虑作用在衬砌半圆上且按余弦规律径向分布的地层反力和围岩侧向松动压力，利用结构力学方法进行计算。荷载组合考虑围岩垂直压力、围岩侧向压力、衬砌自重、洞内满水且无水头水压力和外水压力。

各荷载作用在衬砌断面产生的弯矩和轴向力按表 2-30 和表 2-31 中公式计算。

表 2-30　　　　　　　　　　各断面弯矩及轴力计算公式表

作用（荷载）		M	N
围岩垂直松动压力		$q r_o r\ (A_3\alpha+B_3)$	$q r_o\ (C_3\alpha+D_3)$
围岩侧向松动压力		$e r_o r\alpha A_4$	$e r_o C_4$
衬砌自重		$g r^2 A_5$	$g r C_5$
满水面无水头水压力		$\gamma_w r_i^2 \tau A_6$	$\gamma_w r_i^2 C_6$
外水压力	当 $\pi\gamma_w r_o^2 < 2\ (q r_o+\pi r g)$ 时	$-\gamma_w r_o^2 r A_6$	$-\gamma_w r_o^2 C_6 + \gamma_u h_w r_o$
	当 $\pi\gamma_w r_o^2 \geqslant 2\ (q r_o+\pi r g)$ 时	$\gamma_w r_o^2 r A_6\ (1-2\varepsilon)$	$\gamma_w r_o^2 C_7\ (1-\varepsilon) - \gamma_w r_o^2 C_6\varepsilon + \gamma_u h_w r_o$

表 2 - 31 　　　 A_3、A_4、A_5、A_6、B_3、C_3、C_4、C_5、C_6、C_7和 D_3系数表

断面 系数	$\varphi=0$	$\varphi=\pi/4$	$\varphi=\pi/2$	$\varphi=3\pi/4$	$\varphi=\pi$
A_3	0.16280	−0.02504	−0.12500	0.02505	0.08720
B_3	0.06443	0.01781	−0.09472	−0.01097	0.10951
A_4	−0.25000	0.00000	0.25000	0.00000	−0.25000
A_5	0.27324	0.01079	−0.29755	0.01077	0.27324
A_6	0.13662	0.00539	−0.14878	0.00539	0.13662
C_3	0.21220	0.15005	0.00000	−0.15005	−0.21220
D_3	−0.15915	0.38747	1.00000	0.91625	0.79577
C_4	1.00000	0.50000	0.00000	0.50000	1.00000
C_5	0.00000	0.55535	1.57080	1.96957	2.00000
C_6	−0.500000	−0.36877	−0.21460	−0.36877	−0.50000
C_7	1.50000	1.63122	1.78540	1.63123	1.50000

注　e 为围岩侧向压力强度，kN/m^2；h_w 为均匀外水压力计算高度，m；其他符号意义同前。

2.4.4　圆形有压隧洞衬砌不同配筋计算方法比较

2.4.4.1　计算工况 1

假定某一坚硬围岩中的圆形有压隧洞，内水压力 70m 水头；隧洞外半径 $r_o=3.5m$，隧洞内半径 $r_i=3.0m$，衬砌厚度 $\delta=0.5m$；围岩单位弹性抗力系数 $K_0=8\times10^6\,kN/m^3$；衬砌混凝土强度等级 C30，混凝土弹性模量 $E_c=3\times10^7\,kN/m^2$，泊松比 $\mu=0.167$；HRB335 钢筋，钢筋弹性模量 $E_g=2\times10^8\,kN/m^2$，钢筋保护层厚度 25mm。

由于处于坚硬围岩中，为方便对比按 SD134－84 衬砌未开裂和 NB/T 10391—2020 开裂设计的衬砌配筋，只考虑衬砌受内水压力作用，计算如下：

（1）按 SD 134—84 衬砌未开裂设计配筋计算结果：

与 SD 134—84 相匹配的混凝土设计规范是当时的《水工钢筋混凝土结构设计规范（试行）》（SDJ 20—78）。衬砌混凝土强度等级 C30 近似等同于 SDJ 20—78 中的 300，混凝土设计抗裂强度 $R_f=2.1MPa$，考虑基本荷载组合下轴心受拉或偏心受拉构件，钢筋混凝土结构构件的抗裂安全系数 $K_f=1.2$，混凝土允许轴向拉应力 $[\sigma_{gh}]=2.1/1.2=1.75MPa$。HRB335 钢筋等同于Ⅱ级钢，钢筋设计强度 $R_g=340MPa$，钢筋混凝土结构构件的强度安全系数 $K_g=1.5$。

①根据式（2-68）计算弹性特征因素：$A=0.577$。

②根据式（2-72）计算在内水压力和围岩弹性抗力共同作用下衬砌断面上的轴向拉力：$N_P=778.8kN$。

③根据式（2-73）和式（2-74）计算衬砌内、外圈配筋 $f_i=f_o=1718mm^2$。

④根据式（2-75）和式（2-76）计算衬砌混凝土内、外表面应力内表面 $\sigma_i=1.73MPa$，外表面 $\sigma_o=1.41MPa$，σ_i 和 σ_o 均小于混凝土允许轴向拉应力 $[\sigma_{gh}]$，混凝土不

开裂。

⑤根据式（2-67）计算作用在衬砌上的围岩上弹性抗力：$P_0 = 377.5 \text{kN/m}^2$（约 38.5m 水头），围岩承担内水压力比例约 55%。

（2）按 NB/T 10391—2020 衬砌开裂设计配筋计算结果：

与 NB/T 10391—2020 相匹配的混凝土设计规范是《水工混凝土结构设计规范》（DL/T 5057—2009），HRB335 钢筋强度设计值 $f_y = 300 \text{MPa}$，结构系数 $\gamma_d = 1.35$，钢筋允许应力设计值 $[\sigma_s] = 222.2 \text{MPa}$。

根据式（2-77）计算衬砌双层配筋（内、外圈相同）$f < 0 \text{mm}^2$。

根据《水工混凝土结构设计规范》（DL/T 5057—2009），偏心受拉构件（板）的受拉钢筋当采用 HRB335 时最小配筋率为 0.15%（单侧），对于厚 50cm 的衬砌，每延米内、外圈按 0.15% 计算得出的最小配筋 $f_i = f_o = 750 \text{mm}^2$。

在上述最小配筋情况下，根据式（2-80）和式（2-81）可得到衬砌内、外圈钢筋应力分别为：内圈 $\sigma_{si} = 18.1 \text{MPa}$，外圈 $\sigma_{so} = 14.8 \text{MPa}$，非常小。将此应力代入衬砌裂缝宽度计算公式（见 2.5 节详述），得到裂缝宽度小于 0（衬砌裂缝宽度可忽略不计）。

从上面两种不同衬砌设计方法的结果不难看出，衬砌不开裂设计会导致配筋较大，既不合理也不经济。而采用衬砌开裂设计只需最小配筋（原则上不需配筋），能够节省很多不必要的钢筋。

2.4.4.2　计算工况 2

李光顺[11]曾对有压圆形隧洞混凝土衬砌结构配筋进行过研究。计算参数：开挖洞径 4.3m，衬砌厚度 0.8m，混凝土 C25，围岩单位弹性抗力系数 $K_0 = 5 \times 10^6 \text{kN/m}^3$（坚硬岩石），设计均匀内水压力 $P = 1.756 \text{MPa}$。几种计算方法结果见 2-32。

表 2-32　　　　　　　工况 2 不同计算方法结果表

计算方法	衬砌轴力 /kN	衬砌承担 内水压力比例	围岩承担 内水压力比例	每延米配筋 /mm²
弹性力学法①	3318.8	54%	46%	14453
边值法②	3422.6	55.7%	44.3%	14905
公式法③	85.7	1.43%	98.57%	1200④

① 弹性力学法同 SD134—84 衬砌未开裂情况。

② 边值数值解法也是假定衬砌未开裂。

③ 公式法同 NB/T 10391—2020 衬砌开裂情况。

④ 按公式法计算不需配筋，表中按最小配筋率 0.15% 配筋。

表 2-32 中给出的只是衬砌截面承载能力极限状态的计算结果，并没有考虑裂缝宽度对配筋的影响。但是也能够看出仅就截面强度而言，即使处于比较坚硬的围岩中，按衬砌不开裂设计在较大内水压力作用下需要配置大量的钢筋，且围岩仅分担不到 50% 的内水压力；而按照衬砌开裂设计只需最小配筋率的构造钢筋，几乎全部的内水压力由围岩承担。由此可见衬砌开裂设计更加符合现代隧洞的设计理念，即主要依靠围岩来抵抗隧洞内高水头压力，而混凝土衬砌主要起到整平、防渗的作用。

2.4.5　围岩弹性抗力对衬砌配筋的影响

在不考虑衬砌裂缝宽度的影响下，改变上节计算工况 1 中的围岩单位弹性抗力系数，维持其他参数不变，研究围岩对衬砌配筋的影响。为方便比较，仅考虑内水压力的作用，配筋计算结果见表 2 - 33。

表 2 - 33　　　　围岩弹性抗力对衬砌配筋计算结果表

围岩单位弹性抗力系数 $K_0/$（kN/m^3）	每延米单侧计算配筋/mm^2	最小配筋率 0.15% 配筋/mm^2	实际配筋/mm^2	内圈钢筋应力/MPa
8×10^6	<0		750	18.1
2×10^6	<0	750	750	70.8
1×10^6	<0		750	128.9
0.5×10^6	1067		1067	222.2

从表 2 - 33 中可以看出，就截面强度（承载力）而言，即使围岩是比较差的中等坚硬岩石（$K_0=1\times10^6kN/m^3$，参考表 2 - 12 中各类岩石的单位弹性抗力系数），按式（2 - 77）计算每延米单侧配筋仍小于 0，仅需满足最小配筋率的构造要求。直到围岩下降到较软岩石（$K_0=0.5\times10^6kN/m^3$）类别，根据式（2 - 77）才能计算出超出最小配筋率的配筋（如表 2 - 33 中配筋 1067mm^2）。

基于混凝土开裂的衬砌配筋计算方法比较符合当前衬砌与围岩联合作用且围岩为承载主体的设计理念，但围岩力学性能（弹性抗力系数 K 或 K_0）对衬砌配筋计算结果影响很大，在隧洞的安全评估中需要特别引起注意。

以上仅仅是截面强度计算，当考虑衬砌裂缝宽度限制时，后 3 种情况由于内圈钢筋应力较大（第 3 种情况更是达到了钢筋允许应力设计值），导致衬砌裂缝宽度过大，需要增加配筋予以控制，这将在 2.5.2 节进行详细讨论。

2.5　隧洞衬砌裂缝宽度验算

2.5.1　计算公式

衬砌裂缝宽度属于正常使用极限状态的验算，与上述衬砌截面承载力极限状态验算不同，采用的是荷载的标准组合（分项系数 1.0）。

《水工隧洞设计规范》（SL 279—2016）和《水工隧洞设计规范》（NB/T 10391—2020）仍采用《水工钢筋混凝土结构设计规范（试行）》（SDJ 20—78）的方法计算衬砌混凝土裂缝宽度，与《水工混凝土结构设计规范》（SL 191—2008 和 DL/T 5057—2009）给出的计算方法不同，这个需要特别注意。

SL 279—2016 和 NB/T 10391—2020 都规定隧洞衬砌在轴心受压及 $e_0\leqslant0.5h$ 的偏心受压情况，可不进行裂缝宽度的验算。隧洞衬砌在轴心受拉、偏心受拉及 $e_0>0.5h$ 的大偏心受压情况，考虑裂缝宽度分布不均匀性及荷载长期作用影响后的最大裂缝宽度，可按

式 (2-93) ~式 (2-98) 计算:

$$\omega_{max} = 2\left(\frac{\sigma_s}{E_g}\psi - 0.7 \times 10^{-4}\right)l_f \qquad (2-93)$$

$$l_f = \left(60 + a_1\frac{d}{u}\right)\upsilon \qquad (2-94)$$

$$\psi = 1 - a_2\frac{f_{tk}}{u\sigma_s} \qquad (2-95)$$

其中,轴心受拉和小偏心受拉:

$$\mu = \frac{A_S}{1000H} \qquad (2-96)$$

大偏心受拉和大偏心受压:

$$\mu = \frac{A_S}{1000h_0} \qquad (2-97)$$

$$d = \frac{4A_S}{S} \qquad (2-98)$$

式中: ω_{max} 为裂缝最大宽度,mm; l_f 为平均裂缝间距,mm; ψ 为裂缝间纵向受拉钢筋应变不均匀系数;当 $\psi<0.3$ 时,取 $\psi=0.3$; 对直接承受重复荷载的构件,取 $\psi=1.0$; a_1、a_2 为计算系数,轴心受拉及小偏心受拉情况,$a_1=0.16$,$a_2=0.60$; 大偏心受拉情况,$a_1=0.075$,$a_2=0.32$; 大偏心受压情况,$a_1=0.055$,$a_2=0.235$; μ 为纵向受拉钢筋配筋率; A_S 为每延米范围内受拉钢筋总面积,mm^2,轴心受拉和小偏心受拉时取衬砌双层受拉钢筋总面积,大偏心受拉和大偏心受压时取受拉侧单侧配筋面积; H、h_0 分别为衬砌厚度和有效高度,mm; d 为纵向受拉钢筋的直径,mm; S 为每延米范围内受拉钢筋总周长,mm; h_0 为衬砌有效厚度,mm; h 为衬砌厚度,mm; f_{tk} 为混凝土轴心抗拉强度标准值; υ 为与纵向钢筋表面形状有关的系数,对于螺纹钢筋,取 $\upsilon=0.7$,对于光面钢筋,取 $\upsilon=1.0$; E_g 为钢筋的弹性模量,MPa; σ_s 为正常使用情况纵向受拉钢筋应力,MPa。

受拉钢筋应力可按照下列情形计算:

(1) 圆形无压隧洞及非圆形隧洞:

轴心或小偏心受拉:

$$\sigma_s = \frac{N_1}{A_S} \qquad (2-99)$$

大偏心受拉:

$$\sigma_s = \frac{N_1}{A_S}\left(\frac{e}{z} + 1\right) \qquad (2-100)$$

大偏心受压:

$$\sigma_s = \frac{N_1}{A_S}\left(\frac{e}{z} - 1\right) \qquad (2-101)$$

$$z = \left(0.8 + 0.1\frac{e_0}{h} - 5\mu\right)h_0 \qquad (2-102)$$

式中: N_1 为由荷载标准值按荷载效应长期组合计算的轴向力值,N; e 为轴向力 N_1 作用点至受拉钢筋合力点之间的距离; z 为受拉钢筋合力点至受压区合力点之间的距离,对大偏心受压情况，不大于 $(0.93-5\mu)h_0$；h 为衬砌厚度，mm；e_0 为轴向力 N_1 对截面重心的偏移距，mm。

（2）有压圆形隧洞：可利用前述衬砌开裂情况下钢筋应力校核式（2-80）和式（2-81），但需采用荷载效应标准组合。一般情况下是校核衬砌内表面裂缝，所以计算衬砌内圈钢筋应力。

从上述计算式（2-93）到式（2-95）可以看出，对衬砌裂缝宽度控制影响最大的两个因素是钢筋应力和钢筋的直径。钢筋应力越小，钢筋直径越小，裂缝的宽度越小。对于圆形有压隧洞应该同时验算衬砌内侧和外侧的裂缝宽度，一般情况下衬砌为双层对称配筋且内圈钢筋应力较大，所以可重点关注衬砌内侧混凝土裂缝的宽度。

2.5.2 圆形有压隧洞衬砌截面强度和裂缝宽度验算的配筋比较

《水工隧洞设计规范》（NB/T 10391—2020）采用 DL/T 5057—2009 的规定：按正常使用极限状态设计时，混凝土衬砌最大裂缝宽度允许值为：①长期组合，0.25mm；②短期组合，0.30mm；③水质有侵蚀性时，0.20mm。

以上规定与《水工混凝土结构设计规范》（SL 191—2008）对钢筋混凝土结构构件裂缝宽度最大限值的相关要求基本是一致的。

仍采用第 2.4.4 条中的计算工况 1，改变围岩单位弹性抗力系数，维持其他参数不变。为方便比较，还是仅考虑内水压力的作用，在满足混凝土衬砌最大裂缝宽度允许值 0.25mm 条件下，其配筋计算结果见表 2-34。

表 2-34　　　　　　　　按截面承载力和裂缝宽度控制的衬砌配筋计算结果表

围岩单位弹性 抗力系数 K_0/（kN/m³）	按截面强度每延米 单侧配筋/mm²	内圈实际配筋	内侧裂缝宽度/mm
8×10^6	<0（750mm²）①	Φ 22@500mm，750mm²	②
2×10^6	<0（750mm²）①	Φ 22@500mm，750mm²	0.05（满足）
1×10^6	<0（750mm²）①	Φ 22@500mm，750mm²	0.21（满足）
0.5×10^6	1067	Φ 22@360mm，1067mm²	0.33（不满足）
		Φ 25@280mm，1358mm²	0.24（满足）

① 按最小配筋率 0.15% 每延米配筋为 750mm²。

② 裂缝宽度计算为负。

从表 2-34 中可以看出，当围岩条件较差时，衬砌配筋能够满足截面承载能力要求，但却不能满足裂缝宽度限制要求。比如在上例中，虽然内水压力 70m 水头并不大，但当围岩单位弹性抗力系数 $K_0=0.5\times10^6$ kN/m³（较软）时，为了能将裂缝宽度控制在 0.25mm 以内，衬砌内圈的实际配筋面积（每延米 1358mm²）要比截面承载力要求的每延米 1067mm² 要高 27.3%。

由此可见，在围岩较差、单位弹性抗力系数 K_0 比较小的情况下，混凝土裂缝宽度限制是圆形有压隧洞衬砌配筋的控制性因素。衬砌裂缝宽度的计算结果对围岩单位弹性抗力系数 K_0 的取值比较敏感，对于软弱围岩中的圆形有压隧洞衬砌设计这一点需要引起足够的重视。

2.6　边值数值解法简介

按《水工隧洞设计规范》（NB/T 10391—2020）的规定，对无压圆形隧洞及其他断面形式（有压、无压）的隧洞（如城门洞形、马蹄形等）衬砌宜按边值数值解法计算。在NB/T 10391—2020 之前的 DL/T 5195—2004 在附录 I 中给出了衬砌边值数值解法的基本方程和计算方法，其详细原理和求解步骤可参见科学出版社 1973 年出版的《衬砌边值问题及数值解》[12]。

边值数值解法的基本原理是根据衬砌微段受力（切向、法向及弯矩）平衡，略去微分方程中的高阶微量，最后采用矩阵形式，获得衬砌结构受力与变形的非线性常微分方程组。由于该方程组中围岩弹性抗力是衬砌结构位移的函数，因此衬砌结构分析本质上是一个非线性力学问题。采用基于差分法的初参数数值解法来求解该非线性常微分方程组边值问题，无需对围岩弹性抗力分布进行假设，计算中采用逐步近似的弹性抗力分布，每次求解时方程组中的与围岩弹性抗力相关项为已知，将非线性常微分方程组转化为线性常微分方程组。

与弹性力学解析方法一样，边值数值解法也是将围岩的约束作用模拟为围岩对衬砌的弹性抗力。由于采用的是衬砌微段受力（切向、法向及弯矩）平衡原理，因此假定混凝土衬砌未开裂，可以承担拉应力。当用于内水压力作用下圆形有压隧洞的衬砌结构分析计算时，该方法获得的衬砌轴力和配筋与弹性力学解析方法的结果基本相同[11]。

目前很多隧洞计算分析软件采用的是这种衬砌边值数值解法。

2.7　无压隧洞衬砌结构分析计算

2.7.1　衬砌截面承载力计算方法

2.7.1.1　矩形截面偏心受压承载力

与圆形有压隧洞在内水压力作用下衬砌一般为小偏心受拉构件不同，无压隧洞衬砌截面设计一般为单向（大/小）偏心受压构件。衬砌配筋计算时一般取沿隧洞轴线方向 1m 长、宽度为衬砌厚度的矩形截面，其偏心受压构件正截面受压承载力计算见图 2 - 26，图中为《水工混凝土结构设计规范》（SL 191—2008）承载力极限状态所规定的情形，在《水工混凝土结构设计规范》（DL/T 5057—2009）中图 2 - 26 偏心压力项 KN_d（K 为承载力安全性系数）改为 $\gamma_d N_d$（γ_d 为结构系数）。

衬砌截面正截面偏心受压承载力应符合下列规定（SL 191—2008）：

$$KN_d \leqslant f_c bx + f'_y A'_s - \sigma_s A_s \tag{2-103}$$

$$KN_d e \leqslant f_c bx \left(h_0 - \frac{x}{2}\right) + f'_y A'_s (h_0 - a'_s) \tag{2-104}$$

$$e = \eta e_0 + \frac{h}{2} - a_s \tag{2-105}$$

$$e_0 = M_d / N_d \tag{2-106}$$

式中：K 为承载力安全性系数；N_d 为截面压力设计值，N；M_d 为截面弯矩设计值，N·mm；e 为轴向压力作用点至受拉边或受压较小边纵向钢筋合力点之间的距离，mm；e_0 为轴向压力对截面重心的偏心距，mm；η 为偏心受压构件考虑二阶效应影响的轴向压力偏心距增大系数；f_c 为混凝土轴心抗压强度设计值，N/mm^2；b 为截面宽度，取 1000mm；h、h_0 为截面高度和有效高度，mm；x 为受压区计算高度，mm，当 $x > h$ 时，取 $x = h$；f_y、f_y' 为钢筋抗拉和抗压强度设计值，N/mm^2；A_s、A_s' 分别为远离和靠近轴向压力一侧纵向受力钢筋截面面积，mm^2；σ_s 为受拉边或受压较小边纵向钢筋应力，MPa；a_s 为受拉边或受压较小边纵向钢筋合力点至截面近边缘距离，mm；a_s' 为受压较大边纵向钢筋合力点至截面近边缘距离，mm。

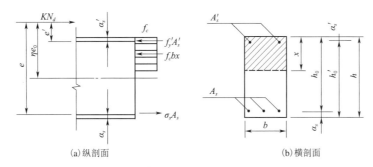

(a) 纵剖面　　　　　　　　　(b) 横剖面

图 2-26　矩形截面偏心受压构件正截面受压承载力计算示意图

在按上述规定计算时，尚应符合下列要求：

（1）纵向钢筋的应力 σ_s 可按下列情况计算。

1）当 $\xi \leqslant \xi_b$ 时为大偏心受压，取 $\sigma_s = f_y$。

$$\xi = x/h_0$$

$$\xi_b = \frac{x_b}{h_0} = \frac{0.8}{1 + \dfrac{f_y}{0.0033E_s}} \tag{2-107}$$

式中：ξ 为相对受压区计算高度；ξ_b 为相对界限受压区计算高度；E_s 为钢筋弹性模量，N/mm^2；x_b 为界限受压区计算高度，mm。

2）当 $\xi > \xi_b$ 时为小偏心受压：

$$\sigma_s = \frac{f_y}{\xi_b - 0.8}\left(\frac{x}{h_0} - 0.8\right), \quad -f_y' \leqslant \sigma_s \leqslant f_y \tag{2-108}$$

（2）当计算中计入纵向受压钢筋时，受压区计算高度 x 满足 $x \geqslant 2a_s'$ 的条件；当不满足此条件时，其正截面受压承载力可按式（2-109）计算：

$$KN_d e' \leqslant f_y A_s (h_0 - a_s') \tag{2-109}$$

式中：e' 为轴向压力作用点至受压区纵向钢筋合力点之间的距离。

（3）矩形截面的偏心受压构件，其偏心距增大系数可按下列公式计算：

$$\eta = 1 + \frac{1}{1400 e_0/h_0}\left(\frac{l_0}{h}\right)^2 \xi_1 \xi_2 \tag{2-110}$$

$$\xi_1 = \frac{0.5 f_c A}{K N_d} \qquad (2-111)$$

$$\xi_2 = 1.15 - 0.01 \frac{l_0}{h} \qquad (2-112)$$

式中：η 为偏心距增大系数，当构件长细比 $l_0/h < 8$ 时，可取偏心距增大系数 $\eta = 1$，对于衬砌截面无影响，η 可直接取 1.0；e_0 为轴向压力对截面中心的偏心距，mm，当 $e_0 < h_0/30$ 时，取 $e_0 = h_0/30$；l_0 为构件的计算长度，mm；A 为构件截面面积，mm^2；ξ_1 为考虑截面应变对截面曲率影响的系数，当 $\xi_1 > 1$ 时，取 $\xi_1 = 1$；对于大偏心受压构件，直接取 $\xi_1 = 1$；ξ_2 为考虑构件长细比对截面曲率影响的系数，当 $l_0/h < 15$ 时，取 $\xi_2 = 1$。

本书第 1 章渡槽结构安全评估中详细介绍了矩形截面单向偏心受压构件基于破坏包络线的受压承载力计算方法，简述如下（图 2 - 27）。

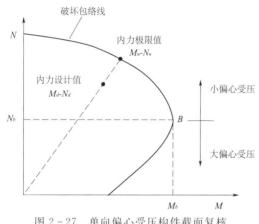

图 2 - 27　单向偏心受压构件截面复核
计算示意图

1）根据已知内力 M_d 和 N_d 计算偏心距 e_0。

2）根据截面配筋 A_s 和 A_s' 计算截面受压区高度 x。

3）根据受压区计算高度 x 计算结果判断大、小偏心受压，以及是否满足满足 $x \geqslant 2a_s'$ 的条件。

4）计算截面极限破坏荷载 M_u 和 N_u，M_u/M_d（或 N_u/N_d）$\leqslant 1$。

上述偏心受压承载力复核计算方法不但能够比较直观地反映出在现有配筋条件下截面抗压承载力的安全裕度，而且也非常方便在截面承载力不足的情况下进行粘贴碳纤维布加固计算，这将在本章后面进行介绍。

2.7.1.2　矩形截面斜截面受剪承载力

隧洞衬砌与普通的受弯构件不同，一般都不配置抗剪钢筋，仅仅依靠衬砌混凝土的强度来抵抗外部荷载在衬砌斜截面产生的剪力。根据《水工混凝土结构设计规范》（SL 191—2008）的规定，对于不配置抗剪钢筋的实心板，其斜截面受剪承载力应符合下列规定：

$$KV \leqslant 0.7 \beta_h f_t b h_0 \qquad (2-113)$$

$$\beta_h = \left(\frac{800}{h_0}\right)^{1/4} \qquad (2-114)$$

式中：V 为斜截面剪力设计值，N；f_t 为混凝土轴心抗拉强度设计值，MPa；β_h 为截面高度影响系数，当 $h_0 < 800$mm 时，取 $h_0 = 800$mm，当 $h_0 > 2000$mm 时，取 $h_0 = 2000$mm。

混凝土板具有非常好的剪力分散性能，一般情况下抗剪强度不会出现问题。但是在本书作者经历的工程案例中确有某些箱涵出现剪切破坏的实例。从式（2 - 113）中可以看出，当混凝土强度一定时，衬砌斜截面的抗剪强度就是取决于衬砌厚度，因此在隧洞衬砌结构安全复核计算中应予以足够重视。

2.7.2 无压隧洞衬砌结构分析计算模型

《水工隧洞设计规范》（NB/T 10391—2020）和《水工隧洞设计规范》（SL 279—2016）都规定对无压圆形隧洞及其他断面形式（有压、无压）的隧洞（如城门洞形、马蹄形等）宜按边值数值解法计算。工程常用的一些分析软件也是基于这种方法，本书不再重复介绍。

下面重点介绍采用有限元模型对无压隧洞衬砌结构进行分析计算的具体方法。无压隧洞衬砌截面承载力和裂缝验算需要知道各控制断面的内力，包括轴力 T、弯矩 M 和剪力 Q，从而对衬砌的配筋、厚度和裂缝宽度等进行复核计算。在有限元模型中，杆（框架）和壳单元更容易直接获取断面内力，而实体单元一般则需要通过断面内所有单元应力的积分才能获得这些内力，计算过程比较复杂。因此建议采用杆（框架）或壳单元来模拟衬砌的顶拱、边墙和底板（仰拱），将外部荷载（围岩压力、外水压力、灌浆压力、内水压力、温差等）施加在杆件或壳单元上，利用有限元模型静力分析直接得出衬砌断面内力。

SAP2000、ANSYS、ABAQUS 等有限元软件都具备这种杆（框架）或壳单元建模和分析功能。从方便建模和单元内力提取的角度来看，杆（框架）单元有限元模型更适合隧洞衬砌结构分析计算。可以设定杆单元截面的宽度为 1m，高度为衬砌的厚度，用来模拟沿洞轴线方向 1m 长的衬砌段。

下面以一个实例来说明无压隧洞衬砌结构有限元模型的建模过程。西北某引水工程无压隧洞，采用城门洞形衬砌结构，在 V 类围岩中开挖宽度 $B=4.6m$，开挖高度 $H=5.8m$（假定没有超挖和欠挖），衬砌厚度为 40cm，衬砌后隧洞净宽 3.8m，净高 5m，顶拱内半径 1.9m。建模时采用宽度 1m、高度 40cm 的杆件单元，杆件截面形心与衬砌中心重合，生成的有限元模型见图 2-28。

由于是 V 类围岩，需要同时考虑垂直和水平两个方向的围岩压力对衬砌结构的作用。根据式（2-40）和式（2-41）保守计算垂直围岩压力 $q_v=35.88kN/m^2$，水平围岩压力 $q_h=15.08kN/m^2$（围岩容重 γ_s 取 26kN/m³）。将这两个围岩压力分别沿垂直和水平方向施加在衬砌的顶拱和侧墙上，需要注意的是按式（2-40）和式（2-41）计算的均布围岩压力是一个投影压力，对于与其不正交的杆件需要换算成分布于杆件全长的真实分布荷载，这个转换在有限元软件可以自动实现（图 2-29）。作用在隧洞底板的外水压力按 10m 水头计算（不考虑外水压力折减，$\beta=1.0$），作用方向与所有衬砌表面垂直（图 2-30）。由于该隧洞是运行期的安全复核，在计算时未考虑施工荷载和灌浆压力等特殊荷载。无压隧洞的内水压力在上述荷载工况下有利于衬砌结构的稳定，因此复核计算时保守考虑隧洞放空情况。

图 2-28 城门洞形无压隧洞衬砌结构有限元模型示意图

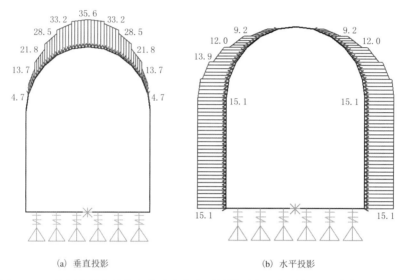

(a) 垂直投影   (b) 水平投影

图 2-29 作用在衬砌结构上的垂直和水平投影围岩压力示意图（单位：kN/m^2）

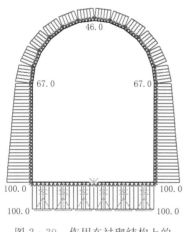

图 2-30 作用在衬砌结构上的
外水压力示意图（单位：kN/m^2）

与上述作用在衬砌顶拱和侧墙上的主动围岩压力不同，衬砌底板是整个衬砌结构的底部支撑，受到基础由于变形对其施加的被动力。这个被动力可采用均匀布置在底板上的弹簧支座模拟，弹簧刚度可以用围岩的弹性抗力系数乘以弹簧的支撑面积来计算。本例中围岩弹性抗力系数取 1500MPa/m，弹簧支撑面积取 0.7m×1.0m，计算弹簧刚度为 $1.05×10^6$ kN/m。但是，这个弹簧刚度只是在基础被压缩时才有效，当底板在其他荷载作用下向上抬起时，抬起区域所属的弹簧刚度为 0，本质上是一个非线性问题。

当采用 SAP2000 对衬砌结构建模时，可以采取两种方法来实现这种非线性的弹簧支座：首先，可以考虑采用非线性连接单元 GAP，设定其压缩时的刚度为 $1.05×10^6$ kN/m，而拉伸时为 0，但这样的话整个模型需要进行非线性分析，计算效率不高。其次，可以先直接采用线性连接单元，设定弹簧刚度为 $1.05×10^6$ kN/m，对整个模型进行线性分析，获取底板的变形特征，再将底板抬起区域所属的弹簧刚度设为 0，重新计算获取衬砌结构的内力。第二种方法一般在实际工作中应用起来比较方便。

采用杆单元建立衬砌结构有限元模型的一个缺点是不太好模拟围岩与衬砌外表面之间相互的摩擦力。一般可以在模型中沿衬砌周边布置剪切弹簧，但建模和分析过程比较复杂，而且从工程经验来看这种摩擦力对衬砌结构的荷载效应影响并不是很大，因此多数情况下在杆件有限元模型中可以忽略衬砌周边摩擦力的影响。

2.7.3 无压隧洞衬砌结构的安全复核计算

2.7.3.1 衬砌截面偏心受压承载力

在上节图 2-28 所示的工程实例中，根据《水工混凝土结构设计规范》（SL 191—2008）的承载力极限状态设计式（2-60），取承载力安全系数 $K=1.2$，在围岩压力+外水压力的荷载基本组合作用下，该无压隧洞 V 类围岩洞段衬砌内力计算（图 2-31 和图 2-32）。

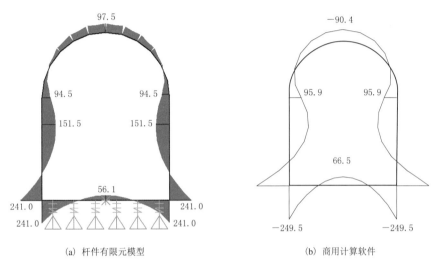

(a) 杆件有限元模型   (b) 商用计算软件

图 2-31 V 类围岩洞段围岩压力+外水压力工况下衬砌
结构截面弯矩设计值（单位：kN·m）

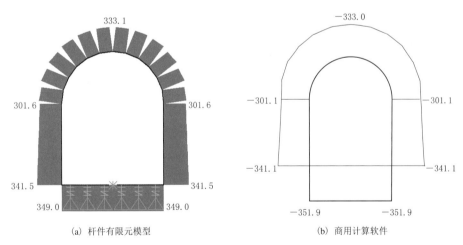

(a) 杆件有限元模型   (b) 商用计算软件

图 2-32 V 类围岩洞段围岩压力+外水压力工况下衬砌
结构截面压力设计值（单位：kN）

从图 2-31 和图 2-32 中可以看出，杆件有限元和某款常用岩土软件的分析结果对比，可见两者计算出来的衬砌结构截面内力从数值到分布状况基本上都是相同的。

对于该无压隧洞的Ⅲ类围岩洞段，由于围岩自身稳定性较好，分析中只考虑垂直围岩压力＋外水压力工况，作用于水平方向和底板的围岩弹性抗力用线性弹性支座来模拟，根据计算中衬砌变形情况调整支座刚度，重复计算，直到衬砌变形和支座刚度协调。在垂直围岩压力＋外水压力的荷载基本组合作用下，取承载力安全系数 $K=1.2$，该无压隧洞Ⅲ类围岩洞段衬砌内力计算（图 2-33 和图 2-34），与常用计算软件的结果也基本相同。

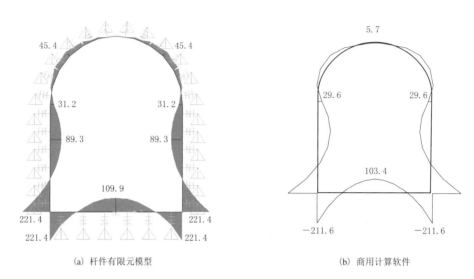

(a) 杆件有限元模型　　　　　　　　(b) 商用计算软件

图 2-33　Ⅲ类围岩洞段围岩压力＋外水压力工况下衬砌
结构截面弯矩设计值（单位：kN·m）

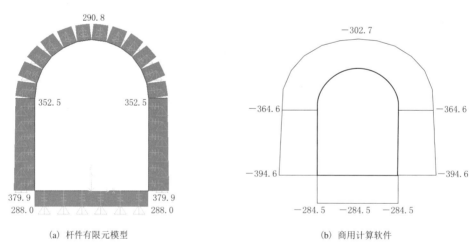

(a) 杆件有限元模型　　　　　　　　(b) 商用计算软件

图 2-34　Ⅲ类围岩洞段围岩压力＋外水压力工况下衬砌
结构截面压力设计值（单位：kN）

图 2-28 所示的引水隧洞施工完成后，当地水利工程质量监督部门在对其衬砌实体质量进行常规检查过程中发现其衬砌局部存在钢筋间距超标及配筋缺失等问题，特别是在顶

拱区域。该隧洞衬砌混凝土设计为 C25，钢筋选用 HRB335，Ⅲ类、Ⅳ类、Ⅴ类围岩洞段衬砌设计厚度分别为 30cm、35cm 和 40cm，配筋分别为双层对称 Φ16@200mm、Φ20@200mm 和 Φ20@200mm。由于配筋间距不满足设计要求，有必要对衬砌截面的承载力进行复核计算，确定需要进行结构加固的区域。按式（2-103）和式（2-104）以及图 2-27 所示方法计算的各种钢筋间距情况下该隧洞衬砌顶拱拱端正截面配筋缺陷下承载力计算结果见表 2-35。

表 2-35　　　　　　隧洞衬砌顶拱拱端正截面配筋缺陷下承载力计算结果表

围岩类别	衬砌厚度 /cm	设计配筋	弯矩 M_d/ (kN·m)	轴向力 N_d/kN	配筋缺陷	弯矩承载力 M_u/ (kN·m)	轴向力承载力 N_u/kN	M_u/M_d 或 N_u/N_d/%
Ⅴ	40	双层 Φ20@200	94.5① 内侧受拉	314.6①	设计配筋 双侧Φ20@200	321.4	1070.0	340.1
					配筋缺陷 双侧Φ20@400	172.5	574.3	182.6
					配筋缺陷 双侧Φ20@600	115.2	383.7	122.0
Ⅳ	35	双侧 Φ20@200	93.2① 内侧受拉	291.6①	设计配筋 双侧Φ20@200	234.8	734.6	251.9
					配筋缺陷 双侧Φ20@400	117.4	367.3	126.0
					配筋缺陷 双侧Φ20@500	93.9	293.8	100.8
Ⅲ	30	双侧 Φ16@200	31.1① 内侧受拉	361.2①	设计配筋 双侧Φ16@200	186.6	2167.0	600.0
					配筋缺陷 双侧Φ16@400	164.8	1914.2	530.0
					配筋缺陷 双侧Φ16@800	151.0	1753.5	485.5

注　1. 钢筋保护层厚度取 25mm。
　　2. 不考虑衬砌截面的最小配筋率。
①　保守采用拱脚处的弯矩和轴向压力设计值。

从表 2-35 中可以看出，对于Ⅴ类和Ⅳ类围岩洞段，拱端截面弯矩较大，计算表明截面属于大偏心受压。当Ⅴ类围岩洞段内侧配筋少于 Φ20@600（原设计配筋的 1/3），Ⅳ类围岩洞段配筋少于 Φ20@500（原设计配筋的 2/5）时，拱端截面承载力将不能满足设计要求。

与Ⅴ类和Ⅳ类围岩洞段相比，Ⅲ类围岩洞段拱端截面轴向压力较大，但弯矩要小近 2/3，属于小偏心受压，正截面受压承载力显著提高。内侧仅需配筋 Φ16@800（仅为设计配筋的 1/4），截面承载力也能达到相应荷载效应设计值（N_d 和 M_d）的 500% 以上，安全裕度非常大。

需要说明的是，如按 0.15% 最小配筋率计算，Ⅴ类围岩洞段衬砌最小配筋为 Φ20@500mm，Ⅳ类围岩洞段衬砌为 Φ20@600mm，Ⅲ类围岩洞段衬砌为 Φ16@450mm。表 2-35 中的几种配筋缺陷虽然能够满足截面强度要求，但已不能满足最小配筋率的构造要求，但即便如此，这种不同配筋缺陷下的截面承载力验算也有助于了解衬砌结构的强度储备情况。

2.7.3.2　衬砌裂缝宽度

《水工隧洞设计规范》（SL 279—2016）和《水工隧洞设计规范》（NB/T 10391—2020）仍采用《水工钢筋混凝土结构设计规范（试行）》（SDJ 20—78）的方法计算衬砌混凝土裂缝宽度。

根据式（2-93）到式（2-95），在围岩压力＋外水压力组合按长期荷载效应计算的轴向力值 N_k 和弯矩值 M_k 作用下，该隧洞顶拱拱端截面配筋缺陷下裂缝宽度验算结果见表 2-36。

表 2-36　　　　　　　衬砌顶拱拱端截面配筋缺陷下裂缝宽度验算结果表

围岩类别	衬砌厚度/cm	设计配筋	弯矩标准值 M_k/(kN·m)	轴向力标准值 N_k/kN	配筋缺陷	最大裂缝宽度 ω_{max}/mm	允许裂缝宽度/mm
Ⅴ	40	双侧 Φ20@200	64.4① 内侧受拉	222.4①	设计配筋 Φ20@200	0.01（满足）	0.25
					内侧Φ20@600	0.26（满足）	
					内侧Φ20@800	0.50（不满足）	
Ⅳ	35	双侧 Φ20@200	63.7① 内侧受拉	205.9①	设计配筋Φ20@200	0.02（满足）	0.25
					内侧Φ20@500	0.22（满足）	
Ⅲ	30	双侧 Φ16@200	20.3① 内侧受拉	249.4①	设计配筋 Φ16@200	不必验算裂缝宽度②	0.25

注　钢筋保护层厚度取 25mm。

①　采用拱脚处的弯矩和轴向力标准值。

②　《水工隧洞设计规范》（SL 279—2016）规定当 $e_0 \leqslant 0.5h$ 时不必验算裂缝宽度。

从表 2-36 中可以看出，对于Ⅲ类围岩洞段，衬砌顶拱拱端截面由于弯矩小而轴向压力大，导致轴向力对截面重心的偏心距小于截面高度的一半，按《水工隧洞设计规范》（SL 279—2016）的规定可不进行裂缝宽度的验算。对于Ⅴ类和Ⅳ类围岩洞段，衬砌顶拱拱端截面内侧配筋分别少于Φ20@600mm 和Φ20@500mm 时，最大裂缝宽度将超出允许限值，与其截面相应抗压承载力验算结果基本相符。

2.8　水工隧洞衬砌结构加固简介

2.8.1　加固方法概述

对于钢筋混凝土结构，根据《混凝土结构加固设计规范》（GB 50367—2013）规定的加固方法主要包括：增大截面加固法，置换混凝土加固法，体外预应力加固法，外包型钢加固法，粘贴钢板加固法，粘贴碳纤维复合材加固法，预应力碳纤维复合板加固法，增设支点加固法，预张紧钢丝绳网片-聚合物砂浆面层加固法，绕丝加固法，植筋技术，锚栓技术以及裂缝修补技术。

对于水工隧洞衬砌结构比较常用的加固材料有钢板和高强度碳纤维布。钢板强度高，和衬砌内部已有钢筋兼容性好，但成型比较复杂，而且需要高强度高质量的焊接，不太适合对圆形有压隧洞整个断面进行补强加固。高强度碳纤维布则不同，不但强度高，而且在隧洞内施工方便，搭接简便，不需要钢板那样要求比较严的焊接，非常适合于作为圆形有压隧洞抵抗高内水压力的加固措施。采用圆形有压隧洞衬砌粘贴碳纤维布加固见图 2-35。

图 2-35　圆形有压隧洞衬砌粘贴碳纤维布加固

碳纤维布是一种碳纤维复合材料（CFRP），是将碳纤维片材（碳纤维布）用树脂类胶结材料（常用环氧树脂）粘贴在混凝土表面，利用碳纤维的高强度（约为普通碳素钢材抗拉强度的 7～8 倍）和高弹模（与普通钢材相近）对混凝土结构进行补强加固，并改善结构的受力状态。与传统的加固技术相比，碳纤维复合材料加固技术具有明显综合优势。《混凝土结构加固设计规范》（GB 50367—2013）给出的碳纤维布主要设计性能指标见表 2-37。

表 2-37　　　　　　　　　　碳纤维布主要设计性能指标表

强度等级	抗拉强度设计值/MPa		拉应变设计值		弹性模量/MPa
	重要构件	一般构件	重要构件	一般构件	
Ⅰ级	1600	2300	0.007	0.01	2.3×10^5
Ⅱ级	1400	2000			2.0×10^5
Ⅲ级		1200			1.8×10^5

根据《混凝土结构加固设计规范》（GB 50367—2013）第 10.2.10 条规定，钢筋混凝土构件加固后，其正截面受弯的提高幅度不应超过 40%。上述规定主要是针对楼房结构，避免因受弯承载力过度提高而使构件易发生脆性的剪切破坏。无压隧洞衬砌为偏心受压构件，有压隧洞一般为小偏心受拉构件，从规范条文来看可不受这个受弯承载力提高幅度的限制。

2.8.2　圆形有压隧洞衬砌粘贴碳纤维布加固

2.8.2.1　粘贴碳纤维布提高衬砌截面的承载力

圆形有压隧洞比较常见的结构加固方式有顶拱回填灌浆以保证衬砌和围岩的联合作

用，以及通过围岩固结灌浆来提高围岩整体性和抗渗性，并提高单位弹性抗力系数 K_0 等。实际工程中由于设计和施工问题也会出现衬砌配筋不足的问题，在这种配筋缺陷情况下，一个比较合理可行的方案是在衬砌的内表面粘贴具有高抗拉强度、高弹模的碳纤维布，与衬砌内部已有的钢筋一起来抵抗内水压力，即设计内水压力效应≤原有配筋抵抗内水压力效应+碳纤维布抵抗内水压力效应。参考《混凝土结构加固设计规范》（GB 50367—2013）第 10.7 节中轴心受拉构件的加固计算方法，也有相同的表述：

$$N \leqslant f_y A_s + f_f A_f \tag{2-115}$$

式中：N 为轴向拉力设计值，kN；f_y 为受拉钢筋抗拉强度设计值，kN/m^2；A_s 为受拉钢筋面积，m^2；f_f 为碳纤维布抗拉强度设计值，kN/m^2；A_f 为碳纤维布截面面积，m^2。

从式（2-115）可以看出，该规范对于受拉构件加固的原理是假定钢筋和碳纤维布共同承载，均达到各自的抗拉强度设计值。

如果要利用式（2-115）计算碳纤维布截面面积 A_f，则需要先确定衬砌截面轴向拉力设计值 N_P。在内水压力 P 作用下，按衬砌开裂设计的圆形有压隧洞衬砌截面轴向拉力可以采用如下的简化方法估算：

$$N_P = 2f[\sigma_s]$$
$$[\sigma_s] = f_y/\gamma_d\gamma_0\psi \tag{2-116}$$

式中：f 为内水压力 P 作用下满足截面承载力要求的衬砌配筋（双层对称配筋中的单侧配筋面积），m^2，由第 2.4.2 条中的公式（2-77）计算；$[\sigma_s]$ 为钢筋允许应力设计值，kN/m^2。

此处需要注意的是，是由于《水工隧洞设计规范》（SL 279—2016）没有给出具体的衬砌配筋计算方法，f 和 $[\sigma_s]$ 的计算只能按照《水工隧洞设计规范》（NB/T 10391—2020）的规定进行。

将式（2-116）代入式（2-115），并使用《水工隧洞设计规范》（NB/T 10391—2020）的钢筋和碳纤维布的允许应力设计值表达方法，可以得到用来估算内水压力作用下配筋不足时衬砌内表面需要粘贴碳纤维布的计算式为：

$$2f[\sigma_s] = 2[\sigma_s]A_s + [\sigma_f]A_{f1} \Rightarrow A_{f1} = \frac{2[\sigma_s](f-A_s)}{[\sigma_f]} \Rightarrow$$
$$A_{f1} = 2f_y(f-A_s)/f_f \tag{2-117}$$

式中：A_{f1} 为内水压力作用下内表面需粘贴碳纤维布面积，m^2；A_s 为衬砌实际双层对称配筋下内圈配筋面积，m^2；$[\sigma_f]$ 为碳纤维布允许应力设计值，kN/m^2，$[\sigma_f] = f_f/\gamma_d\gamma_0\psi$；其他符号意义同前。

从式（2-117）中可以看出，由于碳纤维布抗拉强度设计值（高强度 Ⅰ 级为 2300MPa）是钢筋抗拉强度设计值（HRB335 为 300MPa）的 7.7 倍，碳纤维布的厚度一般为 0.167mm，因此也在衬砌内表面粘贴一层碳纤维布（$167mm^2/m$）就相当于每延米衬砌内圈增加了约 $1280mm^2$ 的钢筋，对截面承载力加固的效果是比较明显的。

当衬砌结构还受到其他荷载作用时，可以参考《水工隧洞设计规范》（NB/T 10391—2020）中单层（内圈）配筋的式（2-118）来计算衬砌内表面需粘贴碳纤维布面积：

$$A_{f2} = \frac{-\sum Nh_0 + 2\sum M}{2[\sigma_f]h_0} \tag{2-118}$$

式中：A_{f2} 为其他荷载作用下内侧需粘贴碳纤维布面积，m^2；$\sum M$ 为除内水压力外其他荷载在衬砌断面上产生的弯矩总和，$kN \cdot m$，衬砌内表面受拉为正；$\sum N$ 为除内水压力外其他荷载在衬砌断面上产生的轴向力总和，kN，衬砌断面受压为正；其他符号意义同前。

将上述两项碳纤维布面积 A_{f1} 和 A_{f2} 叠加在一起，可得配筋不足情况下隧洞衬砌内表面需要粘贴的碳纤维布总面积。

下面采用 2.4.4 的例子来说明上述粘贴碳纤维布加固方法计算过程：

例：圆形有压隧洞，内水压力 70m 水头（$700kN/m^2$）；隧洞外半径 $r_o=3.5m$，隧洞内半径 $r_i=3.0m$，衬砌厚度 0.5m；围岩单位弹性抗力系数 $K_0=5\times10^5 kN/m^3$；衬砌混凝土强度等级 C30，混凝土弹性模量 $E_c=3\times10^4 MPa$，泊松比 $\mu=0.167$；钢筋 HRB335，弹性模量 $E_g=2\times10^5 MPa$，抗拉强度设计值 $f_y=300MPa$，结构系数 $\gamma_d=1.35$，结构重要性系数 γ_0 和设计状况 ψ 都取 1.0，允许应力设计值 $[\sigma_s]=222.2MPa$，保护层厚度 25mm；使用高强度 I 级碳纤维布，弹性模量 $E_f=2.3\times10^5 MPa$，抗拉强度设计值 $f_f=2300MPa$，允许应力设计值 $[\sigma_f]=1703.7MPa$。

假定衬砌只按 0.15% 最小配筋率配筋，内圈配筋面积 $A_s=750mm^2/m$（Φ 22 @ 500mm）。为简化计算只考虑衬砌受内水压力作用，计算如下：

①根据 2.4.2 条中内水压力作用下衬砌配筋计算式（2-77），可得满足截面承载力要求的双层对称配筋下内圈配筋 $f=1067mm^2/m$；②根据式（2-117）计算内水压力作用下衬砌内表面需粘贴碳纤维布面积 $A_{f1}=80mm^2/m$；③碳纤维布的厚度一般为 0.167mm，因此只需在衬砌内表面粘贴一层碳纤维布（实际面积 $167mm^2/m$）进行加固就能满足内水压力作用下衬砌截面承载力的要求。

2.8.2.2 粘贴碳纤维布控制混凝土衬砌裂缝

本章 2.5.2 曾论述过在围岩较差、单位弹性抗力系数 K_0 比较小的情况下，混凝土裂缝宽度限制是有压圆形隧洞衬砌配筋的控制性因素。但是，《混凝土结构加固设计规范》（GB 50367—2013）中的碳纤维布加固主要也是针对构件截面承载能力的提高，未对碳纤维布限裂作用进行详细的说明。

裂缝控制与截面承载力极限状态验算不同，属于正常使用极限状态的内容。根据粘贴碳纤维布的工作原理，建议对于其限制裂缝开展的效果采用以下方法进行简化计算：

（1）假定碳纤维布和衬砌内原有内圈钢筋变形一致，根据碳纤维和钢筋弹性模量的比值（E_f/E_g）计算与碳纤维等效的钢筋面积：

$$A_{fe} = A_f E_f / E_g \qquad (2-119)$$

式中：A_{fe} 为衬砌内表面粘贴碳纤维布等效钢筋面积，m^2；A_f 为衬砌内表面粘贴碳纤维布面积，m^2；E_g 为钢筋弹性模量，MPa；E_f 为碳纤维布弹性模量，MPa。

（2）将原有内圈钢筋面积 f_i 与碳纤维布等效配筋面积 A_{fe} 之和作为内圈等效钢筋面积 f_e，并将其代入衬砌开裂双层对称配筋中内圈钢筋应力校核式（2-80），计算等效内圈钢筋应力。

（3）将碳纤维等效配筋近似为小直径（如 4mm）的表层抗裂钢筋，与原有内、外圈钢筋一起按照式（2-98）计算钢筋的等效直径 d，并计算等效纵向配筋率 μ。

（4）根据式（2-93）～式（2-95）计算裂缝宽度 $\omega_{\max}$。

下面仍采用上面的例子来说明粘贴碳纤维布加固对控制圆形有压隧洞衬砌裂缝宽度的效果：

表 2-38 上例中粘贴碳纤维布控制裂缝宽度效果表

原有配筋（假定双层对称）		粘贴碳纤维布层数	最大裂缝宽度 $\omega_{\max}$/mm
满足承载力配筋	Φ 22@360mm，1067mm²	无	0.33（不满足）
最小配筋率配筋	Φ 22@500mm，750mm²	无	0.49（不满足）
最小配筋率配筋	Φ 22@500mm，750mm²	1 层，满足截面承载力	0.29（不满足）
最小配筋率配筋	Φ 22@500mm，750mm²	2 层	0.21（满足）

表 2-38 的计算结果与表 2-34 相似：在衬砌内侧粘贴 1 层高强度 I 级碳纤维布进行加固虽然能使衬砌截面满足承载力要求，但裂缝宽度仍超过规范要求，需要粘贴 2 层碳纤维布才能达到裂缝宽度控制的效果。

需要指出的是，上述粘贴碳纤维布控制裂缝宽度的计算方法只是根据 NB/T 10391—2020 和 SL 279—2016 的相关规定而提出的一种简单估算，计算中必须要为碳纤维布假设一个等效直径，该假定值选择越小对限裂效果越明显，其准确性有待验证。上例中选择了 4mm 等效直径，如选择 1mm 则粘贴 1 层碳纤维布即能满足限裂要求。上述计算仅为工程有关各方提供一个参考。

另外，现行隧洞设计规范控制混凝土裂缝宽度的主要原因是为了防止外部腐蚀介质进入钢筋混凝土内部造成材料的破坏，并防止压力水外渗等。粘贴碳纤维布已经对衬砌起到了表面封闭作用，因此在此情况下是否还需严格控制裂缝宽度也是一个值得商榷的问题。

2.8.3 无压隧洞衬砌粘贴碳纤维布加固

如本章 2.7.1 所述，无压隧洞衬砌截面设计一般为单向（大/小）偏心受压构件。根据《混凝土结构加固设计规范》（GB 50367—2013）第 10.6 条的规定，矩形截面大偏心受压构件经碳纤维布加固后，其正截面承载力应符合下列规定：

$$KN_d \leqslant f_c bx + f'_y A'_s - \sigma_s A_s - f_f A_f \qquad (2-120)$$

$$KN_d e \leqslant f_c bx\left(h_0 - \frac{x}{2}\right) + f'_y A'_s (h_0 - a'_s) + f_f A_f (h - h_0) \qquad (2-121)$$

式中：f_f 碳纤维布抗拉强度设计值，MPa（见表 2-37）；A_f 碳纤维布截面面积，1 层取 167mm²/m；其他符号意义同式（2-103）～式（2-106）。

上述公式为《水工混凝土结构设计规范》（SL 191—2008）承载力极限状态所规定的情形，若采用《水工混凝土结构设计规范》（DL/T 5057—2009），则偏心压力项 KN_d（K 为承载力安全性系数）改为 $\gamma_d N_d$（γ_d 为结构系数）。加固计算同样可以采用图 2-27 所示的基于破坏包络线的矩形截面偏心受压承载力复核计算方法。

下面用第 2.7.3 中表 2-35 的例子说明粘贴碳纤维布对无压隧洞衬砌结构加固的效果，衬砌顶拱拱端截面粘贴碳纤维布承载力计算结果见表 2-39。

表 2-39　　　　　　　　　　　衬砌顶拱拱端截面粘贴碳纤维布承载力计算结果表

围岩类别	衬砌厚度 /cm	设计配筋	弯矩 $M_d/$ (kN·m)	轴向力 $N_d/$kN	配筋缺陷	弯矩承载力 $M_u/$ (kN·m)	轴向力承载力 $N_u/$kN	M_u/M_d 或 $N_u/N_d/\%$
V	40	双层 Φ20@200	94.5[①] 内侧受拉	314.6[①]	设计配筋 双侧Φ20@200	321.4	1070.0	340.1
					配筋缺陷 双侧Φ20@1000	69.0	229.7	73.0
					内侧1层CFRP 外侧Φ20@1000	305.7	1017.8	323.5
IV	35	双侧 Φ20@200	93.2[②] 内侧受拉	291.6[①]	设计配筋 双侧Φ20@200	234.8	734.6	251.9
					配筋缺陷 双侧Φ20@800	58.7	183.7	63.0
					内侧1层CFRP 外侧Φ20@800	246.2	770.4	264.2

注　1. 钢筋保护层厚度取 25mm。

　　2. 不考虑衬砌截面的最小配筋率。

①　保守采用拱脚处的弯矩和轴向压力设计值。

从表 2-39 中可以看出，当Ⅴ类围岩洞段内侧配筋为Φ20@1000（原设计配筋的1/5）、Ⅳ类围岩洞段内侧配筋为Φ20@800（原设计配筋的1/4）时，衬砌顶拱拱端正截面受压承载力分别仅为截面轴向压力设计值的73.0%和63.0%，不能满足设计要求，而在该部位衬砌内侧粘贴1层高强度Ⅰ级碳纤维布后（图2-36），该比值分别大幅度提高至323.5%和264.2%。可见粘贴碳纤维布加固对提高无压隧洞衬砌截面偏心受压承载力的效果是非常明显的。

按照 2.8.2 中粘贴碳纤维布加固后估算衬砌裂缝宽度的方法，根据式（2-93）到式（2-95）计算粘贴碳纤维布加固后衬砌裂缝的宽度，衬砌顶拱拱端粘贴碳纤维布裂缝宽度验算结果见表2-40。当Ⅴ类围岩洞段内侧配筋为Φ20@1000（原设计配筋的1/5）、Ⅳ类围岩洞段内侧配筋为Φ20@800（原设计配筋的1/4）时，衬

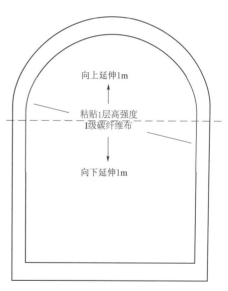

向上延伸1m

粘贴1层高强度Ⅰ级碳纤维布

向下延伸1m

图 2-36　无压隧洞衬砌顶拱拱端内侧粘贴碳纤维布加固示意图

砌顶拱拱端裂缝宽度分别达到 0.80mm 和 0.60mm，远超 0.25mm 的规范限值。而只需如图 2-36 所示在该部位粘贴 1 层高强度Ⅰ级碳纤维布，就可以将裂缝宽度控制在 0.12mm。可见粘贴碳纤维布对于控制衬砌裂缝宽度的效果也是非常显著的。

然而，粘贴碳纤维布只适合于对衬砌内侧进行加固。当衬砌外侧受拉且配筋不足时，比如图 2-36 中衬砌底板两端与侧墙的节点位置，从图 2-31 和图 2-33 中可以看出，该

部位衬砌的负弯矩（外侧受拉）可能会比较大，无法进行粘贴碳纤维布加固。这时可以考虑采取图 2 - 37 所示的加固方式，可以有效地减少上述节点部位的负弯矩（图 2 - 38）。

表 2 - 40　　　　　　　衬砌顶拱拱端粘贴碳纤维布裂缝宽度验算结果表

围岩类别	衬砌厚度 /cm	设计 配筋	弯矩标准值 $M_k/$（kN·m）	轴向力标准值 $N_k/$kN	配筋 缺陷	最大裂缝宽度 $\omega_{max}/$mm	允许裂缝宽度 /mm
V	40	双侧 $\underline{\Phi}\,20@200$	64.4[①] 内侧受拉	222.4[①]	$\underline{\Phi}\,20@200$	0.01	0.25
					内侧 $\underline{\Phi}\,20@1000$	0.80（不满足）	
					内侧 1 层 CFRP	0.12（满足）	
IV	35	双侧 $\underline{\Phi}\,20@200$	63.7[①] 内侧受拉	205.9[①]	$\underline{\Phi}\,20@200$	0.02	0.25
					内侧 $\underline{\Phi}\,20@800$	0.60（不满足）	
					内侧 1 层 CFRP	0.12（满足）	

注　钢筋保护层厚度取 25mm。

①　采用拱脚处的弯矩和轴向力标准值。

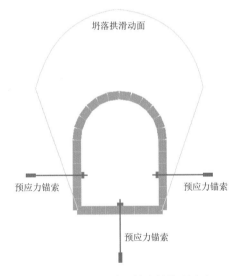

图 2 - 37　无压隧洞衬砌结构预应力
锚索加固方案示意图

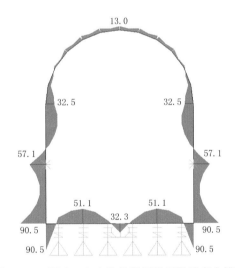

图 2 - 38　图 2 - 31 中的 V 类围岩洞段预应力锚索
加固后衬砌结构截面弯矩设计值（单位：kN·m）

对比图 2 - 38 和图 2 - 31，可以看出通过预应力锚索加固后，该 V 类围岩洞段衬砌底板角部的外侧负弯矩由 241.0kN·m 锐减至 90.5kN·m，这对于该处衬砌截面承载力极限状态的控制是非常有利的。

2.9　地震响应分析

2.9.1　一般规定

地震实测资料表明，具有良好地质条件的震区的地下工程比地面建筑的震损要轻。地表加速度小于 0.1g（对应抗震设防烈度 7 度时设计基本地震加速度）和地表振动速度小于 20cm/s 时，岩基中的隧洞基本没有损坏的情况。基于大量的工程经验总结，《水电工程水工建筑物抗震设计规范》（NB 35047—2015）和《水工建筑物抗震设计标准》（GB 51247—2018）都规定：①对设计烈度为Ⅸ度的地下结构或Ⅷ度的 1 级地下结构，均应验算（水工地下结构）建筑物和围岩的抗震安全和稳定性；②对设计烈度为Ⅶ度及Ⅶ度以上的地下结构应验算进出口部位岩体的抗震稳定；③设计烈度为Ⅷ度及以上的土体内 1 级地下结构应验算建筑物的抗震安全和建筑物地基的震陷。

其中第三条规定是在被替代的《水工建筑物抗震设计规范》（DL 5073—2000）的基础上新增的，之前没有。其主要的根据是近些年来的地震观测和研究结果，认为基岩上部的土体对地震动有显著的放大作用，因此增加了设计地震加速度大于 0.1g 时土体内 1 级地下结构的抗震验算，包括结构自身安全及地基的稳定性。而对于岩基中的地下结构，新、老《水工建筑物抗震设计规范》的规定基本是一致的：对设计地震加速度 0.4g 及 0.2g 的 1 级地下结构应验算结构的抗震安全，并需验证围岩的稳定性；对设计地震加速度 0.1g 及以上的地下结构需验算进出口部位岩体的稳定性。

实际隧洞衬砌结构安全评估中最经常遇到的是上述规范第二条规定的情形，一般情况下都不需对衬砌结构进行抗震安全复核计算，比较简单。但是，如果出现了上述规范第一条和第三条规定的情况，工程师就必须掌握隧洞衬砌结构抗震分析的方法，从而能够对隧洞在地震条件下的运行安全做出准确的评价。

目前地下结构地震响应分析方法可分为两种：动力法和拟静力法。动力法也就是动力时程分析法，是在分析模型中输入地震加速度记录或人工加速度时程曲线的基础上，对地下结构的运动微分方程直接进行逐步积分求解，得到各个质点随时间变化的位移、速度和加速度动力响应，进而计算结构内力和变形随时间变化的过程。动力法是一种比较准确的结构动力响应分析方法，但计算量大，模型建立复杂，技术难度较大，因此难以在常规的结构抗震计算中推广应用。

《水工建筑物抗震设计规范》（DL 5073—2000）对于水工地下结构横断面抗震计算并未给出具体的分析方法，其主要的原因是认为地震对于一般水工地下结构横断面的稳定不会造成显著的影响，但考虑到水工地下结构由于纵向长度一般都比较长，更容易受地震作用的影响，因此 DL 5073—2000 只给出了计算由地震波传播引起的轴向应力、弯曲应力和剪切应力的公式。但是，随着汶川地震中出现了地下结构（包括隧道）发生比较严重破坏的情况，我国开始重视地下工程的抗震问题，首先在地震后新修订的《建筑抗震设计规范》（GB 50011—2010）中增加地下结构抗震的内容，但条文规定并不是非常明确，可操作性不强[13]。直到 2014 年国家正式颁布了《城市轨道交通结构抗震设计规范》（GB 50909—2014），明确提出了计算隧道和地下车站结构横向地震响应的拟静力法，即反应位移法和反应加速度法，同时也对动力时程分析法给出了比较具体的规定。在此之后，《水电工程水工建筑物抗震设计规范》（NB 35047—2015）和《水工建筑物抗震设计标准》（GB 51247—2018）也相继引入了反应位移法和反应加速度法，将这两种拟静力分析方法作为地下结构地震效应计算的标准方法，其中工程中应用较多的是反应位移法。

2.9.2　地下结构横断面地震响应计算——反应位移法

2.9.2.1　基本模型

反应位移法是在 20 世纪 70 年代后期由日本学者在以往实际震害和理论研究的基础上提出的一种地下结构横断面地震响应分析方法，这是一种基于文克尔地基梁模型的简化计算方法[14]，该方法假设：①地下结构的地震动响应只受其周围介质变形控制；②地下结构视为弹性地基梁，周围介质视为支撑地基梁的地基弹簧，介质在地震作用下产生的位移作为已知边界条件通过地基弹簧以静荷载（弹簧远端位移）的形式施加在地下结构上。

目前我国相关规范对于反应位移法的计算模型并不统一。图 2-39 为《城市轨道交通结构抗震设计规范》（GB 50909—2014）给出的矩形和圆形断面地下结构横向反应位移法的计算模型，《水电工程水工建筑物抗震设计规范》（NB 35047—2015）也沿用了相同的矩形结构模型。该规范的反应位移法将地震荷载分为三个部分：地层相对位移（图 2-39 中的 3），地层剪应力（图 2-39 中的 τ_U、τ_B 和 τ_S），以及结构自身惯性力（图 2-39 中的 4）。研究和多次地震经验表明，地下结构的破坏基本都是由于周围介质的变形造成，地下结构的地震响应取决于结构与周围介质的相互动力作用，因此地层相对位移和剪应力是影响地下结构地震响应的主要因素；由于地下结构受周围介质的约束作用，不可能产生共振响应，因此结构自身惯性力影响很小。

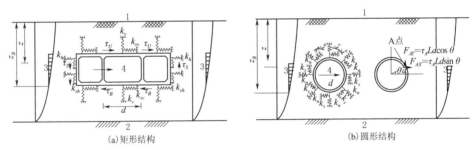

（a）矩形结构　　　　　　　　　　　　（b）圆形结构

图 2-39　地下结构横向地震响应计算的反应位移法示意图

1—地面；2—设计地震作用基准面；3—地层相对位移；4—惯性力；k_v—矩形结构顶板和底板压缩地基弹簧刚度；k_{sv}—矩形结构顶板和底板剪切地基弹簧刚度；k_h—矩形结构侧壁压缩地基弹簧刚度；k_{sh}—矩形结构侧壁剪切地基弹簧刚度；k_n—圆形结构侧壁压缩地基弹簧刚度；k_s—圆形结构侧壁剪切地基弹簧刚度；τ_U—矩形结构顶板单位面积上的剪应力；τ_B—矩形结构底板单位面积上的剪应力；τ_S—矩形结构侧壁单位面积上的剪应力；τ_A—作用在圆形结构 A 点处的剪应力；F_{AX}—作用在圆形结构 A 点处的水平向节点力；F_{AY}—作用在圆形结构 A 点处的竖向节点力；θ—圆形结构 A 点处法向与水平向的夹角；d—地基弹簧影响长度

稍早颁布的《建筑抗震设计规范》（GB 50011—2010）及其后 2016 年修订版给出的反应位移法模型与图 2-39 略有不同，在结构顶面不设置地基弹簧，而只在结构顶面施加地层剪力（见图 2-40）。

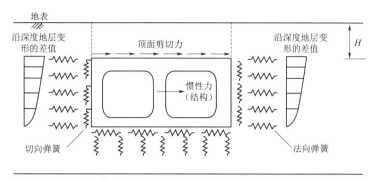

图 2 - 40　《建筑抗震设计规范》（GB 50011—2010）反应位移法示意图

2.9.2.2　地层相对位移的计算

从图 2 - 39 中可以看出，地层相对位移（图 2 - 39 中）是根据自由场（地下结构未被开挖时原始状态下）地下结构顶板和底板位置处发生最大相对位移时（对地下结构最不利瞬时变形）的地层位移来确定的：

$$u'(z) = u(z) - u(z_B) \qquad (2 - 122)$$

式中：$u'(z)$ 为深度 z 处相对于结构底部 z_B 处的自由岩/土层的相对位移，m；$u(z)$ 为深度 z 处自由岩/土层的地震响应位移，m；$u(z_B)$ 为结构底板深度 z_B 处自由岩/土层的地震响应位移，m。

将此相对位移施加在结构两侧面压缩弹簧（刚度 k_h）和上部剪切弹簧（刚度 k_{sv}）远离结构的端部。

《城市轨道交通结构抗震设计规范》（GB 50909—2014）和《水电工程水工建筑物抗震设计规范》（NB 35047—2015）条文说明中均明确指出应采用场地地震动响应分析确定场地最大位移量及其沿深度的分布。为简化计算，场地可假设为水平成层介质，采用一维波动分析，软基介质可采用等效线性模型计入土的非线性特性。目前，可供选择的比较成熟的一维土层地震响应分析程序包括 ProShake、Shake91、EERA、RSLNLM 等，也可以采用通用有限元程序 MSC.Marc 等进行计算。

对于未进行地震动响应分析的工程场地，弹性理论分析和国外观测资料表明地层内地震动随深度增加逐渐减小且分布规律比较明确。《城市轨道交通结构抗震设计规范》（GB 50909—2014）假定土层的峰值位移沿深度变化应采用直线规律表达，地表下 50m 及以下部位的峰值位移可取地表峰值位移 u_{max} 的 1/2，不足 50m 处的峰值位移按深度作线性插值计算确定（图 2 - 41）。

对于地表峰值位移 u_{max}，该规范也直接给出了 II 类场地的建议取值，并给出

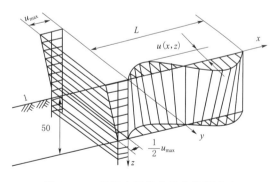

图 2 - 41　地层水平峰值位移沿深度和
变化规律示意图（单位：m）
1—地表面

了通过Ⅱ类场地获得其他场地地表峰值位移的调整系数（表 2-41 和表 2-42）。表中 E1、E2 和 E3 地震分别代表重现期为 100 年、475 年（50 年超越频率 10%，即设计基本地震）和 2475 年（50 年超越频率 2%）。

表 2-41　　　　　　Ⅱ类场地设计地震动峰值位移 u_{max}　　　　　　单位：m

地震动峰值加速度分区（g）	0.05	0.10	0.15	0.20	0.30	0.40
E1 地震作用（g）	0.02	0.04	0.05	0.07	0.10	0.14
E2 地震作用（g）	0.03	0.07	0.10	0.13	0.20	0.27
E3 地震作用（g）	0.08	0.15	0.21	0.27	0.35	0.41

表 2-42　　　　　　其他场地设计地震动峰值位移调整系数表　　　　　　单位：m

场地类别	Ⅱ类场地设计地震动峰值位移 u_{max}					
	≤0.03	0.07	0.10	0.13	0.20	≥0.27
I₀	0.75	0.75	0.80	0.85	0.90	1.00
I₁	0.75	0.75	0.80	0.85	0.90	1.00
Ⅱ	1.00	1.00	1.00	1.00	1.00	1.00
场地类别	Ⅱ类场地设计地震动峰值位移 u_{max}					
	≤0.03	0.07	0.10	0.13	0.20	≥0.27
Ⅲ	1.20	1.20	1.25	1.40	1.40	1.40
Ⅳ	1.45	1.50	1.55	1.70	1.70	1.70

注　场地地震动峰值位移调整系统 Γ_u 可按表中所给值分段线性插值确定。

《水电工程水工建筑物抗震设计规范》（NB 35047—2015）与上述规定基本相同，并且指出岩基地表最大（峰值）位移量可由加速度代表值和场地卓越周期推算，但未给出具体的估算方法。

2.9.2.3　地基弹簧刚度的计算

从图 2-39 中可以看出，反应位移法主要采用离散的地基弹簧来模拟地下结构周围介质与结构间的相互作用，地层在地震作用下产生的位移以静荷载（弹簧远端位移）的形式通过地基弹簧施加在地下结构上，因此地基弹簧刚度取值对结构地震响应的计算结果起到控制性作用。

根据《城市轨道交通结构抗震设计规范》（GB 50909—2014），地基弹簧的刚度可由式（2-123）计算：

$$k = KLd \qquad (2-123)$$

式中：k 为压缩或剪切地基弹簧刚度，N/m；K 为基床系数，N/m³；L 为垂直于地下结构横断面的计算长度（隧洞纵向计算长度），m；d 为沿地下结构横断面计算长度（图 2-39 中的地基弹簧影响长度），m。

从式（2-123）中可以看出，地基弹簧刚度是基床系数乘以它的作用面积，其影响长度 d 一般是反应位移法模型中的弹簧间距。基床系数 K 是基础工程经常用到的参数，它的定义与水工隧洞设计中的围岩弹性抗力系数完全相同，都是反映基础抵抗外力变形的能力，代表单位面积基础产生单位变位所需的作用力。基床系数（弹性抗力系数）的确定比较复杂，影响因素众多，包括试验方法、基础材质、结构面特性、地下结构施工方法、结构断面形式等，因此其确定方法在一些规范中差别比较大。研究表明，地基弹簧刚度的大小对于利用反应位移法进行地下结构抗震计算的结果影响很大，因此基床系数（弹性抗力系数）的正确取值对于保证反应位移法抗震计算的准确性至关重要。

对于水工隧洞的围岩基础，可以参照本书前述有关《水电水利工程岩石试验规程》（DL/T 5368—2007）规定的方法确定围岩的弹性抗力系数（径向液压枕法和水压法等）。但是，由此得到的一般都是圆形有压隧洞径向的围岩弹性抗力系数 K，根据式（2-123）可以计算出图 2-39（b）中的圆形结构侧壁压缩地基弹簧刚度 k_n，但无法估算图 2-39（a）和图 2-39（b）中的剪切地基弹簧刚度 k_{sv}、k_{sh} 和 k_s。

《城市轨道交通结构抗震设计规范》（GB 50909—2014）条文说明中给出了两种计算压缩和剪切地基弹簧刚度的方法。

（1）静力有限元法。选取包含地下结构的一定宽度和深度的介质建立有限元模型（可采用二维平面应变单元）（见图 2-42），并将模型侧面和底面边界固定。但是，该规范对此静力分析模型的范围并未作出明确的规定，实际应用中应在尽量减小边界效应影响的条件下确定模型的范围。岩/土体的力学特性（如弹性或变形模量）应根据地震响应分析或现场原位试验获得。

由于岩/土体的非线性特征，即剪切（弹性）模量随应变的增大而减小，因此对于不同的地震动水平，该规范建议采用一维岩/土层反应分析获得的岩/土体有效弹性模量作为静力有限元模型的计算参数。可以采用一维岩/土层地震响应程序（如 SHAKE91）来计算岩/土体等效动剪切模量 G，进而获得等效动弹性模量 E_d[15]。

在矩形地下结构孔洞的各个边分别施加法向和切向均布荷载 q（在圆形地下结构孔洞分别施加径向和环向均布荷载 q），通过静力有限元分析得到各种荷载条件下该结构边界相应的变形 δ（法向或径向压力荷载为压缩变形，切向或环向剪切荷载为剪切变形），由公式 $K=q/\delta$ 可计算出岩/土层的基床系数（或弹性抗力系数）。为简化反应位移法的分析模型，假设结构同一个边上的地基弹簧刚度相同（圆形地下结构在一定弧度范围内，所有径向地基弹簧刚度相同，所有环向地基弹簧刚度相同），因此结构在均布荷载 q 作用下某一边的变形 δ 其实是该边所有节点变形的平均值。不难看出，当地下结构埋深较浅时，其顶板和底板处的基床系数（或弹性抗力系数）是不同的，需要引起注意（图 2-42）。

采用静力有限元法计算基床系数见图 2-42，从图 2-42 中可以看出，对于矩形地下结构，采用静力有限元法计算地基弹簧刚度的工作量是比较大的，需要 6 次计算才能获得全部压缩和剪切地基弹簧刚度。相比来讲，圆形地下结构（如有压隧洞）的计算要简单，只需径向和环向两次加压分析。

（2）经验公式法。对于矩形地下结构，可采用日本《铁道构造物设计标准及解说》系列标准（日本铁道综合技术研究所，1999）提供的地基弹簧刚度计算公式：

$$k_v = K_v L d \tag{2-124}$$

$$k_{sv} = k_v / 3 \tag{2-125}$$

$$k_h = K_h L d \tag{2-126}$$

$$k_{sh} = k_h / 3 \tag{2-127}$$

式中：k_v 为结构顶板和底板压缩地基弹簧刚度，N/m；k_{sv} 为结构顶板和底板剪切地基弹簧刚度，N/m；k_h 为结构侧壁压缩地基弹簧刚度，N/m；k_{sh} 为结构侧壁剪切地基弹簧刚度，N/m；K_h 为水平基床系数，N/m³；K_v 为竖向基床系数，N/m³。

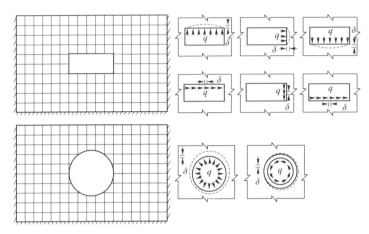

图 2-42 采用静力有限元法计算基床系数示意图

对于圆形地下结构，可采用日本土木研究所资料《大型地下结构抗震设计方法指南》提供的基于黏弹性人工边界的地基弹簧刚度计算公式：

$$k_n = \frac{2G}{R} L d \tag{2-128}$$

$$k_s = \frac{3G}{2R} L d \tag{2-129}$$

式中：k_n 为圆形结构侧壁压缩地基弹簧刚度，N/m；k_s 为圆形结构侧壁剪切地基弹簧刚度，N/m；R 为圆形结构半径，m；G 为地基剪切模量，可取等效剪切模量，N/m²；

有研究表明，基于黏弹性人工边界的经验公式法和静力有限元法计算得到的地基弹簧刚度能够比较好地反映周围地层对地下结构的约束作用，反应位移法得到的结构地震响应与动力时程分析法基本相同[16]。

2.9.2.4 地层剪力的计算

图 2-39 中的地下结构上下表面的剪力（τ_U，τ_B）一般可通过自由场（地下结构未被开挖时的原始状态）地震响应分析获得，等于地下结构顶板和底板位置处发生最大相对位移时结构上下表面处自由岩/土层的剪力。

矩形结构侧壁单位面积上的剪应力 τ_S 可由式（2-130）计算：

$$\tau_S = (\tau_U + \tau_B) / 2 \tag{2-130}$$

式中：τ_U 为矩形结构顶板单位面积上的剪应力，N/m²；τ_B 为矩形结构底板单位面积上的剪应力，N/m²。

圆形结构孔洞周围剪力 ［图 2-39（b）］可由式（2-131）、式（2-132）计算：

$$F_{AX} = \tau_A L d \sin\theta \tag{2-131}$$

$$F_{AY} = \tau_A L d \cos\theta \qquad (2-132)$$

式中：F_{AX} 为作用在圆形结构 A 点处的水平向节点力，N；F_{AY} 为作用在圆形结构 A 点处的竖向节点力，N；τ_A 为作用在圆形结构 A 点处的剪应力，N/m²；θ 为圆形结构 A 点处法向与水平向的夹角；d 为地基弹簧影响长度，m。

2.9.2.5 结构惯性力的计算

如前述，反应位移法认为地下结构的地震响应主要是受其周围岩/土层变形的影响，惯性力的影响相对比较小。但是，如果在实际应用中需要考虑结构的惯性力，可根据式 (2-133) 计算：

$$f_i = m_i \ddot{u}_i \qquad (2-133)$$

式中：f_i 为作用在地下结构 i 单元（如侧壁）上的惯性力，N；m_i 为地下结构 i 单元的质量，kg；$\ddot{u}_i$ 为地下结构顶、底板位置处自由岩/土层发生最大相对位移时刻，自由岩/土层对应于结构 i 单元位置处的加速度，m/s²。

地下结构的惯性力可以直接施加在结构的形心上。为提高计算的精度，也可以按式 (2-133) 根据各部位的最大加速度分别计算水平惯性力并施加在相应部位的形心上。

2.9.2.6 反应位移法的实施步骤

综上所述，地下结构地震响应分析的反应位移法的实施步骤可以概括如下：①通过一维地层地震响应分析获得自由场的变形（对于未进行地震动响应分析的工程场地，可根据规范简化的水平峰值位移沿深度分布规律来确定）、剪力及加速度等的分布；②采用二维静力有限元法或经验公式计算基床系数（弹性抗力系数），由此计算地基弹簧的刚度；③建立地下结构的静力计算模型，施加地层相对位移（施加在结构两侧面压缩弹簧和上部剪切弹簧远离结构的端部）、结构周围剪力（顶板、底板和侧壁）以及结构惯性力（一般可忽略），进行地下结构的拟静力地震响应计算。

反应位移法计算地下结构地震响应的误差主要来自以下几个方面：①计算模型中在结构上施加的静荷载，包括地层相对位移、周边剪力以及惯性力等，都是根据自由场地（地下结构未被开挖时的原始状态）的分析结果获得的。而地下结构的开挖能够明显改变周围介质的地震响应特性，因此这些拟静力荷载是否能够准确代表地下结构的真实受力状况值得商榷[14]。②考虑到结构刚度和周围介质刚度的差异，计算模型中用分布的地基弹簧来模拟周围介质，但是相互独立的弹簧与地基介质的连续特性有很大区别，对结构的约束也与实际情况不相符，特别是在结构的角部[17]，因此无法真实模拟地震中周围介质与结构的相互作用。③计算模型无法考虑地震作用下介质阻尼对结构受力的影响，导致地层间位移角和结构某些局部区域弯矩偏大[16]。

根据《城市轨道交通结构抗震设计规范》（GB 50909—2014）的规定，反应位移法适用于土层比较均匀，埋深一般不大于 30m 的地下结构抗震分析。一些研究也表明当埋深超过 25m 时，传统反应位移法与动力时程分析法获得的地下结构内力相差近 30%～40%[16,18]。

即便如此，由于反应位移法具有明确的物理概念和比较严密的理论体系，在实际应用中能够比较客观地反映地下结构的地震响应特性，仍不失为一种比较实用的地下结构地震响应分析方法，因此也被其他规范如《水电工程水工建筑物抗震设计规范》（NB 35047—2015）等所采纳。

143

2.9.3　地下结构横断面地震响应计算——反应加速度法简介

如上所述，反应位移法最大的缺点是在计算模型中用分布的地基弹簧来模拟周围介质，但是目前尚没有一个准确的方法测定地基弹簧刚度，因此计算模型无法真实反映地震中地下结构与周围基础介质的相互作用。基于此，为避免这种分布弹簧计算的随意性，反应加速度法直接建立地下结构和基础的有限元数值模型来进行拟静力计算（图 2-43）。数值模型中的地震荷载采用自由场（地下结构未被开挖时的原始状态）结构所在位置对应最大剪切应变（地下结构顶、底板位置处地层发生最大相对位移）时刻的地层响应惯性力（加速度），分布作用于计算模型的相应节点。基础介质可采用平面应变单元、地下结构可采用梁单元进行建模。与反应位移法进行基础自由场地震响应分析时相同，基础介质单元的剪切模量亦采用等效动剪切模量。关于模型范围，模型底面可取设计地震作用基准面，顶面取地面，按《城市轨道交通结构抗震设计规范》（GB 50909—2014）规定侧面边界到结构的距离宜取结构水平有效宽度的 2~3 倍，《水电工程水工建筑物抗震设计规范》（NB 35047—2015）则建议模型周围介质范围可取 4~5 倍地下结构的宽度或高度。

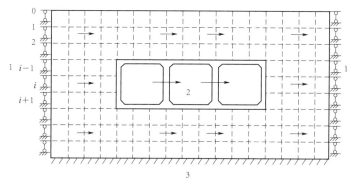

图 2-43　地下结构横向地震响应计算的反应加速度法示意图[16]

1—侧面边界水平采用水平滚动支撑；2—惯性力

（加速度）；3—底部固定边界

不难看出，反应加速度法和反应位移法计算模型最大的区别是前者以基础介质-地下结构的联合系统作为研究对象，能够相对准确地反应基础介质与结构之间的相互作用，对于复杂的地层和不规则的结构断面也能够适用。

但是，同反应位移法一样，在反应加速度法分析模型中施加的基础响应惯性力也是根据地下结构未被开挖时自由场地的地震响应分析结果获得的，也不能准确代表地下结构的真实受力状况。

2.9.4　隧洞纵向地震响应计算

以上讨论的是反应位移法和反应加速度法计算地下结构横断面的地震响应，即考虑地震波传播垂直于结构纵轴线的情况。对于水工隧洞这种纵轴线方向很长的地下结构，当地震波沿结构纵轴线方向传播时，基础介质的变形会引起结构本身的变形，此时结构可被视为坐落在弹性地基上的梁，既产生类似梁轴向的拉或压应力，又产生弯曲应力，还产生横截面的剪应力。

对于岩基内隧洞的直线段,《水电工程水工建筑物抗震设计规范》(NB 35047—2015)忽略基础介质以隧洞结构之间的相互作用,假定地震动近似为卓越周期 T_g(即场地的特征周期)的水平行进简谐波,推导出由地震波传播在隧洞直线段横断面引起的轴向应力 σ_N、弯曲应力 σ_M 以及剪应力 σ_V 的计算式(2-134)~式(2-136)为:

$$\sigma_N = \frac{a_h T_g E}{2\pi V_P} \tag{2-134}$$

$$\sigma_M = \frac{a_h r_0 E}{V_S^2} \tag{2-135}$$

$$\sigma_V = \frac{a_h T_g G}{2\pi V_S} \tag{2-136}$$

式中:σ_N、σ_M、σ_V 分别为隧洞直线段横断面上产生的轴向应力、弯曲应力以及剪应力代表值,N/m^2;a_h 为水平向设计地震加速度代表值,m/s^2;V_P、V_S 分别为围岩压缩波(纵波)和剪切波(横波)波速标准值,m/s;E、G 分别为混凝土动弹性模量和动剪切模量,N/m^2;T_g 为场地的特征周期,s;r_0 为隧洞截面等效半径标准值,m。

从式(2-134)~式(2-136)中可以看出,隧洞直线段横断面轴向应力 σ_N 是由地震波中的压缩波(纵波)沿隧洞轴线传播引起的,而横断面弯曲应力 σ_M 以及剪应力 σ_V 是由剪切波(横波)沿隧洞轴线传播引起的。

与被替代的《水工建筑物抗震设计规范》(DL 5073—2000)相比,《水电工程水工建筑物抗震设计规范》(NB 35047—2015)还增加了岩土体中隧洞直线段由地震波传播在隧洞横断面上引起的轴向应力 σ_N、弯曲应力 σ_M 以及剪应力 σ_V 的计算公式,请参见具体规范条文。

与上述水工建筑物抗震设计规范不同的是,《城市轨道交通结构抗震设计规范》(GB 50909—2014)仍建议采用反应位移法对上述地震波沿结构纵轴线方向传播时结构地震响应进行计算(图2-44)。结构宜采用梁单元建模,周围基础介质模拟为支撑结构的地基弹簧,地层位移施加在地基弹簧的非结构连接端。

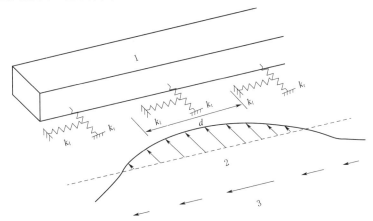

图2-44　地下结构纵向地震响应计算的反应位移法示意图

1—隧道;2—横向土层位移;3—纵向土层位移;

k_t—沿隧道纵向侧壁剪切地基弹簧刚度;

k_l—沿隧道纵向侧壁拉压地基弹簧刚度

从图 2-44 中可以看出，地基弹簧的刚度、隧洞结构纵轴线处施加的地层位移的计算方法以及隧洞变形缝的模拟请参考该规范的具体相关规定。

2.9.5　隧洞地震响应动力时程分析简介

《水工建筑物抗震设计规范》（DL 5073—2000）和 NB 35047—2015 都规定对于地形和地质条件变化比较复杂的水工隧洞、洞群、地下竖井、隧洞的转弯段和分叉段、地下厂房等深埋地下洞室及河岸式进、出口等浅埋洞室，宜采用空间结构分析计算模型，在计入结构与周围介质相互动力作用的条件下进行专门研究。但规范条文说明同时也指出，目前动力（时程）分析积累的经验比较少，特别是计算中的简化假定、参数取值及计算结果尚缺乏足够的依据和验证资料，因此只做原则规定。

与《水工建筑物抗震设计规范》（DL 5073—2000）相比，《城市轨道交通结构抗震设计规范》（GB 50909—2014）对地下结构地震响应的动力时程分析方法和有限元模型做出了比较明确的规定。

（1）计算模型的侧面人工边界到结构的距离不宜小于结构水平有效宽度的 3 倍，且不宜采用完全固定或完全自由等不合理边界条件；底面人工边界宜取设计地震作用基准面且到结构的距离不小于结构竖向有效宽度的 3 倍。模型底面和侧面可采用黏性或黏弹性人工边界条件，用以实现对基础无限性的模拟。

由于地震动存在沿土层深度的变化，因此在模型中输入地震动的位置（即地震作用基准面）对于动力时程分析非常重要。该规范规定：“对埋置于地层中的隧道和地下车站结构，设计地震作用基准面宜取在隧道和地下车站结构以下剪切波速不小于 500m/s 岩土层位置。对覆盖土层厚度小于 70m 的场地，设计地震作用基准面到结构的距离不宜小于结构有效高度的 2 倍；对覆盖土层厚度大于 70m 的场地，宜取在场地覆盖土层 70m 深度的土层位置。”在一些分析中，这个位置一般被称为等效基岩面。

（2）当进行地下结构横向地震响应计算时，可按平面应变问题，采用基础-结构动力相互作用计算模型；当需考虑结构的空间动力效应时，宜采用三维有限元分析模型，且连续墙（如隧洞衬砌）等受力板构件宜采用板壳单元建模。

（3）有限元模型中地震的输入方式有波动法和振动法两种。目前常见的是振动法，它是通过在模型的地震作用基准面（一般是基岩面）输入水平地震动加速度时程记录，获得地下结构的地震响应。

参　考　文　献

［1］　李维树，何沛田，汤登勇. 围岩弹性抗力试验方法及 k_0 参数取值研究［A］. 第八次全国岩石力学与工程学术大会论文集［C］. 北京：科学出版社，2004：6.

［2］　崔冠英，潘品蒸. 水利工程地质（第二版）［M］. 北京：水利电力出版社，1985.

［3］　徐芝伦. 弹性力学（第四版）［M］. 北京：高等教育出版社，2006.

［4］　黄火林，马鹏，卢泳，等. 白鹤滩水电站岩体高压弹性抗力系数试验研究［C］. 第 8 次全国岩石力学与工程试验及测试技术学术交流会，长春：2012.

［5］唐爱松，李敦仁，钟作武，等．岩滩电站岩体弹性抗力系数试验研究［J］．岩石力学与工程学报，2005（20）：163－167.

［6］熊启钧．隧洞（取水输水建筑物丛书）［M］．北京：中国水利水电出版社，2002.

［7］古兆祺，彭守拙，李仲奎．地下洞室工程［M］．北京：清华大学出版社，1994.

［8］段乐斋，杨欣先，夏广逊，等．水工隧洞和调压室——水工隧洞部分［M］．北京：中国水利水电出版社，1990.

［9］管枫年，洪仁济．灌区水工建筑物丛书—涵洞（第二版）［M］．北京：水利电力出版社，1989.

［10］熊启钧．取水输水建筑物丛书——涵洞［M］．北京：中国水利水电出版社，2002.

［11］李光顺．圆形有压隧洞混凝土衬砌结构计算方法的比较［J］．西北水电，2010（5）：71－73.

［12］屠规彰，朴顺玉，张长泰，等．衬砌边值问题及数值解［M］．北京：科学出版社，1973.

［13］禹海涛，袁勇，张中杰，等．反应位移法在复杂地下结构抗震中的应用［J］．地下空间与工程学报，2011，7（5）：857－862.

［14］陈国兴．岩土地震工程学［M］．北京：科学出版社，2007.

［15］禹海涛，张正伟，段科萍，等．反应位移法在圆形隧道抗震分析中的适用性评价［J］．结构工程师，2018，34（S1）：138－145.

［16］刘晶波，王文晖，张小波，等．地下结构横断面地震反应分析的反应位移法研究［J］．岩石力学与工程学报，2013，32（1）：161－167.

［17］刘晶波，王文晖，赵冬冬，等．地下结构抗震分析的整体式反应位移法［J］．岩石力学与工程学报，2013，32（8）：1618－1624.

［18］董正方，蔡宝占，姚毅超，等．反应加速度法和反应位移法精度随结构埋深变化的研究［J］．振动与冲击，2017，36（14）：216－220，244.

SASW 法及多道表面波法检测衬砌混凝土质量

3.1 应用背景

随着我国大型水电工程建设高峰期的结束，目前水利工程基础设施建设的重点正在向大型的引水工程转移。近年来国家在这方面投入了巨资，上马了一大批大型引水工程。截至目前已建成、在建和即将开工的大型引水工程包括：引滦入津工程、引黄入晋工程、引大入秦工程、南水北调工程、引汉济渭工程、引江济淮、滇中引水工程等等。这些工程的共同特点是线路长，都达到几百甚至上千公里，其中大部分长度都是由渠道、隧洞、暗涵和渡槽等水工混凝土建筑物组成。这些水工混凝土建筑物的施工质量和工作状况对整个引水工程的运行安全起到至关重要的作用。

渠道、隧洞、暗涵等水工建筑物有一个共同点，都是直接浇筑在某种基础上的钢筋混凝土薄壁结构。在目前水利工程建设实践中，衬砌结构中钢筋的检测技术是比较成熟的，一般采用地质雷达来快速、连续地对衬砌进行扫描，以现有的技术水平基本能够对钢筋的间距、保护层厚度，以及配筋不足或缺失情况做出比较准确的检测，再结合局部使用钢筋检测仪，能够比较准确地反映衬砌内部钢筋的布置情况。但是，对于衬砌混凝土，目前常用的无损检测方法从技术含量上讲是比较低的，对于混凝土强度的检测仍以回弹法检测为主。这种方法主要是根据混凝土的表面硬度来推定混凝土的抗压强度，但表面硬度与混凝土强度之间并没有直接、明确的理论关系，这是由于检测参量为表面硬度，因此从原理上讲只能反映表面混凝土的质量，无法对内部混凝土的强度分布状况进行准确评价。为了弥补回弹法无法检测混凝土内部质量的欠缺，建工、水利、交通及港口等行业都引入了超声波法或超声回弹综合法。但是，对于只有一个可测临空面的衬砌结构，超声波平测也只能反映深度较浅的混凝土质量，而且受各种因素的影响，超声波波速与混凝土强度之间的相关性并没有人们想象的那么好，日本建筑学会曾对普通混凝土的抗压强度与超声波波速的相关关系做了调查，结果表明相关系数仅 0.46 左右[1]。

工程实践表明，基于冲击弹性波的瞬态表面波法是一种适合于只具有一个可测临空面的薄板衬砌结构的无损检测方法，它不但能够准确评价衬砌混凝土内部强度和质量分布，而且在一定条件下还能比较合理地估算衬砌的厚度和判断衬砌与围岩结合状况。这种方法所检测的参数（R 波波速与混凝土的动弹模 E_d）之间具有直接相关关系，而且现场适用性强，能够快速地进行初步分析检测结果，据此合理地调整检测方案，实现对隧洞、暗涵及其他类似的混凝土衬砌结构全面、快速、准确的检测和安全评估。

基于冲击弹性波的瞬态表面波法又可分为表面波谱分析法（spectral analysis of surface wave，简称 SASW）、多道表面波法（multi - station analysis of surface wave，简称 MASW）和频率-波数法（F - K）。本章将重点讨论两通道 SASW 法，随后对后两种基于多通道检测的表面波方法的实现过程进行说明。

3.2 R 波波速评价混凝土质量的依据

在均匀、各向同性半无限弹性媒质表面（自由边界）进行冲击激振时产生频率丰富的弹性波成分，主要包括 P 波、S 波和 R 波（图 3 - 1）。P 波质点振动方向与波传播方向相同，是弹性媒质发生压缩或拉伸变形时所产生的波动（又称纵波或压缩波）取决于媒质材料的压缩特性。S 波质点振动方向与波传播方向垂直，又称横波或剪切波，是弹性媒质发生切变时所产生的波动，取决于媒质材料的剪切特性。通常可把 S 波看作是由两个方向的振动组成：一个是质点振动在垂直平面内的横波分量，称 SV 波；另一个是质点振动在水平平面内的横波分量（称之 SH 波）。R 波称为瑞雷波（Rayleigh Wave），是沿弹性媒质自由表面传播的两种表面波（Surface Wave）类型中的一种（另一种为拉夫波，Love Wave），质点的振动轨迹为逆时针方向旋转的椭圆（见图 3 - 2），椭圆的长轴垂直于波的传播方向，短轴平行于传播方向，振动幅度在表面下随深度增加迅速减小。

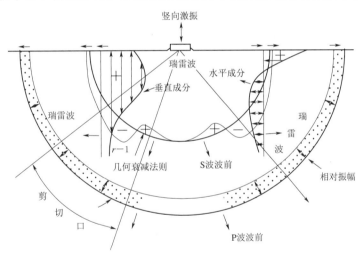

图 3 - 1 冲击激振产生的弹性波示意图

各弹性波成分中 P 波传播速度最快，S 波其次，R 波略低于 S 波。P 波和 S 波为体波，其波前面为球面，在弹性媒质表面能量（振幅）衰减比例为 $1/r^2$（r 为距振源的距离）；R 波波前面为圆柱面，在弹性媒质表面能量（振幅）衰减比例为 $1/\sqrt{r}$。各弹性波成分能量分配比例大约为 P 波 7%、S 波 26%、R 波 67%。R 波能量最大，且相比 P 波和 S 波，R 波的衰减要小得多。因此，在混凝土表面进行

图 3 - 2 R 波沿表面的传播和质点振动轨迹示意图

测试时，R 波信号更容易采集。

根据弹性波的传播理论，当弹性波传播至离振源足够远时可视为平面波（等相位面为平面，波前面与波传播方向垂直），对于平面 P 波和平面 S 波，其传播速度可分别由式（3-1）、式（3-2）计算：

$$V_P = \sqrt{\frac{E_d \ (1-\mu)}{\rho \ (1+\mu) \ (1-2\mu)}} \tag{3-1}$$

$$V_S = \sqrt{\frac{G}{\rho}} = \sqrt{\frac{E_d}{2\rho \ (1+\mu)}} \tag{3-2}$$

式中：V_P 和 V_S 为平面 P 波和 S 波在弹性媒质中的（三维）传播速度，m/s；E_d 为媒质材料动弹性模量，N/m^2；G 为媒质材料动剪切模量，N/m^2；μ 为媒质材料动泊松比；ρ 为媒质材料密度，kg/m^3。

在小应变条件下，可以合理地假设混凝土为理想弹性体，因此根据式（3-1）和式（3-2），P 波和 S 波的波速与混凝土的动弹性模量和动剪切模量之间存在直接的理论相关关系。

R 波由 P 波和垂直极化的 S 波合成，在均质半无限弹性媒质中，所产生的媒质质点的运动方向与 R 波的传播方向大体上垂直，S 波的振动成分占主导地位，在媒质表面位移的垂直分量约为水平分量的 1.5 倍，因此 R 波的传播性能依赖于媒质材料的剪切弹性模量 G。

根据弹性波的波动方程，利用在媒质自由边界处面力为 0 这一条件，媒质内 P 波、S 波和 R 波波速 V_P、V_S 和 V_R 满足式（3-3）关系[2]：

$$\left(2 - \frac{V_R^2}{V_S^2}\right)^2 - 4\sqrt{1 - \frac{V_R^2}{V_P^2}}\sqrt{1 - \frac{V_R^2}{V_S^2}} = 0 \tag{3-3}$$

式（3-3）又称瑞雷方程，V_R 是该方程满足特定条件的一个解。根据式（3-1）和式（3-2），由于 V_P 和 V_S 的比值只与媒质材料的动泊松比 μ 有关，即：

$$V_P/V_S = \sqrt{\frac{2 \ (1-\mu)}{1-2\mu}} \tag{3-4}$$

因此式（3-3）可以转化为一个包含未知数 V_R 以及常数 V_S 和 μ 的方程，满足特定条件的解为：

$$V_R = \frac{0.87 + 1.12\mu}{1+\mu} V_S \tag{3-5}$$

当媒质材料的动泊松比 μ 在 $0.15 \sim 0.30$ 之间时，V_P、V_S 和 V_R 数值关系如下：

$$\begin{aligned} &\mu = 0.15: V_S = 1.11V_R, \ V_P = 1.73V_R \\ &\mu = 0.20: V_S = 1.10V_R, \ V_P = 1.79V_R \\ &\mu = 0.30: V_S = 1.08V_R, \ V_P = 2.01V_R \end{aligned} \tag{3-6}$$

由上式可知，对于一般混凝土（泊松比约 0.20），V_S 比 V_R 高约 10%，两者均显著低于 V_P。

由于混凝土的动弹性模量（或动剪切模量）与强度有很好的相关关系，因此弹性波（P 波、S 波和 R 波）速度与强度之间也有较好的相关关系，弹性波波速可以用来评价检测断面内部混凝土质量分布情况。目前工程界仍比较广泛地使用 Leslie 和 Cheeseman 于 1949 年提出的 P 波波速（三维传播）检测混凝土质量评价标准，见表 3-1。根据 R 波波速和 P 波波速之间的换算式（3-6），相应的 R 波波速（动泊松比取 0.20）。常用 P 波速度评价混凝土质量参考标准见表 3-1。

表 3-1　　　　　　　　　常用 P 波速度评价混凝土质量参考标准表

P 波速度/（m/s）	>4500	3600~4500	3000~3600	2100~3000	<2100
R 波速度/（m/s）	>2500	2000~2500	1700~2000	1200~1700	<1200
混凝土质量	优良	较好	一般（可能有问题）	差	很差

以上评价标准一般用来定性判断混凝土质量的优劣。由于不同混凝土的弹性波速度和强度之间的关系是不同的，其影响因素众多，包括骨料品种、级配、龄期、钢筋的数量和走向、含水量等，特别是骨料的品种。为了提高质量评估的准确性和可靠性，对某一特定工程，建立弹性波速度和混凝土强度之间的相关关系是很有必要的。

3.3　R 波频散曲线的基本概念

R 波在非均匀弹性媒质中传播时波速随频率变化的现象称为 R 波的频散现象。R 波速度 V_R、波长 λ_R 和频率 f 之间式（3-7）为

$$V_R = \lambda_R f \tag{3-7}$$

因此，通过 R 波速度 V_R 和频率 f 可以计算出 R 波波长 λ_R，V_R 和 λ_R 的关系曲线 V_R-λ_R 称为 R 波的频散曲线。

由式（3-2）和式（3-5）中可以看出，对于均匀、各向同性的弹性材料，R 波波速 V_R 只与材料的动弹性模量 E_d 和动泊松比 μ 有关，与 R 波的波长 λ_R 和频率 f 无关。也就是说，在均匀媒质条件下，R 波波速 V_R 没有频散性。

水工混凝土结构的情况比较复杂：有浇筑在砂石垫层、土基或岩基上的混凝土面板和衬砌等，呈现明显的分层性；也有因受外界侵蚀环境的影响容易在其表层出现耐久性破坏，程度由外及里逐渐减小，呈现不规律的分层性；还有因施工质量问题造成的混凝土质量不均匀等。因此，这些类型的不均匀性能够使 R 波在混凝土中传播时出现明显的频散现象。

关于 R 波的穿透深度（即 R 波波速 V_R 能反映从媒质表面向下多少深度范围内材料的平均性能），本书作者曾有较详细的论述[1]。R 波穿透深度 H 并非像波长 λ_R 那样是一个明确的物理量，它是为了 R 波频散曲线分析方便而假定的一个量，主要取决于 R 波能量集中的深度范围。目前在工程勘探中比较常用的是半波长解析法，R 波的穿透深度 H 取 R 波波长的一半（动泊松比 μ 为 0.20 时，振动能量约占 64.5%），即 $H = 0.50\lambda_R$，但是这种简化方法在频散曲线解读时会产生比较大的误差[3]。因此，有文献建议将穿透深度定义为 $U_y/U_0 = 1/e$ 的深度，其中 U_y 和 U_0 分别为深度 y 和自由边界处的质点合成振幅[4,5]，此定义下不同媒质材料 R 波穿透深度 H 的取值见表 3-2。

μ	0.10	0.15	0.20	0.25	0.30	0.35	0.40	0.45	0.48
U_0	0.665	0.693	0.722	0.753	0.785	0.819	0.857	0.898	0.926
U_0/e	0.245	0.255	0.266	0.277	0.289	0.301	0.315	0.330	0.341
H	$0.550\lambda_R$	$0.575\lambda_R$	$0.625\lambda_R$	$0.650\lambda_R$	$0.700\lambda_R$	$0.750\lambda_R$	$0.790\lambda_R$	$0.840\lambda_R$	$0.875\lambda_R$

表 3-2　　　　　　　　　　　　不同媒质材料 R 波穿透深度表[3]

混凝土强度与 P 波波速 V_P 之间存在较好的相关关系，因此，在实际应用中，只要利用 R 波的频散特性，通过频散曲线来测定混凝土表面以下沿深度范围内 V_R 的分布，就可以推定 V_S 和 V_P 的变化情况，掌握混凝土内部强度和动弹性模量的变化规律，从而判断混凝土内部质量的优劣和潜在的缺陷。

3.4　SASW 法的基本原理

SASW 法（Spectral Analysis of Surface Wave，表面波谱分析法）是由 Nazarian 和 Stoke 于 1986 年提出的一种检测土层和路面的剪切波传播性能的地震波测试分析方法[6]，后来逐渐被应用于混凝土检测。SASW 是一种瞬态表面波方法，典型的检测布置方案见图 3-3。其优点是现场操作简单，测试速度快，利用冲击锤进行瞬时激振，通过两道传感器的数字信号分析，即可获得待测媒质沿深度范围内的 $V_R \sim \lambda_R$ 频散曲线。

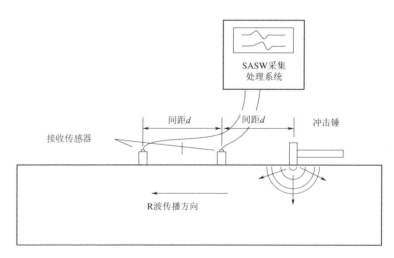

图 3-3　SASW 法检测布置示意图

为了能够比较直观、简要地说明 SASW 方法的基本原理，下面给出一个角频率为 ω（周期为 T）的简谐波沿一维直线传播的例子（见图 3-4）。

在图中的原点 O，假定该简谐波的相位为 0，则 O 点的振动式（3-8）为：

$$Y_O = A\cos\omega t = A\cos\frac{2\pi}{T}t \qquad (3-8)$$

式中：Y_O 是 O 点随时间 t 的振动位移；A 为振幅。

若该简谐波的波长为 λ，则其沿 x 轴传播速度：

$$V = \lambda / T \qquad (3-9)$$

考虑在 x 轴上与原点 O 距离为 X 的 B 点，假定振幅不变，它的振动应该是 $t-X/V$ 时刻原点 O 的振动：

$$Y_B = A\cos\omega\ (t-X/V)\ = A\cos\frac{2\pi}{T}\left(t-\frac{X}{V}\right) \qquad (3-10)$$

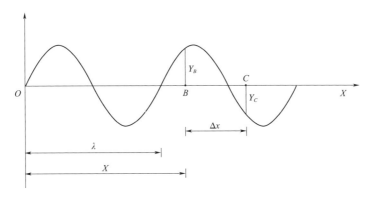

图 3-4 简谐波一维传播曲线图

将式（3-9）代入式（3-10），可得 B 点的振动式（3-11）为：

$$Y_B = A\cos\left(\frac{2\pi}{T}t - \frac{2\pi}{\lambda}X\right) = A\cos\ (\omega t - \varphi_B) \qquad (3-11)$$

同理，C 点的振动方程为：

$$Y_C = A\cos\left[\frac{2\pi}{T}t - \frac{2\pi}{\lambda}\ (X+\Delta x)\right] = = A\cos\ (\omega t - \varphi_C) \qquad (3-12)$$

式中：φ_B 和 φ_C 为 B 点和 C 点振动的相位角。

根据式（3-11）和式（3-12），可计算得出 C、B 两点之间的相位差为：

$$\Delta\varphi = \varphi_C - \varphi_B = \frac{2\pi}{\lambda}\ (X+\Delta x)\ -\frac{2\pi}{\lambda}X = \frac{2\pi}{\lambda}\Delta x \qquad (3-13)$$

再将式（3-9）代入式（3-13），经过整理，可得简谐波的传播速度为：

$$V = \frac{2\pi f}{\Delta\varphi / \Delta x} \qquad (3-14)$$

式（3-14）其实就是 SASW 法的基本公式，它是通过波传播路径上的两个点之间的距离 Δx 和相位差 $\Delta\varphi$，以及波的频率 f 来计算波的传播速度 V。

以上讨论的只是单个简谐波的传播情况，事实上如本章开头所述，在半无限弹性媒质表面进行冲击激振时会产生频率丰富的弹性波成分，其中 R 波能量最大，衰减最慢，不同频率的 R 波叠加在一起同时在媒质表面传播。因此，需要将这些 R 波的每一个频率成分 f_i 分离出来，并获得此频率下选定两个测点间相应的相位差 $\Delta\varphi_i$，根据式（3-14）来计算 R 波的传播速度 V_{Ri}。

由此可见，SASW 法的关键是获得不同频率下两道 R 波信号的相位差。在分析中首先对两道传感器接收到的由冲击锤激振产生的 R 波信号进行互功率谱分析，得到两道 R 波信号的相位谱，然后通过相位谱中的相位差循环得到不同频率下的 R 波相位差，最终形成 R 波频散曲线。下面以两道连续 R 波信号 $v_1(t)$ 和 $v_2(t)$ 为例,说明互功率谱分析生成 R 波频散曲线的基本原理如下。

1) 对图 3 - 3 中两道 R 波信号的互相关函数 $r_{21}(\tau)$ 作傅里叶变换,计算互功率谱 (cross - power spectrum):

$$
\begin{aligned}
F_{21}(\omega) &= \int_{-\infty}^{+\infty} r_{21}(\tau) e^{-i\omega\tau} d\tau = \int_{-\infty}^{+\infty} \left(\int_{-\infty}^{+\infty} v_2(t+\tau) v_1(t) dt \right) e^{-i\omega\tau} d\tau \\
&= \int_{-\infty}^{+\infty} v_2(t+\tau) e^{-i\omega(t+\tau)} d(t+\tau) \int_{-\infty}^{+\infty} v_1(t) e^{i\omega t} dt = F_2(\omega) F_1^*(\omega) \\
&= |F_2(\omega)| e^{i\varphi_2} |F_1(\omega)| e^{-i\varphi_1} = |F_2(\omega)||F_1(\omega)| e^{i(\varphi_2 - \varphi_1)} \\
&= |F_{21}(\omega)| e^{i\Delta\varphi(\omega)}
\end{aligned}
\tag{3-15}
$$

式中:$F_{21}(\omega)$ 为互相关函数 $r_{21}(\tau)$ 的傅里叶变换,表示两频道信号 $v_1(t)$ 和 $v_2(t)$ 的互功率谱;$F_1(\omega)$ 和 $F_2(\omega)$ 分别为两频道信号 $v_1(t)$ 和 $v_2(t)$ 的傅里叶变换;$F_1^*(\omega)$ 为 $F_1(\omega)$ 的复共轭。

从式 (3 - 15) 中可以看出,$|F_{21}(\omega)|$ 是互相关函数 $r_{21}(\tau)$ 的振幅谱,而 $\Delta\varphi(\omega)$ 是互相关函数 $r_{21}(\tau)$ 的相位谱,也就是两传感器 x_1、x_2 两点处 (间距 d) 的相位差。

2) 将不同频率 f 下两道传感器 R 波相位差 $\Delta\varphi(\omega)$ 代入式 (3 - 14),即可计算出不同频率 f 下 R 波的波速 V_R:

$$
V_R = 2\pi f d / \Delta\varphi
\tag{3-16}
$$

3) 再根据式 (3 - 7),计算出不同频率 f 下 R 波的波长 λ_R:

$$
\lambda_R = 2\pi d / \Delta\varphi
\tag{3-17}
$$

4) 最终获得 R 波的频散曲线 V_R-λ_R。

3.5 傅里叶变换基本概念

从上节的论述可以看出,SASW 法检测需要将时域数字信号转换为频率域信息,来进行振幅频谱和相位频谱的计算,傅里叶变换是这项工作的基础。

傅里叶变换是一种数字信号分析的方法,是将数字信号从时间域向频率域转换的数学工具。它的基本概念是:在满足一定条件下,任何连续测量的周期性或非周期性信号都可以表示为不同频率的正弦波信号的无限叠加。傅里叶变换的主要目的是将原本难以处理的时域信号转换成了易于分析、处理的频率域信号 (频谱、相位谱),还可以利用傅里叶逆变换将处理后的频率域信号再转换成时域信号,实现滤波功能。

傅里叶变换是将周期性或非周期性信号表示为无限多个不同频率正弦波信号的叠加。对于一个基础正弦波 $A\sin(\omega_0 t + \varphi_0)$,它的三个基本要素是振幅 A、圆频率 ω_0 和相位 φ_0。振幅决定了正弦波的强度,频率是波的特性,而相位决定了波的位置,三个要素缺一不可。在傅里叶变换 $F(\omega)$ 的频域分析中,振幅频谱 $|F(\omega)|$ 反映信号中频率及其相应振幅的大小,是对信号轮廓和形状的描述,而相位频谱 $\varphi(\omega)$ 反映的是信号的位置。

振幅频谱和相位频谱见图 3 - 5,一个矩形脉冲波信号可以变换为许多不同频率和振幅的正弦波叠加。从图像的右侧向左侧看,这些不同频率的正弦波成分会以离散的方式分布在频率轴上，相应幅值即是正弦波振幅，形成振幅频谱（频谱）。从图像的底部向上看，频率为 f 的正弦波成分的波峰（此处以波峰在时间轴零点为零相位作为例子）离开时间轴零点的距离 Δt 就代表该正弦波成分的相位 $\varphi(f)$，严格来讲 $\varphi(f)$ 应该是 Δt 除以该正弦波的周期 T 再乘以 2π，即 $\varphi(f) = 2\pi\Delta t/T = 2\pi f\Delta t$，如此得到的就是信号的相位频谱。

相位谱上横轴为频率，竖轴为相位，相位以 2π 为周期循环，因此相位范围为 $[0, 2\pi]$ 或者 $[-\pi, \pi]$，在相位谱上一般采用 $[-\pi, \pi]$。图 3-5 例子中两相邻频率正弦波成分的相位差均为 π。

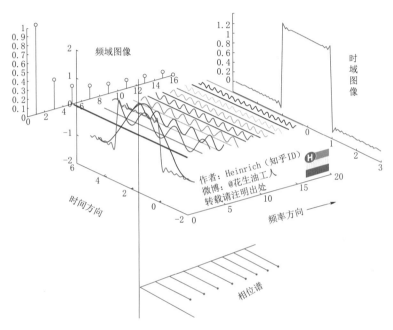

图 3-5　振幅频谱和相位频谱示意图

3.6　MATLAB 实现 SASW 分析的主要函数和基本步骤

对于如图 3-3 所示的测试情形，两道传感器接收到的由瞬态激振产生的离散数字信号需要通过快速傅里叶变换来进行 SASW 分析。所谓快速傅里叶变换（fast Fourier transform，简称 FFT）就是利用计算机来实现离散（数字信号）傅里叶变换（Discrete Fourier transform，简称 DFT）高效、快速计算的方法的统称。MATLAB 提供了一个强大的 FFT 函数库，能够轻松地实现 SASW 法涉及的所有数字信号分析计算。

3.6.1　一维快速傅里叶变换函数

一维快速傅里叶变换常用函数 fft 主要用于离散数字信号的频率域特征分析，如信号的频率分布和相应幅值，一般用来获得信号的卓越频率。其在 MATLAB 中的调用格式如下：

$$Y = \text{fft}\ (X,\ n)$$

该函数返回向量 X 的 n 点离散傅里叶变换（DFT）的结果——向量 Y：

（1）如果 X 是行（列）向量，生成的 Y 也是行（列）向量。

（2）如果未指定点数 n，则 Y 的长度与 X 相同。

（3）如果向量 X 的长度小于指定点数 n，则为 X 尾部补上零使其达到长度 n。

（4）如果向量 X 的长度大于指定点数 n，则对 X 尾部截断使其达到长度 n。

（5）如果 X 是矩阵，则每列的处理与在向量情况下相同。

下面以一个例子来说明 fft 函数的用法。

例 1：某水工引水隧洞某断面衬砌顶拱位置 SASW 测点布置（见图 3-3），两道传感器道间距为 50cm，检测采用的采样频率 F_s 为 250kHz（采样间隔 $4\mu s$），采样点数为 N 为 1024。两道传感器时域信号见图 3-6。

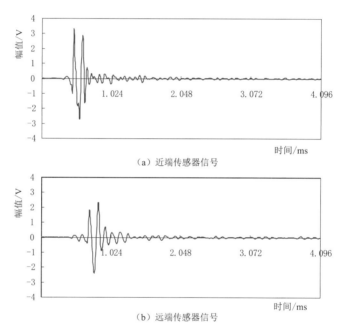

图 3-6　两道传感器时域信号图

利用如下 MATLAB 代码对两道传感器接收到的 R 波信号进行频率域特征分析，MATLAB 代码如下：

```
Fs＝250000；      %采样频率 250kHz
N＝1024；      %采样点数
f＝Fs * linspace(0,1,N+1)；      %生成 N+1 个离散点,间距为 Fs/N
channel1＝xlsread('650-ding-data. xls','matlab','a1:a1024')；      %读入近端传感器信号
channel2＝xlsread('650-ding-data. xls','matlab','a1025:a2048')；      %读入远端传感器信号
FFTchannel1＝fft(channel1,N)；      %近端传感器信号 N 点 DFT
FFTchannel2＝fft(channel2,N)；      %远端传感器信号 N 点 DFT
```

```
Subplot(1,2,1);
plot(f(1:N/8),abs(FFTchannel1(1:N/8)));        %
set(gca,'fontsize',16);
title('近端传感器信号频谱图','fontsize',18);
xlabel('频率(Hz)','fontsize',18);
ylabel('幅值','fontsize',18);
subplot(1,2,2);
plot(f(1:N/8),abs(FFTchannel2(1:N/8)));
set(gca,'fontsize',16);
title('远端传感器信号频谱图','fontsize',18);
xlabel('频率(Hz)','fontsize',18);
ylabel('幅值','fontsize',18);
xlswrite('result1.xls',f,'spectrum','a1:a1024');
xlswrite('result1.xls',abs(FFTchannel1),'spectrum','b1:b1024');
xlswrite('result1.xls',abs(FFTchannel2),'spectrum','c1:c1024');
```

根据离散傅里叶变换的基本概念[7]，基本周期为 N（相当于采样点数）的离散时间数字信号可以由 $f=1/N$ 周期分离的频率成分组成，也就是说，离散时间信号的傅里叶级数包含最多 N 个频率成分。如果采样频率为 Fs，那么这 N 个频率成分对应的频率为 kFs/N，$k=0$，1，2，…，$N-1$，因此采用 linspace 函数将 Fs 分为 N 段，每一段为 Fs/N。

本例中数据文件为 excel，存储格式为单列，前 1024 个记录为近端传感器的幅值（电压），后 1024 个为远端传感器的幅值（电压）。使用 xlsread 函数将数据记录分别存入 channel1（近端）和 channel2（远端）两个列向量中，然后使用 fft 函数计算两道传感器（电压）信号 N 点的 DFT，返回 FFTchannel1（近端）和 FFTchannel2（远端）两个 fft 结果列向量。

大部分表面波法数据采集系统生成的数据文件为二进制格式，这种情况下可以利用 fread 函数读取二进制文件中的数据，常用格式如下：

```
fid=fopen(filename,mode);
A=fread(fid,sizeA,precision);
fclose(fid);
```

首先用 fopen 函数打开二进制格式数据文件 filename，打开方式 mode 的缺省值为 r（读取），返回一个整数类型的文件标识符 fid；然后用 fread 函数读取 fid 对应的二进制文件的数据到列向量 A 中，函数中的参数 precision 描述数据读入类型（如 float、double 等），参数 sizeA 描述数据长度，可省略；读取文件后，需调用 fclose（fid）来关闭文件。

离散数字信号快速傅里叶变换的结果为复数，所以在计算频谱图中相应频率的幅值时需要利用 abs 函数来获得这些复数的绝对值（模），利用 plot 函数在屏幕上绘制出两道传感器信号各个频率成分对应的幅值，即频谱图。根据快速傅里叶变换的原理，频谱图的幅值沿频率轴（kFs/N，$k=0$，1，2，…，$N-1$）的中心呈现对称分布，所以一般绘制频谱图时频率轴的范围是 $0\sim Fs/2$（采样频率的一半）。在表面波检测中，高频成分一般没有很大的意义，因此本例中频谱图只绘制 $0\sim Fs/8$ 的频率范围（图 3-7）。

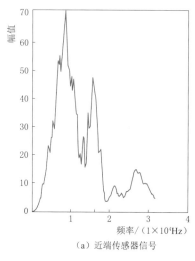

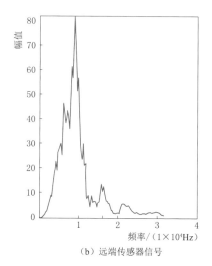

（a）近端传感器信号　　　　　　　（b）远端传感器信号

图 3-7　两道传感器信号频谱图

实际上在 SASW 分析中并不需要获得两道信号分别的频谱图，但是通过频谱图可以直观了解两道信号各频率成分的分布情况。从图 3-7 中可以看出，两道传感器信号的卓越频率都非常突出且差别不大，都在 8~9kHz 之间，不存在明显的干扰。这表明两道信号质量都比较好，并且在频率成分上基本是相似的。像这样的两道信号通过互功率谱分析获得的相位谱一般都是比较规整的，能够获得比较理想的 R 波频散曲线。

图 3-7 中显示的频谱图结果可以利用 xlswrite 函数写入 Excel 结果文件中，上例代码生成一个"result1. xls"文件，在该文件中创建一个"spectrum"工作表。该表的第 1 列存储 FFT 分析 1024 个频率成分所对应的频率，由于频率 f 是一个行向量，在 xlswrite 中需要使用它的转置将其转换为列向量；第 2 列和第 3 列分别为近端和远端传感器信号各个频率下对应的 FFT 结果。从这个 excel 文件可以清楚地看出近端传感器信号的卓越频率为 8544.922Hz，远端传感器为 8789.063Hz。

3.6.2　两道信号互功率谱和相位谱分析

根据式（3-15），两道信号的互功率谱（cross-power spectrum）可以表示为一道信号的 FFT 与另一道信号 FFT 复共轭的相乘，即：

$$F_{21}(\omega) = F_2(\omega)F_1^*(\omega) \qquad (3-18)$$

式中：$F_{21}(\omega)$ 为两道信号的互功率谱，$F_1(\omega)$ 和 $F_2(\omega)$ 分别为两道信号的 FFT；$F_1^*(\omega)$ 为 $F_1(\omega)$ 的复共轭。

例 2：对例 1 中两道 R 波信号进行互功率谱和相位谱分析，MATLAB 代码如下：

```
Fs=250000;
N=1024;
f=Fs * linspace(0,1,N+1);
channel1=xlsread('650-ding-data. xls','matlab','a1:a1024');
channel2=xlsread('650-ding-data. xls','matlab','a1025:a2048');
```

```
FFTchannel1＝fft(channel1,N);
FFTchannel2＝fft(channel2,N);        %以上同例 1

TP1＝conj(FFTchannel1);      %近端传感器信号 FFT 的复共轭
crosspower＝FFTchannel2. * TP1;      %一道传感器信号 FFT 和另一道信号 FFT 复共轭
                            %的点积即为两道信号互功率谱
Z＝angle(crosspower);       %计算互功率谱的相位角

plot(f(1:N/8),Z(1:N/8),'Linewidth',3);       %在屏幕上绘制相位谱
set(gca,'fontsize',24);
title('相位谱','fontsize',28,'Fontweight','bold');
xlabel('频率(Hz)','fontsize',28,'Fontweight','bold');
ylabel('相位','fontsize',28,'Fontweight','bold');
```

在利用例 1 中的代码获得两道离散数字信号的 FFT 结果后，对其中的一道的结果取复共轭（列向量），并与另一道信号 FFT 结果（列向量）做点积。MATLAB 中点积的运算符为".＊"，当两个向量都是列向量且长度相同时，点积的结果也是列向量，且每一行的元素等于进行点积的两个列向量相应行元素的乘积。根据公式（3-18），这个点积结果（列向量"crosspower"）就是两道离散信号的互功率谱。

获得两道离散 R 波信号的互功率谱后，利用 angle 函数计算该互功率谱的相位角，再利用 plot 函数绘制出 FFT 各个频率成分对应的互功率谱相位角，见图 3-8（只绘制 $0\sim Fs/8$ 的频率范围），即为两道 R 波信号的相位谱。

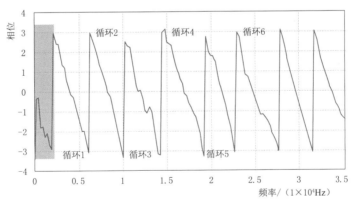

图 3-8 例 2 中两道传感器信号的相位谱

R 波传播时，随着频率的增加，R 波的波长减小。在图 3-3 所示的检测布置方案中，如果两道传感器间距 $d \leqslant \lambda_R$（R 波波长），两道 R 波信号相位差 $\Delta\varphi \leqslant 2\pi$；如果 $\lambda_R < d \leqslant 2\lambda_R$，则 $2\pi < \Delta\varphi \leqslant 4\pi$；如果 $2\lambda_R < d \leqslant 3\lambda_R$，则 $4\pi < \Delta\varphi \leqslant 6\pi$；依此类推。而 MATLAB 中 angle 函数返回的是列向量 crosspower 的每个元素在区间 $[-\pi, \pi]$ 中的相位角，这与两道 R 波信号相位差 $\Delta\varphi \leqslant 2\pi$ 是等效的，但当频率增加而使 $\Delta\varphi \geqslant 2\pi$ 时，angle 函数返回的相位差仍在区间 $[-\pi, \pi]$ 内，从图 3-8 可以看出，相位谱表现为两道信号的相位差在 $[-\pi, \pi]$ 区间内随频率的循环。

在例 2 的 MATLAB 代码中，两道 R 波信号的互功率谱是通过一道传感器信号的 FFT 和另一道信号 FFT 复共轭的点积计算获得。在 MATLAB 中还提供了一个专门用于计算互功率谱的函数 cpsd，其调用格式如下：

Pxy＝cpsd(X,Y)

该函数利用 Welch 方法计算两道数字信号 X 和 Y（向量）的互功率谱 Pxy。与例 2 中 MATLAB 代码直接利用整段 X 和 Y 向量计算互功率谱不同，Welch 方法是一个统计的过程，这将在下面两道信号相关性分析（3.6.4）进行阐述。

3.6.3　生成 R 波频散曲线

SASW 分析时一般舍弃相位谱中起始的半个相位差循环（图 3-8 中的阴影部分），对应相位差 $0\sim\pi$。利式式（3-16）和式（3-17）计算 R 波波速 V_R 和波长 λ_R，从图中标注的第 1 个循环（对应相位差 $\pi\sim3\pi$）开始，然后是第 2 个循环（对应相位差 $3\pi\sim5\pi$），依此类推。根据式（3-17），相位谱第 1 个循环对应的频散曲线 R 波波长 λ_R 范围是 $2/3d\sim2d$，第 2 个循环是 $2/5d\sim2/3d$，依此类推，其中 d 为两道传感器间距。相位谱高频段的相位差循环往往出现比较大的干扰畸变，所以一般选择前 $2\sim3$ 个比较规整的相位差循环，以此获得 R 波的频散曲线 V_R-λ_R。以上计算过程可以在 excel 结果文件中进行。如例 3 中，利用 xlswrite 函数生成一个 "result2.xls" 文件，在该文件中创建一个 "phase" 工作表（图 3-9）。

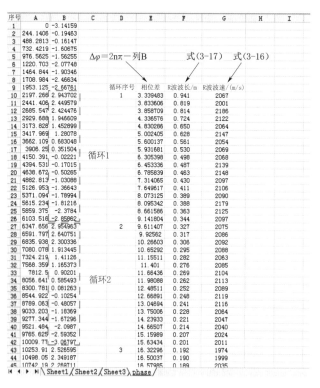

图 3-9　利用相位循环计算的相位谱分析结果

例3：将例2中两道R波信号相位谱分析结果写入 Excel 文件，MATLAB 代码如下：

```
print('—djpeg','phase_spectrum');        %打印相位谱到 JPEG 文件
xlswrite('result2.xls',f,'phase','a1:a1024');
xlswrite('result2.xls',Z,'phase','b1:b1024');
```

该工作表的 A 列存储 FFT 分析 1024 个点所对应的频率，B 列为 angle 函数计算的相应各个频率下两道传感器信号互功率谱的相位角，在每一个相位循环内表达的相位角为 $+\pi\sim-\pi$（图 3-9 中 B 列虚线框内数字，只标出前两个循环）。因此，相应各个频率下两道传感器信号相位差 $\Delta\varphi$ 等于 $2n\pi$ 减去 B 列中相应的数值，其中 n 为相位循环的序数（D 列），计算结果放于工作表的 E 列。G 列和 F 列分别为利用式（3-16）和式（3-17）计算的 R 波波速 V_R 和波长 λ_R，由此获得的 R 波频散曲线见图 3-10。

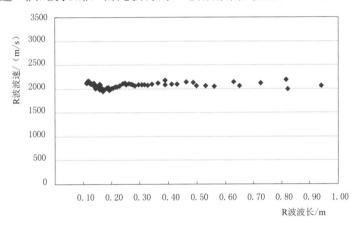

图 3-10 图 3-8 相位谱生成的 R 波频散曲线

3.6.4 两道信号的相关性分析

3.6.4.1 互相关系数

SASW 法获得理想 R 波频散曲线的前提条件是两道 R 波信号受外界杂波干扰小，相关性好。互相关在信号分析里的概念是表示两个时间序列在任意两个不同时刻 t_1 和 t_2 的取值之间的相关程度（即两个序列在不同的相对位置上互相匹配的程度），给出了在频域内两个信号是否相关的一个判断指标，用来判断输出信号有多大程度来自输入信号。

设 $v_1(t)$ 和 $v_2(t)$ 为两道传感器接收到的 R 波信号，由于两道信号都是由同一振源激发的，$v_2(t)$ 可以看成是 $v_1(t)$ 延迟一段时间 Δt（$\Delta t = d/V_R$，d 为道间距，V_R 为 R 波波速）后的重复。也就是说，由于存在 Δt 的延时（滞后），虽然 $v_1(t)$ 和 $v_2(t)$ 在同一时刻波形是不相似的，但将 $v_2(t)$ 延时 Δt 后两道信号达到最佳相似性。因此可以把 $v_2(t)$ 信号加延时 τ 后计算两道信号的互相关函数 $r_{21}(\tau)$，评价它们之间的相似性：

$$r_{21}(\tau) = \int_{-\infty}^{+\infty} v_2(t+\tau)v_1(t)\mathrm{d}t \tag{3-19}$$

在实际应用中，对于两个传感器采集到的离散数字信号，互相关函数 $r_{21}(\tau)$ 也可由式（3-20）计算：

$$r_{21}(\tau) = \frac{1}{N} \sum_{n=1}^{N} v_2(n + \tau/\delta t) v_1(n) \qquad (3-20)$$

式中：N 为采样点数；δt 为采样间隔时间。

对于式（3-20），当延迟时间 τ 从 0 变化到 $N\delta t$ 时，可以计算出 $r_{21}(\tau)$ 随 τ 的变化规律。当 $r_{21}(\tau)$ 在 τ_0 达到最大值时，表明 $v_2(t)$ 经延时 τ_0 后与 $v_1(t)$ 最相似，τ_0 即为两道 R 波信号同相位时间差 Δt，由此根据 $V_R = d/\Delta t$ 计算出 R 波波速 V_R。采用两道互相关法可以有效减小干扰对分析结果的影响，提高 R 波波速计算的精度。

MATLAB 用于计算互相关系数的函数为 xcorr，其最常用的调用格式如下：

[r,lags]=xcorr(X,Y,maxlags,'option')

xcorr 函数返回两道离散时间序列（数字信号）X 和 Y（一般为一维向量）的互相关系数 r（一般也是一维向量），该向量 r 的长度为 $2 * maxlags + 1$，其中 maxlags 是函数输入项中设定的 X 和 Y 之间相对的最大滞后量（一般为数字信号的采样点数）。如果 X 和 Y 向量的长度不同，xcorr 函数会在较短向量的末尾添加零，使其长度与另一个向量相同。另一个返回值 lags 是和互相关系数 r 向量互相对应的一维向量，其范围在 [−maxlags：maxlags] 之间，长度也是 $2 * maxlags + 1$。当 xcorr 函数的输入参数 "option" 为 "coeff" 时，xcorr 对得出的向量 r 进行归一化处理。

例 4：计算例 1 和例 2 中两道 R 波信号的互相关系数，MATLAB 代码如下：

```
[r,lags]=xcorr(channel1,channel2,1024,'coeff');
set(gca,'fontsize',24);
plot(lags,r,'Linewidth',2);     %绘制向量 lags 和 r 的关系曲线
axis([−1024 1024 −1 1]);
xlabel('滞后量','fontsize',28,'Fontweight','bold');
ylabel('相关系数','fontsize',28,'Fontweight','bold');
grid on;
```

程序中设定最大滞后量 maxlags 为 1024，利用 plot 函数绘制向量 lags 和 r 的关系曲线（见图 3-11）。在滞后量 lags=−60 时两道信号互相关系数 r 最大，达到 0.8512，显示出比较好的相关性。

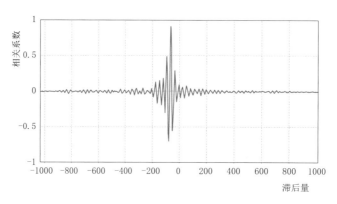

图 3-11　两道信号相关系数 r 随滞后量 lags 的变化图

两道信号的采样频率是 250kHz，因此采样间隔是 4μs。滞后量 lags＝－60 表示在时间间隔 $\Delta t=60\times4\mu s=240\mu s$ 时两道信号最相似。由此计算 R 波波速 $V_R=d/\Delta t=0.5m/240\mu s=2083m/s$，这与图 3－10 中 R 波频散曲线得到的 R 波波速基本是吻合的。因此可以看出，通过两道信号互相关系数的分析能够对由相位谱生成的 R 波频散曲线起到一定的验证作用。

3.6.4.2 相干系数

为评价两道传感器接收到的 R 波信号的质量，MATLAB 还定义相干系数 $\gamma(\omega)$ 或 $\gamma(f)$，以此来判断被记录的两频道信号各频率成分的有效性：

$$\gamma(\omega)=\frac{|F_{21}(\omega)|^2}{F_{11}(\omega)F_{22}(\omega)} \tag{3-21}$$

式（3－19）中，$F_{21}(\omega)$ 为两频道信号 $v_1(t)$ 和 $v_2(t)$ 的互功率谱，具体定义见式（3－15），且：

$$|F_{21}(\omega)|^2=F_{21}(\omega)\ F_{21}^*(\omega) \tag{3-22}$$

式（3－20）中，$F_{21}^*(\omega)$ 为 $F_{21}(\omega)$ 的复共轭。根据式（3－18）可以得出：

$$|F_{21}(\omega)|^2=F_2(\omega)\ F_1^*(\omega)\ F_2^*(\omega)\ F_1(\omega) \tag{3-23}$$

式（3－23）中，$F_1(\omega)$ 和 $F_2(\omega)$ 分别表示两道信号的 FFT，$F_1^*(\omega)$ 和 $F_2^*(\omega)$ 分别表示 $F_1(\omega)$ 和 $F_2(\omega)$ 的复共轭。

另外，在式（3－21）中，$F_{11}(\omega)$ 和 $F_{22}(\omega)$ 分别表示两频道信号 $v_1(t)$ 和 $v_2(t)$ 的自功率谱。由式（3－15），可得：

$$F_{11}(\omega)=F_1(\omega)F_1^*(\omega)\ \text{和}\ F_{22}(\omega)=F_2(\omega)F_2^*(\omega) \tag{3-24}$$

将式（3-23）和式（3－24）代入式（3－21），得出 $\gamma(\omega)=1$。既然相干系数 $\gamma(\omega)$ 对于任何两个信号都恒等于 1，那它还有什么意义呢？

MATLAB 用于计算相干系数 $\gamma(\omega)$ 的函数为 mscohere。MATLABHELP 对该函数的说明中明确要求使用该函数计算两道信号的相干系数时需要将两道信号各自至少分成两段，否则计算出的相干系数值就等于 1。

mscohere 函数基本调用格式如下：

[Cxy,F]＝mscohere(X,Y,window,noverlap,nfft,fs)

该函数利用 Welch 方法计算两道数字信号 X 和 Y（向量）的相干系数估计值（即相干系数）Cxy（向量）及其相对应的频率 F（向量）：

（1）window 参数用于指定窗函数类型以及 X 和 Y 向量分段序列的长度，缺省值为 hamming 窗，且分段长度是将 X 和 Y 向量 8 等分（包含重叠部分）。

（2）noverlap 参数用于指定 X 和 Y 向量相邻两个分段之间的重叠部分长度，缺省值为 50% 的分段长度。

（3）nfft 参数为 FFT 的点数，fs 为两道数字信号 X 和 Y 的采样频率。

Welch 方法是一种常用的随机信号处理方法，首先把数字信号分为 K 段，对每一段数据都做功率谱分析，这样有 K 个功率谱 $P_i(\omega)(i=1,\cdots,K)$，最后对这 K 个功率谱求平均，得到功率谱 $P(\omega)$：

$$P(\omega)=\sum_{i=1}^K P_i(\omega)/K \tag{3-25}$$

从理论上证明，随着 K 的增加，$P(\omega)$ 是信号功率谱的渐近无偏估计。由此可见 Welch 方法是一个统计的过程，所以用 Welch 方法来计算的 mscohere 函数也是一个统计过程。

mscohere 函数是利用 pwelch 函数求得 X 和 Y 向量各自的功率谱，利用 cpsd 函数求得 X 和 Y 向量的互功率谱 Pxy。其中 cpsd 函数的调用格式如下，参数意义与 mscohere 函数完全相同：

$$[Pxy,F]=cpsd(X,Y,window,noverlap,nfft,fs)$$

由于 mscohere 函数计算两道信号相干系数是一个统计过程，因此采用不同的分段方式对相干系数的计算结果是有影响的。图 3-12～图 3-14 是利用 mscohere 函数计算得出的例 1 中两道信号不同分段参数下相干系数随频率的变化曲线。

在不对两道信号进行任何分段而只是采用整段信号进行计算时（图 3-12），相干系数随频率增加保持恒定为 1.0，这对于两道信号的相关性分析来讲没有任何意义。但是如果分段过小，见图 3-14 中每一段仅为 $N/4$ 个点，那么会造成相干系数计算结果出现比较大的畸变，也不能客观反映两道信号的真实相关性（图 3-14）。图 3-13 是比较理想的情况，在分段长度为 $N/2$、重叠长度 $N/4$ 条件下，两道信号表现出比较好的相关性，仅在 18kHz 附近相关系数出现了比较明显的局部降低，这个相干系数随频率变化曲线和图 3-8 中的相位谱还是存在比较好的对应关系。

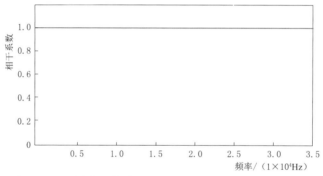

图 3-12　不同分段参数下相干系数随频率的变化曲线（一）

$[window=hamming（N），noverlap=N/4，nfft=N（N=1024）]$

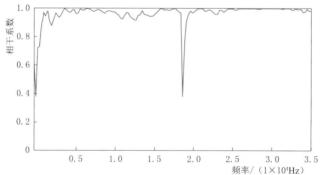

图 3-13　不同分段参数下相干系数随频率的变化曲线（二）

$window=hamming（N/2），noverlap=N/4，nfft=N（N=1024）]$

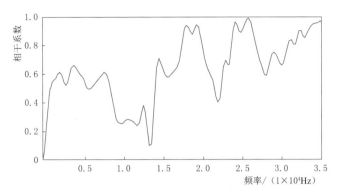

图 3-14　不同分段参数下相干系数随频率的变化曲线（三）
window＝hamming（$N/4$），noverlap＝$N/8$，nfft＝N（N＝1024）]

3.7　SASW 分析计算程序的编制

3.7.1　程序设计框图

与其他很多高级编程语言（如 C＋＋、JAVA 等）一样，MATLAB 也提供了一个图形用户界面（Graphical User Interface，简称 GUI）开发环境，能够比较简单、快速地实现可以在图形化用户界面下运行的应用程序的编程设计，非常适合于类似 SASW 法这类分析计算软件的编写。

SASW 法分析程序 SURFACEXL 的基本设计框图见图 3-15，其核心就是两道信号互功率谱的计算，提供了两种由相位谱生成 R 波频散曲线的方法。第一种是程序自动对相位谱的相位循环进行展开（unwrap），适用于相位谱比较规整、相位循环干扰较小的情况（图 3-8）。但是，当相位循环出现比较大的干扰时，程序容易对相位循环产生误判，见图 3-20 中第二个测试的相位谱相位展开，由于最开始的第 0 个循环（图 3-8 中起始的阴影部位）存在干扰，使程序对第一个相位循环起点产生误判，导致生成的频散曲线严重失真。为避免这种情况的发生，程序提供了一种人工干预手段，由测试人员直接指定相位循环的起点和终点，可以得到合理的频散曲线分析结果。

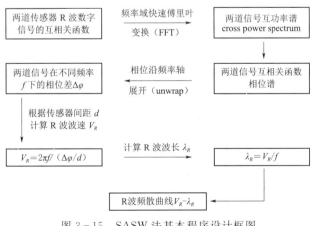

图 3-15　SASW 法基本程序设计框图

165

3.7.2　初始界面

SURFACE XL 由 SASW（表面波谱分析法）、MASW（多道表面波法）和 F - K（频率－波数法）三个分析模块构成。在 MATLAB 环境下运行执行程序后，计算机屏幕会出现图 3 - 16 所示初始界面。

图 3 - 16　SURFACE XL 初始界面

在此初始界面点击 SASW、MASW 或 F - K 按钮，就能够进入相应的分析模块。

3.7.3　SASW 模块分析步骤

（1）在图 3 - 16 初始界面点击 SASW 按钮，进入 SASW 分析模块。

（2）在"SASW 文件"菜单项中点击"打开 bin 文件"选项（在数据文件打开前菜单项内其他选项及"SASW 分析"菜单项未被激活），弹出"打开 bin 数据文件"，选择要打开的数据文件（见图 3 - 17）。

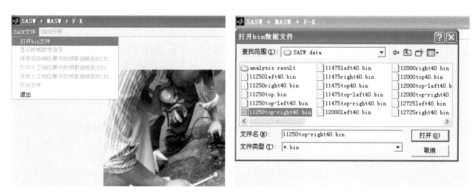

图 3 - 17　打开 . bin 数据文件

SASW 法二进制数据文件的格式是以列向量型式分次（每一次测试的两道数据存储在一起）、分通道（近端传感器采集的数据在前，远端传感器采集的数据在后）存储。

如采用不同的二进制数据文件存储格式，可对软件的数据读入语句稍加修改来满足读取要求。

（3）.bin 数据文件读取成功后会弹出".bin 数据文件读取成功"消息对话框，点击"OK"按钮或关闭对话框后选择"SASW 文件"菜单项中的"显示时域数字信号"选项，屏幕右侧即列出本数据文件的测试参数（采样间隔、采样点数、测试次数以及传感器间距），并显示一次测试的 1 号（近端）和 2 号（远端）传感器的时域数字信号及相应频谱，（图 3-18），通过点击屏幕下方的两个按钮来观察其他次测试结果，其主要目的是定性观察两道传感器信号的质量。

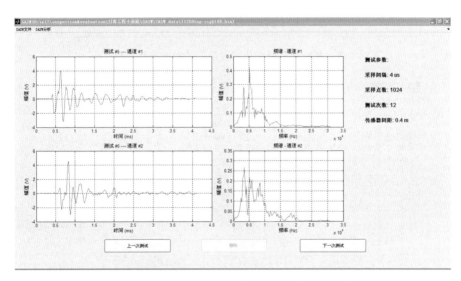

图 3-18　各次测试两道传感器时域信号及频谱

（4）此时，"SASW 分析"菜单项中的"信号相干函数分析"和"全部测试相位谱"选项被激活。

点击"信号相干函数分析"选项，屏幕上显示一次测试的两道时域数字信号、两道信号互相关函数的相位谱以及两道信号的相干函数（图 3-19），通过点击屏幕下方的按钮来观察其他次测试结果。通过相干函数可以对各次测试两道信号的相关性给出定量的评价（采用图 3-13 中 mscohere 函数的输入参数）。

点击"全部测试相位谱"选项，屏幕将显示两次测试的相位谱和根据软件对相位谱相位自动展开的结果计算得出的 R 波频散曲线，每屏显示两次测试的结果（图 3-20），通过点击屏幕下方的按钮来观察其他几次测试结果。

观察各次测试的相位谱和频散曲线。由软件自动解析进行相位谱相位角展开生成频散曲线时，若相位谱受到较大干扰（如衬砌脱空、信号质量欠佳等），自动解析则会出现判读错误，导致频散曲线失真（图 3-20 中的第二个测试结果）。但一般情况下还是有几次测试的频散曲线自动解析结果能够反映混凝土质量的一般性规律（图 3-20 中的第一个测试结果）。观察相位谱，信号质量好时会出现超过 3 个完整、规则的相位循环。

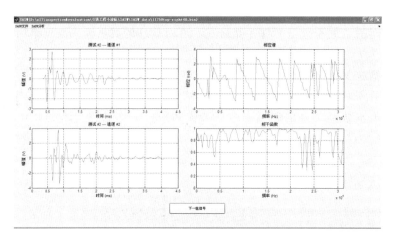

图 3-19　各次测试两道传感器信号的相干函数分析结果

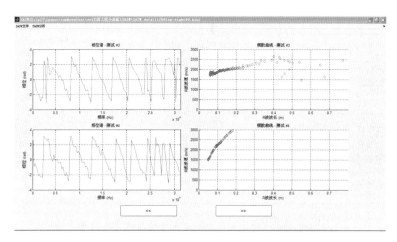

图 3-20　各次测试的相位谱及自动生成的 R 波频散曲线

（5）此时，"SASW 分析"菜单项中的"单选目标相位谱分析"选项被激活，点击后弹出"选择第♯次测试进行分析"输入对话框（图 3-21）。综合观察上述步骤（3）和步骤（4）的结果，选择输入相位谱最具代表性的一次测试，点击"OK"后屏幕显示所选典型测试的相位谱和软件自动生成的 R 波频散曲线（图 3-22）。

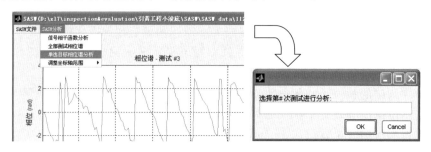

图 3-21　单选目标相位谱分析

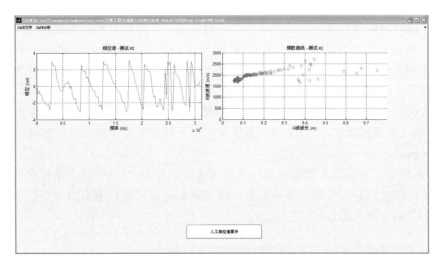

图 3-22 典型测试的相位谱和软件自动生成的 R 波频散曲线

（6）步骤 5 执行后，"SASW 文件"菜单项中的"保存自动相位展开的频散曲线到 EXCEL"选项被激活，点击后可将图 3-22 中自动相位展开的频散曲线信息保存到当前数据文件目录下的"analysis result"子目录里的 EXCEL 文件，文件名为"auto - spectrum - '原数据文件名'.xls"（图 3-23）。

	A	B	C	D	E	F	G	H
1	频率 Hz	相位		自动展开相位	R波波长 m	R波波速 m/s		
2	0	0		0				
3	244.1406	-0.94977		0.949766938	2.646200896	646.0451405		
4	488.2813	-0.53503		0.535027318	4.697468783	2293.685929		
5	732.4219	-1.02798		1.02797502	2.444878595	1790.682565		
6	976.5625	-1.1089		1.108900078	2.266456801	2213.33672		
7	1220.703	-1.83046		1.83045582	1.37303184	1676.064258		
8	1464.844	-1.83865		1.838650592	1.366912307	2002.31295		
9	1708.984	-2.12218		2.12217914	1.184289335	2023.93197		
10	1953.125	-2.30415		2.304154386	1.090757693	2130.38612		
11	2197.266	-2.09503		2.095026325	1.199638445	2635.924318		
12	2441.406	-2.8092		2.809204668	0.894656823	2184.220759		
13	2685.547	-2.41004		2.410038412	1.042835712	2800.584188		
14	2929.688	2.956791		3.326394508	0.755550036	2213.540145		
15	3173.828	2.442751		3.840434022	0.654424502	2077.03089		
16	3417.969	2.569356		3.713829161	0.676733908	2313.05535		
17	3662.109	2.038613		4.244572527	0.592114779	2168.389082		
18	3906.25	0.85857		5.424614872	0.463309227	1809.801668		
19	4150.391	0.326948		5.956237207	0.421956688	1751.285081		
20	4394.531	-0.37844		6.661622305	0.377276586	1657.953749		
21	4638.672	-0.50719		6.790578785	0.370111916	1716.827734		
22	4882.813	-0.54387		6.827054056	0.368134499	1797.531732		
23	5126.953	-0.16792		6.451107343	0.389588018	1997.399506		
24	5371.094	0.297655		5.985530169	0.419891647	2255.277403		
25	5615.234	0.435755		5.847429899	0.429800337	2413.474551		
26	5859.375	0.395351		5.887833991	0.426858863	2501.126151		
27	6103.516	0.621841		5.661344265	0.443935929	2709.569876		
28	6347.656	-0.29654		6.579728421	0.381972319	2424.628977		
29	6591.797	0.01198		6.271205001	0.400764147	2641.755852		

图 3-23 自动相位展开的频散曲线 Excel 文件

该频散曲线 Excel 文件的 A 列和 B 列对应于图 3-22 中左侧未展开的相位谱的频率和相位数据，D 列为软件自动展开相位谱所得的相位值，E 列和 F 列为根据自动相位展开计算得出的 R 波波长和波速数据。当用户对软件自动相位展开的结果存疑时，可利用 A 列和 B 列数据在 Excel 表中进行人工展开，并据此结果绘制修正后的 R 波频散曲线，相位展开具体过程同图 3-9。

（7）若执行步骤（5），自动解析出现相位循环判读错误而导致频散曲线失真时（图 3-20 中的第二个测试结果），可选择点击图 3-22 下部人工相位谱展开按钮进入人工相位谱展开设定模式。

1）首先弹出"选择第 1 循环起点"消息对话框，点击"OK"或关闭对话框后移动屏幕上十字光标到选定的相位第 1 循环起点，按下鼠标左键，相位谱上以"＋"显示选定位置，并标出"第 1 循环起点"（图 3-24）。

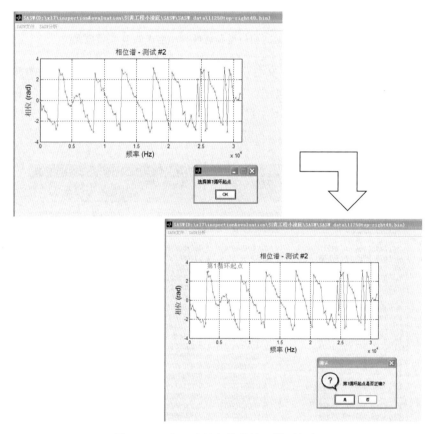

图 3-24　人工选择相位谱第 1 循环起点

2）此时屏幕上弹出"第 1 循环起点是否正确"选择对话框，如需要重新选择第 1 循环的起点，可点击"否"或关闭对话框，已选第 1 循环起点"＋"及标示将被删除，并弹出"重新选择第 1 循环起点"消息对话框，点击"是"或关闭对话框将重复步骤①）。

3）如在"第 1 循环起点是否正确"选择对话框点击"是"，将弹出"选择下一循环起点"选择对话框，根据相位谱中循环的个数和完整性，提供"下一循环起点"和"循环终点"两个选项按钮。如选择"下一循环起点"，则按步骤 1）的操作选定相位谱第 2 循环起点（图 3-25）。

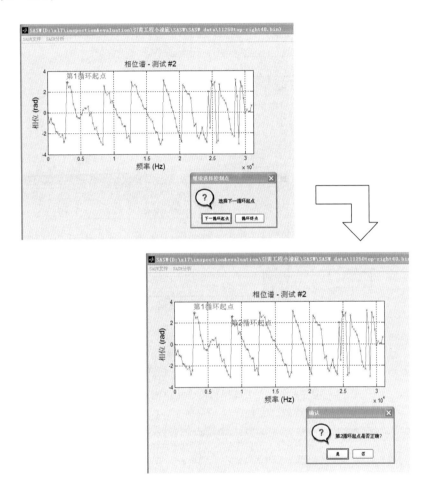

图 3-25　人工选择相位谱第 2 循环起点

4）重复步骤 2）的操作选定相位谱第 3、第 4、第 5 循环起点。检测经验表明，即使相位谱存在数个规整循环，选择 3～5 个循环完全能够满足 R 波频散曲线分析要求。因此，本程序限定最多 5 个相位循环，完成后弹出"最多 5 个循环，选择循环终点"消息对话框，点击"是"或关闭对话框，进入选择用于频散曲线分析的相位循环终点的模式。当信号质量较差或干扰较大，使得相位谱未出现多个规整相位循环时，可提前选择循环终点。循环终点选定后弹出"循环终点是否正确"选择对话框（图 3-26），点击"否"或关闭对话框删除已选相位循环终点，重新选择；若点击"是"屏幕右侧将显示根据以上人工相位展开结果得到的 R 波频散曲线，并弹出"是否需要重新调整相位控制点"选择对话框（图 3-27）。如点击"是"，则删除刚生成的频散曲线，并删除相位谱上已选的相位循环控制点，重新从步骤 1）开始选择新的相位循环控制点。

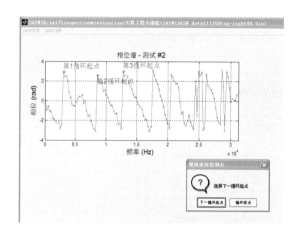

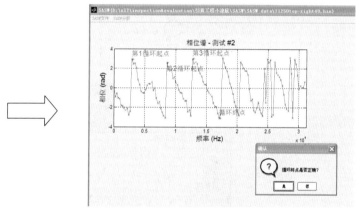

图 3-26 人工选择相位谱相位循环终点

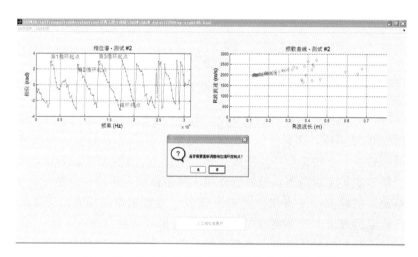

图 3-27 确认人工相位展开获得的 R 波频散曲线

5）在图 3-27 的选择对话框中点击"否"，则确定人工相位展开获得的 R 波频散曲线。此时"SASW 文件"菜单项中的"打印人工相位展开的频散曲线到 JPEG"和"保存人工相位展开的频散曲线到 Excel"选项被激活（图 3-28）。

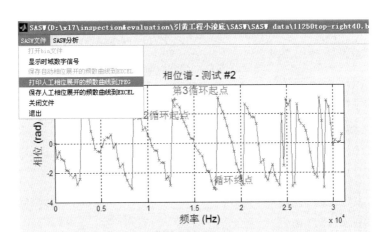

图 3-28 保存人工相位展开的频散曲线

点击"打印人工相位展开的频散曲线到 JPEG"选项，系统将自动把图 3-28 中的相位谱和人工相位展开生成的 R 波频散曲线保存到当前数据文件目录下的"analysis result"子目录里的 JPEG 文件，文件名分别为"。'原数据文件名'—phase.jpg"和"'原数据文件名'—dispersion.jpg"（图 3-29）。

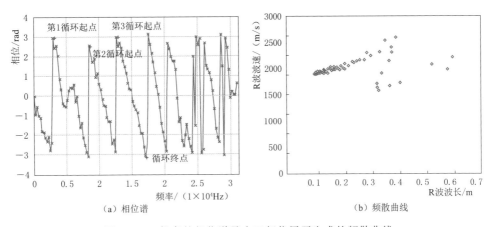

（a）相位谱　　　　　　　　　　（b）频散曲线

图 3-29 保存的相位谱及人工相位展开生成的频散曲线

点击"保存人工相位展开的频散曲线到 Excel"选项，可将图 3-29 中人工相位展开的频散曲线的信息保存到当前数据文件目录下的"analysis result"子目录里的 Excel 文件，文件名为"manual—spectrum—'原数据文件名'.xls"（图 3-30）。

6）当相位循环在相位谱频率轴上过宽或过窄或者频散曲线 R 波波速过高或过低时，可以点击"SASW 分析"菜单项里的"调整坐标轴"选项，其下有两个分选项——"相位谱频率轴调整"和"频散曲线 R 波波速轴调整"，弹出坐标轴范围调整选择对话框，对两个坐标轴刻度范围进行调整（图 3-31）。

　　7）点击"SASW 文件"菜单项中的"关闭文件"选项退出本文件操作，等待打开下一个 SASW 数据文件进行分析。点击"SASW 文件"菜单项中的"退出"选项退出程序。

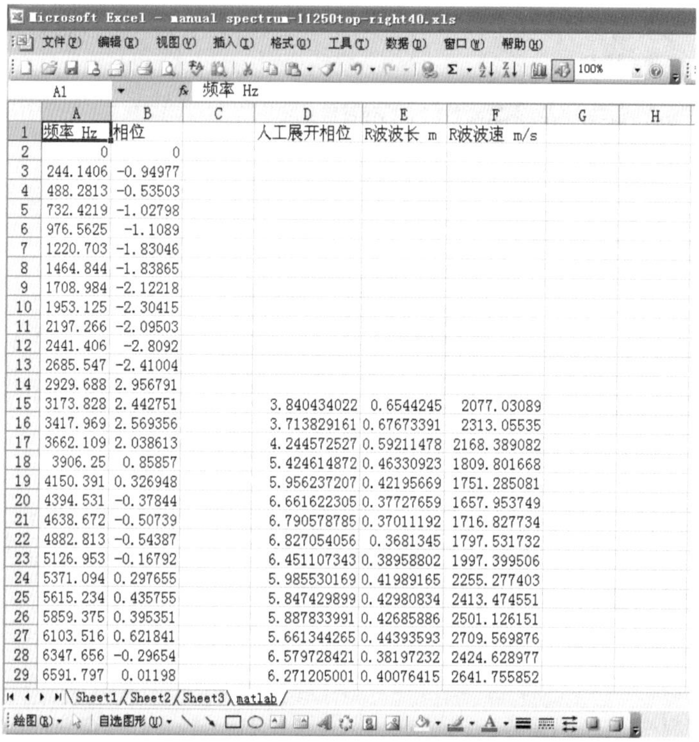

	A	B	C	D	E	F	G	H
	频率 Hz	相位		人工展开相位	R波波长 m	R波波速 m/s		
1	频率 Hz	相位		人工展开相位	R波波长 m	R波波速 m/s		
2	0	0						
3	244.1406	-0.94977						
4	488.2813	-0.53503						
5	732.4219	-1.02798						
6	976.5625	-1.1089						
7	1220.703	-1.83046						
8	1464.844	-1.83865						
9	1708.984	-2.12218						
10	1953.125	-2.30415						
11	2197.266	-2.09503						
12	2441.406	-2.8092						
13	2685.547	-2.41004						
14	2929.688	2.956791						
15	3173.828	2.442751		3.840434022	0.6544245	2077.03089		
16	3417.969	2.569356		3.713829161	0.67673391	2313.05535		
17	3662.109	2.038613		4.244572527	0.59211478	2168.389082		
18	3906.25	0.85857		5.424614872	0.46330923	1809.801668		
19	4150.391	0.326948		5.956237207	0.42195669	1751.285081		
20	4394.531	-0.37844		6.661622305	0.37727659	1657.953749		
21	4638.672	-0.50739		6.790578785	0.37011192	1716.827734		
22	4882.813	-0.54387		6.827054056	0.3681345	1797.531732		
23	5126.953	-0.16792		6.451107343	0.38958802	1997.399506		
24	5371.094	0.297655		5.985530169	0.41989165	2255.277403		
25	5615.234	0.435755		5.847429899	0.42980834	2413.474551		
26	5859.375	0.395351		5.887833991	0.42685886	2501.126151		
27	6103.516	0.621841		5.661344265	0.44393593	2709.569876		
28	6347.656	-0.29654		6.579728421	0.38197232	2424.628977		
29	6591.797	0.01198		6.271205001	0.40076415	2641.755852		

图 3-30　人工相位展开的频散曲线 Excel 文件

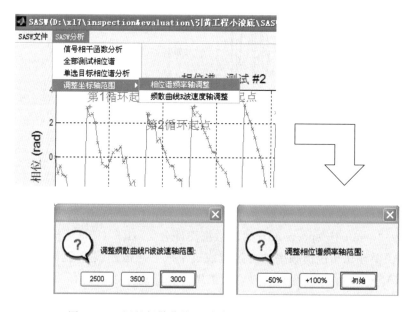

图 3-31　调整频散曲线 R 波波速和相位谱频率轴范围

3.8　SASW 法检测混凝土衬砌的数值模型验证

　　为了验证 SASW 方法检测混凝土衬砌结构质量的可行性，采用图 3-32 所示的二维有限元模型。模型尺寸为 2m（厚度）×12m（长度），厚度方向上部 40cm 模拟混凝土面板衬砌，下部 160cm 模拟基岩。分析中关注的 R 波波长是决定有限元模型单元尺寸大小的重要因素，当采用线弹性单元时，单元尺寸一般应小于该 R 波波长的十分之一[8]。对于 40cm 厚的混凝土衬砌，我们最关注的是 40cm 左右的 R 波波长，因此单元尺寸应在 4cm 以下。为保证频谱分析结果的准确性，本分析中采用的单元尺寸为 2cm。

　　冲击锤激振产生的弹性冲击被模拟为一个半正弦函数瞬时荷载脉冲，幅值为 1kN，半正弦函数的宽度为冲击时钢球与试件测试表面的接触时间 t_c。为考察不同冲击接触时间 t_c（与锤的材质、大小和敲击力度有关）对 SASW 法分析结果的影响，在有限元分析中采用了 $100\mu s$、$250\mu s$ 和 $500\mu s$ 3 种不同冲击接触时间（对于 SASW 测试，常规的 30~50mm 直径实心钢制球形冲击锤与混凝土面的冲击接触时间一般在 100~300μs 范围内）。此弹性冲击施加在模型顶部的中央，距离模型底部和两个侧面的边界都比较远，能够有效地减小边界反射对 SASW 分析造成的影响。

图 3-32　SASW 法混凝土衬砌分析二维模型

　　模型中混凝土和基岩的泊松比均取 0.2，由于采用的是平面四节点单元，泊松比对分析结果的影响并不大。模型分析采用直接积分的时程分析，分析（采样）点数为 1024 个，分析步长（采样间隔）为 $5\mu s$。在时程分析结束后可以根据需要选择不同偏移距（冲击点至近端传感器的距离）和道间距（两道传感器之间距离）组合，对两个接收点的垂直向加速度时程信号进行 SASW 分析。

3.8.1　不同基岩特性对 R 波频散曲线的影响

3.8.1.1　均质模型

　　当图 3-32 模型中的混凝土和基岩都采用同一种材料时，根据频散理论，R 波频散曲线上 R 波波速 V_R 随波长 λ_R 的变化应保持恒定。设定均质模型材料的密度为 2450kg/m³，动弹模 E_d 为 30GPa，根据式（3-1）和式（3-6），可以计算得出均质材料的 R 波波速为 2059m/s。在冲击接触时间 $t_c=250\mu s$ 条件下，选取偏移距 80cm（SASW 检测中一般偏移距为道间距的 1~2 倍）和道间距 40cm（SASW 检测中一般道间距应与目标检测深度相近）的两个接收点，利用该两点垂直向加速度时程信号进行 SASW 分析，获得的相位谱及相应的 R 波频散曲线（前三个相位循环生成）见图 3-33，根据前述 SASW 法的分析原理，频散曲线波长轴最大值为 2 倍道间距，即 80cm。

两道信号相位谱的前两个循环比较规整，宽度大致相同，生成的频散曲线 R 波波速在 0.8m 波长范围内基本保持在理论波速 2059m/s 左右。从第三个相位循环开始宽度逐渐变窄，导致频散曲线波长小于 0.2m 时，R 波波速出现了降低的趋势，这应该与模型所采用的 2cm 单元尺寸有关，正如前述单元尺寸应不大于目标 R 波波长的十分之一，0.2m 波长正好在这个限值上。

从图 3-33 中可以看出，理想状态下均质材料两道信号相位谱的形态应该是连续、间隔均匀、规整、不存在干扰的多个相位循环，频散曲线上 R 波波速表现为水平直线。

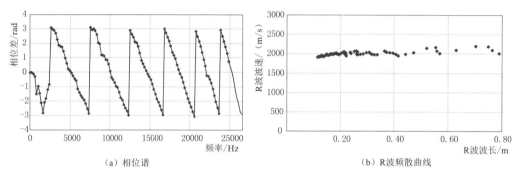

（a）相位谱　　　　　　　　　　　　（b）R 波频散曲线

图 3-33　均质模型两道信号相位谱及相应 R 波频散曲线

（$E_d = 30GPa$，$t_c = 250\mu s$，偏移距 80cm，道间距 40cm）

3.8.1.2　衬砌脱空模型

图 3-32 的模型中采用如下方式来近似模拟衬砌的脱空：上部 40cm 混凝土衬砌的动弹模 E_{dc} 仍为 30GPa，下部基岩动弹模 E_{db} 赋值为极小值 1GPa。冲击接触时间、偏移距和道间距等其他条件不变，获得的相位谱及相应的 R 波频散曲线（前三个相位循环生成）见图 3-34。

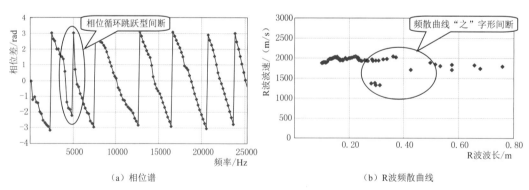

（a）相位谱　　　　　　　　　　　　（b）R波频散曲线

图 3-34　脱空模型两道信号相位谱及相应 R 波频散曲线

（$E_{dc} = 30GPa$，$E_{db} = 1GPa$，$t_c = 250\mu s$，偏移距 80cm，道间距 40cm）

与图 3-33 的均质模型相位谱相比，脱空模型相位谱最显著的特点是在第一个相位循环的中间出现了一个明显的跳跃型间断，其他相位循环的位置和宽度与均质模型基本相同。由此生成的频散曲线在 R 波波长 40cm（正好是衬砌厚度）处出现了一个明显的"之"字形间断，波长小于 40cm 内 R 波波速与均质模型基本相同，也基本保持在衬砌混凝土的理论波速 2059m/s 左右。

图 3-34 中相位谱中第一个循环中的跳跃型间断是由衬砌底面（脱空界面）的弹性波反射造成的，可以通过冲击回波的基本计算式（3-26）进行验证：

$$V_{p,plate} = 2Tf \qquad (3-26)$$

式中：f 为对应于板底反射卓越振动的频率（又称板厚频率），Hz；$V_{p,plate}$ 为 P 波在板内的传播速度（又称表观 P 波波速），m/s，$V_{p,plate}$ 约为 P 波三维传播速度 V_{P3} 的 96%[9]；T 为板的厚度，m。

衬砌混凝土 R 波的理论波速为 2059m/s，根据式（3-6）计算 V_{P3} 为 3686m/s，则 $V_{p,plate}$ 约为 3538m/s，衬砌厚度 T 为 0.4m，根据式（3-26）计算得出板底反射卓越振动的频率 f 为 4423Hz。图 3-34 中相位谱中第一个循环中的跳跃型间断的频率区间为 [3906Hz，5078Hz]，中间值为 4492Hz，与冲击回波法得出的板厚频率 4423Hz 相近。

因此，当道间距和衬砌厚度基本相同时，可以利用相位谱第一个循环是否出现了明显的跳跃型间断这一特征来判断衬砌与下部基础之间是否产生了脱空现象。这种方法在实际工作中被证明是有效的，特别是在评价隧洞衬砌顶拱和围岩的结合状况时，与地质雷达等其他物探方法综合应用能够取得比较准确的检测结果。

3.8.1.3 软弱衬砌上覆坚硬基础模型

在图 3-32 的模型中采用如下方式来近似模拟软弱衬砌上覆坚硬基础：上部 40cm 混凝土衬砌的动弹模 E_{dc} 为 10GPa（计算衬砌混凝土的理论 R 波波速 1189m/s），下部基岩动弹模 E_{db} 为 30GPa。冲击接触时间 250μs、偏移距 80cm 和道间距 40cm 等其他条件不变，获得的相位谱及相应的 R 波频散曲线（前三个相位循环生成）见图 3-35。

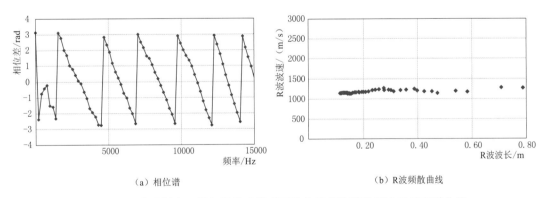

（a）相位谱 （b）R波频散曲线

图 3-35 软弱衬砌上覆坚硬基础模型两道信号相位谱及相应 R 波频散曲线
（E_{dc}=10GPa，E_{db}=30GPa，t_c=250μs，偏移距 80cm，道间距 40cm）

两道信号相位谱的循环比较规整，宽度大致相同，没有像脱空模型（图 3-34）那样相位谱第一个循环中出现由衬砌底面弹性波反射造成的跳跃型间断。生成的频散曲线 R

波波速在 0.8m 波长范围内基本保持在衬砌材料的理论波速 1189m/s 左右。由此可见，在道间距与衬砌厚度基本相同的条件下，下部坚硬基础对上部软弱衬砌的 R 波频散曲线的影响并不大。

在其他条件不变的条件下，将道间距扩大到 80cm，频散曲线 R 波波长最大值为 1.6m，获得的相位谱及相应的 R 波频散曲线见图 3-36。道间距 80cm 的频散曲线在波长 80cm 范围内与图 3-35 道间距 40cm 的整条频散曲线形态基本相同；当波长超过 80cm 后，R 波波速有逐渐增加的趋势，很显然是受到了下部坚硬基础材料的影响。

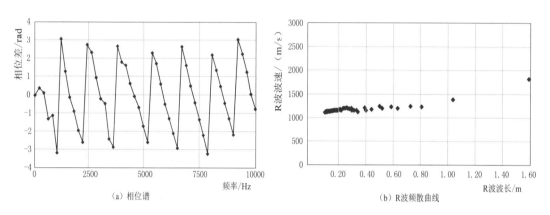

（a）相位谱　　　　　　　　　　　　　（b）R 波频散曲线

图 3-36　软弱衬砌上覆坚硬基础模型两道信号相位谱及相应 R 波频散曲线
（E_{dc} = 10GPa，E_{db} = 30GPa，t_c = 250μs，偏移距 80cm，道间距 80cm）

3.8.1.4　坚硬衬砌上覆软弱基础模型

在图 3-32 的模型中采用如下方式来近似模拟坚硬衬砌上覆软弱基础：上部 40cm 混凝土衬砌的动弹性模量 E_{dc} 为 30GPa，下部基岩动弹性模量 E_{db} 为 10GPa。冲击接触时间 250μs、偏移距 80cm 和道间距 40cm 等其他条件不变，获得的相位谱及相应的 R 波频散曲线见图 3-37。

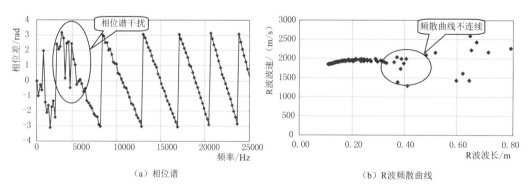

（a）相位谱　　　　　　　　　　　　　（b）R 波频散曲线

图 3-37　软弱衬砌上覆坚硬基础模型两道信号相位谱及相应 R 波频散曲线
（E_{dc} = 30GPa，E_{db} = 10GPa，t_c = 250μs，偏移距 80cm，道间距 40cm）

与图3-34中衬砌脱空模型的结果相比，当上部衬砌和下部基础的刚度有差距但又不是非常大时，坚硬衬砌上覆软弱基础模型相位谱的第一个循环会出现比较明显的干扰，但没有出现类似脱空模型那样的跳跃型间断。由此生成的频散曲线在R波波长40cm（正好是衬砌厚度）处产生不连续，但没有出现明显的"之"字形间断，波长小于40cm内R波波速与均质模型也基本相同。因此，通过对比脱空、软弱衬砌上覆坚硬基础以及坚硬衬砌上覆软弱基础这三个模型的分析结果，可以看出衬砌和基础结合界面对弹性波的反射效应越强，相位谱循环的干扰就越大，对频散曲线平滑性的影响也越大。

3.8.2 不同道间距对R波频散曲线的影响

下面以衬砌脱空模型为例，来研究不同道间距（两道传感器间距）对R波频散曲线的影响。上部40cm混凝土衬砌和下部基岩的动弹模以及冲击接触时间 t_c 都不变，但道间距分别采用20cm、60cm和80cm，获得的相位谱及相应的R波频散曲线见图3-38～图3-40。

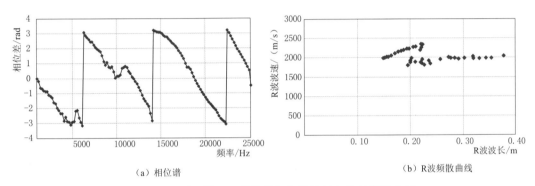

（a）相位谱 　　　　　　　　　　　　（b）R波频散曲线

图3-38　脱空模型两道信号相位谱及相应R波频散曲线

（$E_{dc}=30$GPa，$E_{db}=1$GPa，$t_c=250\mu$s，偏移距40cm，道间距20cm）

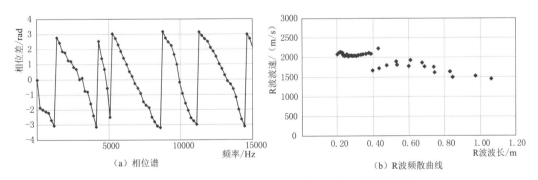

（a）相位谱 　　　　　　　　　　　　（b）R波频散曲线

图3-39　脱空模型两道信号相位谱及相应R波频散曲线

（$E_{dc}=30$GPa，$E_{db}=1$GPa，$t_c=250\mu$s，偏移距60cm，道间距60cm）

从图3-38中可以看出，道间距20cm时两道传感器信号相位谱的第一个相位循环中间也出现了一个比较明显的干扰，位置大致在8984Hz，正好是图3-34道间距40cm相位谱中跳跃型间断位置处频率（4492Hz）的两倍，因此判断这个干扰是由于衬砌底部反射形成的高阶振动频率造成的。这个干扰的存在使得频散曲线在波长 0.2m 附近出现了畸变，不能很好地反映衬砌混凝土的质量。

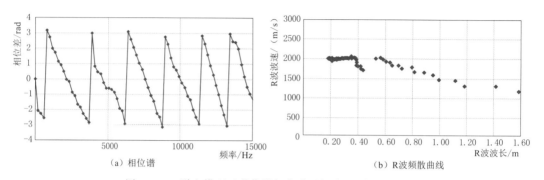

（a）相位谱　　　　　　　　　　　　　（b）R 波频散曲线

图 3-40　脱空模型两道信号相位谱及相应 R 波频散曲线

（$E_{dc}=30\text{GPa}$，$E_{db}=1\text{GPa}$，$t_c=250\mu s$，偏移距 80cm，道间距 80cm）

图 3-39 中道间距 60cm 时两道传感器信号相位谱的第一个相位循环也出现了一个跳跃型间断，位置同样在 4492Hz，只不过由于道间距的变化，这个跳跃型间断不像图 3-34 道间距 40cm 时出现在第一个相位循环中间，而是更靠近该循环的后部。频散曲线也在 R 波波长 40cm（衬砌厚度）处出现了一个明显的"之"字形间断，波长小于 40cm 内 R 波波速也基本保持在衬砌混凝土的理论波速 2059m/s 左右。

当道间距为 80cm 时，图 3-39 中两道传感器信号相位谱出现了明显的不同，相位循环中并未出现类似图 3-38 或图 3-39 那样的明显干扰或跳跃型间断，只是在第二个循环的 4492Hz 附近发生了扭曲，虽然生成的频散曲线在 R 波波长 40cm（衬砌厚度）处也出现了一个明显的间断，但不是"之"字形，随后 R 波波速随波长的增加逐渐减小。

通过观察衬砌厚度 40cm 情况下道间距 20cm（图 3-38）、40cm（图 3-34）、60cm（图 3-39）和 80cm（图 3-40）的相位谱和频散曲线，可以发现为比较直观、准确地评价衬砌混凝土的质量以及衬砌与基础的结合状况，SASW 法检测时两道传感器的道间距宜等于或略大于衬砌厚度。

3.8.3　不同冲击接触时间对 R 波频散曲线的影响

为考察不同冲击接触时间 t_c（与钢质冲击锤的大小和敲击力度有关）对 SASW 法分析结果的影响，采用上述衬砌脱空模型，上部 40cm 混凝土衬砌和下部基岩的动弹模不变，道间距为 40cm，t_c 采用 $100\mu s$ 和 $500\mu s$，获得的相位谱及相应的 R 波频散曲线见图 3-41 和图 3-42。

与图 3-34 中 t_c 采用 $250\mu s$ 时衬砌脱空模型的结果相比，t_c 采用 $100\mu s$ 和 $500\mu s$ 时衬砌脱空模型的相位谱和频散曲线几乎完全相同，都在第一个相位循环中间相同的位置出现了一个跳跃型间断，由此生成的频散曲线都在 R 波波长 40cm（正好是衬砌厚度）处出现了一个明显的"之"字形间断。由此可见只要其他检测条件相同，钢质冲击锤的大小和检测人员的敲击力度对 SASW 法检测结果的影响很小。

（a）相位谱　　（b）R波频散曲线

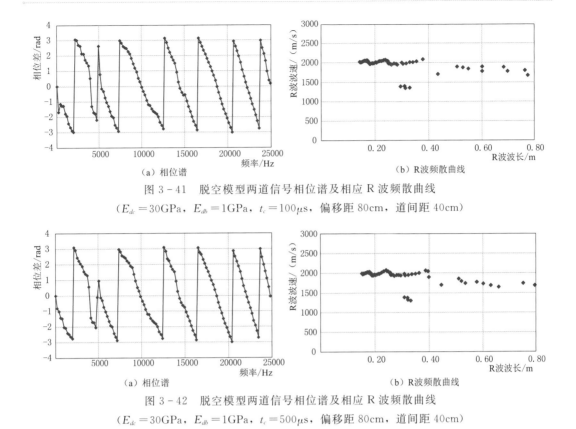

图 3-41　脱空模型两道信号相位谱及相应 R 波频散曲线

（E_{dc}=30GPa，E_{db}=1GPa，t_c=100μs，偏移距 80cm，道间距 40cm）

（a）相位谱　　（b）R波频散曲线

图 3-42　脱空模型两道信号相位谱及相应 R 波频散曲线

（E_{dc}=30GPa，E_{db}=1GPa，t_c=500μs，偏移距 80cm，道间距 40cm）

3.9 SASW 法的工程应用实例

3.9.1 隧洞顶拱衬砌脱空的检测

山西某引水工程隧洞混凝土衬砌设计为 C25 钢筋混凝土，Ⅲ类、Ⅳ类和Ⅴ类围岩衬砌设计厚度分别为 30cm、35cm 和 40cm。某检测断面位于Ⅴ类围岩区，顶拱 SASW 测点沿隧洞轴线方向布置在顶拱的中央，偏移距为 40cm，道间距为 40cm（与衬砌设计厚度相同）。检测参数为采样点数 1024 个（亦为 FFT 分析点数），采样频率 250kHz（采样间隔 4μs），相位谱频率的分辨率 df=250kHz/1024=244.1Hz。其 SASW 的检测结果见图3-43。

对比图 3-34 可以发现该隧洞所选顶拱测点与脱空模型的相位谱和频散曲线的形态几乎完全相同：也在第一个相位循环出现了跳跃型间断，频散曲线也在衬砌厚度附近出现了“之”字形间断，提示此处顶拱与基岩存在脱空。

频散曲线波长 40cm 范围内混凝土 R 波波速基本在 1900～2000m/s，表层混凝土略差。为了利用 R 波波速来评价混凝土的质量（强度），需要建立 R 波波速和混凝土强度之间的相关关系。本项目中在隧洞的边墙上钻取了一定数量的芯样，利用冲击回波法（IE 法）[1]测试了这些芯样（长度超过 200mm）一维 P 波波速 V_{P1}，将其换算为 R 波波速 V_R，对芯样进行抗压强度试验后就可以获得芯样强度与 R 波波速关系曲线（图 3-44）。据此判断衬砌混凝土的强度基本在 30MPa 左右。

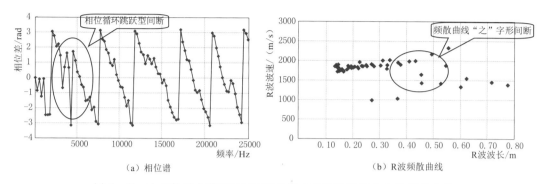

（a）相位谱　　　　　　　　　　　　　（b）R 波频散曲线

图 3-43　山西某引水隧洞某断面顶拱测点相位谱及相应 R 波频散曲线

（偏移距 40cm，道间距 40cm）

3.9.2　大坝混凝土的检测

3.9.2.1　某混凝土重力坝上游面检测

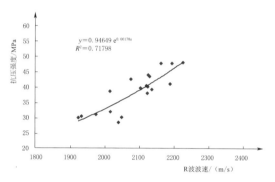

图 3-44　芯样强度与 R 波波速关系曲线

某混凝土重力坝上游面现场检测加速度传感器布置方式见图 3-45 和图 3-46。测点水平布置，高程基本约为 993.00m（水库正常蓄水位为 994.00m），属于水位频繁变动区。加速度传感器通过磁座牢牢吸附于事先粘贴在上游面的垫片上，近端（位置靠近敲击点）加速度传感器的位置固定，通过移动远端传感器，使两道传感器的间距分别设置为 10cm、20cm、50cm、100cm 和 200cm。间距 10cm 和 20cm 时采用直径 17mm 的激振锤进行激振，以获得高频 R 波成分（检测表层混凝土质量）；间距 50cm 和 100cm 时采用直径 50mm 和 30mm 两种激振锤进行激振，间距 200cm 时采用直径 50mm 激振锤加橡胶套的方式进行激振，用于激发低频更大波长的 R 波成分，主要来检测内部混凝土的质量。根据 SASW 检测的原理，R 波的穿透深度约为两道传感器间距的一半（考虑半波长解析方法），因此这样的布置方式可以检测表面下 2m 深度范围内混凝土的质量。

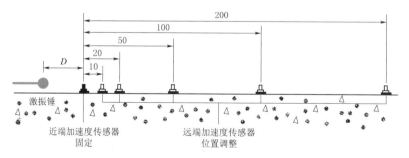

图 3-45　某混凝土重力坝上游面加速度传感器布置方式示意图（单位：cm）

检测时激振锤与近端传感器的距离 D 设置为两道传感器间距的两倍，其主要目的是利用 R 波能量大、传播速度慢的特点，使 R 波与 P 波和 S 波成分有效分离。检测参数采样频率为 250kHz，采样间隔 $4\mu s$（传感器间距 200cm 时采样频率为 125kHz，采样间隔 $8\mu s$），采样点数为 1024（亦为 FFT 分析点数），相位谱频率的分辨率 $df=250\text{kHz}/1024=244.1\text{Hz}$（传感器间距 200cm 时 $df=125\text{kHz}/1024=122.1\text{Hz}$）。两道数字信号通过 MATLAB 分析获得相位谱，生成 R 波频散曲线，最后将每个测点所有传感器间距

图 3-46 某混凝土重力坝上游面 SASW 测点现场布置

（10cm、20cm、50cm、100cm 和 200cm）情况下的 R 波频散曲线叠加在一起，形成测点的 R 波综合频散曲线。典型测点结果见图 3-47。

R 波频散曲线在 R 波波长约 50cm 处存在一个明显的分界点。R 波波长超过 50cm，R 波波速总体上趋近 2500m/s，且比较稳定；R 波波长小于 50cm 时，R 波波速随着波长的减小呈现明显的逐渐减小趋势；波长为几公分量级时，R 波波速减小到 $1000\sim1500\text{m/s}$ 甚至更低。采用半波长解析法，可以判断由于水的侵蚀作用，大坝上游面混凝土表面大概有 $20\sim25\text{cm}$ 的疏松层，但内部混凝土质量完好，按 R 波波速推算 P 波波速可达 4500m/s。

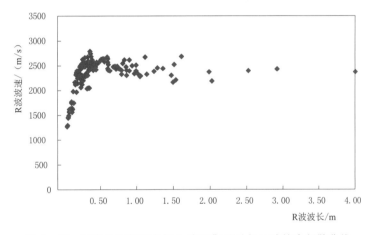

图 3-47 西南地区某重力坝上游面典型测点 R 波综合频散曲线

3.9.2.2 混凝土拱坝廊道检测

在华南地区某混凝土坝基础灌浆廊道的上、下游面采用图 3-3 的布置进行了 SASW 法检测，偏移距和道间距均为 8m。检测参数采样频率为 250kHz，采样间隔 $4\mu s$。由于采用 8m 道间距，需要加大采样点数（亦为 FFT 分析点数）以提高相位谱频率的分辨率，本次检测采样点数为 16384，相位谱分辨率 $df=250\text{kHz}/16384=15.2\text{Hz}$。现场检测情形

图 3-48　华南地区某混凝土拱坝灌浆
廊道内 SASW 检测

见图 3-48，典型测点结果见图 3-49。

从图 3-49 中可以看出，该廊道内典型测点的相位谱具有数个连续、规整且间隔均匀的相位循环，生成的频散曲线上 V_R 随 λ_R 变化连续、平缓，波长 16m 范围内混凝土 V_R 基本约在 2500m/s（对应 $V_{P3}=4500$m/s）。采用半波长解析法可判断表面下深度 8m 范围内混凝土质量好，根据现场钻取芯样的强度与相应 R 波波速的关系曲线，判断内部混凝土强度超过 30MPa。

由此可见，只要检测布置合理，两道信号质量好，用 SASW 法可以检测表面以下 8m

其至更深范围内的混凝土质量。

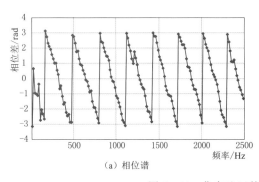

（a）相位谱

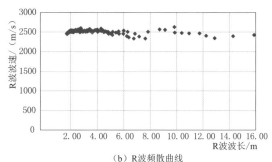

（b）R 波频散曲线

图 3-49　华南地区某混凝土拱坝灌浆廊道典型
测点相位谱及 R 波频散曲线

3.9.3　混凝土面板耐久性劣化的监测

水工混凝土建筑物中存在着为数众多的薄壁结构，比如隧洞和渠道的衬砌、闸室底板、渡槽槽壳、堆石坝面板以及抽水蓄能电站水库面板等。这些薄壁结构的厚度一般都在 50cm 以下，在外界侵蚀环境下容易出现混凝土耐久性劣化的问题，对结构的安全运行产生不利影响。虽然水工混凝土的耐久性问题在我国水利工程建设已受到广泛的关注，但是对于水工混凝土耐久性劣化的评价长期以来都没有得到很好的解决，水工混凝土材料耐久性的研究仍主要局限于试验室内，其最主要的原因是缺乏准确、有效的在现场检测混凝土耐久性的方法。

混凝土耐久性劣化评价中最重要的指标是混凝土动弹性模量的降低。目前我国水工界比较通用的方法是通过标准棱柱体试件在快速冻融条件下动弹性模量的变化来测试混凝土的抗冻性，以此来评价混凝土的耐久性。《水工混凝土试验规程》（SL 352—2018）采用共振法在试验室内测试棱柱体试件在经过若干次快速冻融循环后的相对动弹性模量，当其低于 60% 时，认为试件已发生破坏。但是这种方法只能在试验室内进行，并不能应用于工程现场。

根据式（3-1）和式（3-6），混凝土动弹模与弹性波波速的平方呈正比。因此只要能找到一种准确、快速、稳定的弹性波波速检测方法，就能够在现场实现对混凝土耐久性劣化的跟踪监测。

采用 SASW 法对华北地区某抽水蓄能电站上水库混凝土面板（厚度 30cm）进行了为期三年的试验性跟踪检测。检测参数：偏移距 0.8m，道间距 0.4m，采样频率为 250kHz，采样间隔 $4\mu s$，采样点数（亦为 FFT 分析点数）为 1024 个，相位谱分辨率 $df = 250\text{kHz}/1024 = 244.1\text{Hz}$。现场检测情形见图 3-50，同一典型测点在上述相同检测参数条件下连续三年的检测结果见图 3-51。

图 3-50　华北地区某抽水蓄能电站水库面板 SASW 检测

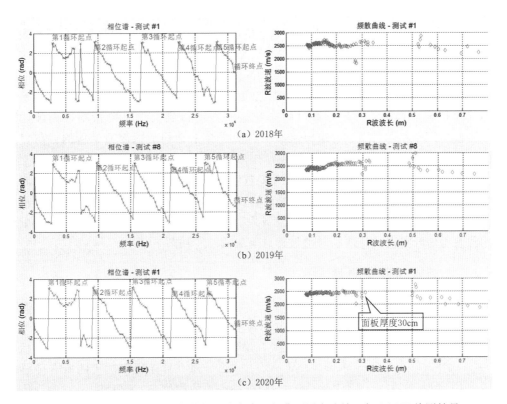

（a）2018年

（b）2019年

（c）2020年

图 3-51　华北地区某抽水蓄能电站水库面板典型测点连续三年 SASW 检测结果

图 3-51 中的典型测点来自坐落在堆石基础上的面板的水位变化区。由于堆石体基础刚度远小于面板，因此面板底部存在一个非常明确的弹性波反射面，造成相位谱第一个循环中出现了类似脱空模型那样的跳跃型间断，从而导致 R 波频散曲线在波长 30cm 附近（与面板厚度基本相同）出现间断。从连续三年的检测结果来看，该测点 R 波波速基本保

持在 2500m/s 左右，在误差可接受的范围内没有出现较为明显的变化，因此几乎可以判断近三年来该测点混凝土动弹模未产生降低。

实践证明该方法测试稳定，现场操作和数据处理方便快捷，在长期检测数据积累的基础上能够实现对水工混凝土耐久性劣化的监测，对于水工混凝土薄壁结构（衬砌、面板、底板等）的安全评估具有重要的意义。

3.10　MASW 方法和 F-K 方法

3.10.1　SASW 法的缺点

SASW 法（表面波谱分析法）是基于两道信号互相关的一维频率（时间）域 FFT 的表面波分析方法，测试得到的相位速度-频率关系其实是在瞬态冲击激振作用下待测媒质基阶振型表面波的频散曲线。SASW 法存在的最大问题在媒质不规则分层情况下容易出现互功率谱相位循环的相位差角展开错误，导致频散曲线计算完全失真[10-12]。造成这一现象的主要原因是 SASW 采用的基于互功率谱分析的两道数字信号采集处理方法不能有效识别瞬态冲击下不规则分层媒质的不同表面波振动模态，特别是高阶模态，使得频散曲线分析出现模态跳跃（mode jumping）现象[13-15]，导致在层状媒质条件下频散曲线经常出现形如"之"字形的怪异形状。到目前为止对此"之"字形频散曲线的成因也没有一个合理的解释。

以上这些研究也表明，当媒质自上而下剖面刚度逐步递增的比较规则情况下，基阶振型表面波的影响是主要的，很难通过瞬态激振的方法得到其他高阶振型表面波，因此 SASW 一般适用于相对均质、分层特性不明显的混凝土结构的内部质量检测。与岩土工程中的地层相比，一般的水工混凝土衬砌结构都比较简单，基本没有强、弱层相互交替出现的情况，因此 SASW 法的检测精度在大多数情况下是能够满足要求的。但在待测媒质剖面分层刚度出现异常的情况下，高阶振型的表面波影响增大，不同振型起主导作用频率范围不同，R 波频散曲线是数个表面波振型共同作用的结果，采用 SASW 法分析由于潜在的相位差角展开错误，易造成 R 波波速计算失真。

3.10.2　MASW 法基本原理

为克服 SASW 法的缺点，MASW（Multi-station analysis of surface waves，多道表面波法）采用多道（一般大于 12）接收传感器，其检测布置见图 3-52。分析时先对每一道传感器接收的 R 波信号进行时间域 FFT 变换，得到相应位置 x 处的相位角 $\varphi(f)$，然后再对每个目标频率 f 下的所有传感器处的相位角 $\varphi(f)$ 沿 x 方向（传感器布置方向）展开，可得到每个目标频率下相位角 $\varphi(f)$ 与 x 的相关关系，其斜率与 SASW 法基本式（3-14）中的分母项意义相同，由此来计算每个目标频率下的 R 波波速。由于利用了多道传感器接收到的信

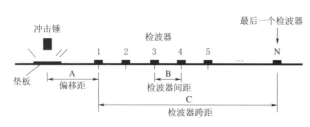

图 3-52　MASW 法检测布置示意图

息，通过线性回归计算 $\varphi(f)-x$ 的斜率及相关系数，整个分析过程容错率比较高。而且，MASW 按空间域（长度方向）进行相位角展开比 SASW 法按时间域（频率）进行相位角展开要稳定的多，结果可靠性更高[12-13]。研究表明[12]，当测区长度（传感器总长度）足够大时，MASW 法得到的 R 波频散曲线基本不会受到模态跳跃（mode jumping）的影响。

MASW 法的基本分析步骤见图 3－53。

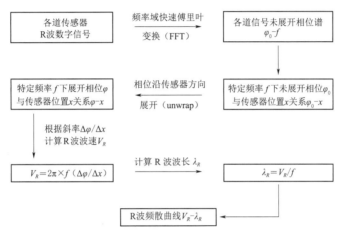

图 3－53 MASW 法基本分析步骤图

与 SASW 法一样，MASW 方法也是基于时间（频率）域的一维 FFT 分析，只是MASW 法按空间域（长度方向）进行相位角展开，充分利用了瞬态冲击产生的 R 波信号在空间的分布信息。与 SASW 相比，MASW 的水平向（测线方向）分辨率降低，而竖向（深度方向）分辨率提高。虽然准确性提高，但 MASW 相比 SASW 分析过程要复杂得多，需要对每一个目标频率的 $\varphi(f)-x$ 直线斜率进行计算，对于像渠道、隧洞、暗涵衬砌结构这样大面积的检测，分析效率有待提高。

3.10.3 F－K 法基本原理

为了消除 SASW 法在复杂媒质分层条件下无法有效辨识不同阶次表面波振动模态的缺点，McMechan 和 Gabriels 等[16,17]提出了一种基于多道表面波的 F－K（频率-波数）法，检测布置同图 3－52，也是利用多道（一般不小于 12 道）传感器的 R 波数字信号进行分析，其基本原理是根据 R 波波速计算公式：

$$V_R = \lambda / T = \lambda f \tag{3-27}$$

式中：V_R 为 R 波波速，m/s；λ 为 R 波波长，m；T 为 R 波周期，s；f 为 R 波频率，Hz。

引入波数 K 的概念，即：

$$K = 1/\lambda \tag{3-28}$$

则式（3-27）可转化为 F－K 法基本公式：

$$V_R = f/K \tag{3-29}$$

对多道传感器所接收的由瞬态冲击产生的 R 波信号在时间和空间域上进行二维傅里

叶变换：首先将各道传感器接收到的数字信号单独做频率域 FFT，获得 R 波频率 f 的信息，随后再对该结果沿传感器布置方向（空间域）做 FFT，获得 R 波波数 K 的信息。上述二维傅里叶变换形成频率域与空间域的二维 FFT 图像，即 F-K 能量谱，该图像的横轴为频率 $f(Hz)$，纵轴为波数 $K(m^{-1})$。根据 R 波在频率—波数域上振幅能量最大特点，在二维 F-K 能量谱上可以非常清晰的识别出 R 波基阶及高阶振动模态，通常选择基阶模态（该二维 FFT 图像上能量极值的路径），计算出不同频率 f 下的 R 波波速 V_R，提取 R 波频散曲线[18-24]。

一些研究还发现[25,26]，对于分层媒质 R 波波速（或剪切波 S 波波速）随深度递增的剖面，在所有模态中基阶模态的能量起主导作用，反演时可将基阶模态的频散曲线作为该剖面的理论频散曲线。

F-K 法属于频率域与空间域的二维 FFT 分析方法，克服了一维 FFT 数字处理技术存在的不足，充分利用了多道表面波数据记录信息，能够获取更大范围内待测媒质的信息。F-K 法一般多用于地质勘察，但国外也有将其应用于水工混凝土结构质量检测的实例[27]。而且，这种方法受混凝土内部钢筋的尺寸、保护层厚度和间距等因素的影响很小[28]。

F-K 法基本分析步骤可概括（见图 3-54）。

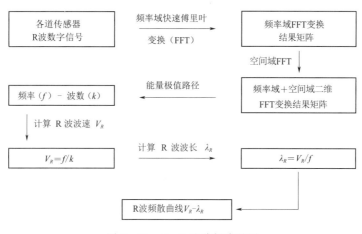

图 3-54　F-K 法分析步骤图

3.10.4　MATLAB 实现 F-K 法

下面以一个工程实例来说明用 MATLAB 实现 F-K 分析的具体过程。西北地区某胶凝砂砾石坝工程，为了解胶凝砂砾石材料的硬化效果，采用 F-K 方法在浇筑 1 天后的顶部层面上进行了现场检测。采用 12 道传感器线性布置方式（见图 3-55），道间距为 0.5m，偏移距（激振点与最近端传感器间距离）为 1.0m，采样间隔 $50\mu s$（采样频率 20kHz），采样点数 4096 个，每个测区进行 4 次测试。12 道测试数字信号结果保存为文本 txt 文件，其开头部分数据（见图 3-56），前 5 行给出检测参数：第 1 行为测试次数（4 次），第 2 行为通道数（12）和采样点数（4096 个），第 3 行为采样间隔（$50\mu s$）和道间距（0.5m），第 4 行为偏移距（1.0m），第 5 行为第 1 次测试数据提示行；从第 6 行开始是第 1 次测试逐列显示的 12 道传感器数据，共 4096 行，再以下为第 2 次测试数据提示行及第 2 次测试数据 4096 行×12 列，依此类推直到第 4 次测试数据结束。

为更清楚地说明图 3-54 中 F-K 法的分析步骤，以下 MATLAB 代码实现二维 FFT 分析是先进行频率域一维 FFT、后进行空间域一维 FFT，主要采用 MAT-LAB 中的一维 FFT 函数 fft。MATLAB 也提供了一个直接进行二维 FFT 分析的函数 fft2，其分析结果与下面的代码是相同的，有兴趣的读者可以自己尝试编写一下。

图 3-55　F-K 法现场检测布置

```
Traces=4

Trace=12 Sample=4096

SampleInter=0.000050(s) TraceInter=0.500000(m)

Offset=1.000000(m)

Trace=1
```

0.016	−0.008	0.010	−0.027	0.019	−0.036	−0.024	−0.091	−0.076	−0.044	0.018	0.001
0.004	−0.005	0.015	−0.014	0.014	−0.002	−0.002	−0.035	−0.018	−0.028	0.014	−0.004
−0.008	−0.001	0.019	−0.000	0.008	0.032	0.021	0.020	0.039	−0.012	0.011	−0.010
−0.035	−0.021	0.034	−0.016	−0.037	0.004	0.007	−0.015	0.043	−0.024	0.020	0.018
−0.000	0.045	0.035	0.035	0.002	0.035	0.009	0.011	0.000	−0.003	−0.007	0.049
0.014	0.001	−0.032	0.025	−0.007	−0.007	0.035	0.007	−0.020	0.012	0.026	−0.032
0.001	0.063	0.044	0.036	0.004	0.038	0.025	−0.001	−0.062	−0.043	−0.011	0.098
−0.069	0.011	0.011	0.020	0.012	0.011	0.007	−0.001	−0.007	0.018	−0.015	−0.007
−0.149	0.051	0.038	0.035	0.007	0.028	0.001	0.006	−0.019	0.014	0.038	0.027
−0.384	−0.018	0.015	0.008	−0.004	−0.027	0.044	−0.018	0.024	0.008	0.019	−0.021
−0.848	0.032	0.018	0.006	0.005	0.036	0.076	0.047	0.023	0.051	0.058	0.054
−1.687	−0.004	−0.001	0.014	0.009	−0.003	0.026	0.015	0.032	−0.008	0.004	−0.003
−2.817	0.044	−0.011	0.011	−0.010	−0.008	−0.012	−0.022	0.006	−0.032	−0.009	0.053
−4.419	0.022	0.033	−0.015	0.006	−0.015	0.008	−0.004	0.004	−0.006	0.026	0.010
−6.403	0.043	0.025	−0.014	0.030	0.012	0.019	0.006	0.003	0.023	−0.035	0.010
−8.744	0.025	−0.035	0.030	−0.001	0.040	0.025	0.024	−0.022	−0.022	−0.029	−0.011
−11.475	−0.002	−0.040	−0.011	0.011	0.016	−0.052	0.001	−0.027	−0.037	0.020	−0.035
−14.080	0.039	0.047	0.001	−0.003	0.048	0.007	0.004	−0.023	0.018	0.016	0.051
−16.676	−0.029	−0.022	0.004	−0.010	−0.011	0.021	−0.010	0.016	−0.010	−0.033	−0.028
−18.803	0.012	−0.039	0.017	0.007	−0.006	−0.007	0.001	0.038	−0.028	0.027	0.023
−20.358	−0.014	0.026	−0.005	0.020	0.003	−0.015	−0.002	0.039	−0.007	0.006	0.015
−20.969	−0.033	−0.006	0.016	0.014	0.008	0.024	0.037	0.005	0.022	0.007	−0.003

图 3-56　txt 数据文件开始部分截图

（1）读取数据文件。读取图 3-56 所示格式的 txt 数据文件，将 txt 数据文件的信息按行存入单列字符单元数组 tline 中，共计 16392 行，其中检测数据 16384 行（4×4096），检测参数信息 8 行。MATLAB 代码如下：

```
delta_t=0.00005；          %采样间隔
Fs=1/delta_t；             %计算采样频率
delta_X=0.5；              %道间距 0.5m
i_delta_X=1/delta_X；      %道间距倒数,用于计算波数 k
NFFT=4096；                %采样点数
Nchannel=12；              %通道数

f=Fs * linspace(0,1,NFFT+1)；
            %计算用于频率域 FFT 分析的频率 f 点,生成行向量
k=i_delta_X * linspace(0,1,Nchannel+1)；
            %计算用于空间域 FFT 分析的波数 k 点,生成行向量

fidin=fopen('3-33.5-39-1d. txt','r')；     %打开 txt 数据文件
nline=1；
while～feof(fidin)
    tline{nline,1}=fgetl(fidin)；
    nline=nline+1；
end          %将 txt 数据文件的信息按行存入字符单元数组 tline 中
fclose(fidin)；     %关闭 txt 数据文件
```

（2）一维频率域 FFT。将存入单元数组 tline 中的 4 次测试数据分次写入数据文件 fileout. txt（4096 行×12 列）中，然后将数据再写入二维 4×12 单元数组 channel 中，其中 channel {i，j} 单元为 4096 行的列向量，代表第 i 次测试第 j 个通道传感器接收到的信号。然后对第 i 次测试 12 个通道的列向量数据分别进行一维频率域 FFT，结果存入二维 4×12 单元数组 FFT_1st 中，其中 FFT_1st {i，j} 单元为 4096 行的列向量，代表第 i 次测试第 j 个通道传感器信号的 FFT 结果。MATLAB 代码如下：

```
for i=1:4
    fidout=fopen('fileout. txt','w')；
    for j=(6+(i-1) * NFFT+i-1):(6+i * NFFT-1+i-1)
        fprintf(fidout,'%s\r\n',tline{j})；
        fprintf(fidout,'\r')；
    end
    fclose(fidout)；
        %将单元数组 tline 的 4 次检测数据分次写入 fileout. txt 文件中
    load 'fileout. txt'；
    for j=1:Nchannel
        channel{i,j}=fileout(:,j)；     %将数据再写入二维 4×12 单元数组 channel 中
        FFT_1st{i,j}=fft(channel{i,j},NFFT)；
```

```
                 %对第 i 次测试各通道数据进行一维频率域 FFT
      end
end
delete('fileout. txt');
```

（3）一维空间域 FFT。本例中选择第 2 次测试的数据，先将第 2 次测试各通道数据的一维频率域 FFT 结果向量集成一个 4096 行×12 列的二维数值数组，为采用 fft 函数沿传感器布置方向进行空间域的 FFT，将该二维数值数组转置为 12 行×4096 列二维数值数组。对频率域一维 FFT 向量再做关于空间域的一维 FFT，并集成 12 行×4096 列 FFT 变换结果的二维数值数组 totalFK。

```
m＝2；     %选择第 2 次测试数据
total_FFT_1st＝FFT_1st(m,1);
for j＝2:Nchannel
      total_FFT_1st＝[total_FFT_1st,FFT_1st(m,j)];
end
      %将第 2 次测试各通道数据的一维频率域 FFT 向量集成 4096 行×12 列二维数值数组
total_FFT_1st_prime＝total_FFT_1st';
      %将该二维数组转置为 12 行×4096 列二维数值数组


totalFK＝fft(total_FFT_1st_prime(:,1),Nchannel);
fori ＝2:NFFT
   FKchannel＝fft(totalchannelFFTprime(:,i),Nchannel);
   totalFK＝[totalFK FKchannel];
end
      %对频率域一维 FFT 向量再做关于空间域的一维 FFT
      %集成 12 行×4096 列二维 FFT 数值数组 totalFK
```

（4）绘制 F－K 能量谱。对二维 FFT 数值数组 totalFK 取模（绝对值），为更清晰显示基阶振型，取一定频率范围内的 totalFK，使用 contourf 函数绘制 F－K 能量谱（图 3－57）。

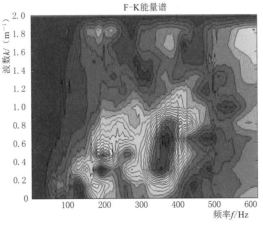

图 3－57　F－K 能量谱

absFK＝abs(totalFK)；　％对二维 FFT 数值数组 totalFK 所有元素取模(绝对值)
partabsFK＝absFK(1：Nchannel,1：NFFT/32)；
　　　　　　　％为更清晰显示基阶振型,取一定频率范围内的二维 FFT 数值数组 totalFK
rand(1,[1：NFFT/32])＝0；
partabsFK＝cat(1,partabsFK,rand)；
　　％在二维数值数组 partabsFK 最后加一行 0,保证其行数与波数 k 向量长度相同
contourf(f(1：NFFT/32),k,partabsFK,20)；　　％绘制 F－K 能量谱
title('F－K 能量谱')
xlabel('频率 F(Hz)')
ylabel('波数 K(m⁻－1)')

（5）根据 F－K 能量谱绘制 R 波频散曲线。在 F－K 能量谱上找出基阶振型能量路径（图 3－58），根据式（3－29）计算 R 波波速 V_R，再由式（3－29）计算 R 波波速 λ_R，生成 R 波频散曲线（见图 3－59）。可以看出坝体深处（检测面下 2.5m）胶凝砂砾石材料 R 波波速基本都达到 450m/s 左右,而表层（检测面下 1m 以内）材料 R 波波速仍低于 400m/s。

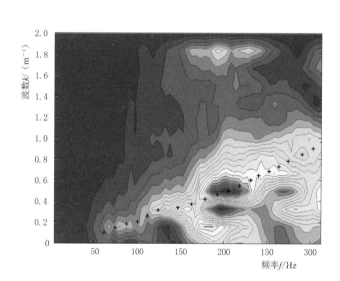

图 3－58　F－K 能量谱基阶振型能量路径图

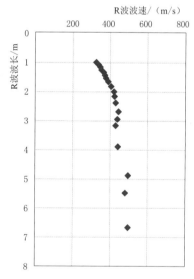

图 3－59　F－K 能量谱基阶振型生成的 R 波频散曲线

参 考 文 献

［1］　吕小彬,吴佳晔.冲击弹性波理论及应用［M］.北京：中国水利水电出版社,2016.
［2］　刘喜武.弹性波场论基础［M］.青岛：中国海洋大学出版社,2008.
［3］　杨成林.瑞雷波勘探［M］.北京：地质出版社,1993.
［4］　薛琴访.场论［M］.北京：地质出版社,1978.
［5］　《工程地质手册》编写委员会.工程地质手册（第四版）［M］.北京：中国建筑工业出版社,2007.

［6］ NAZARIAN S，STOKE II K H. In—situ Determination of Elastic Moduli of Pavements Systems by Spectral Analysis of Surface Waves Method（Theoretical aspects）. Research Report Number 437－2. US Department of Transportation，Federal Highway Administration，1986，2－6.

［7］ PROAKIS J G，MANOLAKIS D G. 数字信号处理：原理、算法与应用（第四版）［M］. 北京：电子工业出版社，2007.

［8］ HSIAO C M，CHENG C C，LIOU T H，JUANG Y T. Detecting Flaws in Concrete Blocks Using Impact－Echo Method，NDT&E International，2008，41（2）：98－107.

［9］ LIN J M SANSALONE，M. A Procedure for Determining P－wave Speed in Concrete for Use in Impact－Echo Testing Using a Rayleigh Wave Speed Measurement Technique［J］. Special Publication，Aci Materials Joural，1997，168：137－166.

［10］ ROSENBLAD B L，BERTEL J D. Potential phase unwrapping errors associated with SASW measurement at soft－over－stiff sites［J］. Geotechnical Testing Journal，2008，31（5）：433－441.

［11］ OBANDO E A，PARK C B，RYDEN N，ULRIKSEN P. Phase－scanning approach to correct time－shift inaccuracies in the surface－wave walk－away method［J］. Soil Dynamics and Earthquake Engineering，2010，30（12）：1528－1539.

［12］ LIN C P，LIN C H，CHiEN C J. Dispersion analysis of surface wave testing－SASW vs. MAS［J］. Journal of Applied Geophysics，2017，143：223－230.

［13］ LIN C P，CHANG T S. Multi－station analysis of surface wave dispersion［J］. Soil dynamics and earthquake engineering，2004，24（11）：877－886.

［14］ CEBALLOS M A，PRATO C A. Experimental estimation of soil profiles through spatial phases analysis of surface waves［J］. Soil Dynamics and Earthquake Engineering，2011，31（1）：91－103.

［15］ NI S H，YANG Y Z，HUANG Y H. An EMD－based procedure to evaluate the experimental dispersion curve of the SASW method［J］. Journal of the Chinese Institute of Engineers，2014，37（7）：883－891.

［16］ MCMECHAN G A，YEDLIN M J. Analysis of dispersive waves by wave－field transformation［J］. Geophysics，1981，46（6）：869－874.

［17］ GABRIELS P，SNIEDER R，NOLET G. In situ measurements of shear－wave velocity in sediments with higher mode Rayleigh waves［J］. Geophys. Prospect，1987，35（2）：187－196.

［18］ 张碧星，鲁来玉. 用频率-波数法分析瑞利波频散曲线［J］. 工程地球物理学报，2005（4）：245－255.

［19］ 张大洲，顾汉明，熊章强，肖金红. 基于多模态分离的面波谱分析方法［J］. 地球科学（中国地质大学学报），2009，34（6）：1012－1018.

［20］ KARRAY M，LEFEBVRE G. Techniques For Mode Separation In Rayleigh Wave Testing［J］. Soil Dynamics and Earthquake Engineering，2009，29（4）：607－619.

［21］ 李杰、陈宣华、张交东、周琦、刘刚、刘志强、徐燕、李冰、杨婧. 频率-波数域频散曲线提取方法及程序设计［J］. 物探与化探，2011，35（5）：684－688.

［22］ 刘志友、李子伟、钟明峰. 瑞雷波频散曲线的分模态提取与联合反演［J］. 工程地球物理学报，2012，9（5）：600－606.

［23］ 黄科辉、周文宗、贺文根、杨威. 基于模式分离的瑞雷波频散曲线的计算［J］. 工程地球物理学报，2014，11（4）：476－482.

［24］ DAL MORO G，MOURA R M M，MOUSTAFA S S R. Multi－component joint analysis of surface wave ［J］. Journal of Applied Geophysics，2015，119：128 – 138.

［25］　ADDO K O，ROBERTSON P K. Shear – wave velocity measurement of soils using Rayleigh wave ［J］. Canadian Geotechnical Journal，1992，29（4）：558 – 568.

［26］　YUAN D，NAZARIAN S. Automated surface wave method：inversion technique ［J］. Journal of Geotechnical Engineering，1993，119（7）：1112 – 1126.

［27］　WARDANY R A，BALLIVY G，RIVARD P. Condition Assessment of Concrete in Hydraulic Structures by Surface Wave Non – Destructive Testing ［J］. Materials and Structures，2009，42（2）：251 – 261.

［28］　WARDANY R A，BALLIVY G，GALLIAS J L，SALEH K，RHAZI J. Assessment of concrete slab quality and layering by guided and surface wave testing ［J］. ACI Materials Journal，2007，104（3）：268 – 275.

地质雷达用于水利工程质量检测

地质雷达（Ground Penetrating Radar，GPR，又称探地雷达）是一种以介质介电特性差异为前提，利用电磁反射或透射原理成像的高频电磁勘探方法，其具有高分辨率、快速、无损等特点，因此被广泛地应用于各类工程质量检测中。

4.1 地质雷达探测技术介绍

地质雷达探测原理见图 4-1，由天线激发电磁波，电磁波呈空间球面波传播，其中部分能量在天线下半空间内传播。地下介质相当于是一个复杂的滤波器，介质对电磁波不同程度的吸收以及介质的不均匀性，使得地质雷达发射出去的电磁波在经反射和透射一反射后到达接收天线时，将综合反映地下不同介质的物理属性，表现为振幅变化、频率降低、相位变化和反射时间变化等，最终通过分析和判断这些反射波形的运动学特征和动力学特征来推测地下目标体，建立地下介质的结构模型。

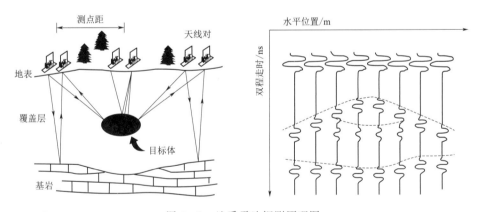

图 4-1 地质雷达探测原理图

地质雷达探测系统包括发射天线、接收天线以及收-发控制系统；终端显示及操控系统；各类连接线等。其中天线按照频率来分可分为高频天线、中频天线和低频天线；按照信号类型来分可分为模拟天线和数字天线；按照集成程度来分可分为收发一体式天线和收发分离式天线；按照屏蔽方式来分可分为屏蔽天线和非屏蔽天线；按照耦合方式来分可分为地面耦合天线和空气耦合天线。终端显示及操控系统可分为专用工程机和带操控软件的笔记本电脑、平板电脑或手机等终端显示。连接线可分为同轴电缆或光缆。

从当前国内应用来看，工程中对地质雷达的技术需求主要体现在两个方面：一方面是以对人造结构体的检测为主，包括隧道衬砌检测、桥梁检测、坝体检测、路面结构检测、房屋结构检测等。在这类检测工作中，主要是关注地质雷达在分辨率方面的性能特点。另一方面是以对天然地质体的勘察为主，包括工程地质勘查、地质灾害调查、隧道超前预报、道路病害调查、市政管线调查、地下污染物调查等。在这类勘察工作中，则主要是关注地质雷达在探测深度方面的性能特点。

地质雷达从问世到现在已经超过一个世纪，经过漫长的发展现已成为一种在工程领域应用广泛的物探方法。地质雷达的应用探索早在 1904 年，德国人 Hulsmeyer 利用电磁波来确定较远距离的金属目标体。1910 年德国人 Leimbach 和 Lowy 在专利中阐述了利用电磁信号对地下目标进行定位的应用，这也是地质雷达作为具体概念首次被提出。1926 年 Hulsenbeck 在其研究工作中采用了脉冲技术来确定地下埋设物的结构特征，他的发现首次确定了地下电磁波回波信号与地下介质及目标间的本质联系。从 1930 年开始，地质雷达就作为一种较为成熟的地质结构探测手段出现在物探领域。如在 1951 年，Steen 使用冲击地质雷达得出冰层厚度；1972—1978 年期间，Holser、Thierbach、Unterberger 等学者利用地质雷达探测盐矿；1974 年 Morey 使用地质雷达对湖水进行剖面成像；1975 年 Cook 使用地质雷达进行矿藏探测；1979 年 Roe 等利用地质雷达探测并得出煤层厚度。

在地质雷达仪器研发领域，美国、加拿大、意大利、俄罗斯及日本始终占据着领先地位。20 世纪 60－70 年代，地质雷达技术由于受到电子技术的提高以及月球探测技术的不断发展得以升华进步，这些时代发展的技术产物为地质雷达探测的应用拓展提供了先决条件。综合分析来说，地质雷达技术有三个阶段的发展过程：

第一阶段：实验阶段。20 世纪 70 年代前半段，许多发达国家，如美、德、日等都加大了地质雷达的研发投入，大量研究报告和论文被各国科研工作者发表刊登。

第二阶段：应用阶段。20 世纪 70 年代后期直至 80 年代中期，各项影响地质雷达发展的因素，如半导体材料、微电子和计算机技术提高发展，使得地质雷达技术也不断提高，其一系列相关产品如雨后春笋般被创造出来，如美国 GSSI 公司的 SIR 系列、加拿大 SSI 公司的 EKKO 系列、意大利 IDS 公司的 RIS 系列、瑞典 MALA 公司的 RAMAC 系列等。

第三阶段：改善和提升阶段。从 20 世纪 80 年代到现在，由于地质雷达技术不断迅猛发展，全球范围内众多研究机构和生产厂家开始对地质雷达进行深入研究和技术革新。并且，地质雷达天线的改进提升、信号源发射接收和图像分析解译成形等问题得到了地球物理和电子工作者的大量研究与修改完善。

国内对地质雷达技术的研究和应用开始于 20 世纪 60 年代。20 世纪 80 年代以来，在引进国外先进设备的基础上，国内对地质雷达技术的研究也不断深入，许多高校和科研单位都围绕这一技术开展了大量的研究工作，并开发出了自己的雷达设备。比较常见的有中国电波所的 LTD 系列地质雷达设备、中科院长春物理所的 SIZR 型地质雷达、大连理工大学的 DTL－1 型地质雷达以及北京爱迪尔国际探测技术有限公司的 CBS－9000 和 CR－2000 地质雷达等。

4.2 电磁场与电磁波传播原理

17世纪末至18世纪中期，关于电磁现象的三个最基本的实验定律：库仑定律（1785年），毕奥-萨伐尔定律（1820年），法拉第电磁感应定律（1831—1845年）被先后总结出来，其中法拉第的"电力线"和"磁力线"概念已在当时发展成"电磁场概念"。1855年至1865年，麦克斯韦在全面审视库仑定律、毕奥-萨伐尔定律和法拉第定律的基础上，把数学分析方法带进了电磁学的研究领域，由此促使麦克斯韦电磁理论的诞生。本章从研究"位移电流假设"入手，引出"全电流"的概念，进而研究麦克斯韦方程组和本构方程。在此基础上研究地质雷达中的电磁波波动方程、主频及频带范围、波场特征。

4.2.1 电磁场基本理论

4.2.1.1 位移电流假设

在恒定电路中，传导电流是连续的，满足恒定电流的安培环路定理，即：

$$\oint_L \vec{H} \cdot \mathrm{d}\vec{l} = I \tag{4-1}$$

式中：$\vec{H}$ 为磁场强度；I 为穿过以闭合曲线 L 为边界的任意曲面的传导电流，它是由电荷的定向运动形成的。

在非恒定电路中，传导电流不能通过电容的两个极板，由此出现的电流中断会导致电荷分布的变化，从而产生磁场。麦克斯韦提出，在普遍情况下对于非恒定电流而言，电位移的时间变化率与电流密度相当，变化的电场等效的也是一种"电流"，也能产生磁场，这就是麦克斯韦提出的著名的"位移电流假设"，即位移电流并非由电荷的定向运动而形成，但它引起的变化电场可等效为一种电流。

位移电流与传导电流两者相比，唯一共同点在于均可以在空间激发磁场，但两者存在本质差别：①位移电流是变化的电场，传导电流是自由电荷的定向运动；②位移电流可以存在于真空、导体和电介质中，而传导电流只能存在于导体中；③位移电流没有热效应，而传导电流在通过导体时会产生焦耳热。

引入位移电流概念后，麦克斯韦将传导电流和位移电流之和统称为全电流。在非恒定电路中，中断的传导电流被位移电流接替，使电路中电流保持持续不断。即在非闭合、电流不恒定的电路中，全电流是保持连续的。

4.2.1.2 麦克斯韦方程组

借助于位移电流和全电流的概念，麦克斯韦把安培环路定理推广到变化的电磁场也适用的普遍形式，提出了涡旋电场和位移电流假说，其核心思想是：变化的磁场可以激发涡旋电场；变化的电场可以激发涡旋磁场（图4-2）。在一般情况下，电场既包括自由电荷产生的静电场，也包括变化磁场产

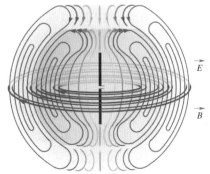

图4-2 电场与磁场的相互激励作用

生的涡旋电场，电场强度 $\vec{E}$ 和电位移 $\vec{D}$ 是两种电场的矢量和；同理，磁场既包括传导电流产生的磁场，也包括位移电流产生的磁场，磁感应强度 $\vec{B}$ 和磁场强度 $\vec{H}$ 是两种磁场的矢量和。电场和磁场不是彼此孤立的，它们相互联系、相互激发组成一个统一的电磁场。

在 1873 年前后，麦克斯韦提出了在一般情况下电磁场所满足的四个方程，称为麦克斯韦方程组，用以表述电磁场的普遍规律。无源区麦克斯韦方程组的微分形式可表示为

$$\nabla \times \vec{E} = -\frac{\partial \vec{B}}{\partial t} \tag{4-2}$$

$$\nabla \times \vec{H} = \vec{J} + \frac{\partial \vec{D}}{\partial t} \tag{4-3}$$

$$\nabla \times \vec{B} = 0 \tag{4-4}$$

$$\nabla \times \vec{D} = \rho \tag{4-5}$$

式中：$\vec{E}$ 为电场强度，V/m；$\vec{H}$ 为磁场强度，A/m；$\vec{B}$ 为磁感应强度，T；$\vec{D}$ 为电位移，C/m^2；$\vec{J}$ 为电流密度，A/m^2；ρ 为电荷密度，C/m^3。

式（4-2）为微分形式的法拉第电磁感应定律，描述了变化的磁场激发电场的规律，即静电场是保守场，变化磁场可以激发涡旋电场。式（4-3）是全电流安培环路定律，其中由麦克斯韦引入的一项 $\frac{\partial \vec{D}}{\partial t}$ 称为位移电流密度。式（4-4）是磁场高斯定理，描述了磁场可以由传导电流激发，也可以由变化电场的位移电流激发，它们的磁场都是涡旋场，磁感应线都是闭合线，对封闭曲面的通量无贡献。式（4-5）是电场高斯定理，描述了电场可以是库仑电场（静电场/有源场），也可以是变化磁场激发的感应电场，而感应电场是涡旋场（无源场），其电位移线是闭合的，对封闭曲线的通量无贡献。

4.2.1.3　本构方程

麦克斯韦方程组建立了场强矢量、电流密度及电荷密度之间的关系，描述了电磁场的运动学特征和动力学特征，其中 $\vec{E}$、$\vec{H}$、$\vec{B}$、$\vec{D}$ 为场量；$\vec{J}$、ρ 为源量。在介质中要描述不同物理量之间的关系，充分确定电磁场的各场量，还需要引入介质的本构关系，即电磁性质方程。介质由原子或分子构成，在电场和磁场的综合作用下，会产生极化和磁化现象。对于最简单的均匀、线性和各向同性介质，其本构关系可表述为

$$\vec{J} = \sigma \vec{E} \tag{4-6}$$

$$\vec{D} = \varepsilon \vec{E} \tag{4-7}$$

$$\vec{B} = \mu \vec{H} \tag{4-8}$$

式中：σ 为电导率，S/m；ε 为介电常数，F/m；μ 为磁导率，H/m。

4.2.2　地质雷达中的电磁波

4.2.2.1　电磁波的波动方程

麦克斯韦方程组描述了场随时间变化的一组耦合的电场和磁场。输入一个电场时，变化的电场产生变化的磁场。电场和磁场相互激励的结果是电磁场在介质中传播。

对式（4-2）两边取旋度，则有：

$$\nabla \times (\nabla \times \vec{E}) = -\frac{\partial}{\partial t}(\nabla \times \vec{B}) \qquad (4-9)$$

将本构方程中式（4-7）、式（4-8）代入式（4-9），可得：

$$\nabla^2 E = \mu\varepsilon \frac{\partial^2 E}{\partial t^2} \qquad (4-10)$$

令：

$$c = \frac{1}{\sqrt{\mu\varepsilon}} \qquad (4-11)$$

代入式（4-10），则有：

$$\nabla^2 E - \frac{1}{c^2}\frac{\partial^2 E}{\partial t^2} = 0 \qquad (4-12)$$

同理可得：

$$\nabla^2 H - \frac{1}{c^2}\frac{\partial^2 H}{\partial t^2} = 0 \qquad (4-13)$$

式（4-12）和式（4-13）满足标准波动方程的形式。由此可知：地质雷达正是利用天线产生的电磁场能量以波动形式在介质中传播。电场矢量 $\vec{E}$ 和磁场矢量 $\vec{H}$ 相互正交且垂直于波的传播方向（图4-3），即电磁波具有横波特性。

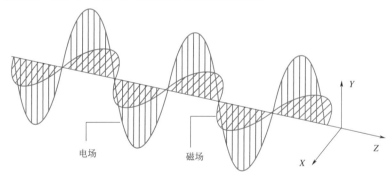

图4-3 电场方向、磁场方向和波传播方向的相互关系

对式（4-11）取真空中的磁导率和介电常数，即 $\mu_0 = 4\pi \times 10^{-7}$ H/m，$\varepsilon_0 = \frac{1}{36\pi} \times 10^{-9}$ F/m，则有电磁波在真空中的传播速度：

$$c_0 = \frac{1}{\sqrt{\mu_0 \varepsilon_0}} = 3 \times 10^8 \text{ (m/s)} \qquad (4-14)$$

由此进一步断定光就是一种电磁波，从而揭示了光的电磁本质。

4.2.2.2 电磁波的主频及频带范围

自然界和人工发射的电磁波具有非常广的电磁波谱范围。实验证明，无线电波、红外线、可见光、紫外线、X射线、γ射线都是电磁波。他们的区别仅在于频率或波长的差别。

电磁探测方法作为地球物理探测方法中的重要分支，其涉及的电磁波覆盖了 $10^{-3} \sim 10^9$ Hz 的工作频率，包括了各类不同的电磁探测方法（图4-4）。其中地质雷达天线的工作频段为 $10^6 \sim 10^9$ Hz 之间（图4-5）。

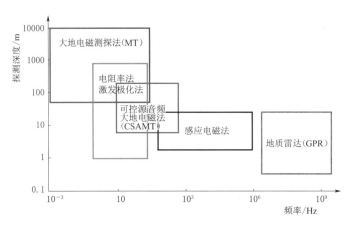

图 4-4　不同电磁探测方法的工作频段和探测深度

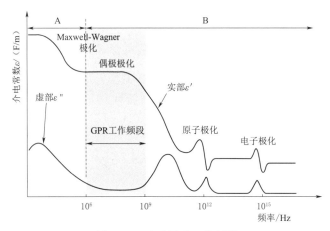

图 4-5　地质雷达工作频段

地质雷达天线按照频率来区分可分为高、中、低频的天线。天线发射的电磁波具有一定的频带宽度，因此不同频率的天线由其中心频率来表征。一般来说，电磁波的带宽 B 等于其中心频率。比如中心频率为 $100\mathrm{MHz}$ 的天线，其频带宽度也为 $100\mathrm{MHz}$，即发射电磁波的有效频率范围为 $50\sim150\mathrm{MHz}$（图 4-6）。

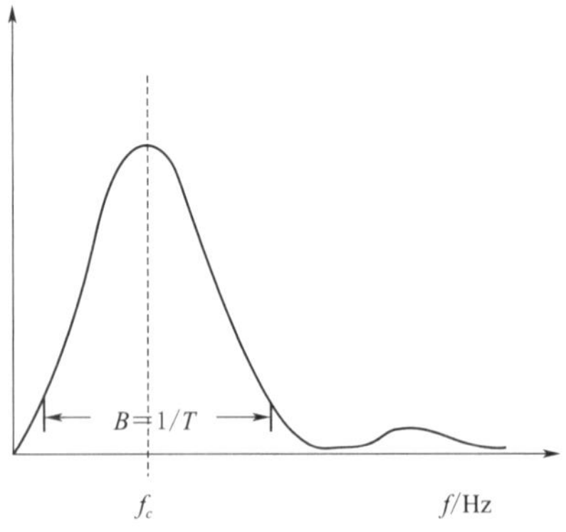

电磁波的波长等于该电磁波的波速除以电磁波的频率，即：

$$\lambda = \frac{V}{f} \tag{4-15}$$

由于电磁波波速和传播介质的介电常数有关［式（4-11）］，因此给定介电常数和频率，可计算出电磁波波长（表4-1）：

图 4-6　天线中心频率与
带宽示意图

B—带宽；T—时差；f_c—中心频率

介电常数/ (F/m)	频率/MHz									
	100	200	300	400	500	600	700	800	900	1000
1	2.998	1.499	0.999	0.750	0.600	0.500	0.428	0.375	0.333	0.300
2	2.120	1.060	0.707	0.530	0.424	0.353	0.303	0.265	0.236	0.212
3	1.731	0.865	0.577	0.433	0.346	0.288	0.247	0.216	0.192	0.173
4	1.499	0.750	0.500	0.375	0.300	0.250	0.214	0.187	0.167	0.150
5	1.341	0.670	0.447	0.335	0.268	0.223	0.192	0.168	0.149	0.134
6	1.224	0.612	0.408	0.306	0.245	0.204	0.175	0.153	0.136	0.122
7	1.133	0.567	0.378	0.283	0.227	0.189	0.162	0.142	0.126	0.113
8	1.060	0.530	0.353	0.265	0.212	0.177	0.151	0.132	0.118	0.106
9	0.999	0.500	0.333	0.250	0.200	0.167	0.143	0.125	0.111	0.100
10	0.948	0.474	0.316	0.237	0.190	0.158	0.135	0.119	0.105	0.095
11	0.904	0.452	0.301	0.226	0.181	0.151	0.129	0.113	0.100	0.090
12	0.865	0.433	0.288	0.216	0.173	0.144	0.124	0.108	0.096	0.087
13	0.831	0.416	0.277	0.208	0.166	0.139	0.119	0.104	0.092	0.083
14	0.801	0.401	0.267	0.200	0.160	0.134	0.114	0.100	0.089	0.080
15	0.774	0.387	0.258	0.194	0.155	0.129	0.111	0.097	0.086	0.077
20	0.670	0.335	0.223	0.168	0.134	0.112	0.096	0.084	0.074	0.067
80	0.335	0.168	0.112	0.084	0.067	0.056	0.048	0.042	0.037	0.034

表 4-1　　　　　　　　　不同介电常数、不同频率下的电磁波波长　　　　　　　　（单位：m）

4.2.2.3　电磁波的波场特征及类型

电磁场以电场和磁场交替的形式按波动方程传播。考虑天线的屏蔽效应，电磁波主要沿垂直于天线的方向向下以球面波形式传播。图 4-7 为模拟屏蔽天线激发的电磁波在介质中的波场快照。

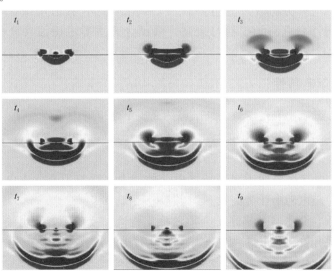

图 4-7　不同时间切片的电磁波波场特征

注：$t_1 \sim t_9$ 为 9 个不同时刻。

地质雷达所激发的电磁波与声波、弹性波都满足基本的波动理论。在探测过程中具有相似的波形分类，包括直达波、反射波、透射波等。

在地质雷达探测中，直达波是发射天线激发的电磁波以最短路径被接收天线所直接记录到的波形，在常规地面探测（非井—地探测、井间探测）中，直达波是在空气中按照收发距的路程传播，因此直达波往往是可记录到的最早出现的波形信号。当固定收发距后，直达波表现为连续平整的同相轴。

对探测的下半空间而言，电磁波以入射波的形式传播至地下某一个界面上会产生反射和透射现象，反射波回传至地面被接收天线所记录，透射波继续以入射波的形式向地下更深处传播，直至在某一个界面再次产生反射和透射现象。目前最常见的地质雷达探测是在介质表面进行，其记录和分析的波形主要为电磁反射波；极少数特殊应用如井—地、井间的地质雷达探测方式则是记录和分析电磁透射波。

4.2.3 小结

在引入"全电流"的概念后，麦克斯韦方程组完美地诠释了电磁波的本质特征，再结合本构方程综合描述了电磁波在地下介质中的传播规律。正是这些规律和特征构成了完整的地质雷达探测原理。因此，通过对理论概念、数学公式的研究和分析，能深刻认识到地质雷达探测方法的本质，更好地开展地质雷达在数据采集、数据处理、数据解释等方面的研究和应用。

4.3 电磁波在介质中的传播特征及数值模拟

与对空雷达不同，地质雷达激发的电磁波是在天然地质体或人工结构体内部传播，其介质复杂多变，具有各向异性，这些都将导致电磁波在传播过程中呈现不同的规律和特征。本节将在研究分析介质介电特性的基础上，结合数值模拟，研究其在反射与透射、辐射范围与计划方向、损耗与衰减、横纵分辨率等电磁波在介质中传播的波形特征及响应。

4.3.1 介质的介电特性

麦克斯韦方程组描述了在场源以外区域的介质中产生电磁场的特点，为求解该方程组中电磁场的各场量，需要引入本构方程。本构方程中的 σ（电导率）、μ（磁导率）、ε（介电常数）共同描述了介质的介电特性。

（1）电导率。电导率描述了介质传导电荷的能力，反映了介质中电荷移动的难易程度，单位为 S/m，与电阻率互为倒数。

（2）介电常数。介电常数描述了介质的极化特性，反映了处于电场中的介质存储电荷的能力。通常采用相对介电常数（ε_r），即介质介电常数与真空介电常数的比值进行描述。其中真空的介电常数为 $\varepsilon_0 = \dfrac{1}{36\pi} \times 10^{-9}\,\text{F/m}$。常见介质的电导率及相对介电常数见表 4-2。

表 4 - 2 常见介质的电导率及相对介电常数

介　　质	电导率 σ/(S/m)	相对介电常数 ε_r/(F/m)
空气	0	1
黏土（干）	1～100	2～20
黏土（湿）	100～1000	15～40
混凝土（干）	1～10	4～10
混凝土（湿）	10～100	10～20
淡水	0.1～10	78（25℃）～88
淡水冰	1～0.000001	3
冻土	4000	81～88
花岗岩（干）	10～100	4～8
花岗岩（破碎或湿）	0.1～10	2～8
灰岩（干）	0.001～0.00001	5～8
灰岩（湿）	10～100	5～15
砂岩（干）	0.001～0.0000001	4～8
砂岩（湿）	0.01～0.001	6～15
页岩	10～100	4～7
砂土（干）	0.0001～1	5～15
砂土（湿）	0.1～10	6～9
砂土（沿海）	0.01～1	3～6
砂质土壤（干）	0.1～100	10～30
砂质土壤（湿）	10～100	5～10
耕地土（干）	0.1～1	4～6
耕地土（湿）	10～100	10～20
黏性土（干）	0.1～100	4～6
黏性土（湿）	100～1000	10～15
均质土	5	16

（3）磁导率。磁导率描述了介质被磁化的能力，通常采用相对磁导率（μ_r），即介质磁导率与真空磁导率的比值进行描述。其中真空的磁导率为$\mu_0 = 4\pi \times 10^{-7}$ H/m。据此可将介质分为三类：①铁磁性介质，即相对磁导率$\mu_r \gg 1$；②反磁性介质，即$\mu_r < 1$且非常接近 1；③顺磁性介质，即$\mu_r > 1$且非常接近 1。

其中②、③类介质统称为非磁性介质。地质雷达探测的地质环境大多是属于非磁性介质，因此在对应理论研究中常将相对磁导率μ_r视为 1。

综上所述，在地质雷达的常规应用中，介质的电导率（σ）和介电常数（ε）是介质物性参数的重要指标，也是开展地质雷达方法的物性前提条件。

4.3.2　电磁波的反射与透射

电磁波传播至界面上时将发生能量的再分配。根据能量守恒定理，界面两侧的能量总和保持不变，即入射波的能量等于透射波能量和反射波能量总和。考虑远离偶极源的区域，电磁波场可视为平面波。

入射波、反射波和透射波在界面处电场与磁场的变化关系见图 4-8，图 4-8 中 E_i、E_r、E_t 分别代表入射波、反射波和透射波的电场强度幅值，则对应的磁场强度 H 分别为

$$H_i = \frac{E_i}{\eta_1} \qquad (4-16)$$

$$H_r = \frac{E_r}{\eta_1} \qquad (4-17)$$

$$H_t = \frac{E_t}{\eta_2} \qquad (4-18)$$

式中：η_1 和 η_2 分别为上下层介质的波阻抗，波阻抗的通用计算公式为 $\eta = \sqrt{\mu/\varepsilon}$，$\mu$ 为磁导率，ε 为介电常数。考虑弱磁环境，即 $\mu = 1$，有 $\eta = \sqrt{1/\varepsilon}$。

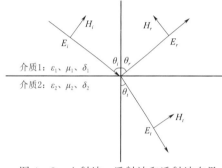

图 4-8　入射波、反射波和透射波在界面处电场与磁场的变化关系示意图

根据电磁理论，电磁波在穿越介质界面时，紧靠界面两侧的电场强度和磁场强度的切向分量分别相等，由此可得

$$E_i + E_r = E_t \qquad (4-19)$$

$$H_i \cos\theta_i - H_r \cos\theta_r = H_t \cos\theta_t \qquad (4-20)$$

在大多数情况下，地质雷达天线的收发距固定且较短，因此 θ_i、θ_r、θ_t 可近似为 0，即 $\cos\theta_i = \cos\theta_r \approx \cos\theta_t \simeq 1$，则有

$$E_i + E_r = E_t \qquad (4-21)$$

$$H_i - H_r = H_t \qquad (4-22)$$

将式（4-16）~式（4-18）代入式（4-21）~式（4-22）进行变形，可得：

$$1 + \frac{E_r}{E_i} = \frac{E_t}{E_i} \qquad (4-23)$$

$$\frac{1}{\eta_1} - \frac{E_r}{E_i}\frac{1}{\eta_1} = \frac{E_t}{E_i}\frac{1}{\eta_2} \qquad (4-24)$$

定义界面的反射系数 $R = E_r/E_i$，透射系数 $T = E_t/E_i$，由式（4-23）~式（4-24）可得：

$$R = \frac{\sqrt{\varepsilon_1} - \sqrt{\varepsilon_2}}{\sqrt{\varepsilon_1} + \sqrt{\varepsilon_2}} \qquad (4-25)$$

$$T = \frac{2\sqrt{\varepsilon_1}}{\sqrt{\varepsilon_1} + \sqrt{\varepsilon_2}} \qquad (4-26)$$

式（4-25）和式（4-26）即为界面反射系数和透射系数的简化公式。常规地质雷达应用主要以反射波为主，反射系数 R 的物理意义为：

①反射系数的绝对值 $|R|$ 越大，则界面产生的反射波振幅越强；反射系数的绝对值 $|R|$ 越小，则界面产生的反射波振幅越弱。

②反射系数 $R > 0$，则反射波与入射波相位同相；反射系数 $R < 0$，则反射波与入射波相位反相。

③极端条件下，反射系数 $R = 0$，电磁波直接穿透界面，不发生反射；反射系数 $R \to \infty$

电磁波发生全反射，无法穿透界面（如天线位于井盖上方时）。

由此可见，$\varepsilon_1 \neq \varepsilon_2$ 即界面上下两侧介质介电常数存在差异是产生界面反射的前提条件，也是地质雷达可进行目标体探测的物理前提。

建立 2m×2m 层状介质模型进行数值模拟（图4-9）。反射界面埋深0.8m，界面上层介质的相对介电常数为6，界面下层介质的相对介电常数分别为7 [图4-9（a）]、14 [图4-9（b）]、4 [图4-9（c）]。数值模拟结果按照正向变面积填充的波列图显示。

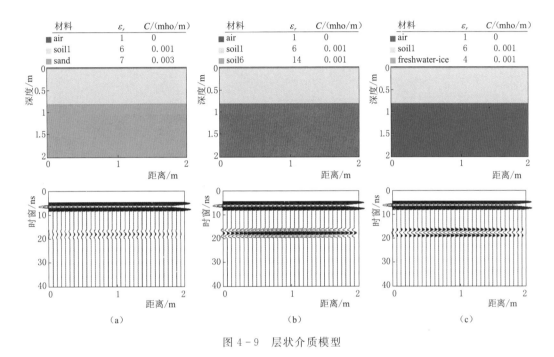

图4-9　层状介质模型

图4-9波列图中，0ns处为模拟的直达波（负相位），16ns处为模拟的界面反射波。综合对比来看，界面上下介质的介电常数差异越大，其界面反射波能量越强 [图4-9（b）]；介电常数差异越小，其界面反射波能量越弱 [图4-9（a）]。界面上层介质的介电常数小于下层介电常数 [图4-9（b）]，其界面反射波相位反转（正相位）；界面上层介质的介电常数大于下层介电常数 [图4-9（c）]，其界面反射波相位不反转（负相位）。

4.3.3　电磁波辐射范围和极化方向

在利用地质雷达天线激发—接收的电磁波进行探测时，可粗略地认为单道信号的测量点位于天线几何中心正下方（图4-10）。这种认识是基于电磁波的射线追踪法。射线追踪法目前已经广泛应用于波的传播问题，主要包括正演问题和波的运动学特征分析。

点源的电磁波波场是全空间传播的球面波，在地质雷达某些应用和分析中不能简单将其假设为"射线"进行研究分析。实际上，地质雷达天线向地下或结构体内部激发的电磁波是具有一定的辐射范围，也称为"足印"（图4-11）。单道信号实际上是"足印"范围内所有介质目标体反射信号的综合反映。

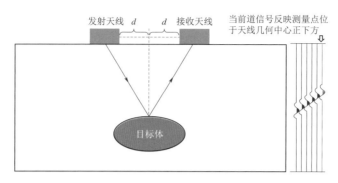

图 4-10　射线追踪理论下的天线测量点

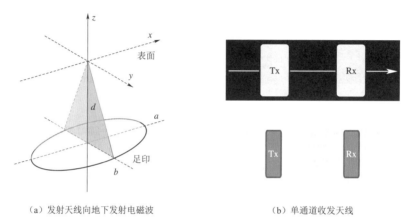

（a）发射天线向地下发射电磁波　　　　　　（b）单通道收发天线

图 4-11　电磁波辐射范围（天线"足印"）示意图

Tx—发射天线；Rx—接收天线

由此可知，电磁波的辐射范围在某深度平面的投影为椭圆。设椭圆长半径为 a，则有

$$a = \frac{\lambda}{4} + \frac{d}{\sqrt{\varepsilon - 1}} \qquad (4-27)$$

$$b = \frac{a}{2} \qquad (4-28)$$

式中：λ 为电磁波波长；d 为投影面深度；ε 为相对介电常数；b 为椭圆短半径。

建立 4m×2m 管状介质模型进行数值模拟（图 4-12）。管状目标体埋深 0.8m。图 4-12（a）采用 TE 模式［电磁波的电场矢量与入射面垂直，即天线移动沿图 4-12（a）中 x 方向移动］；图 4-12（b）采用 TM 模式［电磁波的电场矢量与入射面平行，即天线移动沿图 4-12（a）中 y 方向移动］。

在 TE（横-电场）模式下，天线沿测线方向的辐射角相比于 TM（横-磁场）模式更大。数值模拟结果显示，TE 模式下管状目标体的绕射波更明显，绕射弧影响范围更大、涉及信号道数更多。

因此若探测对象为管线、孤石、空洞、钢筋等管状目标体，TE 模式［图 4-13（a）］由于具有更明显的绕射响应特征，更有助于对此类目标体的识别（图 4-13 中 A 处）。若探测对象为层面、界面等层状目标体，且本底存在不密实、粗粒径回填物等可能引起绕射干扰的情况下。TM 模式 [图 4-13（b）] 将更有利于压制绕射波的干扰，从而更好地突显层状目标体的响应特征（图 4-13 中 B 处）。

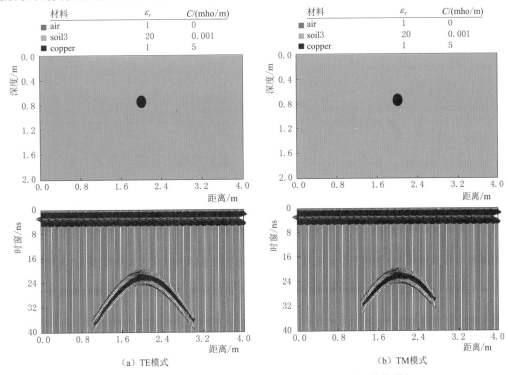

材料	ε_r	$C/(\text{mho/m})$
■ air	1	0
■ soil3	20	0.001
■ copper	1	5

材料	ε_r	$C/(\text{mho/m})$
■ air	1	0
■ soil3	20	0.001
■ copper	1	5

（a）TE模式　　　　　　　　　　（b）TM模式

图 4-12　不同极化方向下的管状模型波形响应特征数值模拟

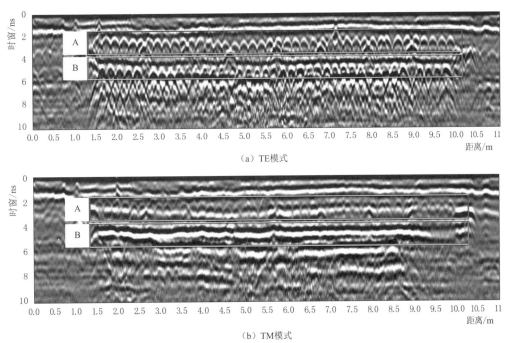

（a）TE模式

（b）TM模式

图 4-13　钢混结构体地质雷达实测图像（1000MHz）

4.3.4　电磁波的损耗和衰减

在无源导电介质中，场量与无源理想介质中的麦克斯韦方程形式相同。由此可得，电场强度矢量仍满足齐次亥姆霍兹方程，其解为

$$E_x = E_0 e^{-kx} \tag{4-29}$$

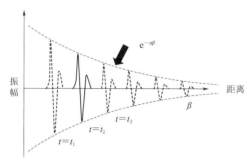

图 4 - 14　电磁波衰减与损耗示意图

式中：E_x 为传播至距离 $Z = x$ 处的电场强度；E_0 为起始点的电场强度。由此可知电磁波在传播过程中是衰减的，且呈指数规律衰减（图 4 - 14）。

衰减程度由传播常量 k 决定。k 是复数，可分解为：

$$k = \alpha + i\beta \tag{4-30}$$

式中：实部 α 为衰减常数，表征单位距离衰减程度的常数；β 为相位常数，表征单位距离产生的相移量。仅讨论衰减常数 α，有

$$\alpha = \omega \sqrt{\frac{\mu\varepsilon}{2}\left[\sqrt{1+\left(\frac{\sigma}{\omega\varepsilon}\right)^2}-1\right]} \tag{4-31}$$

式中：ω 为电磁波的角频率（$\omega = 2\pi f$，f 为天线中心频率）；ε 为介质的介电常数；μ 为介质的磁导率；σ 为介质的电导率。

（1）考虑低阻，即高电导介质，有 $\dfrac{\sigma}{\omega\varepsilon} \gg 1$，代入式（4 - 31）进行高阶无穷小化简，可得

$$\alpha \approx \sqrt{\pi f \mu \sigma} \tag{4-32}$$

由式（4 - 32）可知，地质雷达在高电导介质中应用，衰减系数与天线中心频率 f、磁化率 μ、电导率 σ 成正相关，且主要由高电导率值所决定，由此导致衰减系数较大，探测深度减小。因此，高电导介质不是地质雷达的理想应用条件。

（2）考虑高阻，即低电导介质，有 $\dfrac{\sigma}{\omega\varepsilon} \ll 1$，代入式（4 - 32）进行高阶无穷小化简，可得：

$$\alpha \approx \frac{\sigma}{2}\sqrt{\frac{\mu}{\varepsilon}} \tag{4-33}$$

由式（4 - 33）可知，地质雷达在低电导介质中应用，衰减系数与电导率 σ、磁化率 μ 成正相关，与介电常数 ε 呈负相关。低电导、弱磁性介质是地质雷达较理想的应用条件。

综上所述，电导率 σ、磁化率 μ、介电常数 ε 为介质特性，由客观地质环境所决定，其中电导率的影响程度相对更大。

天线中心频率 f 为地质雷达硬件参数，可根据探深需求进行主观选取。但需要注意的是，天线中心频率仅在相对低阻环境下才对探测深度有明显影响。在相对高阻的地质环境中，天线中心频率的改变对探测深度的影响减弱，即衰减系数可近视为一个常数，仅取决于地质环境条件。

4.3.5 分辨率

分辨率是指可区分和识别目标体最小尺寸的能力,分为垂向分辨率和水平分辨率。

(1)垂向分辨率。在地质雷达探测研究中,理想的电磁波是雷克子波。地质雷达各扫描道信号均为各反射界面按反射波到达的时间先后顺序进行的合成。在信号记录中,上述过程可表述为地质雷达子波与反射系数的卷积运算(图4-15),即有

$$X(t) = R(t)e(t) + N(t) \tag{4-34}$$

式中:$X(t)$为单道扫描信号;$R(t)$为子波信号;$e(t)$为反射系数序列;$N(t)$为噪声。

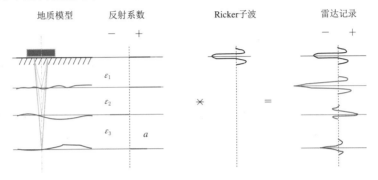

图4-15 地质雷达单道信号的合成

垂向分辨率是指在纵向上可分辨的最小尺寸,其经典问题是垂向定厚问题。无论地层或目标体都有上下两个边界,当这两个边界与周围介质存在明显的介电常数差异时,则在其上下两个边界会形成反射(图4-16)。由于地层或目标体在垂直方向具有一定的厚度,其上下两个界面的反射波被天线接收时存在时间差。这种时间差将随地层或目标体厚度的减小而减小。当时间差小于一定值时,上下两界面的反射波开始相互耦合重叠,导致无法清晰分辨,此时达到垂直分辨率下限(图4-17)。

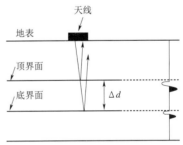

图4-16 地层或目标体的顶底界面反射示意图

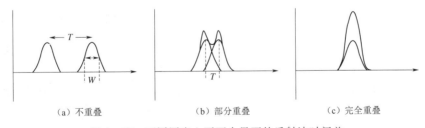

(a)不重叠   (b)部分重叠   (c)完全重叠

图4-17 不同厚度上下两个界面的反射波时间差

建立8m×1m楔形模型进行数值模拟(图4-18)。楔形体内部填充空气($\varepsilon = 1$),最大垂向厚度30cm。天线中心频率分别选用2500MHz、1500MHz、1000MHz、500MHz进行模拟。

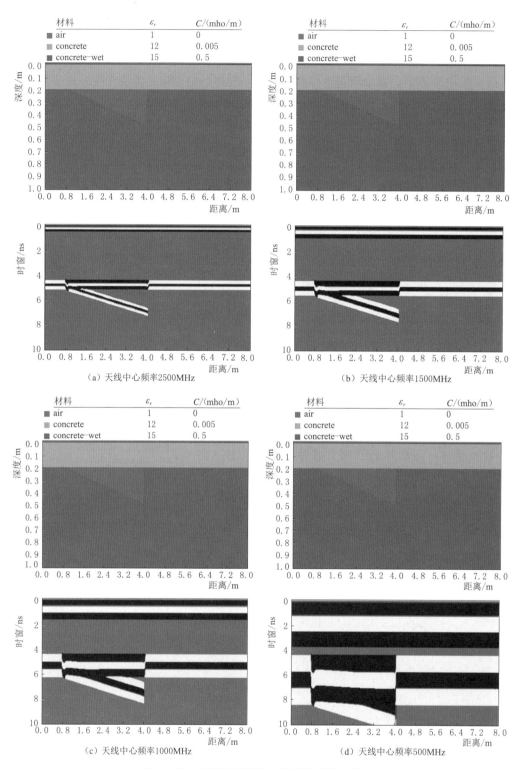

图 4-18　不同天线频率的楔形模型数值模拟

由图 4-18 可知，一方面在固定天线频率下，如 1000MHz［图 4-18（c）］，随着楔形模型的厚度变薄，上下界面的反射波发生重叠现象，导致上下界面无法有效区分；另一方面，随着天线频率的降低，其波长 λ 变长（表 4-1），在固定目标体厚度下更容易发生反射波重叠现象。根据理论分析和数值模拟结果，地质雷达探测的垂直定厚分辨率为 $\lambda/4$，即目标体厚度小于 $\lambda/4$ 时，反射波将开始出现重叠现象。但在实际探测中，需充分考虑噪声和电磁波衰减等对其的负面影响。

（2）水平分辨率。水平分辨率是指在水平方向上可分辨的最小尺寸，如果把垂向分辨率看作是时间分辨率，则水平分辨率更多体现了空间分辨率的概念。射线理论认为，地下界面上的反射波来自斯奈尔几何定律描述的一个反射点。但实际上，电磁波在传播中还有波动性的一面，当入射波波前到达界面上形成反射波时，是以"反射点"为中心点的一个面上反射的综合，它们是以干涉形式形成能量累加或相减的带状分布的。将围绕反射点能量累加的这一圈反射干涉带称为第一菲涅尔带（图 4-19）。

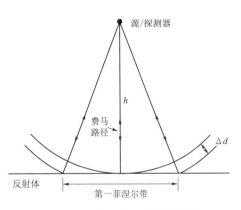

图 4-19　第一菲涅尔带示意图

根据 R. E. Sheriff 的理论，认为从这个面积带上反射回来的波相差（Δd）不应超过 $\lambda/4$，因此第一菲涅尔带直径为

$$F_s = 2\sqrt{\left(h+\frac{\lambda}{4}\right)^2 - h^2} \approx \sqrt{2\lambda h} \qquad (4-35)$$

大量试验结果表明：地质雷达对单一异常体的水平分辨率要小于第一菲涅尔带，取 1/2 第一菲涅尔带直径为单一异常体的水平分辨率下限，即

$$F_{s1} = \sqrt{\frac{\lambda h}{2}} \qquad (4-36)$$

理论研究和实测数据都表明，目标体埋深越深，天线波长越长（图 4-20），水平分辨率越差，此结论也可利用电磁波的足印特点来解释。

图 4-21 描述了天线在沿测线方向上移动的不同时刻下（t_0、t_1、t_2），其足印与四个目标体（A、B、C、D）的空间位置关系。由于地质雷达记录是其足印范围内所有目标体反射信号的综合反映。因此对于埋深较浅的目标体而言，A、B 无法同时出现在足印范围内，即 A、B 将被独立记录并在水平方向上加以区分；而对于埋深较深的目标体而言，C、D 则长时间共同出现在足印范围内，其反射信号将 C、D 两个目标体进行综合反映，无法进行水平方向上的有效区分。这解释了探测深度对于水平分辨率的影响。另一方面，根据式（4-27）和式（4-28），波长的影响主要表现在波长越长，足印的辐射角越大，在水平方向上两目标体需要加以区分的距离将增大，水平分辨率降低。

4.3.6　小结

在进行地质雷达探测时，与探测装置最相关的指标是天线中心频率，它决定了在不同介质属性下的电磁波波长，可影响电磁波的辐射范围、衰减程度和探测分辨率。与探测目标体相关的参数是目标体的尺寸、埋深以及目标体至天线之间介质的综合电导率、介电常数等，它们综合决定了电磁波在传播过程中的反射与透射特征、辐射范围与极化方向、探测深度和分辨率等，这些因素的改变都将影响到电磁波的影像特征，从而表现出不同的波场响应。

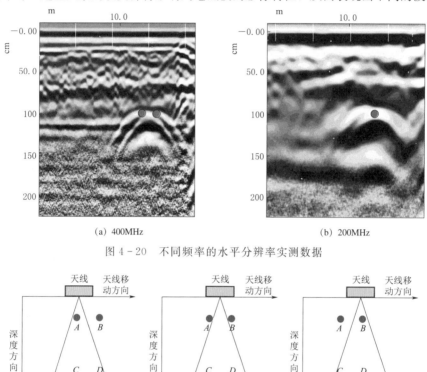

(a) 400MHz　　　　　　　　　(b) 200MHz

图 4-20　不同频率的水平分辨率实测数据

(a) $t=t_0$　　　　　　(b) $t=t_1$　　　　　　(c) $t=t_2$

图 4-21　地质雷达足印与目标体的空间分布示意图

4.4　电磁波的数值模拟与影像特征

地质雷达探测主要是利用电磁波的反射原理进行成像显示。通过识别和分析反射波的运动学和动力学特征来推测地下介质或结构体内部情况。反射波的运动学特征主要是描述波形同相轴的形态特征，即每一张地质雷达图像其实就是根据天线与目标体之间垂直距离与传播时间的关系所进行的"图像重构"。反射波的动力学特征主要是描述波的属性，即振幅、相位、频率。

在地质雷达的大深度探测研究方面，埋深更深的目标体其探测分辨率会降低，同时电磁波衰减也会降低影像的信噪比，各类目标体的波场特征会被弱化，导致解译难度增加。因此本章将基于数值模拟与实测数据相结合的方法，对比讨论层状介质、点（管）状介质、中空体介质等简单模型的正演问题。在实际大深度探测中，大多数地质模型和结构体模型均可视为波场特征弱化后上述单一模型的有机组合。

4.4.1　层状介质模型的波场特征

层状介质模型是最简单常见的地质模型，在地质勘探中可用于进行地层分层、沉积相等正演问题的研究；在结构体探测中可用于进行路面分层、隧道二衬厚度、结构体层间脱空检测等正演问题的研究。

图 4-22（a）建立 6m×2m 三层层状介质模型（$\varepsilon_1=25$、$\varepsilon_2=6$、$\varepsilon_3=8$），其中界面 A 起伏较大，界面 B 水平。

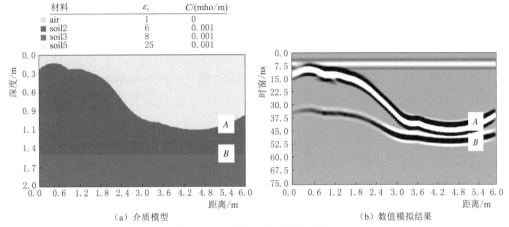

材料	ε_r	$C/(\text{mho/m})$
air	1	0
soil2	6	0.001
soil3	8	0.001
soil5	25	0.001

（a）介质模型　　　　　　　　　（b）数值模拟结果

图 4-22　层状介质的数值模拟 1

从图 4-22（b）来看，界面的反射特征表现为连续性较好的强振幅同相轴，其相位信息取决于界面反射系数的正负（界面 A 的反射系数为正，因此相位与首波同为正相位；界面 B 的反射系数为负，因此相位与首波相反，为负相位）。图 4-22（b）中同相轴 A 的起伏形态充分反映了界面 A 的起伏；同相轴 B 与界面 B 形态不一致，由此表明上层界面的起伏能影响下层实际界面的同相轴形态。

在数值模拟基础上开展了地质雷达在地层分层（图 4-23）和路面结构分层（图 4-24）中的应用，可明显划分出地层或结构层。

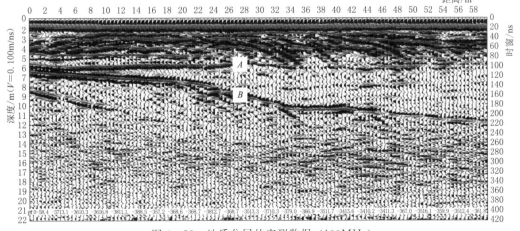

图 4-23　地质分层的实测数据（100MHz）

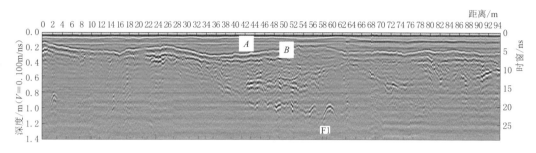

图 4 - 24 路面结构分层的实测数据 （1000MHz）

图 4 - 25 （a） 建立 8m×1.6m 古河道模型，河床上方由两层介质前后沉积。从 4 - 25 （b） 来看，反射波同相轴较好地反映了河床形态及上覆介质的沉积现象。

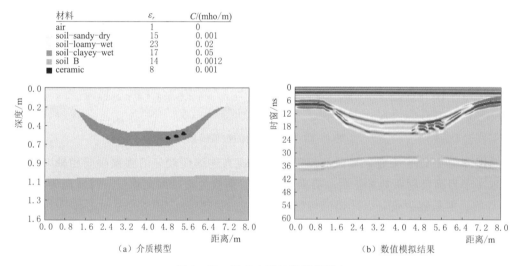

图 4 - 25 层状介质的数值模拟 2

在数值模拟基础上开展了地质雷达在古河道 （图 4 - 26）、三角洲河流沉积相 （图 4 - 27） 中的应用，其界面反射清晰，可较为准确地划分河床底部形态及上覆沉积相。

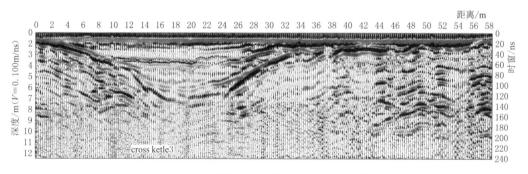

图 4 - 26 古河道探测的实测数据 （100MHz）

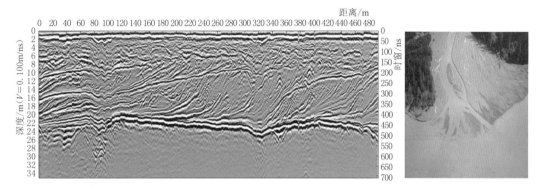

图 4-27　三角洲河流沉积相的实测数据（50MHz）

图 4-28（a）建立 5m×3m 层状介质模型，A 处为模型的起伏地表，B 处为水平夹层。图 4-28（b）表明，在存在地表较大起伏的情况下，夹层实际的起伏形态未能得到客观反映，必须进行地形校正，即校正天线与实际反射点的位置关系，重构时间剖面图。

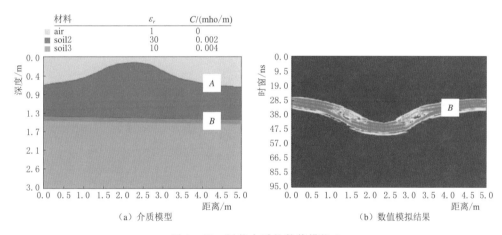

图 4-28　层状介质的数值模拟 3

在数值模拟基础上开展了地质雷达在起伏地表（图 4-29）探测中的应用，经地形校正后，地层信息得以正确归位。

4.4.2　点（管）状目标体的波场特征

点（管）状介质模型也是地质雷达探测中常见的模型，可用于地质勘探中的溶洞探测，城市物探中的管线探测，结构体检测中的钢筋扫描等正演问题的研究。

图 4-30 建立 2m×2m 模型，目标体为埋深 0.8m 的点（管）状介质。图 4-30（a）～（d）分别模拟了在探测过程中天线沿测线方向上不同时刻的波场切片图。

模拟结果表明，对于点（管）状等目标体，其反射波形呈"双曲线"的运动学特征，其"双曲线"的"顶点"位置即为目标体所在位置。图 4-31 为对结构体中钢筋的实测探测结果，可通过"双曲线"的"顶点"位置来确定钢筋的分布情况，由此检测出钢筋数量、间距，保护层厚度的施工情况是否符合设计要求。

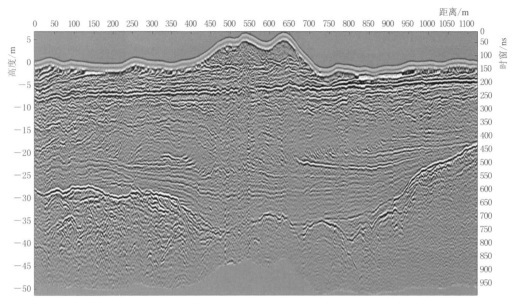

图 4 - 29　起伏地表的实测数据（50MHz）

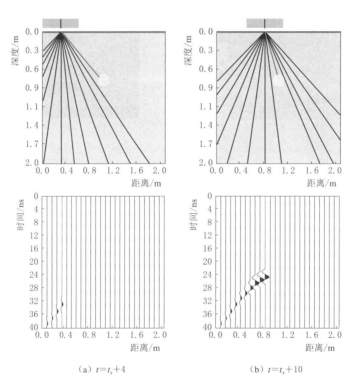

（a）$t = t_s + 4$　　　　　　　　　（b）$t = t_s + 10$

图 4 - 30（一）　点（管）状介质波场特征的时间切片图

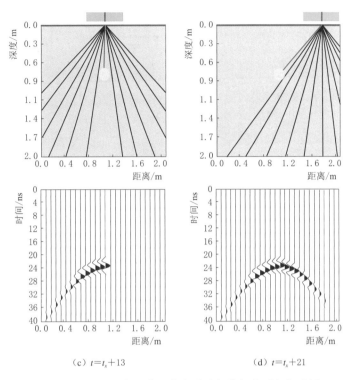

（c）$t=t_x+13$　　　　　　　　　　（d）$t=t_x+21$

图 4-30（二）　点（管）状介质波场特征的时间切片图

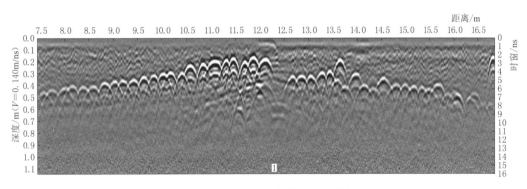

图 4-31　结构体中钢筋的实测数据

　　图 4-30 中，"顶点"两侧波形实为绕射波，并非目标体真实形态的反映，可通过偏移算法进行"归位"处理（图 4-32）。但是在实际探测中，绕射波是识别点（管）状目标体的重要响应特征之一，加之介质各向异性对波速的影响，使得偏移处理很难达到理想的效果。因此在实际探测中并不建议对点（管）状目标体进行偏移处理。

　　图 4-33 建立 4m×1m 模型。两个点（管）状目标体的介质常数分别小于和大于周围介质。

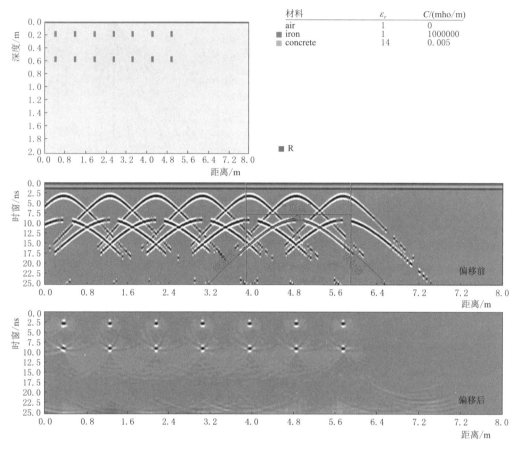

材料	ε_r	$C/(\mathrm{mho/m})$
air	1	0
iron	1	1000000
concrete	14	0.005

图4-32 点（管）状介质绕射波的偏移处理

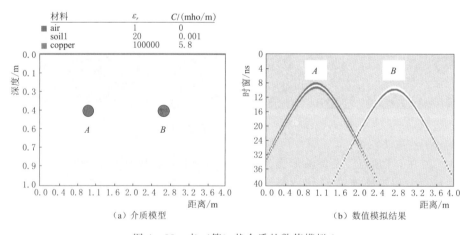

材料	ε_r	$C/(\mathrm{mho/m})$
air	1	0
soil1	20	0.001
copper	100000	5.8

（a）介质模型　　　　　　　　（b）数值模拟结果

图4-33 点（管）状介质的数值模拟1

由图4-33（b）可知，目标体 A 的介电常数小于周围介质，其反射系数为正值，反射相位与首波同为负相位；目标体 B 的介电常数大于周围介质，其反射系数为负值，反射相位与首波相反，为正相位。因此在地质雷达的管线探测中，可利用该结论区分金属管和非金属管。图4-34是对前述两类管线的实测探测结果。

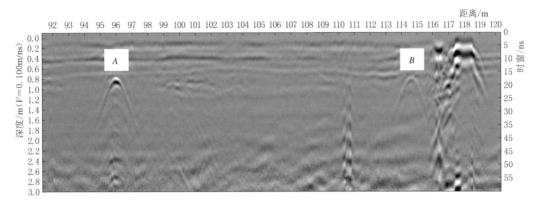

图4-34 地下管线探测的实测数据

图4-34中使用的天线首波为负相位（填充颜色：黑色），目标体A、B均具有管状介质的"双曲线"响应特征，且A为负相位，B为正相位，分别解译为非金属管和金属管。

图4-35建立4m×1.5m模型。模型内部分布有A~E共五类目标体。目标体A为点状空腔体，目标体B为点状含水体，目标体C为点状含杂质空腔体，目标体D为点状含杂质水体，目标体E为不规则形状含杂质水体。

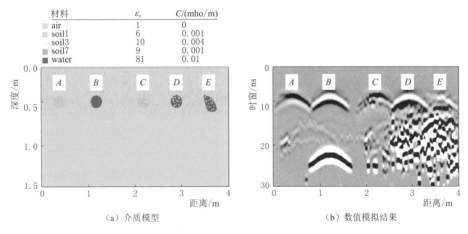

（a）介质模型 （b）数值模拟结果

图4-35 点（管）状介质的数值模拟2

由图4-35（b）可知，目标体A~D形态为点（管）状，其顶界面位置均表现为"双曲线"绕射波，目标体E形态不规则，其"双曲线"绕射波特征不明显。目标体A、C内部主要为空气填充，由反射系数关系可得其相位与首波同为负波，目标体B、D内部主要为水填充，由反射系数关系可得其相位与首波相反，为正波。目标体C、D、E内部填充有杂质，其波形特征表现为杂乱无章的波形，实际上由上述点（管）状介质的模拟来

219

看，杂质均可视为微小的点状介质，但由于分辨率影响，其绕射波特征不明显，仅在"顶点"处有响应，因此综合表现为杂乱无章的波形分布。图4-36为道路探测的实测数据，图中红框内为不密实区。目标体B内部填充水，其介电常数与周围介质差异很大，底界面可产生明显反射，由反射系数可知，其顶底界面相位相反。可根据顶底界面的反射时差估算管状介质的直径。图4-37为管线探测的实测数据，顶底界面的时差为8ns，介电常数取81，由此可计算出管径为13.3cm。

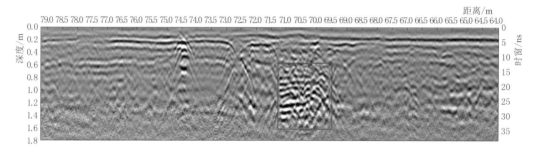

图4-36　道路探测实测数据

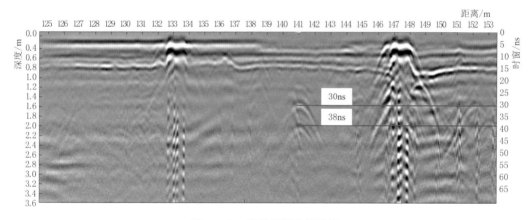

图4-37　管线探测实测数据

4.4.3　中空目标体的波场特征

中空介质模型也是地质雷达探测中常见的模型，可用于地质勘探中的溶洞探测，城市物探中的地下人防设施、地铁隧洞、地下暗河等，结构体检测中的楔形空腔等正演问题的研究。

图4-38建立4m×2m模型，模型内部设置有方形中空目标体。从数值模拟结果来看，除顶底界面反射波之外还有多次反射波响应。这表明中空体由于与周围介质的介电常数差异大，具备将电磁波"束缚"在其内部从而导致多次反射的产生。

图4-39～图4-41分别是地下排水方涵、地下车库、地铁隧洞的实际探测效果。由于这三类目标体均为中空结构，其波场响应特征表现为多次波异常。从数值模拟和实测数

据来看，多次波是识别中空目标体的主要异常特征之一。因此，对于此类目标体探测的数据处理中，不建议进行反褶积的处理。

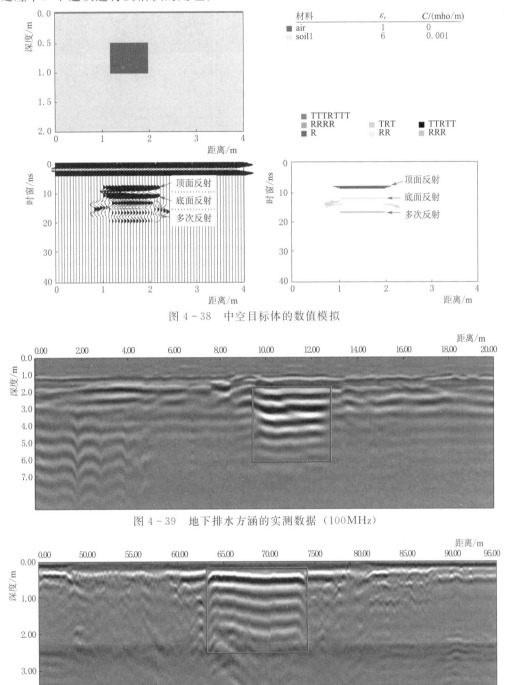

图 4-38 中空目标体的数值模拟

图 4-39 地下排水方涵的实测数据（100MHz）

图 4-40 地下车库的实测数据（200MHz）

4.4.4　小结

和近距离探测相比，大深度地质雷达探测的难点之一在于电磁波的振幅变弱，信噪比降低，分辨率降低，由此导致各类目标体的异常波形特征和属性不如近距离探测明显。本节总结出了几类典型的目标体的波场特征将有利于在大深度探测中更好、更准确地对地质雷达影像进行解译。在地质雷达的大深度探测中：

（1）层状目标体的同相轴连续性降低，可在数据处理时加强中值滤波等平滑处理，层面的起伏形态需要考虑地形和上覆层面起伏的影响。

（2）探测深度的增大意味着采集时窗的增大，因此更容易接收到来自上半空间的点

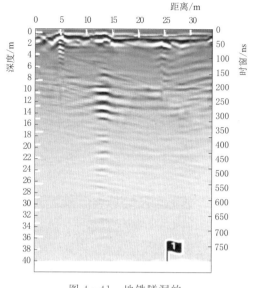

图 4 - 41　地铁隧洞的
实测数据（100MHz）

（管）状干扰，如高压电线、路灯等，从而产生绕射干扰波。在进行地下点（管）状目标体探测时不应采用偏移处理来压制绕射干扰，因为此偏移速度必将导致点（管）状目标体的绕射波特征消失，不利于解译。

（3）在电磁波指数衰减规律下，深部的中空目标体多次波减弱，同时需要区分来自地表附近的多次波干扰。

4.5　地质雷达在水利工程质量检测中的应用

4.5.1　地质雷达在输水隧洞衬砌质量检查中的应用

输水隧洞是调水工程中常用组成部分，由于所处地质条件复杂，除承受较大的围岩压力外还需承受外水压力和内水压力，因此要有较高的施工质量确保隧洞安全运行。因其特有的结构性能和功能要求，往往施工难度较大，容易出现衬砌混凝土厚度不足、回填不密实、钢筋布置不均等质量问题。

传统钻孔探测法可以比较直观检测隧洞质量，但检测速度慢，仅能反映取芯部位质量，不代表整体结构质量状况，并且容易对隧洞造成损伤。地质雷达检测是一种高精度、连续无损、经济快速、图像直观的高科技检测技术，以其非破坏性、实时连续检测、抗干扰性强、分辨率高、操作便捷等特点在工程检测中得到大量应用。地质雷达应用于隧洞检测，查找混凝土内部缺陷、衬砌脱空、钢筋分布、岩体裂隙等缺陷，为隧洞质量检测评估提供技术支持，为工程补强加固提供科学依据。

4.5.1.1　现浇混凝土输水隧洞

（1）工程介绍。山西某引水工程位于山西省运城市，工程等别为Ⅱ等。引水干线工程线

路总长 59.6km，引水流量 20m³/s，主要建筑物包括取水口进水塔、地下提水泵站、1 号和 2 号输水隧洞、板洞河调蓄水库、末端出水池等。

工程施工 X 标包括 2 号隧洞、连通洞以及交通洞，隧洞全长 4.3km。隧洞混凝土衬砌设计为 C25 钢筋混凝土，钢筋保护层设计厚度均为 35mm，混凝土内受力主筋为双层布置。2 号隧洞和连通洞Ⅲ类围岩衬砌设计厚度 300mm，Ⅳ类围岩衬砌设计厚度 350mm，Ⅴ类围岩衬砌设计厚度 400mm，交通洞Ⅲ类与Ⅴ类围岩衬砌设计厚度均为 500mm。

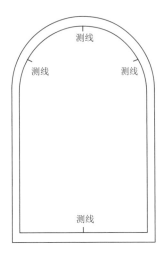

图 4-42 隧洞测线布置示意图

（2）工作方法。雷达检测采用美国 GSSI 公司生产的 SIR-4000 型地质雷达，选用 900MHz 天线，采用距离模式测量方法，现场进行参数选取、数据采集的试验工作，确定增益、滤波等参数，设定每秒扫描 200 次，天线采集窗口长度为 30ns，FIR 带通滤波为 225～2500MHz。数据后处理软件采用 RADAN7，版本号 V7.0.4.9。在顶拱、顶拱两侧水平上仰 30°、底板中间各布设 1 条测线，检测环向钢筋分布，对 2 号隧洞、连通洞以及交通洞，在条件具备情况下全部检测，隧洞测线布置示意图见图 4-42。

（3）隧洞检测结果。2 号隧洞衬砌厚度基本满足设计要求，主要缺陷包括内圈钢筋缺失，少配钢筋甚至无钢筋，混凝土内部有脱空、不密实现象。

顶拱内圈钢筋缺失 25 处，长度 641m；内圈缺筋，外圈少筋 2 处，长度 20m；双层均无钢筋 1 处，长度 2m；内外圈少筋 9 处，长度 126m；混凝土填筑不密实 10 处，长度 22m；顶拱脱空 104 处，长度 223.5m。典型缺陷扫描图见图 4-43、图 4-44。

底板整体质量较好，未发现明显脱空，个别部位也存在上层钢筋缺筋、少筋现象，全部发生在 13+200 桩号下游。其中，缺筋 7 处，总长 26m；少筋 8 处，总长 153m，典型缺陷见图 4-45、图 4-46。

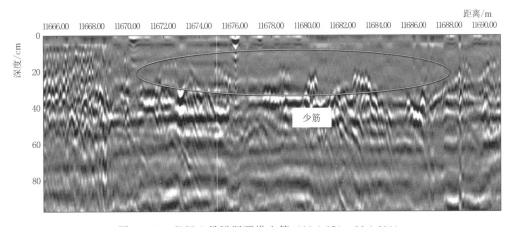

图 4-43 X 标 2 号隧洞顶拱少筋（11+670～11+690）

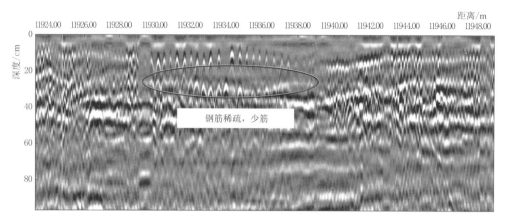

图 4-44　Χ标 2 号隧洞顶拱少筋（11+930～11+940）

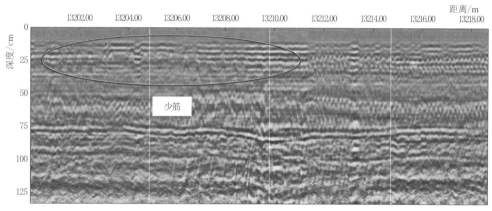

图 4-45　Χ标 2 号隧洞底板少筋（13+200～13+210）

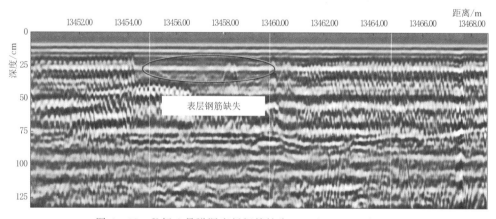

图 4-46　Χ标 2 号隧洞底板钢筋缺失（13+454～13+460）

4.5.1.2　钢筋混凝土排水管（RCP）

（1）工程介绍。某工程南北支线长 25.6km，主要为渠道、暗涵和 RCP 工程。RCP 管道安装共涉及 3 个标段，总长约 2.5km，其中北支一标安装 ϕ1.5mRCP 管道 140m；南

支一标安装 ϕ1.65mRCP 管道（二级管）951m，管壁厚度 0.165m，管身上覆土厚度1.08～2.68m；南支二标 ϕ1.65mRCP 管道 1465m，RCP 管为二级管，部分为三级管（266.8m），上覆土厚度为 2.63～6.61m。RCP 管道混凝土设计强度等级为 C30，在制件厂预制，采用蒸汽养护。

RCP 管道最早于 2016 年 1 月开始安装，目前已完成安装施工。RCP 管道安装回填后在管道内壁发现半数以上管道存在宽度为 0.1～5mm 的裂缝，裂缝均为纵向裂缝，主要存在于管道内侧的顶部和底部。2016 年 8 月中旬，对已安装完成的 RCP 管的部分裂缝采用 SK 手刮聚脲的方式进行了处理，同时，对 8 根裂缝宽度较宽（1～1.5mm）的 RCP 管采用内衬钢板进行处理。现场查看发现 RCP 管道工程既存在采用聚脲处理过的裂缝，也有部分未进行处理的裂缝。

（2）地质雷达检测配筋。雷达检测采用美国 GSSI 公司生产的 SIR－4000 型地质雷达，选用 2600MHz 的天线，采用连续测量工作方式，现场进行参数选取、数据采集的试验工作，确定增益、滤波等参数，设定每秒扫描 333 次，天线采集窗口长度为 10ns，带通滤波为 400～5000MHz。数据后处理软件采用 RADAN7（V7.0.4.9）。典型雷达扫描剖面图见图 4－47。

（3）450m 管节地质雷达检测结果。通过对 2～150 号管节雷达扫描，共发现 22 处异常。其中 14 节钢筋保护层偏薄，1 节钢筋保护层偏厚，3 节钢筋保护层厚度或大或小，薄厚不均，2 节钢筋分布不均匀，2 节钢筋配筋异常，明显与其他管节不同。典型缺陷雷达扫描图见图 4－48、图 4－49。

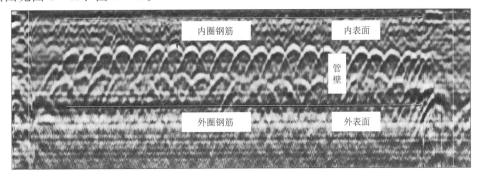

图 4－47 典型雷达扫描剖面图

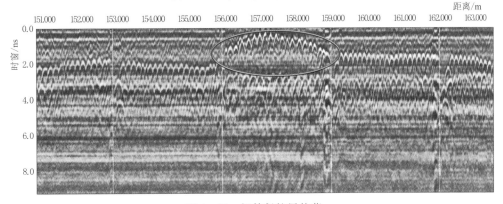

图 4－48 钢筋保护层偏薄

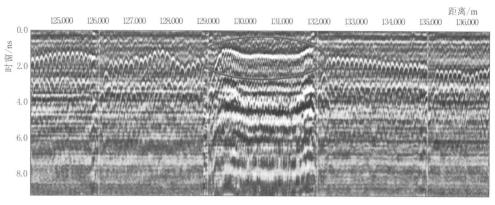

图 4-49 管道配筋异常

（4）500m 管节地质雷达检测结果。通过对 1～166 号管节雷达扫描，共发现 30 处异常。其中 18 节钢筋保护层偏薄；4 节钢筋保护层厚度或大或小，薄厚不均；6 节钢筋分布不均匀；2 节钢筋配筋异常，明显与其他管节不同。典型缺陷雷达扫描图见图 4-50、图 4-51。

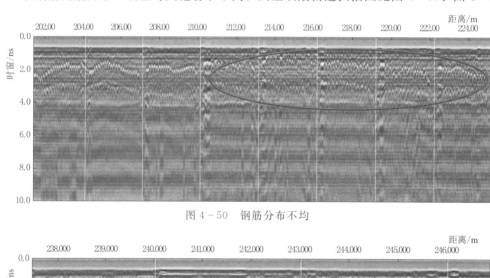

图 4-50 钢筋分布不均

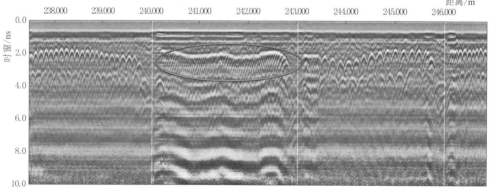

图 4-51 管道配筋异常

4.5.1.3 隧洞预制管片

（1）工程介绍。北京市南水北调某配套工程采用盾构法施工，采用预制混凝土管片拼装成输水隧洞的衬砌，然后在洞内套压力钢管输水。盾构施工成洞，洞径 4.7m，双层衬砌，一次衬砌为 C50 预制管片衬砌，厚 300mm，二次衬砌为 C30 钢筋混凝土，厚度 350mm。衬砌管片环向宽 1.2m，全环分为 6 块，由 1 块封顶块、2 块邻接块和 3 块标准块组成。相邻环之间的管片采用纵向螺栓连接，同一环的管片和管片之间采用环向螺栓连接。所有纵缝及环缝间均设置弹性密封止水材料，并在纵缝间设置传力衬垫。壁后注浆与盾构推进同步进行，通过盾尾同步注浆系统进行注浆，注浆材料为快硬浆，一般为水泥粉煤灰浆。通过同步注浆可有效控制地表沉降。对于穿越重要建筑物、重要公路桥梁和铁路等区域，利用吊装孔进行二次注浆，尽量减小地表沉降量，注浆材料一般为水泥砂浆和水泥水玻璃双浆液。隧洞混凝土二次衬砌安排在相应段盾构隧洞掘进全部完成后进行。混凝土衬砌模板采用钢模台车，预拌混凝土采用混凝土搅拌车洞外水平运输至竖井口，经缓降筒下送至竖井内后，再经混凝土输送泵输送入仓，钢模台车的附着式振捣器振捣密实，脱模后喷水养护。

受建设方委托，对该配套工程部分标段进行隧洞混凝土雷达检测。测区一次衬砌均已回填灌浆完成，探测盾构预制管片外是否存在脱空、不密实区。

（2）工作方法。本次雷达检测采用美国 GSSI 公司生产的 SIR-4000 型地质雷达，选用 900MHz 的天线，采用连续测量工作方式，根据现场检测效果进行数据采集试验，确定增益、滤波等参数。设定每秒扫描 100 次，天线采集窗口长度为 20ns，带通滤波为 225～2500MHz。数据后处理软件采用 RADAN7。沿洞线顶拱中心布置 1 条测线，左右侧仰拱及左右侧顶拱测线位置选取视现场条件来定，确保仰拱和顶拱各有 1 条测线，现场检测照片见图 4-52。

图 4-52 现场检测

（3）检测结果。通过对顶拱、右顶拱以及左仰拱进行探地雷达检测，所得扫描图像清晰，一衬与外界接触整体质量较好，仅在顶拱发现 1 处脱空（图 4-53），右顶拱及左仰拱未见异常。

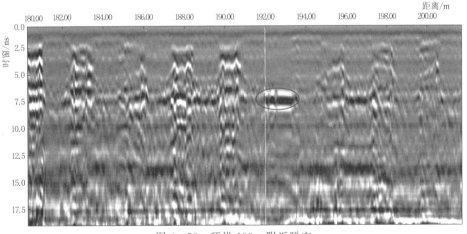

图 4-53 顶拱 193m 附近脱空

通过对工程中九标顶拱、左顶拱以及左仰拱进行探地雷达检测，所得扫描图像清晰，一衬与外界接触整体质量较好，仅在顶拱发现 3 处不密实区，左顶拱发现 2 处不密实区（图 4 - 54），左仰拱未见异常。

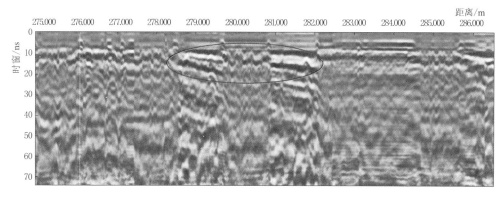

图 4 - 54　左顶拱 279m、281m 附近填筑体不密实

工程中十标顶拱、右顶拱以及左仰拱探地雷达检测结果，所得扫描图像清晰，说明一衬与外界接触整体质量较好。仅发现 3 处不密实区（图 4 - 55），其中顶拱 1 处、左仰拱 2 处，右仰拱未见异常。

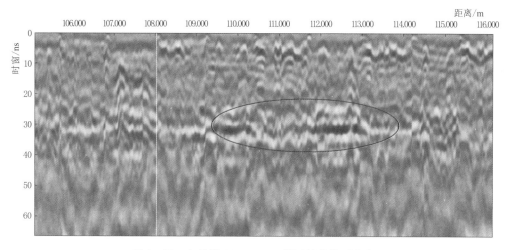

图 4 - 55　左仰拱 110～113m 附近填筑体不密实

4.5.2　地质雷达在抽水蓄能电站面板质量检查中的应用

近年来，随着天荒坪、张河湾、西龙池、宝泉等抽水蓄能电站沥青混凝土防渗工程的陆续建成，国内水工沥青混凝土防渗设计和施工技术得到了快速发展，但是投入运行的沥青混凝土面板有时会出现不规则鼓包和裂缝等现象。鼓包进一步劣化就会造成面板开裂，增大面板渗漏可能性，一旦整个防渗断面遭到破坏，大量渗水会流到库底，假如基础岩层存在遇水敏感的软弱层，渗水长期作用可能影响山体稳定，导致严重后果。目前检测沥青混凝土面板缺陷常用的方法即钻取芯样法，该方法存在效率低、代表性差、不可避免破坏

了原防渗体整体性的缺点。

地质雷达具有节省人工和机械消耗，大大缩短检测时间，减少路面人为破坏，获取大量信息等优点，在公路沥青路面缺陷检测中已得到大量应用。同时，地质雷达也有其局限性，其中最主要的是对材料的介电常数的确定上，即使同种沥青混合料，但因压实度、含水量、材料类型的变化，介电常数也会发生变化，因此需对不同检测区域独立确定介电常数。尽管如此，地质雷达检测相对取芯检测内部缺陷还是具有很大优势。沥青混凝土面板防渗结构主要黏结材质也是沥青，目前国内还没查到地质雷达用于该结构的检测案例，结合张河湾抽水蓄能电站上水库面板检测，尝试将地质雷达用于沥青混凝土面板防渗结构病害检测中。

4.5.2.1 混凝土面板防渗

（1）工程介绍。某水库正常蓄水位838m，死水位798m，工作水深40m，总库容502.99万 m^3，调节库容432.2万 m^3。防渗采用混合衬砌方案，库岸岩基处为混凝土面板衬护，主坝及库底为沥青混凝土面板衬护。库岸混凝土面板厚度40cm，最长面板110m，最大坡度为1：0.75，只设垂直缝不设水平缝，是国内坡度最陡的混凝土面板之一。为避免基础开挖不平整对面板变形的影响，同时为减少面板约束，面板与基岩之间设有30cm厚的无砂混凝土排水垫层，面板与基岩之间采用锚筋锚固。水库运行后库岸混凝土面板存在裂缝、面板接缝部分表层止水渗漏，出现了比较明显的渗漏问题。

图4-56 下水库库岸混凝土面板布置图

（2）检测方案。库岸边坡混凝土面板共122块（包括岸坡坡面相交处的7块趾板），混凝土面板沿库岸轴线方向累计长约1055.3m，自右向左共分为12个区。YPQ1～YPQ3、YPQ5～YPQ8、YPQ10～YPQ11区的面板坡面坡比为1：0.75（图4-56），YPQ12区的面板坡面的坡度由1：2过渡至1：0.75，为扭面面板；YPQ4区的面板坡度为1：1.2；YPQ9区的面板坡度为1：0.8。YPQ3、YPQ4区的部分坡段面板坡度调整为1：1.053，其余均为扭面。混凝土面板标准宽度采用12m、10m、8m，在面板块间衔接部位分缝加密，面板宽度逐渐由标准宽度12m减小到6m。库岸混凝土面板布置见图4-57。

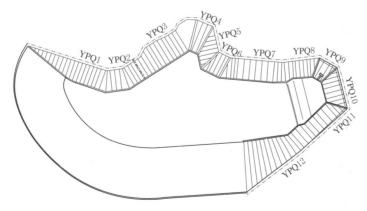

图4-57 库岸混凝土面板布置示意图

现场调查发现共有 4 个区域渗漏量较大，其中 YPQ3 区渗漏量约占总渗漏量 25%，YPQ6 区约占 14%，YPQ7 区约占 14%，进水口连接廊道附近的 YPQ8 区、YPQ9 区、YPQ10 约占 14%，因此选取渗漏量较大的这 4 个区域采用地质雷达进行综合检测。

沿面板长度方向每隔 1m 布设 1 条测线，考虑到面板表面不够平整影响测距轮转动，现场采用卷扬机提供升降动力，先标记测线后人工手扶天线方式进行。虽然检测效率不够高，但是匀速慢速转动的卷扬机更利于天线行走，人工按压天线确保了天线与面板始终紧密接触，可以确保检测质量。由于面板斜度不统一，从坝顶到水面每条测线长度不尽相同，最长测线长 18m。

地质雷达检测采用美国 GSSI 公司生产的 SIR-4000 型地质雷达，数据采集均为距离模式。天线以 900MHz 天线为主，测面板内部质量以及面板与无砂垫层脱空情况，以 400MHz 天线为辅，检测垫层以及岩基内部质量。900MHz 天线记录时长 22ns，采样点数 512，增益点 8 个，IIR 低通滤波 2500、高通滤波 225；400MHz 天线记录时长 40ns，采样点数 512，增益点 8 个，IIR 低通滤波 800、高通滤波 100。由于不同介质的相对介电常数略有差异，为提高检测精度不同工程需要单独测定。本次现场检测利用已知防浪墙厚度测出防浪墙雷达扫描图，反推出混凝土面板对应的相对介电常数为 8.0。

（3）实施方案。根据调查情况，在 YPQ1 区、YPQ3 区、YPQ6 区、YPQ7 区、YPQ8 区、YPQ9 区、YPQ10 区以及 YPQ11 区等 8 个区域内分别选择具有代表性的面板，采用地质雷达对选定的面板进行扫描，每 1.0m 布置一条雷达测线，为提高检测结果精度，每条测线采用地质雷达扫描 2 次。

由于面板斜度不同，每天库水位变化，结合现场情况，雷达扫描结果均以面板顶部为 0 起点。面板测线沿顺时针方向编号。

（4）检测结果。检测共发现 21 处缺陷，其中 20 处存在疑似脱空，1 处裂缝贯穿，典型雷达扫描图见图 4-58～图 4-60。

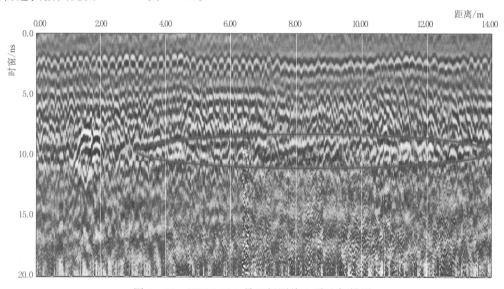

图 4-58　YPQ1 区 6 号面板测线 1 雷达扫描图

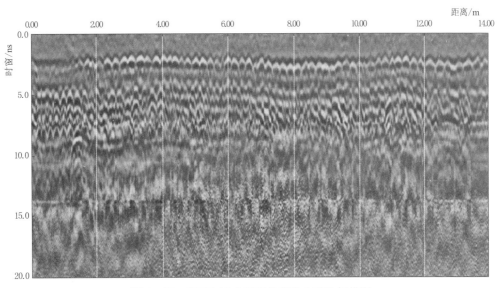

图 4-59 YPQ1 区 6 号面板测线 2 雷达扫描图

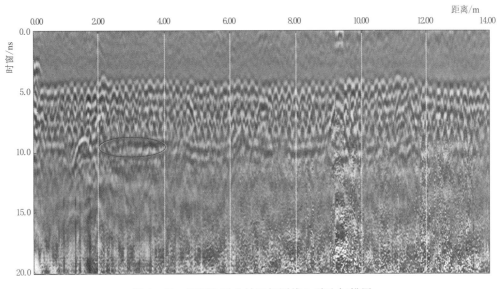

图 4-60 YPQ1 区 6 号面板测线 3 雷达扫描图

4.5.2.2 沥青混凝土面板防渗

（1）工程介绍。河北某抽水蓄能电站上水库采用沥青混凝土面板全库盆防渗，库坡防渗面积 20 万 m²，库底防渗面积 13.7 万 m²，总防渗面积 33.7 万 m²。沥青混凝土面板采用简化复式断面，自上到下依次为玛琋脂封闭层（2mm）、防渗层（10cm）、排水层（库坡 8cm、库底 10cm）和下防渗层（8cm）。面板下基础采用碎石垫层，堆石坝段水平宽度 2m，岩坡开挖段垂直厚度 60cm，库底厚度 50cm。

上水库于 2007 年 9 月建成蓄水，2007 年 12 月电站第一台机组并网发电，2009 年 2 月全部 4 台机组并网发电。电站一直正常运行至今，期间上水库未曾放空检修过。电站运行几年后，从 2009 年开始，2013 年、2015 年陆续检查发现，面板出现不规则鼓包和裂缝，鼓包直径 10～40cm；裂缝长度 5～40cm。2015 年业主分析认为，排水层中的水汽在夏季高温下产生了压力，将面板顶起造成鼓包，据此在沥青混凝土顶部设置了排气孔，其后一年内定期观察发现面板鼓包并未得到改善。

（2）面板防渗结构缺陷情况。根据现场全面调查，目前面板主要存在 4 种缺陷：①面板压力鼓包，即鼓包由面板内部压力引起，表现为面板局部隆起，表面开裂或未开裂；②面板流淌壅包，表现为面板局部呈下坠隆起，在隆起鼓包的上方一定距离有横向凹陷或横向裂缝；③面板仅开裂，周围无鼓包或流淌现象；④表面封闭层玛琋脂流淌、鼓包、破损、脱空。按照缺陷统计结果分类，压力鼓包最多，其次是流淌壅包，纯裂缝仅发现 1处。从分布位置看，面板的缺陷主要集中在进出水口以及反弧段部位，因为反弧段施工难度较大，初步判断该部位缺陷与施工质量有关。从高程上来分，面板缺陷主要集中在水位变动区，可能与抽水蓄能电站日水位变化频繁有关。

（3）介电常数确定。本次检测选用美国 GSSI 公司 SIR-4000 型地质雷达，配备 2600MHz 高频天线，采集时窗 10ns。选取外观完好沥青混凝土面板用时间模式多次测量，采用 RADAN7 处理软件对所测数据进行分析，经过时间零点校正、滤波、解卷积、偏移、深度转换、增益显示以及图像分析等一系列数据处理，得到比较理想的扫描剖面图，在图中确定出上防渗层与排水层的分界面。依据上防渗层设计厚度 10cm 来调整雷达数据处理软件中的介电常数值，使得上防渗层厚度也显示为 10cm，此时介电常数即为本次检查的介电常数值 7.1，后续数据分析均以此为标准进行面板内部缺陷判断。

（4）典型缺陷检测。根据多组数据拼装形成的三维图像可直观显示出缺陷的空间方位和大小范围，更科学评判缺陷严重程度。每次检测都以缺陷为中心向四周布设水平、竖向测线，检测面积 2m×2m，测线间距 20cm，确保被测面大于缺陷面积，便于查明隐患缺陷，测线布置示意图见图 4-61。竖向检测按照从上到下、从左到右顺序依次进行，即 A—A 开始 K—K 结束；水平向检测按照从左到右、从上到下顺序依次进行，即 1-1 开始 11-11 结束。选取压力鼓包、面板裂缝、面板流淌壅包等代表性缺陷进行详细检测，典型测点统计见表 4-3。

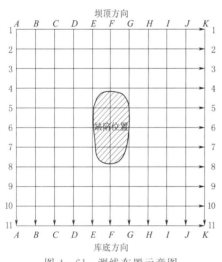

图 4-61　测线布置示意图

注：水平测线从左向右，竖向测线从上向下，间距均为 20cm。

表 4-3　　　　　　　　　　　　典 型 测 点 统 计 表

序　号	桩　号	高 程/m	缺　陷
1	0+325	802	压力鼓包
2	0+375	804	裂缝
3	0+332	806	流淌壅包

1）面板压力鼓包测点。典型面板压力鼓包缺陷三维立体图见图 4-62。分析得知上防渗层内部有脱空，直径约 50cm。排水层、整平胶结层没有发现明显缺陷。

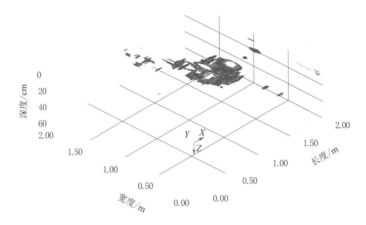

图 4-62　典型面板压力鼓包缺陷三维立体图

2）面板裂缝测点。典型面板裂缝缺陷三维立体图见图 4-63。这条裂缝长约 70cm，防渗层内部伴有空鼓，排水层、整平胶结层没发现明显缺陷，说明裂缝是从排水层开始，由内向外发展的。

3）面板流淌壅包测点。典型面板流淌壅包三维立体图见图 4-64，图中各种介质连续，说明防渗体无脱空，流淌壅包是上防渗层沥青受重力影响发生流动所造成的。在排水层、整平胶结层没发现明显缺陷。

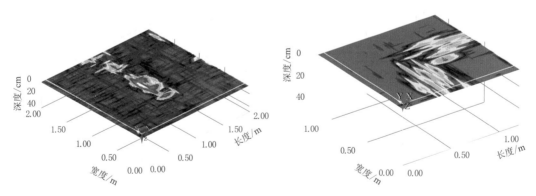

图 4-63　典型面板裂缝缺陷三维立体图　　　　图 4-64　典型面板流淌壅包三维立体图

（5）取芯校验。雷达缺陷检测完成之后进行取芯校验，取芯机钻头 $\phi30$cm，一直钻至碎石垫层，确保芯样包含完整的上防渗层、排水层、下防渗层三层。

在钻取芯样 1 的过程中，在打膨胀固定螺栓至面板以下约 5cm 时有水涌出，上防渗层 4～5cm 厚度位置处出现分层（图 4-65）；芯样 2 取自裂缝位置，上防渗层中存在贯穿裂缝，整个上防渗层断裂为两部分，上防渗层底部有加筋网格，其下也是密集配沥青混合料而不是排水层；芯样 3 取自流淌壅包位置，芯样上防渗层、排水层以及下防渗层成一整

图 4-65　压力鼓包（芯样 1）

体，内部无明显缺陷。

（6）结论。地质雷达检测结果表明张河湾抽水蓄能电站上水库沥青面板防渗体系表层出现的鼓包、开裂等现象发生在上防渗层，排水层、整平胶结层无明显缺陷。取芯校验与地质雷达检测结果相符，可见地质雷达具有显著优越性，为沥青混凝土面板防渗结构检测提供了快速、无损和高可靠性的检测方法技术。目前处于抽水蓄能电站大规模建设期，快速检测和维护保养工程需求也随之增加，地质雷达方法在沥青混凝土面板防渗结构缺陷快速检测方面必将发挥更大作用。

4.5.3　地质雷达在渗漏检测中的应用

水利工程中渗漏常发生于大坝及渠道。大坝容易发生渗漏的部位一般有坝基、坝体及其附属工程。国内外发生过多起因渗漏问题没能得到妥善处理而发生的事故。为了查找水库大坝的渗漏通道，消除水库大坝存在的隐患，越来越多的地质工作者采用地球物理探测的方法来检测水库大坝，取得了较好的效果。目前，用于大坝探测的地球物理探测的方法可归纳为高密度电阻率法、地质雷达法、瞬变电磁法和面波法 4 类。其中，地质雷达法由于其具有快捷、准确、分辨率高、图像直观及受场地地质条件约束少的特点，成为水库大坝隐患探测中先进而有效的方法之一。

地质雷达是利用高频电磁波（10MHz～2GHz）以宽频带短脉冲形式，由地面通过发射天线送入地下，经地层反射后返回地面，由接收天线接收。当电磁波在介质中传播时，其路径、强度与波形将随介质的电性及几何形态而变化，根据接收波的双程走时、振幅与波形，通过图像处理和分析，确定地下地层界面和探测物的空间位置和结构形态。

影响地质雷达探测效果的因素主要有天线中心频率、介质的导电率和介质的介电常数。天线中心频率和介质电导率越大，探测深度就越小，反之探测深度就越大。而在探测深度范围内影响探测效果的主要因素是被探测目标体与其周围介质的介电常数差。表 4-4 列出渗漏检测中常见的介电常数和电磁波传播参数，从中可见，如果在大坝体内出现裂缝、空洞及坝体疏松不密实等缺陷时，与坝体物性均一、坝身密实相比必然存在很明显的电性差异，这就为采用探地雷达进行渗漏探测提供了良好的理论基础。

表 4-4　　　　　　　　　渗漏检测中常见的介电常数和电磁波传播参数

介质	相对介电常数	电导率/（mS/m）	衰减系数/（dB/m）
空气	1	0	0
纯水	80	0.01	2000

介质	相对介电常数	电导率/（mS/m）	衰减系数/（dB/m）
黏土	5～40	2～1000	1～300
石英	5～30	1～100	1～100
干砂	3～5	0.01	0.01
花岗岩	4～6	0.01～1	0.01～1

在大坝渗漏检测中，如果坝体物性均一、土质干密度较大、坝身密实，则雷达反射波很弱，反射波同相轴连续，频率单一。当坝体局部发生渗漏时，局部介质含水量增大，电导率也增大，形成明显的电性界面。而渗漏的特点可归结为裂缝、空洞及坝体疏松等。裂缝的雷达反射特征主要表现为反射波组的中断和错动；空洞的反射特征主要表现为弧状或等轴线反射；当某坝段整体疏松且存在水平薄弱细层时，会出现近水平反射波组，相对两侧的正常坝段，其反射波组呈现出横向特征变化或中断。

4.5.3.1　工程介绍

云南某水库是一座具有农田灌溉、乡村人畜供水等综合利用的水利工程。水库位于云南省丽江市华坪县境内西北部，距华坪县城 62km。

大坝为混凝土面板堆石坝，坝顶高程 2201.00m，防浪墙顶高程 2202.20m，水库正常蓄水位为 2195m，坝顶长 267.7m，坝顶宽 8m，最大坝高 84m，上下游坡比均为 1∶1.4。工程属Ⅲ等中型工程，水库总库容约 1278.0 万 m^3，其中混凝土面板堆石坝为 2 级，其他主要建筑物为 3 级，次要建筑物为 4 级。

2017 年 5 月 18—23 日进行现场检测，此时水库水位低于正常蓄水位 20m。坝体底部右侧和右坝肩未见明显渗漏，坝体底部左侧一处涌水，左侧岩体有几处渗漏点（图 4 - 66）。根据运营方提供的资料，在 2016 年 9 月 20 日库水位达到 2191m 时，量水堰渗漏量达到最大值 206.4L/s，这对于仅有 84m 高的面板坝而言渗漏量确实偏大，必须尽快找到渗漏通道并进行加固处理。

图 4 - 66　坝体底部左侧渗漏及岩体渗漏点

4.5.3.2　地质雷达渗漏检测实施方案

地质雷达渗漏检测宜选用连续剖面扫描探测方式，即发射天线与接收天线始终保持固定间距沿测线前移。可以采用连续录取多道数据并对其作平均处理的方法，来减小探测时产生的随机误差。该方式不需对回波进行再处理就能够直观反映地下各反射界面特征。

（1）检测参数及数据处理方法。本次检测所用 GSSI 公司 SIR4000 型号探地雷达主机搭载低频天线组合，主频为 16MHz、20MHz、35MHz、40MHz、80MHz。点测模式，采用最新版 RADAN7 对每个测点进行拼装，形成被测剖面的完整波列图。

坝顶较宽、坝体较深，选用探测深度最大、频率最低的 16MHz 天线。采样点数 2048，时窗 1000ns，延时－100，IIR 叠加 256 次。IIR 低通滤波 40MHz、高通 5MHz。马道较窄导致天线无法完全展开，选用 80MHz 天线。采样点数 1024，时窗 500ns，延时－100，IIR 叠加 128 次。IIR 低通滤波 160MHz、高通 20MHz。

（2）测线布置。共布设 3 条测线，坝顶、上下马道各 1 条。坝顶测线从左侧岸坡开始，到右侧溢洪道结束，每隔 0.5m 做一次点测，以此向前推进，进入到第 34 点即 17m 处进入坝体坝顶。上下马道均为从左向右依次点测，左侧排水沟为起点右侧排水沟为终点，每隔 1m 一测。检测现场见图 4－67。

图 4－67　地质雷达检测现场

4.5.3.3　坝顶测线检测成果

坝顶全剖面波列图见图 4－68，图中红线左侧为左岸坡，红线右侧直至溢洪道结束均为坝体。图 4－68 显示每隔一定距离颜色加重，现场观察此处靠近路灯，可见非屏蔽天线受路灯的影响很大，但是各高程图像无异常突变，不影响对结果的判断，整体上坝体填筑密实，未发现明显异常。左岸坡下岩性分布为灰岩，灰岩地区由于其溶蚀作用，经常会形成溶蚀通道、溶洞、岩溶裂隙等不良地质现象。而左岸坡雷达波列图上显示有局部信号振幅增强，频率变低，同相轴存在错断现象，符合上述不良地质体信号特征，推断很可能存在渗漏通道。如果灰岩岩石相对致密，完整性较好，地质雷达所测得的电磁波信号不存在明显的介电性差异，因此反射会相对较弱（图 4－69）。

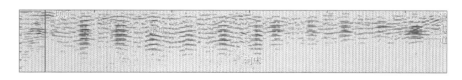

图 4－68　坝顶全剖面波列图

4.5.3.4　上马道测线检测成果

上马道测线波列图见图 4－70，从雷达反射波信号特征分析，该测线整体反射波较弱，频率单一，说明坝体内部填筑相对密实，但是距离左排水沟 30m 范围内，深度 10～25m 处反射波振幅增强，频率降低，反射波组同相轴中断和错动，局部呈弧状。说明该区域坝体内部填筑较为松散，整体处于疏松不密实状态。

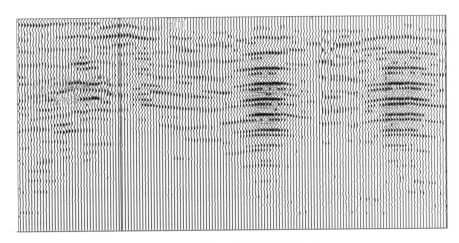

图 4-69　局部波列图（左坝肩）

4.5.3.5　下马道测线检测成果

下马道测线波列图见图 4-71，图中显示距表面 4～10m 波形紊乱，整体反射波振幅较强，出现近水平反射波组，局部有错断，当坝体存在整体疏松且存在水平薄弱细层时会出现该种信号特征，说明该段坝体填筑整体疏松不密实，10m 以下填筑体相对密实。结合坝体结构图中发现下马道以下 2130.00m 高程为度汛坝体，结合该雷达测线 10m 以下正好为度汛坝体，这说明度汛坝体质量较好，下马道至度汛坝体之间的填筑体比较松散，整体呈不密实状态。

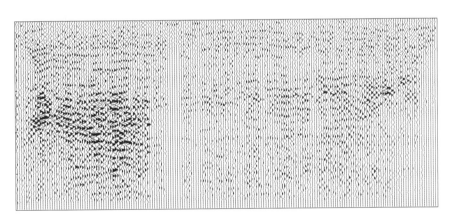

图 4-70　上马道测线波列图

4.5.3.6　结论

地质雷达检测表明左岸坡很可能为渗漏通道，与监测资料分析结果完全吻合，说明在对混凝土面板堆石坝的渗漏隐患探测中，地质雷达方法是一种非常有效的方法，可供国内检测渗漏提供借鉴参考。

虽然地质雷达技术优势明显，但地下结构错综复杂，在条件允许情况下最好配合传统的工程勘察手段（钻孔、静探），辅以其他的物探方法（高密度电法、瞬变电磁法和面波法等），综合对比分析，对提高探测精度很有帮助。

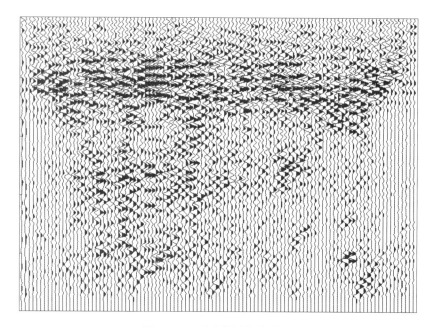

图 4-71　下马道测线波列图

参 考 文 献

［1］　宋福彬，杨杰，程琳，等．地质雷达正演在隧洞衬砌病害识别中的应用［J］．现代隧道技术，2021，58（4）：48-56．

［2］　邓方进．探地雷达钢筋正演模拟及偏移成像研究［J］．隧道建设（中英文），2019，39（S1）：188-193．

［3］　张杨，周黎明，肖国强．堤防隐患探测中的探地雷达波场特征分析与应用［J］．长江科学院院报，2019，36（10）：151-156．

［4］　李秀琳，马保东，汪正兴，等．地质雷达在沥青混凝土面板防渗结构病害检测中的应用［J］．大坝与安全，2017（6）：74-78．

［5］　吴丰收．混凝土探测中探地雷达方法技术应用研究［D］．长春：吉林大学，2009．

［6］　李宜忠，严框宇．地质雷达技术在坝基探测中的应用研究［J］．人民长江，2006，37（6）：2．

［7］　曾昭发．探地雷达方法原理及应用［M］．北京：科学出版社，2006．

［8］　张春城．浅地层探地雷达中的信号处理技术研究［D］．成都：电子科技大学，2005．

［9］　何开胜，王国群．水库堤坝渗漏的探地雷达探测研究［J］．防灾减灾工程学报，2005（1）：20-24．

［10］　刘四新，曾昭发，徐波．地质雷达数值模拟中有损耗介质吸收边界条件的实现［J］．吉林大学学报（地），2005，35（3）：378-381．

［11］　胡平．探地雷达数值模拟技术的应用研究［D］．北京：中国地质大学（北京），2005．

［12］ 王万顺，孙建会，郝丽生，等．探地雷达在堤防检测中的应用［J］．中国水利水电科学研究院学报，2004，2（3）：226-230.

［13］ 梁国钱，吴信民，王文双，等．探地雷达在水利工程中的应用现状及展望［J］．水利水电科技进展，2002，22（4）：63-64.

［14］ 孙洪星，李凤明．探地雷达高频电磁波传播衰减机理与应用实例［J］．岩石力学与工程学报，2002，21（3）：413-417.

［15］ 李大心．探地雷达方法与应用［M］．北京：地质出版社，1994.

第 5 章

混凝土表面缺陷定位

5.1 概述

在水利工程混凝土结构质量检测和安全评估中，其中一项主要的工作是结构表面缺陷的普查，其目的是从外观上了解混凝土结构破坏和耐久性劣化的现状，结合其他材料物理力学性能的检测结果，对结构的安全性进行评估。而且通过定期观测结构表面缺陷的发育状况，可以进一步了解结构老化病害现象的发展规律，为制定科学合理的修补加固方案提供可靠依据。

水工混凝土结构表面缺陷按产生原因基本可以分为两类：荷载缺陷和耐久性劣化缺陷。荷载缺陷一般主要是以受力裂缝为主，一些泄水建筑物还可能存在高速水流造成的冲蚀破坏。由于工作环境恶劣，绝大多数水工结构表面缺陷都是由外部侵蚀环境导致的混凝土材料耐久性劣化（如冻融循环、干湿交替、碳化、温度变化、渗漏溶蚀、碱骨料反应、硫酸盐、氯离子等）造成的，具体可以表现为裂缝、剥蚀、钙质溶出、钢筋锈蚀、保护层崩落等多种形式。

以往水工混凝土结构表面缺陷的普查一般是借助皮尺、钢卷尺等最基本的测量工具确定表面缺陷的位置、长度和范围等，再利用 AutoCAD 等绘图软件根据现场测量结果将表面缺陷的分布状况以平面示意图的形式画出来。这种检测方法虽然比较简单，技术含量也比较低，但却适用于各个层次的工程技术人员，因此在实际工程中得到了广泛的应用。随着技术水平的提高，近些年出现了以无人机飞测平台结合数字图像处理技术的水工结构表面缺陷检测新方法，这将在本书第 6 章进行详细介绍。

本章主要介绍两部分的内容。第一部分是针对一些常见的采用 AutoCAD 格式记录下来的结构表面缺陷分布图，利用 MATLAB 读取其 DXF 文件，能够对原有的表面缺陷采用相同的格式进行重新绘制，利用 MATLAB 的计算功能统计缺陷的主要特征（如裂缝的条数、长度、宽度等），便于对缺陷的状况进行多次检测后的前后比较分析，更好地掌握结构表面缺陷的发展趋势；更重要的是以后还可以进一步利用 MATLAB 的数据库编程功能（详见本书第 7 章），将这些既有检测资料输入到数据库（如 SQL Server、MYSQL 等）中，方便进行数据库管理。第二部分介绍实时动态全球卫星定位系统 GNSS RTK 对混凝土面板裂缝进行精确测量并采用 MATLAB 对检测数据进行处理并绘制表面裂缝分布状况的方法。

5.2　MATLAB 读取 DXF 文件

5.2.1　基本概念

AutoCAD 软件是目前土木水利工程领域最常用的计算机辅助绘图软件，它生成的文件一般统称为 CAD 文件。DWG 文件是一种图形文件，是 AutoCAD 的专用文件格式，用于二维绘图、详细绘制和基本三维设计等，比如平面布置图、施工图、立面图、剖面图、节点图、大样图等。DWG 文件属于二维图面档案，一般的工程图纸基本都保存为这个格式。

在实际工程中，如果要用 MATLAB 读取 CAD 文件的信息，不能使用 DWG 文件，需要通过 DXF 文件。DXF 文件（Drawing Exchange Format）是 AutoCAD 与其他软件之间进行 CAD 数据交换的数据文件格式，是一种包含图形信息的文本文件（一般采用 ASCII 格式）。DXF 文件可以用记事本等文本编辑器直接打开并编辑相应的图元数据，也就是说，如果对 DXF 文件格式有足够了解，甚至可以在记事本里直接画图。AutoCAD 生成 DXF 文件的步骤极其简便，只需要打开目标 DWG 文件，然后再保存为 DXF 格式。

5.2.2　DXF 文件的结构

ASCII 格式的 DXF 文件可以用文本编辑器（如记事本、写字板等）进行查看。DXF 文件由组码（也称为代码）及与其关联的值对组成。在 DXF 文件中每个组码和其关联的值对都各占一行，组码表明其后的值的类型。

DXF 文件的主体结构就是一个一个的段（section），每段都以一个后跟字符串"SECTION"的组码 0 开始，其后是组码 2 和表示该段名称的字符串（例如，"HEADER""TABLES""BLOCKS""ENTITIES"等）。每段都由定义其元素的组码和值组成，且每段都以一个后跟字符串"ENDSEC"的组码 0 结束。

（1）DXF 文件的完整结构。DXF 文件完整的结构如下（源自 AutoCAD 帮助文件）：

1）HEADER 段。该段包含图形的基本信息。它由 AutoCAD 数据库版本号和一些系统变量组成。每个参数都包含一个变量名称及其关联的值。

2）CLASSES 段。该段包含应用程序定义的类的信息，这些类的实例出现在数据库的 BLOCKS 段、ENTITIES 段和 OBJECTS 段中。CLASSES 段在类的层次结构中是固定不变的。

3）TABLES 段。该段包含以下符号表的定义：APPID（应用程序标识表）、BLOCK_RECORD（块参照表）、DIMSTYLE（标注样式表）、LAYER（图层表）、LTYPE（线型表）、STYLE（文字样式表）、UCS（用户坐标系表）、VIEW（视图表）、VPORT（视口配置表）。

4）BLOCKS 段。该段包含构成图形中每个块参照的块定义和图形图元。

5）ENTITIES 段。该段包含图形中的图形对象（图元），其中包括块参照（插入图元）。

6）OBJECTS 段。该段包含图形中的非图形对象。除图元、符号表记录以及符号表以外的所有对象都存储在此段。OBJECTS 段中的条目样例是包含多线样式和组的词典。

7）THUMBNAILIMAGE 段。该段包含图形的预览图像数据。此段为可选。

8）文件结尾是组码为 0 的字符串"EOF"。

如果未设置标题变量，则可以省略整个 HEADER 区域。如果不需要创建条目，则可以省略 TABLES 区域中的任何表；如果不需要 TABLES 区域中的任何内容，则可以省略整个 TABLES 区域。如果在 LTYPE 表中定义了线型，则此表必须显示在 LAYER 表之前。如果图形中未使用任何块定义，则可以省略 BLOCKS 段。在以上的所有的段中，ENTITIES 段是 MATLAB 读取 DXF 文件信息最主要用到的。以下简要介绍 HEADER 段和 ENTITIES 段的组成，想要了解其他段的读者可自行参考 AutoCAD 帮助文件。

（2）HEADER 段组成。HEADER 段组成如下：

```
0                %HEADER 段的开始
SECTION
2
HEADER           %段名称
9                %为每个标题变量重复一次
$<变量>
<组码>
<值>
0
ENDSEC           %HEADER 段的结束
```

（3）ENTITIES 段组成。ENTITIES 段组成如下：

```
0                %ENTITIES 段的开始
SECTION
2
ENTITIES         %段名称
0
<图形对象（图元）类型>
5
<句柄>
330
<指向所有者的指针>
100
AcDbEntity        %部分内容可省略
8
<图层>
100
AcDb<类名>
·
```

.＜数据＞

.

0

ENDSEC　　　　％*ENTITIES 段的结束*

（4）TABLE 段的 LAYER 表组码和 LTYPE 表组码。TABLE 段中包括多个表，每个表中条目数目可变，各个表的次序是可以改变的，但 LTYPE 表（线型表）总是位于 LAYER 表（图层表）之前。LTYPE 表组码见表 5-1，LAYER 表组码见表 5-2。TABLE 段基本结构组成如下：

0　　　　　　　％*TABLES 段的开始*

SECTION

2

TABLES

0　　　　　　　％*常用表组码；为每个条目重复一次*

TABLE

2

＜表类型＞　　　％*LTYPE、LAYER 等*

5

＜句柄＞

100

AcDbSymbolTable

70

＜最大条目数量＞

0　　　　　　　％*表条目数据；为每个表记录重复一次*

＜表类型＞

5

＜句柄＞

100

AcDbSymbolTableRecord

.

.＜数据＞

.

0　　　　　　　％*表结束*

ENDTAB

.

＜其他表＞

.

0

ENDSEC　　　　％*TABLES 段的结束*

表 5 - 1   **LTYPE 表 组 码**

组码	说 明
100	子类标记（AcDbLinetypeTableRecord）
2	线型名（如'CONTINUOUS）
70	标准标记值（按位编码值）
3	线型的说明文字（'Solid Line'）
72	对齐代码；值通常为 65（A 的 ASCII 代码）
73	线型元素的数目
40	图案总长度
49	虚线、点或空间长度（每个元素一个条目）
74	复杂线型元素类型（每个元素一种类型），默认值为 0（没有嵌入的形／文字）
75	如果代码 74 指定嵌入的形，则表示形编号（每个元素一个编号） 如果代码 74 指定嵌入的字符串，此值将设置为 0 如果代码 74 设置为 0，则省略代码 75
340	指向 STYLE 对象的指针（如果代码 74＞0，则每个元素一个指针）
46	S＝比例值（可选）；可存在多个条目
50	R＝嵌入的形或文字的相对旋转值（以弧度为单位），A＝嵌入的形或文字的绝对旋转值（以弧度为单位）；如果代码 74 指定了嵌入的形或字符串，则每个元素一个
44	X＝X 偏移值（可选）；可存在多个条目
45	Y＝Y 偏移值（可选）；可存在多个条目
9	字符串（如果代码 74＝2，则每个元素一个字符串）

表 5 - 2   **LAYER 表 组 码**

组码	说 明
100	子类标记（AcDbLayerTableRecord）
2	图层名
70	标准标志值（按位编码值）： 1＝图层被冻结；否则图层被解冻 2＝默认情况下，新视口中的图层被冻结 4＝图层被锁定 ……… （其他值 16、32 和 64 请参考 AutoCAD 帮助文件）
62	颜色编号（如果为负值，则表明图层处于关闭状态） AutoCAD 颜色索引（ACI）： ACI 是 AutoCAD 中使用的标准颜色。每一种颜色用一个 ACI 编号（1 到 255 之间的整数）标识。标准颜色名称仅适用于 1 到 7 号颜色。颜色指定如下：1 红、2 黄、3 绿、4 青、5 蓝、6 洋红、7 白／黑。
6	线型名（如'CONTINUOUS）
290	打印标志。如果设置为 0，则不打印此图层
370	线宽枚举值
390	PlotStyleName 对象的硬指针 ID／句柄
347	Material 对象的硬指针 ID／句柄

（5）图形对象的组码。图形对象（图元）出现在 DXF 文件的 BLOCK 段和 ENTITIES 段，组码在这两段中的用法相同。DXF 文件中的图元组码有两类：一类是通用图形对象（图元）组码，即适用于几乎所有图形对象的组码，见表 5 - 3；另一类是针对各个图形对象的组码。

DXF 文件 ENTITIES 段的图形对象（图元）主要有：3DFACE（三维面）、3DSOLID（三维实体）、ACAD_PROXY_ENTITY（代理）、ARC（圆弧）、ATTDEF（属性定义）、ATTRIB（属性）、BODY（体）、CIRCLE（圆）、DIMENSION（标注）、ELLIPSE（椭圆）、HATCH（图案填充）、HELIX（螺旋）、IMAGE（图像）、INSERT（插入，块参照）、LEADER（引线）、LIGHT（光源）、LINE（直线）、LWPOLYLINE（轻多段线）、MLINE（多线段）、MLEADER（多重引线）、MLEADERSTYLE（多重引线样式）、MTEXT（多行文字）、OLEFRAME、OLE2FRAME、POINT（点）、POLYLINE（多段线）、RAY（射线）、REGION（面域）、SECTION（截面）、SEQUEND、SHAPE（形）、SOLID（实体）、SPLINE（样条曲线）、SUN（太阳）、SURFACE（曲面）、TABLE（表）、TEXT（文字）、TOLERANCE（公差）、TRACE（跟踪）、UNDERLAY（参考底图）、VERTEX（顶点）、VIEWPORT（视口）、WIPEOUT（擦除）和 XLINE（构造线）等。表 5 - 4～表 5 - 9 给出了几个比较常用的图形对象的组码。

表 5 - 3   通 用 图 形 对 象 组 码

组码	说　　　　明	如果省略，默认为…
−1	APP：图元名（每次打开图形时都会发生变化）	未省略
0	图元类型	未省略
5	句柄	未省略
102	应用程序定义的组的开始 "｛application_name"（可选）	无默认值
应用程序定义的代码	102 组中的代码和值由应用程序定义（可选）	无默认值
102	组的结束 "｝"（可选）	无默认值
102	"｛ACAD_REACTORS"表示 AutoCAD 永久反应器组的开始。仅当将永久反应器附加到此对象时，此组才存在（可选）	无默认值
330	所有者词典的软指针 ID/句柄（可选）	无默认值
102	组的结束 "｝"（可选）	无默认值
102	"｛ACAD_XDICTIONARY"表示扩展词典组的开始。仅当将扩展词典附加到此对象时，此组才存在（可选）	无默认值
360	所有者词典的硬所有者 ID/句柄（可选）	无默认值
102	组的结束 "｝"（可选）	无默认值
330	所有者 BLOCK_RECORD 对象的软指针 ID/句柄	未省略
100	子类标记（AcDbEntity）	未省略
67	不存在或 0 表示图元位于模型空间中。1 表示图元位于图纸空间中（可选）	0
410	APP：布局选项卡名	未省略
8	图层（LAYER）名	未省略

续表

组码	说　明	如果省略，默认为…
6	线型名（如果不是"BYLAYER"，则出现）。特殊名称"BYBLOCK"表示可变的线型（可选）	BYLAYER
347	材质对象的硬指针 ID/句柄（如果不是"BYLAYER"，则出现）	BYLAYER
62	颜色号（如果不是"BYLAYER"，则出现）；0 表示"BYBLOCK"（可变的）颜色；256 表示"BYLAYER"；负值表示层已关闭（可选）	BYLAYER
370	线宽枚举值，作为 16 位整数存储和移动	未省略
48	线型比例（可选）	1.0
60	对象可见性（可选）：0＝可见；1＝不可见	0
92	后面的 310 组（二进制数据块记录）中表示的代理图元图形中的字节数（可选）	无默认值
310	代理图元图形数据（多行；每行最多 256 个字符）（可选）	无默认值
420	一个 24 位颜色值，应按照值为 0 到 255 的字节进行处理。最低字节是蓝色值，中间字节是绿色值，第三个字节是红色值。最高字节始终为 0。该组码不能用于自定义图元本身的数据，因为该组码是为 AcDbEntity 类级别颜色数据和 AcDbEntity 类级别透明度数据保留的	无默认值
430	颜色名。该组码不能用于自定义图元本身的数据，因为该组码是为 AcDbEntity 类级别颜色数据和 AcDbEntity 类级别透明度数据保留的	无默认值
440	透明度值。该组码不能用于自定义图元本身的数据，因为该组码是为 AcDbEntity 类级别颜色数据和 AcDbEntity 类级别透明度数据保留的	无默认值
390	打印样式对象的硬指针 ID/句柄	无默认值
284	阴影模式 0＝投射和接收阴影 1＝投射阴影 2＝接收阴影 3＝忽略阴影	无默认值

注　此表显示组码通常出现的次序，但这个次序在某些条件下可能会改变。

表 5-4　　　　　　　　　　　　图形对象 CIRCLE 的组码

组码	说　明
100	子类标记（AcDbCircle）
39	厚度（可选；默认值＝0）
10	中心点在对象坐标系 OCS 中的 X 坐标
20，30	中心点在对象坐标系 OCS 中的 Y 和 Z 坐标
40	半径
210	拉伸方向（可选；默认值＝0，0，1）的 X 值
220，230	拉伸方向的 Y 值和 Z 值（可选）

表 5-5　　　　　　　　　　　　图形对象 LINE 的组码

组码	说　明
100	子类标记（AcDbLine）
39	厚度（可选；默认值＝0）

组码	说　明
10	起点在世界坐标系 WCS 中的 X 坐标
20，30	起点在世界坐标系 WCS 中的 Y 和 Z 坐标
11	端点在世界坐标系 WCS 中的 X 坐标
21，31	端点在世界坐标系 WCS 中的 Y 坐标和 Z 坐标
210	拉伸方向（可选；默认值＝0，0，1）的 X 值
220，230	拉伸方向的 Y 值和 Z 值（可选）

表 5 - 6　　　　　　　　　　图形对象 POLYLINE 的组码

组码	说　明
100	子类标记（AcDb2dPolyline 或 AcDb3dPolyline）
10	始终为 0
20	始终为 0
30	（二维时在对象坐标系 OCS 中，三维时在世界坐标系 WCS 中）多段线的标高
39	厚度（可选；默认值＝0）
70	多段线标志（按位编码；默认值＝0）： 1＝这是一条闭合多段线（或 M 方向上的一个闭合多边形网格） 2＝已添加曲线拟合顶点 4＝已添加样条曲线拟合 8＝这是一条三维多段线 （其他值 16、32 和 64 请参考 AutoCAD 帮助文件）
40	默认起点宽度（可选；默认值＝0）
41	默认端点宽度（可选；默认值＝0）
71	多边形网格 M 顶点计数（可选；默认值＝0）
72	多边形网格 N 顶点计数（可选；默认值＝0）
73	平滑曲面 M 密度（可选；默认值＝0）
74	平滑曲面 N 密度（可选；默认值＝0）
75	曲线和平滑曲面类型（可选；默认值＝0）；整数编码，非位编码： 0＝不拟合平滑曲面 5＝二次 B 样条曲线曲面 6＝三次 B 样条曲线曲面 8＝Bezier 曲面
210	拉伸方向（可选；默认值＝0，0，1）的 X 值
220，230	拉伸方向的 Y 值和 Z 值（可选）

表 5 - 7　　　　　　　　　　图形对象 VERTEX 的组码

组码	说　明
100	子类标记（AcDbVertex）
100	子类标记（AcDb2dVertex 或 AcDb3dPolylineVertex）

续表

组码	说　　明
10	（二维时在对象坐标系 OCS 中，三维时在世界坐标系 WCS 中）X 坐标
20，30	（二维时在对象坐标系 OCS 中，三维时在世界坐标系 WCS 中）Y 和 Z 坐标
40	起点宽度（可选；默认值为 0）
41	端点宽度（可选；默认值为 0）
42	凸度（可选；默认值为 0）。凸度是四分之一弧线段角的切线，如果从起点到终点，弧为顺时针，则为负数。凸度为 0 表示一条直线段，凸度为 1 表示一个半圆
70	顶点标志： 1＝由曲线拟合创建的额外顶点 2＝为该顶点定义的曲线拟合切线。可能从 DXF 输出中忽略值为 0 的曲线拟合切线方向，但是如果该位设置为 4＝不使用 8＝通过样条曲线拟合创建的样条曲线顶点 （其他值 16、32 和 64 请参考 AutoCAD 帮助文件）
50	曲线拟合切线方向
71	多面网格顶点索引（可选；非零时出现）
72	多面网格顶点索引（可选；非零时出现）
73	多面网格顶点索引（可选；非零时出现）
74	多面网格顶点索引（可选；非零时出现）

表 5 - 8　　　　　　　　　　图形对象 LWPOLYLINE 的组码

组码	说　　明
100	子类标记（AcDbPolyline）
90	顶点数
70	多段线标志（按位编码）；默认值为 0： 1＝闭合；128＝多段线生成
43	固定宽度（可选；默认值＝0）。如果设置为可变宽度（代码 40 和/或 41），则不使用
38	标高（可选；默认值＝0）
39	厚度（可选；默认值＝0）
10	顶点在对象坐标系 OCS 中的 X 坐标，多个条目时每个顶点一个条目
20	顶点在对象坐标系 OCS 中的 Y 坐标，多个条目时每个顶点一个条目
40	起点宽度（多个条目；每个顶点一个条目）（可选；默认值＝0；多个条目）。如果设置为固定宽度（代码 43），则不使用
41	端点宽度（多个条目；每个顶点一个条目）（可选；默认值＝0；多个条目）。如果设置为固定宽度（代码 43），则不使用
42	凸度（多个条目；每个顶点一个条目）（可选；默认值＝0）
210	拉伸方向（可选；默认值＝0，0，1）的 X 值
220，230	拉伸方向的 Y 值和 Z 值（可选）

注　POLYLINE 是 AutoCADR14 及以前版本所采用的多段线，R2000 以后的 AutoCAD 默认组码名为 LWPOLY-LINE 的轻多段线。LWPOLYLINE 具有体积小、占用内存小的优点。POLYLINE 逐渐会被淘汰。

表 5 – 9   图形对象 TEXT 的组码

组码	说　明
100	子类标记（AcDbText）
39	厚度（可选；默认值＝0）
10	第一对齐点在对象坐标系 OCS 中的 X 坐标
20，30	第一对齐点在对象坐标系 OCS 中的 Y 和 Z 坐标
40	文字高度
1	默认值（字符串本身）
50	文字旋转角度（可选；默认值＝0）
41	相对 X 比例因子—宽度（可选；默认值＝1） 使用拟合类型的文字时，该值也将进行调整。
51	倾斜角（可选；默认值＝0）
7	文字样式名（可选；默认值＝标准）
71	文字生成标志（可选，默认值＝0）： 2＝反向文字 4＝倒置文字
72	水平文字对正类型（可选，默认值＝0）整数代码（非按位编码） 0＝左对正；1＝居中；2＝右对正 3＝对齐（如果垂直对齐＝0） 4＝中间（如果垂直对齐＝0） 5＝拟合（如果垂直对齐＝0）
11	第二对齐点在对象坐标系 OCS 中的 X 坐标（可选） 只有当 72 组或 73 组的值非零时，该值才有意义（如果对正不是基线对正/左对正）
21，31	第二对齐点在对象坐标系 OCS 中的 Y 和 Z 坐标（可选）
210	拉伸方向（可选；默认值＝0，0，1）的 X 值
220，230	拉伸方向的 Y 值和 Z 值（可选）
100	子类标记（AcDbText）
73	文字垂直对正类型（可选；默认值＝0）整数代码（不是按位编码） 0＝基线对正；1＝底端对正；2＝居中对正；3＝顶端对正

5.2.3　MATLAB 程序代码

　　以下是 MATLAB 读取 DXF 文件和获得 ENTITIES 段中几个常见的图形对象（LW-POLYLINE、POLYLINE、LINE 以及 TEXT 等）信息并画图的程序代码。为更清楚地叙述各个图形对象在 ENTITIES 段中的组码和关联值，提高可读性，程序代码是按图形对象分别编写的。实际上，这些图形对象的程序代码完全可以用如"switch…case…"这样的 MATLAB 语句组合在一起，会显得更加简洁。建议感兴趣的读者在熟悉 DXF 文件结构组成后可以自己尝试一下。

5.2.3.1　读取 DXF 文件

　　MATLAB 程序代码：

%read DXF file

```
fId＝fopen('＊.dxf)；        %打开 DXF 文件
DXF_data＝textscan(fId,'%d%s','Delimiter','\n')；
        %读取DXF 文件内容进入DXF_data 单元数组,{1r 2cell }
fclose(fId)；
GrCode＝DXF_data{1}；        %DXF_data 的第 1 个单元存放全部组码
ValAsoc＝DXF_data{2}；        %DXF_data 的第 2 个单元存放相应组码关联值
pos_Zero＝find(GrCode＝＝0)；  %组码 0 在ValAsoc 中的位置
pos_ENTITIES＝strmatch('ENTITIES',ValAsoc(1:end),'exact')；
        %ValAsoc 中的ENTITIES 的位置
```

　　读取 DXF 文件的 MATLAB 程序代码的第一步是将数字组码（整型 int）和相应组码关联值（字符型 char）分两列读入单元数组 DXF_data 中，然后将数字组码存入整型一维（单列）数组 GrCode 中，将相应组码关联值存入一维（单列）单元数组 ValAsoc（每个单元为字符型 char 数据的关联值）中。

5.2.3.2　画多段线 LWPOLYLINE

　　表 5-10 为一个混凝土灌注桩钢筋布置图 DXF 文件的 ENTITIES 段中的两条典型 LWPOLYLINE 的组码及其组码关联值。需要指出的是，用文本格式打开的 DXF 文件是一个单列结构，可读性比较差。当把组码及其组码关联值分别写入如下所示的 GrCode 和 ValAsoc 数组时，结构层次和相互关系非常明确。

表 5-10　　　　　　　　　典型 LWPOLYLINE 图元组码及其组码关联值

GrCode（组码）	ValAsoc（组码关联值）	组　码　说　明
0	'SECTION'	
2	'ENTITIES'	
	……	
0	'LWPOLYLINE'	LWPOLYLINE 图元
5	'28E'	
330	'1F'	
100	'AcDbEntity'	
8	'1-c'	图层'1-c'
6	'Continuous'	线型名
62	'6'	颜色号 6
100	'AcDbPolyline'	
90	'2'	顶点数
70	'0'	非闭合
43	'0.3'	线固定宽度
10	'1928.460481587002'	顶点坐标：
20	'1073.191001219445'	10-X 坐标
10	'1928.460481587002'	20-Y 坐标
20	'1280.187833291678'	

续表

GrCode（组码）	ValAsoc（组码关联值）	组 码 说 明
	......	
0	'LWPOLYLINE'	LWPOLYLINE 图元
5	'2D6'	
330	'1F'	
100	'AcDbEntity'	
8	'PP—COM'	图层'PP—COM'
6	'Continuous'	线型名
100	'AcDbPolyline'	
90	'4'	顶点数
70	'0'	非闭合
43	'0. 0'	线固定宽度（默认值）
10	'1916. 791338902436'	
20	'1281. 687833291677'	
10	'1926. 960481587002'	
20	'1281. 687833291677'	顶点坐标：
10	'1944. 960481587002'	10—X 坐标
20	'1281. 687833291677'	20—Y 坐标
10	'1955. 129624271569'	
20	'1281. 687833291677'	
	......	
0	'ENDSEC'	

MATLAB 程序代码：

```
%draw LWPOLYLINE
figure(1);
axis equal;
set(gca,'xtick',[],'xticklabel',[]);
set(gca,'ytick',[],'yticklabel',[]);
pos_LWPL=strmatch('LWPOLYLINE',ValAsoc(pos_ENTITIES:end),'exact')…
    +pos_ENTITIES-1;
        %关联值LWPOLYLINE 在ValAsoc 中ENTITIES 之后的位置double 数组
num_LWPL=length(pos_LWPL);  %ENTITIES 段内关联值LWPOLYLINE 的个数
if num_LWPL~=0
    for i_LWPL=1:num_LWPL
        pos_in_pos_Zero=find(pos_Zero == pos_LWPL(i_LWPL));
            %每条LWPOLYLINE 的起始组码0 在pos_Zero 数组中的位置
        GrCode_LWPL=GrCode(pos_LWPL(i_LWPL):pos_Zero(pos_in_pos_Zero+1));
            %在ValAsoc 中每条LWPOLYLINE 到下一个组码0 之间的组码
```

251

pos_X＝find(GrCode_LWPL＝＝10)＋pos_LWPL(i_LWPL)−1;

　　%每条*LWPOLYLINE*中组码10(*X*坐标)在*ValAsoc*中的位置

pos_Y＝find(GrCode_LWPL＝＝20)＋pos_LWPL(i_LWPL)−1;

　　%每条*LWPOLYLINE*中组码20(*Y*坐标)在*ValAsoc*中的位置

　　line(str2double(ValAsoc(pos_X)),str2double(ValAsoc(pos_Y)),'LineWidth',2,'Color','k'); 　　%根
据*pos_X*和*pos_Y*画线

　　end

end

执行上述代码，可将 AutoCAD 混凝土灌注桩钢筋布置图中由 LWPOLYLINE 构成的内部钢筋的分布情况绘制出来（图 5−1）。此例中桩身外观轮廓线在 AutoCAD 中是由 LINE 定义的，由 MATLAB 的 line 函数画出（见随后的 5.3.5）。

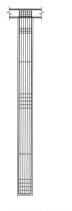

图 5−1　LWPOLYLINE
代码画图示例

在以上代码中，画线通过 MATLAB 的 line 函数实现的，使用一个或多个名称−值对组参数修改线条的外观。例如，"LineWidth"，2 将线宽设置为 2 points，"Color"，"k"将线条颜色设置为黑色。

MATLAB 的绘图函数（如 line、circle、plot 等）中，1磅（point）为 1/72 inch（约 0mm）；如未规定线宽，缺省值为 0.5 磅。而在表 5−10 所示的 AutoCAD DXF 文件中，LWPOLYLINE 的线宽由组码 "43" 定义，第一条 LW-POLYLINE 的线宽为 0.3mm，第二条 LWPOLYLINE 的线宽为缺省默认值（处于不同图层）。在 AutoCAD 中，一般线宽的默认值是 0.25mm（找到菜单：工具——选项，打开选项菜单，出来对话框，切换到"用户配置图"面板，再找到对话框上的"线宽设置"按钮，点击打开，看到线宽设置的对话框，在对话框上的右边，有个显示默认线宽）。而在上面的例子中，所有的 LW-POLYLINE 的线宽都被 MATLAB 设置为 2 磅，显然画出来的图和原 AutoCAD 图相比会有区别，不能显示线宽的变化。

因此，可以在上述 MATLAB 代码中加入控制线宽的语句。在 MATLAB 程序代码的 for 循环中引入表示线宽的 double 型变量 line_width，当 DXF 中线宽为缺省默认值时（此处假定为 0.25mm），MATLAB 绘图函数中的线宽为 0.25/0.35 磅；当线宽不是默认值时（比如此例为 0.3mm），MATLAB 绘图函数中的线宽为 0.3/0.35 磅。修改后的 for 循环语句程序代码如下：

for i_LWPL＝1:num_LWPL

　　……………………………………………………

　　pos_width＝find(GrCode_LWPL＝＝43)＋pos_LWPL(i_LWPL)−1;

　　　　%每条*LWPOLYLINE*中组码43(线宽)在*ValAsoc*中的位置

　　if str2double(ValAsoc(pos_width)) ＝＝ 0

　　　　line_width＝0.25/0.35;

```
    else
        line_width=str2double(ValAsoc(pos_width))/0.35;
    end
    line(str2double(ValAsoc(pos_X)),str2double(ValAsoc(pos_Y)),…
        'LineWidth',line_width,'Color','k');
end
```

　　还有一个问题就是在绘制彩色图形时的线条颜色问题。在表 5 - 10 所示的 AutoCAD DXF 文件中，LWPOLYLINE 的颜色由组码 62 定义，第 1 条 LWPOLYLINE 颜色编号为 6，第 2 条 LWPOLYLINE 没有组码 62，说明它采用的是图层缺省默认颜色（一般是白/黑）。上例中 MATLAB 把所有线条的颜色都画成黑色（line 函数中的'Color'，'k'），显然不能客观反映原 AutoCAD 图线条颜色的变化。

　　在 AutoCAD 中，颜色索引（ACI）是 AutoCAD 中使用的标准颜色。每一种颜色用一个 ACI 编号（1 到 255 之间的整数）标识。标准颜色名称仅适用于 1 到 7 号颜色。颜色指定如下：1 红、2 黄、3 绿、4 青、5 蓝、6 洋红、7 白/黑。在 MATLAB 中，线条颜色指定为 RGB 三元组或表 5 - 11 中列出的颜色选项之一。如果要自定义颜色，可以指定一个 RGB 三元组。RGB 三元组是包含三个元素的行向量，其元素分别指定颜色中红、绿、蓝分量的强度。强度处在 [0，1] 范围内，例如 [0.7 0.8 0.9]。此外，还可以按名称指定一些常见的颜色。表 5 - 11 给出常用的长、短颜色名称选项以及对应的 RGB 三元组值。

表 5 - 11　　　　　　　　　　MATLAB 线条颜色名称及 RGB 三元组值表

短名称	长名称	GB 三元组值	短名称	长名称	GB 三元组值
y	yellow（黄）	[1 1 0]	m	magenta（洋红）	[1 0 1]
c	cyan（青）	[0 1 1]	r	red（红）	[1 0 0]
g	green（绿）	[0 1 0]	b	blue（蓝）	[0 0 1]
w	white（白）	[1 1 1]	k	black（黑）	[0 0 0]

　　同样，可以在上述 MATLAB 程序代码中加入控制线条颜色的语句。在 for 循环中引入表示线条颜色的字符型变量 line _ color，当 DXF 中 LWPOLYLINE 的线条颜色未定义时（图层缺省默认），赋值 line _ color 为字符 ' k '（黑色），其他情况下对 line _ color 进行相应赋值。修改后的 for 循环语句程序代码如下：

```
for i_LWPL=1:num_LWPL
    ……………………………………………………
    if isempty(find(GrCode_LWPL==62))
        line_color='k';    %
    else
        pos_color=find(GrCode_LWPL==62)+pos_LWPL(i_LWPL)-1;
            %每条LWPOLYLINE 中组码 62(线条颜色)在ValAsoc 中的位置
        if str2double(ValAsoc(pos_color))==1
            line_color='r';
```

```
    elseif str2double(ValAsoc(pos_color))==2
        line_color='y';
    elseif str2double(ValAsoc(pos_color))==3
        line_color='g';
    elseif str2double(ValAsoc(pos_color))==4
        line_color='c';
    elseif str2double(ValAsoc(pos_color))==5
        line_color='b';
    elseif str2double(ValAsoc(pos_color))==6
        line_color='m';
    elseif str2double(ValAsoc(pos_color))==7
        line_color='k';
    end
end
line(str2double(ValAsoc(pos_X)),str2double(ValAsoc(pos_Y)),…
    'LineWidth',line_width,'Color',line_color);
end
```

5.2.3.3　画多段线 POLYLINE

虽然当前常用的 AutoCAD 版本一般都采用 LWPOLYLINE 轻多段线，但在 Auto-CADR14 及以前版本所采用的多段线是 POLYLINE。因此对于老版本的 DXF 文件，用 MATLAB 画 POLYLINE 也具有一定的实际意义。

表 5－12 是一个简单的配筋图的两条 POLYLINE 中其中一条的组码及其组码关联值。可以看出与新版本 AutoCAD 的 LWPOLYLINE 不同的是，POLYLINE 需要和所有从属于它的 VERTEX（顶点）组合在一起，最后以一个 "0" 组码及其关联值 "SEQEND" 来结束这条 POLYLINE 图元。

表 5－12　　　　　　　　典型 POLYLINE 图元组码及其组码关联值

GrCode（组码）	ValAsoc（组码关联值）	组 码 说 明
0	'SECTION'	
2	'ENTITIES'	
……		
0	'POLYLINE'	POLYLINE 图元
8	'0'	图层名
62	'1'	颜色号
48	'1.00'	线型比例
66	'1'	
10	'0.00'	
20	'0.00'	
30	'0.00'	

续表

GrCode （组码）	ValAsoc （组码关联值）	组　码　说　明
40	'20.00'	起点宽度
41	'20.00'	端点宽度
70	'0'	
0	'VERTEX'	第一顶点
8	'0'	图层名
62	'1'	颜色号
10	'−2035.00'	第一顶点 X 坐标
20	'−10105.00'	第一顶点 Y 坐标
30	'0.00'	
70	'0'	0 表示多义线不封闭
0	'VERTEX'	第二顶点
8	'0'	图层名
62	'1'	颜色号
10	'2035.00'	第二顶点 X 坐标
20	'−10105.00'	第二顶点 Y 坐标
30	'0.00'	
70	'0'	0 表示多义线不封闭
0	'SEQEND'	POLYLINE 图元结束
	……	
0	'ENDSEC'	

MATLAB 程序代码：

```
%draw polyline
pos_PL=strmatch('POLYLINE',ValAsoc(pos_ENTITIES:end),'exact')+pos_ENTITIES−1;
    %POLYLINE 在ValAsoc 中pos_ENTITIES 以后的位置double 数组
pos_SQ=strmatch('SEQEND',ValAsoc(pos_ENTITIES:end),'exact')+pos_ENTITIES−1;
    %SEQEND 在ValAsoc 中pos_ENTITIES 以后的位置double 数组
num_PL=length(pos_PL);    %POLYLINE 的个数
if num_PL ~= 0
    for i_PL=1:num_PL
        pos_VX=strmatch('VERTEX',ValAsoc(pos_PL(i_PL):pos_SQ(i_PL)),'exact')…
            +pos_PL(i_PL)−1;
        %POLYLINE 从属的VERTEX 在ValAsoc 中的位置double 数组
        num_VX= length(pos_VX);    %每条POLYLINE 从属的VERTEX 个数
        for iEnt=1:num_VX−1
            GrCode_VX=GrCode(pos_VX(iEnt):pos_VX(iEnt+1));
```

```
            %每条POLYLINE 从属的相邻两个VERTEX 之间的组码
        pos_X=find(GrCode_VX==10)+pos_VX(iEnt)-1;
            %每个VERTEX 中组码10(X 坐标)在ValAsoc 中的位置,double
        pos_Y=find(GrCode_VX==20)+pos_VX(iEnt)-1;
            %每个VERTEX 中组码20(Y 坐标)在ValAsoc 中的位置,double
        pos_Z=find(GrCode_VX==30)+pos_VX(iEnt)-1;
            %每个VERTEX 中组码30(Z 坐标)在ValAsoc 中的位置,double
        c_VX{i_PL,iEnt}=[str2double(ValAsoc(pos_X)),str2double(ValAsoc(pos_Y)),…
            str2double(ValAsoc(pos_Z))];
            %每个VERTEX 的坐标,num_PL ×num_VX 的cell 单元数组
    end
    GrCode_VX=GrCode(pos_VX(num_VX):pos_SQ(i_PL));
        %每条POLYLINE 最后一个VERTEX 和SEQEND 之间的组码
    pos_X=find(GrCode_VX==10)+pos_VX(num_VX)-1;
        %最后一个VERTEX 中组码10(X 坐标)在ValAsoc 中的位置,double
    pos_Y=find(GrCode_VX==20)+pos_VX(num_VX)-1;
        %最后一个VERTEX 中组码20(Y 坐标)在ValAsoc 中的位置,double
    pos_Z=find(GrCode_VX==30)+pos_VX(num_VX)-1;
        %最后一个VERTEX 中组码30(Z 坐标)在ValAsoc 中的位置,double
    c_VX{i_PL,num_VX}=[str2double(ValAsoc(pos_X)),str2double(ValAsoc(pos_Y)),…
        str2double(ValAsoc(pos_Z))];
        %每条POLYLINE 最后一个VERTEX 的坐标
    for iEnt=1:num_VX-1
        XP=[c_VX{i_PL,iEnt}(1),c_VX{i_PL,iEnt+1}(1)];
            %每条POLYLINE 从属VERTEX 的X 坐标行向量
        YP=[c_VX{i_PL,iEnt}(2),c_VX{i_PL,iEnt+1}(2)];
            %每条POLYLINE 从属VERTEX 的Y 坐标行向量
        ZP=[c_VX{i_PL,iEnt}(3),c_VX{i_PL,iEnt+1}(3)];
            %每条POLYLINE 从属VERTEX 的Z 坐标行向量,一般为0
        line(XP,YP,'LineWidth',2,'Color','k');
    end
  end
end
```

执行上述代码，可将简单的配筋图绘制出来，见图 5-2。此例中外观虚线轮廓在 Auto CAD 中是由 LINE 定义的，由 MATLAB 的 line 函数画出（见本章 5.2.3.5）；图中钢筋的标注符号和文字是由 MATLAB 的 text 函数写上去的（见本章 5.2.3.4）。

图 5-2 中用 MATLAB 的 line 函数画 POLYLINE 时，线条宽度"LineWidth"取了 2 磅，线条颜色"Color"用了黑色"k"。在表 5-12 中，POLYLINE 的颜色和宽度是由"0"、"POLYLINE"组码及其关联值对后面的组码"62"和"40"（线条等宽）来定义的。有兴趣的读者可以参考 LWPOLYLINE 中的方法自己编写相应的代码来进行适当的调整。

5.2.3.4 写文本 TEXT

表 5-13 是图 5-2 中所示的文字注释中其中两个 TEXT 的组码及其组码关联值。需要指出的是，由于 AutoCAD 字体设置的问题，将 DWG 文件保存为 DXF 文件后 TEXT 图元中组码"1"相关联的文字内容很可能出现 MATLAB 不能识别的乱码。因此，建议在 MATLAB 画图前先用文本编辑器（如写字板、Word、Excel 等）打开 DXF 文件，检查各个 TEXT 图元中是否存在上述状况。若有，可以在写字板打开 DXF 文件中将这些乱码改回 AutoCAD 图中正常文字，另存为一个 DXF 文件（因文字格式修改，新保存的 DXF 文件一般不能被 AutoCAD 打开）。

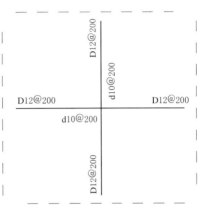

图 5-2 POLYLINE 代码画图示例

AutoCAD 图经常会出现 MTEXT（多行文本），MATLAB 对于这种图元信息的读取与对 TEXT 图元的操作大同小异。读者只需要弄清 DXF 文件中的 MTEXT 图元组码及其关联值对的组合结构，很容易编写相应的 MATLAB 程序代码。

表 5-13　　　　典型 TEXT 图元组码及其组码关联值

GrCode（组码）	ValAsoc（组码关联值）	组码说明
0	'SECTION'	
2	'ENTITIES'	
……		
0	'TEXT'	TEXT 图元
8	'0'	图层名
62	'2'	颜色号
10	'390.00'	文字起始 X 坐标
20	'-9982.90'	文字起始 Y 坐标
30	'0.00'	
40	'300.00'	文字高度
11	'0.00'	
21	'0.00'	
31	'0.00'	
41	'0.75'	
72	'0'	水平文字对正类型，0＝左对正
1	'd10@200'	文字内容
7	'HZ'	文字样式名
50	'90.00'	文字旋转角度
0	'TEXT'	TEXT 图元
8	'0'	图层名

257

续表

GrCode （组码）	ValAsoc （组码关联值）	组　码　说　明
62	'0'	颜色号
10	'−225.00'	文字起始 X 坐标
20	'−13140.00'	文字起始 Y 坐标
30	'0.00'	
40	'390.00'	文字高度
11	'0.00'	
21	'0.00'	
31	'0.00'	
41	'0.75'	
72	'0'	水平文字对正类型，0＝左对正
1	'配筋选筋'	文字内容
7	'HZ'	文字样式名
50	'0.00'	文字旋转角度
……		
0	'ENDSEC'	

MATLAB 程序代码：

%draw text
pos_TEXT＝strmatch('TEXT',ValAsoc(pos_ENTITIES:end),'exact')＋pos_ENTITIES−1;
　　%TEXT 在　　ValAsoc 中pos_ENTITIES 以后的位置，double 数组
num_TEXT＝length(pos_TEXT)；　　%TEXT 的个数
if num_TEXT ～＝ 0
　　for i_TEXT＝1:num_TEXT
　　　　pos_in_pos_Zero＝find(pos_Zero＝＝pos_TEXT(i_TEXT));
　　　　　　%每条TEXT 的起始组码 0 在pos_Zero 数组中的位置
　　　　GrCode_TEXT＝GrCode(pos_TEXT(i_TEXT):pos_Zero(pos_in_pos_Zero＋1));
　　　　　　%在ValAsoc 中每条TEXT 到下一个组码 0 之间的组码
　　　　pos_X0＝find(GrCode_TEXT＝＝10)＋pos_TEXT(i_TEXT)−1;
　　　　　　%每条TEXT 中组码 10(X 坐标)在ValAsoc 中的位置，double
　　　　pos_Y0＝find(GrCode_TEXT＝＝20)＋pos_TEXT(i_TEXT)−1;
　　　　　　%每条TEXT 中组码 20(Y 坐标)在ValAsoc 中的位置，double
　　　　pos_Z0＝find(GrCode_TEXT＝＝30)＋pos_TEXT(i_TEXT)−1;
　　　　　　%每条TEXT 中组码 30(Z 坐标)在ValAsoc 中的位置，double
　　　　pos_content＝find(GrCode_TEXT＝＝1)＋pos_TEXT(i_TEXT)−1;
　　　　　　%每条TEXT 中组码 1(TEXT 内容)在ValAsoc 中的位置，double
　　　　c_TEXT{i_TEXT}＝[str2double(ValAsoc(pos_X0))，…

str2double(ValAsoc(pos_Y0)),str2double(ValAsoc(pos_Z0))];

%每条 *TEXT* 在图中的坐标位置[*x y z*]

content_TEXT{i_TEXT}=ValAsoc(pos_content);

%每条 *TEXT* 的内容

pos_size=find(GrCode_TEXT==40)+pos_TEXT(i_TEXT)-1;

%每条 *TEXT* 中组码 40(文字高度)在 *ValAsoc* 中的位置,*double*

text_size=str2double(ValAsoc(pos_size));

%文字高度

if isempty(find(GrCode_TEXT==50))

 text(c_TEXT{i_TEXT}(1),c_TEXT{i_TEXT}(2),c_TEXT{i_TEXT}(3),...

  content_TEXT{i_TEXT},'Rotation',0,'FontSize',12,...

  'Color','k','VerticalAlignment','bottom');

   %*GrCode_TEXT* 中未出现组码 50,文字旋转角度默认为 0

else %*GrCode_TEXT* 中出现组码 50

 pos_rotation=find(GrCode_TEXT==50)+pos_TEXT(i_TEXT)-1;

  %每条 *TEXT* 中组码 50(文字旋转角度)在 *ValAsoc* 中的位置,*double*

 rotation_TEXT{i_TEXT}=str2double(ValAsoc(pos_rotation));

 text(c_TEXT{i_TEXT}(1),c_TEXT{i_TEXT}(2),c_TEXT{i_TEXT}(3),...

  content_TEXT{i_TEXT},'Rotation',rotation_TEXT{i_TEXT},...

  'FontSize',12,'Color','k','VerticalAlignment','bottom');

 end

 end

end

5.2.3.5 画 LINE

LINE 可能是 AutoCAD 图中出现最多的图元,它的组码及其组码关联值对的构成相对于 LWPOLYLINE 和 POLYLINE 要简单得多。表 5-14 为某面板裂缝分布示意图中一条典型 LINE 图元的组码和组码关联值。

表 5-14 典型 LINE 图元组码及其组码关联值

GrCode (组码)	ValAsoc (组码关联值)	组 码 说 明
0	'SECTION'	
2	'ENTITIES'	
......		
0	'LINE'	LINE 图元
5	'104'	
330	'1F'	
100	'AcDbEntity'	
8	'0'	图层
100	'AcDbLine'	
10	'876.0562897731331'	起点 *X* 坐标
20	'415.7962706169751'	起点 *Y* 坐标

续表

GrCode （组码）	ValAsoc （组码关联值）	组　码　说　明
30	'0.0'	起点 Z 坐标
11	'870.8912586099632'	端点 X 坐标
21	'415.7962706169751'	端点 Y 坐标
31	'0.0'	端点 Z 坐标
……		
0	'ENDSEC'	

MATLAB 程序代码：

```
%draw line
pos_LINE=strmatch('LINE',ValAsoc(pos_ENTITIES:end),'exact')+pos_ENTITIES-1;
    %LINE 在 ValAsoc 中 pos_ENTITIES 以后的位置，double 数组
num_LINE=length(pos_LINE);    %LINE 的条数
if num_LINE ~==0
    for i_LINE=1:num_LINE
        pos_in_pos_Zero=find(pos_Zero == pos_LINE(i_LINE));
            %每条 LINE 的起始组码 0 在 pos_Zero 数组中的位置
        GrCode_LINE=GrCode(pos_LINE(i_LINE):pos_Zero(pos_in_pos_Zero+1));
            %在 ValAsoc 中每条 LINE 到下一个组码 0 之间的组码
        pos_X0=find(GrCode_LINE==10)+pos_LINE(i_LINE)-1;
            %每条 LINE 中组码 10(X 坐标)在 ValAsoc 中的位置，double
        pos_Y0=find(GrCode_LINE==20)+pos_LINE(i_LINE)-1;
            %每条 LINE 中组码 20(Y 坐标)在 ValAsoc 中的位置，double
        pos_Z0=find(GrCode_LINE==30)+pos_LINE(i_LINE)-1;
            %每条 LINE 中组码 30(Z 坐标)在 ValAsoc 中的位置，double
        pos_X1=find(GrCode_LINE==11)+pos_LINE(i_LINE)-1;
            %每条 LINE 中组码 11(X 坐标)在 ValAsoc 中的位置，double
        pos_Y1=find(GrCode_LINE==21)+pos_LINE(i_LINE)-1;
            %每条 LINE 中组码 21(Y 坐标)在 ValAsoc 中的位置，double
        pos_Z1=find(GrCode_LINE==31)+pos_LINE(i_LINE)-1;
            %每条 LINE 中组码 31(Z 坐标)在 ValAsoc 中的位置，double
        c_LINE{i_LINE}=[str2double(ValAsoc(pos_X0)),str2double(ValAsoc(pos_Y0)),...
            str2double(ValAsoc(pos_Z0)),str2double(ValAsoc(pos_X1)),...
            str2double(ValAsoc(pos_Y1)),str2double(ValAsoc(pos_Z1))];
            %每条 LINE 在图中的坐标位置向量[X Y Z]
        line(c_LINE{i_LINE}([1 4]),c_LINE{i_LINE}([2 5]),...
            c_LINE{i_LINE}([3 6]),'LineWidth',1,'Color','k');    %画线
    end
end
```

执行上述代码，可将该面板的裂缝分布示意图绘制出来，见图 5-3。需要注意的是，与 LWPOLYLINE 和 POLYLINE 不同，直线（LINE）没有全局宽度，也没有颜色定义，这些都需要在 DXF 文件 TABLE 段的 LTYPE（线型表）和 LAYER（图层表）中设置。在本例中，使用 MATLAB 的 line 函数画直线时，直线的宽度设置为 1 磅，颜色为黑色。

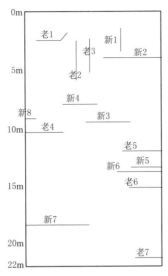

图 5-3　LINE 代码画图示例
（面板裂缝分布）

5.3　GNSS RTK 检测混凝土表面缺陷

5.3.1　概述

采用基本测量工具检测并利用 AutoCAD 绘制混凝土结构表面缺陷分布图的方法虽然简便快捷，但由于技术含量低，检测精度不高，仅限于对结构表面缺陷现实状况的一般性了解，对缺陷的量化发育程度（如裂缝长度）只能给出近似的估算。当需要对结构表面缺陷进行长期跟踪监测时，这种普查方法的劣势就显现出来：由于测量方法的准确性和可重复性差，前后两次绘制的缺陷分布结果可能有非常大的差异，有时同样两条裂缝在两张图上相互对应不上，根本无法正确判断缺陷的发展趋势。

解决以上问题可以利用精确测量的方法。在诸如面板、渠道衬砌、闸室底板等水平或倾斜程度不大的水工混凝土结构表面，采用 GNSS RTK 测量缺陷的位置是一个比较理想的选择。

GNSS RTK 即实时动态全球卫星定位系统，由一台基准站和若干台移动站共同组成。GNSS 的全称是全球导航卫星系统（Global Navigation Satellite System），它是泛指所有的卫星导航系统，如美国的 GPS、俄罗斯的 Glonass、欧洲的 Galileo、中国的北斗卫星导航系统，以及相关的增强系统。RTK（Real Time Kinematic，实时动态）定位技术是基于载波相位观测值的实时动态定位技术，可实时处理两个测量站的载波相位观测数据，利用将基准站采集的载波相位发给移动站，直接进行求差解算坐标，最终得到观测点准确坐标。RTK 方法采用了载波相位动态实时差分技术，能够在野外实时得到厘米级定位精度，而之前的静态、快速静态、动态测量都需要事后进行解算才能获得厘米级的精度，RTK 定位技术极大地提高了作业效率。因此，利用 GNSS RTK 的精确定位、动态实时测量采集地形空间数据、图形绘制与编辑等功能，可实现裂缝位置、长度及走向等空间数据采集和数字化测图同步高效作业。图 5-4 为 GNSS RTK 在某水库面板缺陷（裂缝）定位检测中的现场应用情形。

　　GNSS RTK 可以对某些不规则的表面缺陷进行比较准确的测量。比如对于混凝土表面裂缝，可以沿着裂缝的走向按端点、中间点（一般是裂缝走向发生改变的拐点）、另一端点的顺序进行测量，得到的数据能够更好地反映裂缝的形态，而采用皮尺的普查方法一般得到的都是像图 5-3 中那样横平竖直的裂缝分布。而且，由于能够精确地获取表面缺陷的范围（如裂缝两个端点的位置），可以实现对表面缺陷的跟踪监测，掌握它的发展规律，这是传统人工普查方法无法做到的。

（a）基准站　　　　　　　　　　（b）现场裂缝数据采集

图 5-4　GNSS RTK 现场应用

5.3.2　空间几何的基本概念

　　GNSS RTK 测量数据的分析处理需要借助空间几何的一些基础知识，在此做一个简要的叙述。

5.3.2.1　向量计算

　　除向量的加、减外，实际工作中经常用到的还有向量的点积和叉积问题。

　　（1）向量的点积。向量点积也称为数量积（dot product 或 scalar product）。如图 5-5 中的两个三维向量 $\vec{OP}$ 和 $\vec{OQ}$，定义它们的点积为以下实数（标量）：

$$\vec{OP} \cdot \vec{OQ} = (x_p i + y_p j + z_p k) \cdot (x_q i + y_q j + z_q k)$$
$$= x_p x_q + y_p y_q + z_p z_q \qquad (5-1)$$

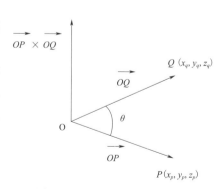

图 5-5　向量的叉积计算简图

如果两个向量之间的夹角为 θ，两个向量的点积还可以由式（5-2）表示：

$$\overrightarrow{OP} \cdot \overrightarrow{OQ} = |\overrightarrow{OP}| \cdot |\overrightarrow{OQ}| \cdot \cos\theta \qquad (5-2)$$

式中：$|\overrightarrow{OP}|$ 和 $|\overrightarrow{OQ}|$ 分别为向量 $\overrightarrow{OP}$ 和 $\overrightarrow{OQ}$ 的模，$|\overrightarrow{OP}| = \sqrt{x_p^2 + y_p^2 + z_p^2}$，$|\overrightarrow{OQ}| = \sqrt{x_q^2 + y_q^2 + z_q^2}$。

（2）向量的叉积。与点积不同，向量叉积的运算结果是一个向量而不是一个标量，如图 5-5 所示，向量 $\overrightarrow{OP}$ 和 $\overrightarrow{OQ}$ 的叉积是一个垂直于 $\overrightarrow{OP}$ 和 $\overrightarrow{OQ}$ 的向量：

$$\overrightarrow{OP} \times \overrightarrow{OQ} = (x_p i + y_p j + z_p k) \times (x_q i + y_q j + z_q k) = \begin{vmatrix} i & j & k \\ x_p & y_p & z_p \\ x_q & y_q & z_q \end{vmatrix}$$

则：$\overrightarrow{OP} \times \overrightarrow{OQ} = (y_p z_q - y_q z_p) i + (x_q z_p - x_p z_q) j + (x_p y_q - x_q y_p) k \qquad (5-3)$

$$|\overrightarrow{OP} \times \overrightarrow{OQ}| = \sqrt{(y_p z_q - y_q z_p)^2 + (x_q z_p - x_p z_q)^2 + (x_p y_q - x_q y_p)^2} \qquad (5-4)$$

如果两个向量之间的夹角为 θ，两个向量的叉积的模还可以由式（5-5）表示：

$$|\overrightarrow{OP} \times \overrightarrow{OQ}| = |\overrightarrow{OP}| \cdot |\overrightarrow{OQ}| \cdot \sin\theta \qquad (5-5)$$

不难看出，两个向量叉积的模的几何意义是此两个向量（$\overrightarrow{OP}$ 和 $\overrightarrow{OQ}$）围成的平行四边形的面积。

5.3.2.2 空间点之间的距离

设有空间两点 $Q(x_q, y_q, z_q)$ 和 $P(x_p, y_p, z_p)$（图 5-6），两点之间的距离 d 等于向量 $\overrightarrow{PQ}$ 的模，即：

$$d = |\overrightarrow{PQ}| = |\overrightarrow{OP} - \overrightarrow{OQ}| = \sqrt{(x_p - x_q)^2 + (y_p - y_q)^2 + (z_p - z_q)^2} \qquad (5-6)$$

5.3.2.3 空间平面方程

（1）平面的法线向量定义。垂直于一平面的非零向量叫作平面的法线向量。平面内的任一向量均与该平面的法线向量垂直。以 (A, B, C) 为其坐标分量，从平面内部指向外部（图 5-7）。

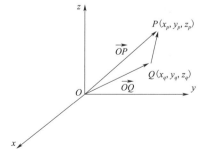

图 5-6　向量空间两点间距离计算简图

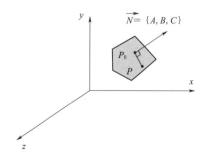

图 5-7　平面的法线向量计算简图

（2）平面的点法式方程。已知平面上的一点 P_0 (x_0, y_0, z_0) 和它的一个法线向量 $\overrightarrow{N} = \{A, B, C\}$，对平面上的任一点 P (x, y, z)（图 5-7），平面内向量 $\overrightarrow{PP_0}$ 和法线向量 $\overrightarrow{N}$ 相互垂直，两向量点积 $\overrightarrow{N} \cdot \overrightarrow{PP_0} = 0$。根据空间向量点积的定义，则该空间平面的点法式方程为：

$$A(x-x_0) + B(y-y_0) + C(z-z_0) = 0 \tag{5-7}$$

（3）平面的一般方程。将上述平面的点法式方程展开后，可得空间平面的一般方程：

$$Ax + By + Cz + D = 0 \tag{5-8}$$

不难看出。平面的一般方程的系数就是平面的法向量。平面的一般方程存在以下几种特殊情况：

1）$D=0$ 且 A、B 和 C 不全为 0，则有：

$$Ax + By + Cz = 0 \tag{5-9}$$

此时当 (x, y, z) 为 $(0, 0, 0)$ 时等式成立，因此是一个通过原点的平面。

2）$A=0$ 且 $B \neq 0$，$C \neq 0$。此时法线向量 $\overrightarrow{N} = \{0, B, C\}$，$x$ 轴的单位向量 $\overrightarrow{X} = \{1, 0, 0\}$。两向量点积 $\overrightarrow{N} \cdot \overrightarrow{X} = 0$，即法线向量 $\overrightarrow{N}$ 垂直于 x 轴，表示一个平行于 x 轴的平面。

同理，$B=0$（且 $A \neq 0$，$C \neq 0$）或 $C=0$（且 $B \neq 0$，$A \neq 0$）分别表示一个平行于 y 轴或 z 轴的平面。

3）$A=B=0$ 且 $C \neq 0$。此时法线向量 $\overrightarrow{N} = \{0, 0, C\}$，与 z 轴平行，表示一个平行于 xoy 面的平面。

同理，$B=C=0$ 且 $A \neq 0$ 表示一个平行于 yoz 面的平面，而 $A=C=0$ 且 $B \neq 0$ 表示一个平行于 xoz 面的平面。

（4）平面方程的确定。已知平面内的三点 P_1 (x_1, y_1, z_1)，P_2 (x_2, y_2, z_2) 和 P_3 (x_3, y_3, z_3)，有以下线性联立方程组成立：

$$\begin{cases} Ax_1 + By_1 + Cz_1 + D = 0 \\ Ax_2 + By_2 + Cz_2 + D = 0 \\ Ax_3 + By_3 + Cz_3 + D = 0 \end{cases} \tag{5-10}$$

可以利用克莱姆法则求解，以下行列式就是该空间平面的方程：

$$\begin{vmatrix} 1 & A & B & C \\ 1 & x_1 & y_1 & z_1 \\ 1 & x_2 & y_2 & z_2 \\ 1 & x_3 & y_3 & z_3 \end{vmatrix} = 0 \tag{5-11}$$

因此：

$$A = \begin{vmatrix} 1 & y_1 & z_1 \\ 1 & y_2 & z_2 \\ 1 & y_3 & z_3 \end{vmatrix}, \ B = \begin{vmatrix} x_1 & 1 & z_1 \\ x_2 & 1 & z_2 \\ x_3 & 1 & z_3 \end{vmatrix}, \ C = \begin{vmatrix} x_1 & y_1 & 1 \\ x_2 & y_2 & 1 \\ x_3 & y_3 & 1 \end{vmatrix}, \ D = -\begin{vmatrix} x_1 & y_1 & z_1 \\ x_2 & y_2 & z_2 \\ x_3 & y_3 & z_3 \end{vmatrix} \tag{5-12}$$

展开以上行列式即得该平面方程的系数。

另一个比较简便的办法是通过空间向量计算的方法。已知平面内的三点 P_1 $(x_1$，y_1，$z_1)$，P_2 $(x_2$，y_2，$z_2)$ 和 P_3 $(x_3$，y_3，$z_3)$，可以求出平面内两条相交直线的方向向量，即 $\overrightarrow{P_1P_2} = \{x_2-x_1$，$y_2-y_1$，$z_2-z_1\}$ 和 $\overrightarrow{P_1P_3} = \{x_3-x_1$，$y_3-y_1$，$z_3-z_1\}$。平面的法向量 $\overrightarrow{N}$ 和这两个向量垂直，即等于这两个向量的叉积：

$$\overrightarrow{N} = \overrightarrow{P_1P_2} \times \overrightarrow{P_1P_3} = \begin{vmatrix} i & j & k \\ x_2-x_1 & y_2-y_1 & z_2-z_1 \\ x_3-x_1 & y_3-y_1 & z_3-z_1 \end{vmatrix} = Ai+Bj+Ck = \{A，B，C\}$$

由此可得空间平面的法线向量 $\{A，B，C\}$：

$$\begin{cases} A = (y_2-y_1)(z_3-z_1) - (y_3-y_1)(z_2-z_1) \\ B = (z_2-z_1)(x_3-x_1) - (z_3-z_1)(x_2-x_1) \\ C = (x_2-x_1)(y_3-y_1) - (x_3-x_1)(y_2-y_1) \end{cases} \tag{5-13}$$

将以上结果和已知的 P_1、P_2 或 P_3 中的任一点坐标代入空间平面的一般方程 $Ax + By + Cz + D = 0$ 中，可得：

$$D = -x_1(y_2z_3 - y_3z_2) - x_2(y_3z_1 - y_1z_3) - x_3(y_1z_2 - y_2z_1) \tag{5-14}$$

5.3.2.4 空间直线方程

（1）空间直线的一般方程。空间直线可以看成是两个空间平面的交线，同时满足两个相交平面的方程，故直线的一般方程为：

$$\begin{cases} A_1x + B_1y + C_1z + D_1 = 0 \\ A_2x + B_2y + C_2z + D_2 = 0 \end{cases} \tag{5-15}$$

（2）空间直线的点向式方程。首先需明确一个概念，平行于一条已知直线的非零向量叫作这条直线的方向向量。若某直线上的一个已知点为 M_0，其坐标为 $(x_0$，y_0，$z_0)$，和该直线的一个方向向量 $\overrightarrow{S} = \{l，m，n\}$，设此直线上的任一点 M $(x，y，z)$，则向量 $\overrightarrow{MM_0}$ 与 $\overrightarrow{S}$ 平行，因此有：

$$\frac{x-x_0}{l} = \frac{y-y_0}{m} = \frac{z-z_0}{n} \tag{5-16}$$

此公式即为空间直线的点向式方程。

在实际工作中比较常见的情形是已知某直线上的两个点 M_1 $(x_1$，y_1，$z_1)$ 和 M_0 $(x_0$，y_0，$z_0)$，则该直线的一个方向向量 $\overrightarrow{M_1M_0} = \{x_1-x_0$，$y_1-y_0$，$z_1-z_0\}$，因此该直线的点向式方程为：

$$\frac{x-x_0}{x_1-x_0} = \frac{y-y_0}{y_1-y_0} = \frac{z-z_0}{z_1-z_0} \tag{5-17}$$

（3）空间直线的参数方程。引入参数 t，可将空间直线的点向式方程写成如下形式：

$$\frac{x-x_0}{l} = \frac{y-y_0}{m} = \frac{z-z_0}{n} = t \tag{5-18}$$

此时可将上述方程转化为空间直线的参数方程：

$$\begin{cases} x = x_0 + lt \\ y = y_0 + mt \\ z = z_0 + nt \end{cases} \tag{5-19}$$

5.3.2.5　空间点到平面的投影坐标

已知平面上的一点 P_0（x_0，y_0，z_0）和它的一个法线向量 $\overrightarrow{N}=\{A$，B，$C\}$，平面的方程为 A（$x-x_0$）$+B$（$y-y_0$）$+C$（$z-z_0$）$=0$。设有平面外一点 Q（x_q，y_q，z_q），该点在平面上的投影为 P（x_p，y_p，z_p），则向量 $\overrightarrow{PE}$ 平行于平面法线向量 $\overrightarrow{N}$，即 $\overrightarrow{PQ}//\overrightarrow{N}$，有如下等式成立：

$$\frac{x_q-x_p}{A}=\frac{y_q-y_p}{B}=\frac{z_q-z_p}{C} \tag{5-20}$$

将上述等式与平面方程联立，可得投影点 P 坐标：

$$x_p=\frac{A（Ax_0+By_0+Cz_0）+（B^2+C^2）x_q-ABy_q-ACz_q}{A^2+B^2+C^2} \tag{5-21}$$

$$y_p=\frac{B（Ax_0+By_0+Cz_0）+（A^2+C^2）y_q-BAx_q-BCz_q}{A^2+B^2+C^2} \tag{5-22}$$

$$z_p=\frac{C（Ax_0+By_0+Cz_0）+（A^2+B^2）z_q-CAx_q-CBy_q}{A^2+B^2+C^2} \tag{5-23}$$

5.3.2.6　空间点到平面的距离

给定平面的一般方程 $Ax+By+Cz+D=0$，有平面外一点 Q（x_q，y_q，z_q），如图 5-8 所示：

为获得 Q 点到平面的距离 d，取平面内一点 P（x_p，y_p，z_p），连接 PQ，过 P 点作平面的法线向量 $\overrightarrow{N}=\{A$，B，$C\}$，则 Q 点到平面的距离 d 即为向量 $\overrightarrow{PQ}$ 在法线向量 $\overrightarrow{N}$ 的投影长度，计算如下：

$$d=|\overrightarrow{PQ}|\cdot\cos\theta=\frac{|\overrightarrow{N}|\cdot|\overrightarrow{PQ}|\cdot\cos\theta}{|\overrightarrow{N}|} \tag{5-24}$$

将上式中分式上下同乘，分母成为向量 $\overrightarrow{PQ}$ 和 $\overrightarrow{N}$ 的点积，则有：

$$d=\frac{\overrightarrow{N}\cdot\overrightarrow{PQ}}{|\overrightarrow{N}|}=\frac{A（x_q-x_p）+B（y_q-y_p）+C（z_q-z_p）}{|\overrightarrow{N}|} \tag{5-25}$$

由于 P 为平面内一点，$Ax_p+By_p+Cz_p+D=0$，而且 $|\overrightarrow{N}|=\sqrt{A^2+B^2+C^2}$，所以：

$$d=\frac{Ax_q+By_q+Cz_q+D}{\sqrt{A^2+B^2+C^2}}=\frac{|Ax_q+By_q+Cz_q+D|}{\sqrt{A^2+B^2+C^2}} \tag{5-26}$$

式（5-26）中为保证距离 d 为正值，分母取绝对值。

5.3.2.7　空间点到直线的距离

回顾以上讨论过的空间直线的参数方程式（5-19）：

$$\begin{cases} x=x_0+lt \\ y=y_0+mt \\ z=z_0+nt \end{cases} \tag{5-19}$$

其中 $\overrightarrow{S}=\{l$，m，$n\}$ 是该直线的一个方向向量。如果已知直线上两点 P_1（x_1，y_1，

z_1）和 P_2（x_2，y_2，z_2），如图 5-9 所示，则该参数方程可写成：

$$\begin{cases} x=x_1+（x_2-x_1）t \\ y=y_1+（y_2-y_1）t \\ z=z_1+（z_2-z_1）t \end{cases} \tag{5-27}$$

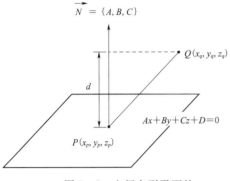

图 5-8　空间点到平面的
距离计算简图

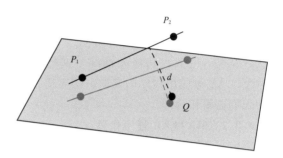

图 5-9　空间点到直线的
距离计算简图

对于图 5-9 中直线外一点 Q（x_q，y_q，z_q），可计算出该点到直线上任一点的距离 d 为：

$$d^2=[（x_1-x_q）+（x_2-x_1）t]^2+[（y_1-y_q）+（y_2-y_1）t]^2$$
$$+[（z_1-z_q）+（z_2-z_1）t]^2 \tag{5-28}$$

距离 d 是一个参数 t 的函数，其最小值就是 Q 点到直线的距离。通过等式两边对参数 t 求导，$\dfrac{\mathrm{d}（d^2）}{\mathrm{d}t}=0$，得到使 d 为最小的参数 t 值如下：

$$t=-\frac{\overrightarrow{QP_1}\cdot\overrightarrow{P_1P_2}}{|\overrightarrow{P_1P_2}|^2}=-\frac{（x_1-x_q）（x_2-x_1）+（y_1-y_q）（y_2-y_1）+（z_1-z_q）（z_2-z_1）}{（x_2-x_1）^2+（y_2-y_1）^2+（z_2-z_1）^2} \tag{5-29}$$

将 t 代入式（5-28），即可求得点到直线距离 d 的平方为：

$$d^2=\frac{|\overrightarrow{QP_1}|^2\,|\overrightarrow{P_1P_2}|^2-[\overrightarrow{QP_1}\cdot\overrightarrow{P_1P_2}]^2}{|\overrightarrow{P_1P_2}|^2} \tag{5-30}$$

如果引入向量叉积的计算公式：

$$(\vec{A}\times\vec{B})^2=|\vec{A}|^2\,|\vec{B}|^2-(\vec{A}\cdot\vec{B})^2 \tag{5-31}$$

代入式（5-30），简化后得：

$$d^2=\frac{|\overrightarrow{QP_1}\times\overrightarrow{P_1P_2}|^2}{|\overrightarrow{P_1P_2}|^2}\Rightarrow d=\frac{|\overrightarrow{QP_1}\times\overrightarrow{P_1P_2}|}{|\overrightarrow{P_1P_2}|} \tag{5-32}$$

其实，利用向量叉积的概念，即两个向量叉积的模（$|\overrightarrow{QP_1}\times\overrightarrow{P_1P_2}|$）的几何意义是此两个向量（$\overrightarrow{QP_1}$ 和 $\overrightarrow{P_1P_2}$）围成的平行四边形的面积，除以代表底边边长的向量 $\overrightarrow{P_1P_2}$ 的模 $|\overrightarrow{P_1P_2}|$，就等于该平行四边形的高，即 Q 点到直线的距离 d。

5.3.3 MATLAB 程序代码

5.3.3.1 数据文件

GNSS RTK 对于各个测量点的测量数据是基于基准站的，一般以 N（北）、E（东）和 Z（高程）表示的三维坐标位置。对于测量数据稍作处理，就可以生成兼容性非常好的文本或 EXCEL 数据文件。

表 5-15 是一个典型的面板裂缝 RTK 测量数据文件。第一行裂缝号"0"代表面板边界角点（一般是 4 个）的三维坐标数据，下面从裂缝号"1"开始每一行代表一条裂缝各个控制点（起点，中间点和端点）的三维坐标数据。文件的最后两列反映裂缝的基本性状：宽度（最大）和修补情况。这样以行记录裂缝信息的数据文件存储方法不但方便MATLAB 等应用程序的读取，而且适合于生成数据库中的表，更加方便对面板缺陷现状的长期监测和管理。

5.3.3.2 MATLAB 程序代码

（1）读取 RTK 数据文件。对于如表 5-15 所示的 EXCEL 类型数据文件，第一行是数据的表头，第一列是裂缝的编号（编号 0 代表面板边界的角点坐标）。读取数据的代码如下：

```
%读取EXCEL 数据文件
[a,b,data]=xlsread('数据文件名','工作表名');
dim=size(data);      %返回行向量,表示数据表相应维度的长度
num_rows=dim(1);     %数据行数
num_cols=dim(2);     %数据列数
```

表 5-15　　　　　　某抽蓄电站水库面板裂缝 RTK 测量数据文件

裂缝号	起 点 坐 标			中间点/端点坐标
	N	E	Z	
0	4459859.8323	438692.9522	558.1078	其他边界角点坐标（俯视顺时针）
1	4459874.8605	438693.6283	548.6818	
2	4459873.5920	438692.6227	549.7288	
3	4459865.7419	438694.4988	554.0738	
4	4459864.8396	438693.5684	554.8468	
5	4459865.1902	438692.4389	554.9358	
6	4459866.4566	438690.0916	554.7598	……各条裂缝的中间点和端点坐标（端点后坐标赋值为 0）
7	4459865.8082	438690.9769	554.9358	
8	4459865.1933	438690.1262	555.5358	
9	4459864.3778	438691.3939	555.7198	
10	4459863.8005	438692.5079	555.8168	
11	4459864.1165	438693.0190	555.4488	
12	4459863.6389	438694.0036	555.4828	

裂缝号	端 点 坐 标			宽 度	备 注
	N	E	Z		
0	0.0000	0.0000	0.0000		边界
1	0.0000	0.0000	0.0000	0.10	未修补
2	4459872.2628	438697.1394	549.3678		聚脲修补
3	0.0000	0.0000	0.0000	0.15	未修补
4	0.0000	0.0000	0.0000		聚氨酯修补
5	0.0000	0.0000	0.0000		聚氨酯修补
6	0.0000	0.0000	0.0000		聚氨酯修补
7	0.0000	0.0000	0.0000		聚氨酯修补
8	0.0000	0.0000	0.0000		聚氨酯修补
9	0.0000	0.0000	0.0000	0.10	未修补
10	0.0000	0.0000	0.0000	0.20	未修补
11	0.0000	0.0000	0.0000	0.30	未修补
12	0.0000	0.0000	0.0000	0.10	未修补

注 第 0 号记录代表面板边界的角点,起点取俯视时左上角,顺时针排序是为了保证分析计算中面板平面法向量的正方向。

在 MATLAB 的 xlsread 函数中,如果指定返回三个值,第一个输出的是 Excel 数字部分,第二个输出的为 Excel 的文本内容,第三个输出的为 Excel 全部内容。其中,第二个和第三个输出的都为单元数组(cell)形式,只有第一个输出的是矩阵形式。后面数据处理中需要用到第三个输出的单元数组,该单元数组在此例中为 data。

由于 GNSS RTK 是基于基准站测量,所以数据文件中点的三维坐标可能会是很大的值(如表 5-15)。此时可以考虑对数据进行归零处理,此例中以面板边界的起点(俯视时左上角)为基准点,具体代码如下:

```
%RTK 原始数据归零调整
cornorX0=data{2,2};      %以边界左上角为基准点
cornorY0=data{2,3};
cornorZ0=data{2,4};
for i=2:num_rows
    for j=2:3:num_cols-4
        if data{i,j}==0&&data{i,j+1}==0&&data{i,j+2}==0
            break;      %
        else
            data{i,j}=data{i,j}-cornorX0;
            data{i,j+1}=data{i,j+1}-cornorY0;
            data{i,j+2}=data{i,j+2}-cornorZ0;
        end
    end
end
```

(2)绘制三维图形。可以利用 MATLAB 的 plot3 函数画出面板的三维边界,再用

line 函数画出表 5 - 15 中裂缝的分布情况。line 函数使用向量 x、y 和 z 中的数据在当前坐标区中绘制线条，与 plot 函数不同，line 会向当前坐标区添加线条，而不删除其他图形对象或重置坐标区属性。具体代码如下：

```
figure(1);
coordinateX=data{2,2};
coordinateY=data{2,3};
coordinateZ=data{2,4};
for j=5:3:num_cols-4
    if data{2,j}==0&&data{2,j+1}==0&&data{2,j+2}==0
        break;
    else
        coordinateX=[coordinateX;data{2,j}];
        coordinateY=[coordinateY;data{2,j+1}];
        coordinateZ=[coordinateZ;data{2,j+2}];
    end
end
coordinateX=[coordinateX;data{2,2}];
coordinateY=[coordinateY;data{2,3}];
coordinateZ=[coordinateZ;data{2,4}];
plot3(coordinateX,-1*coordinateY,coordinateZ,'Color','k','LineWidth',2);
    %画面板三维边界
axis equal;

for i=3:num_rows
    coordinateX=data{i,2};
    coordinateY=data{i,3};
    coordinateZ=data{i,4};
    for j=5:3:num_cols-4
        if data{i,j}==0&&data{i,j+1}==0&&data{i,j+2}==0
            break;
        else
            coordinateX=[coordinateX;data{i,j}];
            coordinateY=[coordinateY;data{i,j+1}];
            coordinateZ=[coordinateZ;data{i,j+2}];
                %每条裂缝上点的坐标位置向量[X Y Z]
        end
    end
    line(coordinateX,-1*coordinateY,coordinateZ,'Color','b','LineWidth',2);
        %画裂缝分布
end
```

使用表 5 - 15 中的 EXCEL 数据文件，执行上述代码后，生成 3D 面板裂缝分布示意图，见图 5-10。需要指出的是，三维坐标系 xyz 的方向遵循右手定则，而表 5-15 数据文件中的点坐标是由 N（北）－E（东）－Z（高）确定的。如果把表中各点的第一个坐标（N）视为坐标系 xyz 的 x 轴，那么按照"上北－下南－左西－右东"的规则，中各点的第二个坐标（E）应该与 y 轴方向相反。这就是在 plot3 和 line 函数中的 y 向量需要取相反值的原因。

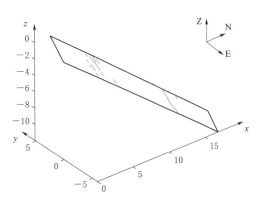

图 5-10　3D 面板裂缝分布示意图

图 5-10 中的 3D 图存在一个视角的问题，在 MATLAB 中通过 view（az，el）函数来实现，两个参数 az 和 el 分别代表视点的

方位角和高度角，见图 5-11。在没有特别指定的情况下〔如 view（3）函数〕，az 和 el 的默认值分别是 az＝－37.5°和 el＝30°。当使用 view（2）时，视点的位置在 az＝0°和 el＝90°，生成的是 xy 平面内的投影图，如图 5-12 所示。

（3）绘制面板裂缝分布的俯视平面图。图 5-12 只是面板在 xy 平面的 2D 投影图，而且面板在 xy 平面是倾斜放置的，看起来比较别扭。如果要绘制符合工程习惯的俯视平面图，就需要利用 5.3.2 中讨论过的一些空间几何的基本概念。具体的思路是以面板的上边界为 x 轴（俯视从左向右为正），以边界左上角点为原点，垂直 x 轴向下为 y 轴，建立绘图平面坐标系，然后将图 5-12 中的 3D 面板边界和裂缝投影到该平面上，即可获得面板裂缝分布的俯视平面图。具体步骤如下：

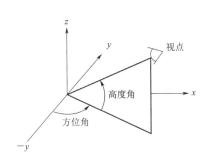

图 5-11　3D 视点的方位角和高度角

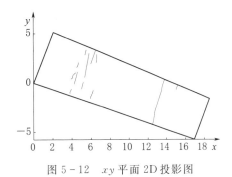

图 5-12　xy 平面 2D 投影图

1）面板法向量计算。第一步是要计算面板所在平面的法向量 $\vec{N} = \{A，B，C\}$。最简便的方法是根本面板边界 3 个角点的坐标利用式（5-13）直接计算，代码如下：

%面板的空间平面法向量(A,B,C)－－公式直接计算法

A＝(data{2,6}－data{2,3}) * (data{2,10}－data{2,4})－(data{2,9}－data{2,3}) * (data{2,7}－data{2,4});

B＝(data{2,7}－data{2,4}) * (data{2,8}－data{2,2})－(data{2,10}－data{2,4}) * (data{2,5}－data{2,2});

C＝(data{2,5}－data{2,2}) * (data{2,9}－data{2,3})－(data{2,8}－data{2,2}) * (data{2,6}－data{2,3});

以上直接计算平面法向量的方法虽然简便，但没有体现出 MATLAB 适合于矩阵计算的优点。以下代码是根据公式（5－11）和公式（5－12）编写的，计算结果与上面的直接计算法完全相同，虽然略显繁琐，但读者可以借此简单例子来了解一下 MATLAB 矩阵计算的基本步骤。代码如下：

```
%面板的空间平面法向量(A,B,C)——矩阵计算法
AA=[data{2,2},data{2,3},data{2,4}];      %面板边界三个角点坐标
BB=[data{2,5},data{2,6},data{2,7}];
CC=[data{2,8},data{2,9},data{2,10}];
syms x y z      %生成符号性数据变量 x,y,z
DD=[ones(4,1),[[x,y,z];AA;BB;CC]];
      %由空间解析几何的内容知道DD 的行列式等于零就是平面方程
detd=det(DD);      %DD 行列式的值
plane_equation=char(detd);      %获得字符串形式的平面方程Ax+By+Cz+D
x_position=findstr(plane_equation,'x');      %变量x 在平面方程字符串中的位置
y_position=findstr(plane_equation,'y');      %变量y 在平面方程字符串中的位置
z_position=findstr(plane_equation,'z');      %变量z 在平面方程字符串中的位置
D_x_char=plane_equation(1:x_position-2);
k=strfind(D_x_char,'+');
if length(k)==0
    k=strfind(D_x_char,'-');
    if length(k)==0
        x_char=D_x_char(1:end);
    elseif length(k)==1
        x_char=D_x_char(k:end);
    elseif length(k)==2
        x_char=D_x_char(k(2):end);
    end
else
    x_char=D_x_char(k+1:end);
end
y_char=plane_equation(x_position+1:y_position-2);
z_char=plane_equation(y_position+1:z_position-2);
A=str2num(x_char);      %将平面方程Ax+By+Cz+D 中x 前系数A 从字符串转换成数字
B=str2num(y_char);      %将平面方程Ax+By+Cz+D 中y 前系数B 从字符串转换成数字
C=str2num(z_char);      %将平面方程Ax+By+Cz+D 中z 前系数C 从字符串转换成数字
```

2）确定面板的平面坐标系。获得面板平面的法向量 $\{A，B，C\}$ 后，以面板的顶部边界从左向右为 x 轴，以边界左上角点为原点，垂直 x 轴向下为 y 轴，建立用于面板裂缝投影的平面坐标系，计算该平面坐标系 x 轴和 y 轴在原三维坐标系内的方向向量。代码如下：

```
%面板的顶部边界直线的方向向量
```

```
A1＝data{2,5}－data{2,2};
B1＝data{2,6}－data{2,3};
C1＝data{2,7}－data{2,4};
```

%面板的左侧边界直线的方向向量
```
A2＝B * C1 － C * B1;
B2＝C * A1 － C1 * A;
C2＝A * B1 － B * A1;
```

%面板的顶部边界直线起点和端点
```
X1＝[data{2,2},data{2,3},data{2,4}];
X2＝[data{2,5},data{2,6},data{2,7}];
```

%面板的左侧边界直线上的一个端点
```
X3＝X1+[A2,B2,C2];
```

3）在投影平面坐标系画面板边界。确定面板投影平面坐标系后，下一步需要在该坐标系上画出面板的边界。表 5－15 中的面板有 4 个边界角点，如上述，将左上角的角点作为平面坐标系的原点，计算其他几个角点到该坐标系两个坐标轴的距离（到 x 轴的距离即是该点在平面内的 y 坐标，到 y 轴的距离即是该点在平面内的 x 坐标）。根据式（5－32），编写计算空间点到空间直线距离的子程序 3Dpoint2line。代码如下：

```
%画面板边界
hFigure1＝figure(1);        %获得当前画图的句柄
coordinateX＝0;        %左上角点为原点
coordinateY＝0;
for j＝5:3:num_cols－4
    if data{2,j}＝＝0&&data{2,j+1}＝＝0&&data{2,j+2}＝＝0
        break;
    else
        coordinateX＝[coordinateX;3Dpoint2line([data{2,j},data{2,j+1},data{2,j+2}],X1,X3)];
        coordinateY＝[coordinateY;3Dpoint2line([data{2,j},data{2,j+1},data{2,j+2}],X1,X2)];
    end
end
coordinateX＝[coordinateX;0];
coordinateY＝[coordinateY;0];
    %生成边界角点坐标位置向量[X Y]
plot(coordinateX,coordinateY,'Color','k','LineWidth',2);        %画二维面板边界
axis equal;
set(gca,'YDir','reverse');        %设置 y 轴向下
```

%subroutine －空间点到空间直线的距离

```
function distance=3Dpoint2line(X0,X1,X2)
distance=(dot((X1-X0),(X1-X0))-dot((X1-X0),(X2-X1))^2/dot((X2-X1),(X2-X1)))^0.5;
```

4) 在投影平面坐标系画面板裂缝。最后一步就是计算数据文件中所有裂缝记录中的起点、中间控制点和端点在投影平面坐标系中的坐标，然后用 line 函数画出这些裂缝。代码如下：

```
%画面板裂缝
for i=3:num_rows
    coordinateX=3Dpoint2line([data{i,2},data{i,3},data{i,4}],X1,X3);
    coordinateY=3Dpoint2line([data{i,2},data{i,3},data{i,4}],X1,X2);
    for j=5:3:num_cols-4
        if data{i,j}==0&&data{i,j+1}==0&&data{i,j+2}==0
            break;
        else
            coordinateX=[coordinateX;...
                3Dpoint2line([data{i,j},data{i,j+1},data{i,j+2}],X1,X3)];
            coordinateY=[coordinateY;...
                3Dpoint2line([data{i,j},data{i,j+1},data{i,j+2}],X1,X2)];
        end
    end
    if strcmp(data{i,num_cols},'未修补')==1
        line(coordinateX,coordinateY,'Color','r','LineWidth',1);
    elseif strcmp(data{i,num_cols},'聚脲修补')==1
        line(coordinateX,coordinateY,'Color','b','LineWidth',1);
    elseif strcmp(data{i,num_cols},'聚氨酯修补')==1
        line(coordinateX,coordinateY,'Color','g','LineWidth',1);
    else
        line(coordinateX,coordinateY,'Color','y','LineWidth',1);
    end
    %根据裂缝不同的性状选择不同的颜色
end
```

执行以上所有代码后，可以画出符合工程习惯的面板裂缝俯视平面分布图，见图 5-13。根据裂缝的不同性状（修补情况、缝宽等），在 line 函数中调整相应的画图参数（如'Color'和'LineWidth'等），可以使裂缝在图中显示不同的形态，包括在图中增加一些文本说明，此处不再累述，读者可参考本章前面 MATLAB 读取 DXF 文件部分的有关内容。

需要指出的是，在上述的代码中其实省略了一个步骤：所有裂缝的起点、中间控制点和端点应该先求得它们在投影平面的投影点，然后再计算这些投影点到投影平面坐标系的距离，得到这些投影点的坐标，这样画出来的图才是真正的裂缝投影图。考虑到本例子中的面板是个比较理想的平面，裂缝和面板边界的测量点基本都在一个平面内，因此省略了裂缝投影点的计算步骤。但是，当面板存在一定程度的曲率时，这个步骤可能就不能忽略了，有兴趣的读者可以自己尝试一下，可以参考上节空间点到平面的投影坐标式（5-21）～式（5-23）。

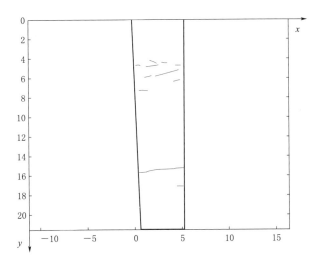

图 5 - 13 符合工程习惯的面板裂缝俯视平面分布图

第 6 章

无人机摄影测量技术检查混凝土结构表面缺陷

混凝土结构表面的缺陷常常反映了它的变化状况，因此必须定期进行表面缺陷检测以评估其演变。视觉检测是最古老、最传统也是最有效的方法。但视觉检测的实现过程并不像所说的那样简单，传统的检测方法需要使用望远镜、脚手架、吊篮等特殊设施。由于方法的局限性和对操作人员经验的依赖性，通过繁重高危劳动获得的检测数据往往是不准确而且是趋于主观的，无法对混凝土的表面缺陷状况进行科学的演变评估。为了提高混凝土构造物检测的准确性、客观性以及可读性，采用软硬件结合的方式：无人机搭载高像素相机对混凝土构造物进行全覆盖影像获取结合自动化图像处理软件进行表面裂缝、渗水区域及钙质析出的提取与量化分析。

6.1 航空摄影测量技术概述

航空摄影测量技术指通过航空摄影获取地面连续的地面像片，结合地面控制测量、调绘和立体测绘等绘制出地形图的技术。

航空摄影就是将航摄仪安装在飞机上并按照一定的技术要求对地面进行摄影的过程。航空摄影是为了取得某一指定的区域的航摄资料，即航摄像片，并利用航摄资料测绘地形图、正射影像图以及提取数字高程模型等，也可用来识别地面目标和水利设施，了解水利资源和水利工程设施的分布。

航摄飞机在飞行过程中，由于受到空气中气流的影响，飞机很难保持平稳的飞行状态，将围绕三个轴做转动产生倾角，即围绕机身纵轴旋转的航偏角、围绕机翼间连线转动的俯仰角、围绕飞行航向为轴转动的横滚角。根据航空摄影的特点和用户对航摄资料的使用要求，以及像片的倾角大小，航空摄影测量技术可以分为竖直航空摄影测量技术和倾斜航空摄影测量技术两种。

6.1.1 竖直航空摄影测量技术

竖直航空摄影一般指像片倾角小于 $3''$ 的航空摄影，是航空摄影测量中常用的一种航空摄影方式，其影像质量无论从判读或是量测方面来看，都比倾斜摄影测量技术要好。我国目前进行的航空摄影测量技术总体上还是以竖直航空摄影测量技术为主。

6.1.1.1 理论基础

（1）地面中心投影。航摄像片是通过航空摄影所获得的地面三维空间的二维影像信息。航空摄影测量的目的是通过地面被摄物体的影像信息来研究其空间位置和几何形状，测绘出地形图等相关产品。因此了解航摄像片与相应地面之间的关系，研究航摄像片的投影方式及其规律，是学习航空摄影测量的重要基础。

1) 投影、正射投影和中心投影。假设有一组空间直线，将物体的形状沿直线方向投影到某一几何平面上，该过程称为投影（图 6-1）。假设空间直线称为投影线，其投影到的几何平面称为像面，投影的结果称为像，它是投影线与像面的交点（像点）的集合。

在投影中，若投影线相互平行，这种投影称为平行投影；如所有的投影射线相互平行且与承影面垂直，称为正射投影（图 6-2）。在投影中，投影射线汇聚于一点，这种投影称为中心投影（图 6-3）。投影线所汇聚的那个点称为投影中心。在中心投影中任一物点与所对应的像点及投影中心均位于同一直线上，称为中心投影三点共线。

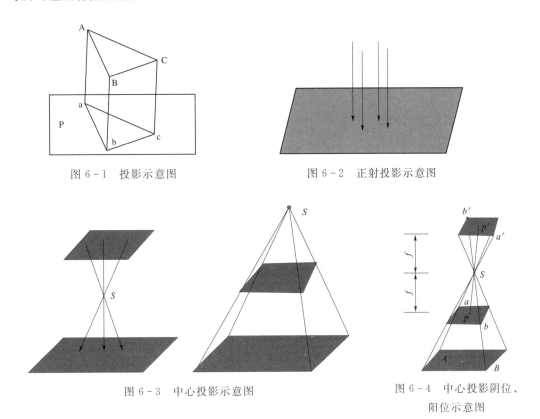

图 6-1 投影示意图　　　　　　　　　图 6-2 正射投影示意图

图 6-3 中心投影示意图　　　　　图 6-4 中心投影阴位、
　　　　　　　　　　　　　　　　　　阳位示意图

2) 航摄像片是地面的中心投影。航摄像片是地面物体通过摄影物镜，在底片平面所构成的该物体的影像（图 6-4），所以，航摄像片从投影角度来看，是被摄物体的中心投影。在同一几何关系的中心投影条件下，中心投影有阴位和阳位之分。当投影中心 S 位于物、像之间时，成像面 p 点处于阴位，把处于阴位的像片主光轴（通过 S 点且垂直于成像面 ab 的直线）旋转 $180°$，且沿着主光轴将像片平移至投影中心与被摄物之间，并使其与 S 之距和阴位时相同，则称此时像点 p' 处于阳位。

3) 中心投影的基本点、线、面。如前所述，航摄像片是地面的中心投影，像片平面与地面平面存在着透视对应关系。在研究地面与像片之间的中心投影关系中，某些点和直线具有一定的特性，它们对于分析、确定航摄像片与被摄地面之间的数学关系和空间位置等都具有极为重要的意义，因此我们将这些点、线和有关平面称之为投影的基本点、线和面。

（2）航摄像片解析。航摄像片解析主要理论为共线方程，其主要是表达物点、像点和投影中心（对无人机航飞像片而言，投影中心通常是镜头中心）三点位于一条直线的数学关系式，是摄影测量学中最基本的公式之一。通过已知若干像点和物点，用来解算拍摄时像片的方位；通过已知立体像对两张像片的方位元素时用来解算物点坐标；通过已知像片方位和物点坐标用来计算像点坐标。

（3）倾斜误差和投影误差。航摄像片是地面物体的中心投影，实际中，航摄像片一般不可能处于绝对水平的位置，而地面也总是存在着不同程度的起伏。正由于这种像片倾斜和地面起伏因素的存在，必然使得地面物体在航摄像片上的构像产生像点的移位和偏差。此类偏差称为倾斜误差。由于地面起伏，使得高于或低于某个基准面上的地面点在像片上的构像点与该地面基准面上的垂直投影点的构象之间所产生的像点位移，称为投影误差。

（4）外方位元素。在立体摄影测量中，欲建立起一个与实地完全相似的立体几何模型，必须依靠航摄像对。很显然，要恢复、确定一个相对的两张像片在摄影瞬间的空间位置，就必须知道该像对的外方位元素。一个航摄像对的 12 个外方位元素按照其作用不同可划分为相对定向元素和绝对定向元素。

1）相对定向元素。确定一个像对的两张像片相对位置关系所需要的元素叫作相对定向元素。一个像对的相对定向元素有 5 个，这 5 个相对定向元素的表达形式通常按所选取的相对空间辅助坐标系分为以下两种。

①连续像对的相对定向元素。欲恢复一个像对两张像片之间的相对位置，可以以像对的左片为基准，以左片像空间坐标系作为像空间辅助坐标系，只通过确定右片相对于左片 5 个元素来实现。由于这种相对定向元素能连续地恢复相邻或一条航线上所有投影光束之间的相对方位，故这种相对定向元素被称为连续像对的相对定向元素。

②单独像对的相对定向元素。同样，欲恢复一个像对两张像片的相对位置，还可以选择摄影基线为像空间辅助坐标系的 X 轴，通过确定左、右片的 5 个元素来实现。由于采用这种相对定向元素来确定像对两张像片的相对位置，左右光束需要分别变动才能实现。这种相对定向元素只考虑建立一个像对的立体几何模型，而不顾及相邻模型的连续性，故这种相对定向元素被称为单独像对的相对定向元素。

2）绝对定向元素。绝对定向元素是指立体像对在被摄瞬间的绝对位置和姿态的参数，是影像进行正射纠正的必经过程，通常是通过外方位元素以空中三角测量和大地测量地面控制点进行区域网平差计算求出。

①空中三角测量。空中三角测量是立体摄影测量中，根据少量的野外控制点，在室内进行控制点加密，求得加密点的高程和平面位置的测量方法。其中主要方法有模拟法、解析法、航带法、独立模型法、光束法等。

②大地测量地面控制点。大地测量地面控制点的坐标转换也称为解析法绝对定向，是通过将经过相对定向所建立的立体模型置于地面坐标系中的过程，通过借地面控制点（像控点）将经过相对定向的模型进行旋转、缩放和平移后，使其相对定向模型达到绝对位置。

6.1.1.2 关键技术

（1）相机检校技术。相机检校是航空摄影测量工作中的基本组成部分，相机检校的目的是检校出像点的偏移量、畸变参数等重要信息，是摄影测量应用的基础工作，相机检校的精度会直接影响后期摄影测量成果的精度。在使用普通数码相机进行航空摄影测量工作时相机检校工作更为重要，如果相机检校精度不能达到规定的要求，会直接影响整个数据后处理结果的精度。主要检校方法有：实验室三维检校场检校方法、棋盘格相机自检校方法等。

（2）GPS 辅助空中三角测量。随着 GPS 技术在无人机航飞方面应用的飞速发展，促进了 GPS 辅助空中三角测量技术在无人机航摄领域的发展。目前，该技术在国际和国内已用于大规模的无人机航空摄影测量。在 GPS 辅助空中三角测量中，GPS 主要用于测定空中三角测量所需要的地面控制点和空中航摄仪曝光时刻摄站的空中位置。GPS 辅助空中三角测量技术的基本原理是，使用机载 GPS 设备和地面 GPS 接收站同步接收 GPS 卫星信号，同时获取航空摄影瞬间航摄快门开启脉冲，通过 GPS 载波相位等相关差分定位技术，经过处理后获取物方点位和像片方位元素，从而达到以空中控制取代地面控制进行区域网平差，以达到减少或取消地面控制点的目的。

（3）数字高程模型获取技术。数字高程模型（Digital Elevation Model，DEM）是地形起伏的数字化表达，它表示地形起伏的三维有限数字序列及用三维向量来描述高程的空间分布。当数据点呈规则分布时，数据的平面位置可以由起始点的坐标和方格网的边长等少数几个数据确定下来，只需要提供行列号即可。所以，DEM 只反映地面的高程，其数字表达方式包括矩形格网和不规则三角网等。DEM 的获取方法主要有以下几种：

1）野外采集。利用自动记录的电子速测经纬仪或全站经纬仪在野外实测，以获取数据点坐标值。

2）在现有地图上采集。利用跟踪数字化仪对已有成果进行数字化。

3）空间传感器。利用 GPS、SAR（Synthetic Aperture Radar，合成孔径雷达）和激光雷达等进行数字采集。

4）数字航空摄影测量法（简称摄影测量法）。摄影测量法是实际生产使用中最为普遍获取 DEM 的一种方法，其具有自动化程度高、劳动强度低等优点。

（4）像片的正射校正。正射校正是对影像进行几何畸变纠正的一个过程，一般是通过在像片上选取的地面控制点，并利用已经获取的该像片范围内的 DEM 数据，对影像同时进行倾斜改正和投影差改正，将影像重采样成正射影像。将多个正射影像拼接镶嵌在一起，进行色彩平衡处理后，按照一定范围内裁切出来的影像就是正射影像图。

6.1.2 倾斜航空摄影测量技术

6.1.2.1 技术原理

倾斜航空摄影测量技术是测绘领域近些年快速发展起来的一项技术，它颠覆了以往正射影像只能从垂直角度拍摄的局限，通过在同一飞行平台上搭载多台传感器，同时从 1 个垂直、4 个倾斜等 5 个不同的角度采集影像，将用户引入了符合人眼视觉的真实直观世界。倾斜航空摄影按照倾角的大小可以分为低倾斜航空摄影（不包含地平线影像）和高倾斜航空摄影（像片上有地平线影像）。由于倾斜航空摄影具有较强的透视感，对地物的判读较为有利，但是其也有一定的局限性。首先，像片上各个部分的摄影比例尺不一致，越是接近地平线，其比例尺越小；其次，由于倾斜航空摄影的透视关系，其在地形起伏区域，面向航摄方向有增长现象，背向航摄方向有缩短现象，有时甚至无法显示。倾斜航空摄影示意图见图 6-5。

图 6-5　倾斜航空摄影示意图

（1）单张倾斜影像姿态恢复。

1）地面铅垂线在影像上对应的直线均相交于像底点，其中像底点为过影像透视中心的铅垂线与影像面的交点（图 6-6）。

2）若成像面水平，则像底点与像主点重合。

（2）基于场景约束的影像姿态恢复。

1）根据场景约束条件，计算 Ⅱ 的方程（图 6-7）。［由 O' 点的坐标和平面法向量表示，其中 O' 点的坐标为（0，0，$-z$），可自定］。

2）定义物方坐标系 $O'-x'y'z'$。

3）计算倾斜影像在所定义的物方坐标系中的外方位元素。

（3）单张倾斜影像三维量测。单张倾斜影像三维量测示意图见图 6-8。

1）可依次由共线方程计算出屋顶各角点的坐标。

2）点 A 与点 B 的平面坐标相同，在求出点 B 的坐标后，即可已知点 A 的平面坐标，进而由共线方程计算出点 A 的高程坐标。

3）由此可得出该建筑物比例不固定的模型，若任意测量一条边长，可获得建筑物真实比例模型。

（4）倾斜模型建模。通过倾斜摄影方式获取倾斜影像，在经过专业软件加工处理后可以生成三维倾斜摄影模型。建模技术主要分为以下三类。

1）倾斜摄影结合机载雷达技术建模。由倾斜摄影提供模型纹理、由机载雷达构建模型骨架，再通过适度的人工干预生成倾斜摄影模型。该类模型常见的输出格式有 .obj、.max 等。目前具备这种建模工艺的数据厂商有：武汉华正空间软件技术有限公司、北京东方道迩信息技术股份有限公司及中科遥感科技集团有限公司等。

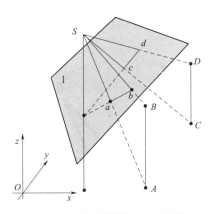

图 6 – 6 倾斜摄影原理示意图

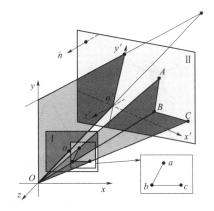

图 6 – 7 倾斜影像外方位元素计算原理示意图

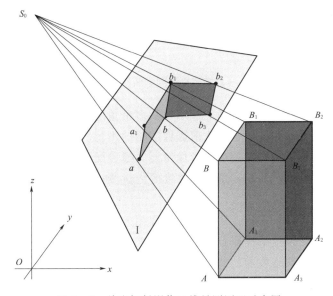

图 6 – 8 单张倾斜影像三维量测原理示意图

2）倾斜摄影加人工干预建模。对倾斜摄影数据进行自动化建模，再通过修饰软件进行人工修饰。修饰的细节包括：模型的骨架变形、建筑物底部纹理的遮挡等。修饰后的模型成果不破坏自动化模型成果的结构。目前具有这种工艺的软件有武汉天际航科技股份有限公司的 DP – Modeler 等。

3）倾斜摄影自动化建模。只通过倾斜摄影获取的多视角影像来生成模型，即 Mesh（三角网）模型。目前市场上的自动化建模软件包括街景工厂、Smart3DCapture、Altizure、PhotoScan、Pix4D、无限界等。这种模型输出的常见格式有 osgb、dae、obi、s3c（smart3D 私有格式）、3mx（轻量级的开放格式）等。自动化建模的过程可简单描述为：先经过几何校正、联合平差等一系列复杂的运算得到带有高程的稠密的占云数据抽稀，然后构建一张连续的 TIN 三角网，最后把拍摄的高分影像贴到三角网上，最终得到倾斜摄影模型。

6.1.2.2 技术特点

竖直航空摄影和倾斜摄影对比见图6-9。倾斜航空摄影测量具有以下技术特点。

 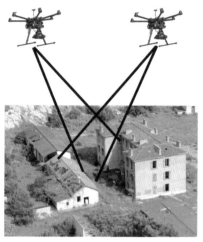

（a）竖直航空摄影 　　　　　　　　　（b）倾斜航空摄影

图6-9 竖直航空摄影和倾斜航空摄影对比图

（1）相对于正射影像，倾斜影像能让用户从多个角度观察地物，能够更加真实地反映地物的实际情况，极大地弥补了基于正射影像应用的不足。

（2）倾斜航空摄影测量可实现单张影像量测。通过配套软件的应用，可直接基于成果影像进行包括高度、长度、面积、角度、坡度等的量测，扩展了倾斜航空摄影测量技术在相关行业中的应用。

（3）建筑物侧面纹理可采集。针对水利工程相关应用特点，利用航空摄影大规模成图的特点，加上从倾斜影像批量提取及贴纹理的方式，能够快速处理并降低建模成本。

（4）数据量小易于网络发布。相较于三维GIS技术应用的庞大三维数据，应用倾斜航空摄影测量技术获取的影像的数据量要小得多，其影像的数据格式可采用成熟的技术快速进行网格发布，实现共享应用。

（5）自动化程度高，倾斜航空摄影测量数据的处理较为简单，不需要操作人员具有专业的航空摄影测量背景。

（6）相对于传统的三维建模，倾斜航空摄影测量技术进行三维建模有着效率高，经济性好的特点。

6.1.3 航空摄影测量技术发展现状

进入21世纪以来，数字图像处理、人工智能以及计算机视觉等技术、无人机技术以及计算机硬件性能都得到空前的飞速发展。随着国家测绘地理信息中心大力推广应用国产低空无人机航测遥感系统，无人机航空摄影技术得到很大的发展和应用，同时也遇到诸多困难。本节将以无人机平台为主，讲述航空摄影测量的发展现状。

（1）无人机发展现状。进入21世纪，随着轻型复合材料的广泛应用，卫星定位系统的成熟，电子与无线电控制技术的改进，尤其是多旋翼无人机的出现，整个无人机行业进入快速发展阶段，无人机的飞行平台主要分为多旋翼无人机、固定翼无人机、直升机无人机、其他无人机等，各飞行平台的优势、劣势、特点见表6-1。

表6-1 不同飞行平台的对比

飞行平台		优 势	劣 势	特 点
多旋翼无人机		空降场地限制少，能垂直起降，操作灵活，价格低廉	有效载荷小，航程短，航速慢，滞空时间短，续航时间短	起降灵活，可悬停，结构简单，故障率高，载荷量少
固定翼无人机		载重大，续航时间长，航程远，飞行速度快，飞行高度高，性价比高	受起降场地限制多，无法悬停，对控制系统要求较高	民用涉及相对较少，主要是军用和工业级应用
直升机无人机		载荷稍大，和续航时间稍长，起降受场地限制小	结构览弱，故障率高，操控复杂，续航时间短	可垂直起降，结构复杂，维护成本高
其他无人机	无人飞艇	成本低，安全系数高，稳定性强	移动缓慢，操作不灵活，易碰撞，精度低	结构简单，升空时间长，操作复杂
	扑翼无人机	效率极高，高效低耗，可垂直起落、悬停、俯冲、急转	技术不成熟，扑翼空气动力学问题未解决	小巧灵活
	伞翼无人机	结构简单，成本低，可控空降空投	空气助力大，速度慢，重复使用操作复杂	高空投递，无人动力伞无人机
	系留式无人机	安全，稳定高效，可长时间滞空，抗干扰能力强	受线缆牵制，自由活动受限，不能做大范围和高速机动	地面有线供电，留空时间长，载荷大，可靠性高

1）无人机续航方面。无人机主要采用锂聚合物电池作为主要动力，续航能力为20～30min。因无人机技术方案不同，续航时间有所不同。无人机需要尽可能减轻起飞重量，所以无法携带较重的大容量电池，大多数无人机维持20min有效飞行之后，就必须更换电池或者插上充电线。无人机电池充电时间一般每次1h以上，这是无人机一个致命的短板，大大限制了行业的快速良性发展，解决无人机电池续航能力迫在眉睫。

2）无人机通信系统。目前主要使用900MHz、1.4GHz、2.4GHz无线电频段，其中1.4GHz主要作为数据通信频段，2.4GHz主要作为图像传输频段，900MHz不建议使用。工业和信息化部已经制定无线电相关使用准则，规范无人机行业的无线电频段使用。公共无线电通信链路抗干扰能力弱，尤其是同频干扰无法避免。只需采用几种特殊干扰方法，就可以实施对无人机指定无线电频段的定向干扰。随着无人机数量的指数级增长，无人机通信系统干扰的问题，将日渐突出。

3）无人机系统的定位导航。无人机系统的定位导航普遍采用GPS和北斗系统双模模式。GPS定位分为码定位和载波定位。码定位速度快，一般民用无人机精度为3～10m，军用无人机精度为0.3m。载波定位速度慢，不分民用和军用。北斗系统定位精度为10～20m。基于导航卫星的无人机定位系统，经过各大无人机厂商优化自己的算法，使精度勉强达到米级。但受地形、天气等客观条件影响，导航卫星信号易受干扰、精度稳定性不足的问题有待解决。民用无人机依靠卫星定位，在不用差分定位技术辅助的情况下，米级精度已经是极限。这样的精度在工业应用领域远远不够。米级的定位精度，不足以支撑无人机自动控制。差分辅助定位技术，其原理是通过 GPS 或北斗系统与已知真实基准站坐标对比，实现快速厘米级精度定位。无人机千机编队表演基本都采取这种技术，但在自由空间中，不具备这样的条件。

4）避障技术。避障技术对于主流的无人机飞行至关重要，但现有的解决方案仍处于探索阶段。为确保公共安全，需要不断改进传感器、传感算法和无人机设计。无人机避障技术主要有四套解决方案，即红外线传感器方案、超声波传感器方案、激光传感器方案以及视觉传感器方案。

（2）常用无人机系统发展介绍。

图 6-10　多旋翼无人机

1）多旋翼无人机系统。多旋翼无人机（图 6-10）系统由机架机身、动力系统、飞控系统、遥控系统、辅助设备系统等组成。

①机架机身。无人机的机架机身指无人机的承载平台，一般选择高强度轻质材料制造，例如：玻璃纤维、ABS、PP、尼龙、改性塑料、改性 PC、树脂、铝合金等。无人机所有的设备都是安装在机架机身上面，支架数量也决定了该无人机为几旋翼无人机。优秀的无人机机架设计可以让其他各个元器件安装合理，坚固稳定，拆装方便。

②动力系统。无人机动力系统，就是为无人机提供飞行动力的部件，一般分为油动和电动两种，电动多旋翼无人机是最主流的机型，动力系统由电机、电调、电池三部分组成。无人机使用的电池一般都是高能量密度的锂聚合电池。氢燃料电池、太阳能电池等受制于现有的技术水平和成本，暂时还无法普及。无人机主要在露天作业，对电机、电调、电池的稳定性要求较高，需要定期进行检查、保养、防水、防潮。

③飞控系统。飞控系统就是无人机的飞行控制系统，不管是无人机自动保持飞行状态（如悬停），还是对无人机的人为操作，都需要通过飞控系统对无人机动力系统进行实时调节。一些高阶的飞控系统除了保证无人机正常飞行导航功能以外，还有安全冗余、飞行数据记录、飞行参数调整和自动飞行优化等功能。飞控系统是整个无人机的控制核心，主要包括飞行控制、加速计、气压计、传感器、陀螺仪、地磁仪、定位芯片、主控芯片等多部件组成。

④遥控系统。无人机遥控系统主要由遥控器、接收器、解码器、伺服系统组成。遥控器是操作平台，接收器接到遥控器信号通过解码器进行解码，分离出动作信号传输给伺服系统。伺服系统则根据信号做出相应的动作。

⑤辅助设备系统。辅助设备系统主要包括无人机外挂平台（简称云台）、外挂轻型相机、无线图像传输系统。云台是安装在无人机上用来挂载相机的机械构件，能满足三个活动自由度；绕 x、y、z 轴旋转，每个轴心内都安装有电机，当无人机倾斜时，会配合陀

螺仪给相应的云台电机加强反方向的动力，防止相机跟着无人机倾斜，从而避免抖动，云台对于稳定航拍来说却起着非常大的作用。外挂轻型相机主要为体积小、重量轻、清晰度高的相机。无线图像传输系统将处于飞行状态的无人机拍摄的画面，实时稳定地发射给地面无线图传遥控接收设备，优秀的无线图像传输系统具备传输距离远、传输稳定、图像清晰流畅、抗干扰、抗遮挡、低延时等特性。

2）固定翼无人机系统。固定翼无人机（图 6-11）系统由五部分组成：机体结构、航电系统、动力系统、起降系统和地面控制站系统。

①机体结构由可拆卸的模块化集体组成，既方便携带，又可在短时间内完成组装、起飞。

②航电系统由飞控电脑、感应器、有效载荷、无线通信等组成，完成飞机控制系统的需要。

③动力系统由动力电池、螺旋桨、无刷马达组成，为无人机提供飞行需要的动力。

图 6-11 固定翼无人机

④起降系统由弹射绳、弹射架、降落伞组成。为帮助无人机完成弹射起飞和伞降着陆。部分高级固定翼无人机采用为滑行起降，需要额外设计起落架收放、减震、精准定位、加速和刹车等系统。

⑤地面控制站系统包括地面站电脑、手柄、电台等通信设备，用以辅助完成路线规划和飞行过程的监控。

（3）相机发展现状。

1）数字航摄仪。数字航摄仪是航空摄影测量非常关键的设备，是利用一种电荷耦合器件（CCD），将镜头所成影像的光信号转化成电信号，再把这种电信号转化成计算机可以识别的数字信号记录下来，最后转换成影像。从国内外市场来看，其专业航摄仪有 Leica ADS80 相机、DMC 相机等产品（图 6-12 和图 6-13）。

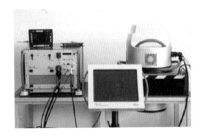

图 6-12 Leica ADS80 相机 　　　　图 6-13 DMC 相机

2）数码相机。从消费级数码相机来看，又可以分为卡片机、单反相机和多镜头相机。常用的与多旋翼无人机搭载的卡片机主要有松下 GH4 相机、索尼 A7R 相机、GoPro 相机等。与多旋翼无人机搭载的单反相机一般有尼康 810 相机、佳能 5DMark Ⅲ 相机、飞思 XFIQX4 相机；与之搭载的多镜头相机一般为双镜头相机和五镜头相机。

①单反相机。图 6-14 为尼康 D810 相机，使用了 35.9mm×24mm 尺寸的 CMOS 传感器，像素达到了 3709 万。图 6-15 为佳能 5D Mark Ⅱ 相机，使用了 36mm×24mm 尺寸的 CMOS 传感器，最大像素达到了 2340 万。图 6-16 为飞思 XFIQX4 相机，采用 54mm×40mm 全尺寸中画幅的 CMOS 传感器，像素达到 1.5 亿。

图 6-14　尼康 D810 相机　　图 6-15　佳能 5D Mark Ⅱ相机　　图 6-16　飞思 XFIQX4 相机

②多镜头相机。双镜头相机见图 6-17，其参数见表 6-2。五镜头相机见图 6-18，其参数见表 6-3。

表 6-2　　　　　　　　　　　双 镜 头 相 机 参 数

项　目	参　数	项　目	参　数
单周期总像素	2.5 亿像素	PPK 定位水平精度	5m
单周期照片张数	6 张	PPK 定位垂直精度	10cm
整机重量	950g	工作方式	强动
作业时间	30min	接口安装方式	可定制
作业面积	0.6km²	拍摄触发方式	定时触发/飞控触发

注　1. 测试条件：使用 D1I－ M600Pro 搭载，且航高为 200m。

2. 接口安装方式，免费为用户提供不同款式无人机接口的定制服务。

图 6-17　双镜头相机　　　　　图 6-18　五镜头相机

表 6-3　　　　　　　　　　　五 镜 头 相 机 参 数

项　目	参　数	项　目	参　数
相机总像素	＞1.2 亿像素	存储容量	320G
镜头个数	5 个	整机重量	1.5kg
镜头焦距	25mm/35mm	供电方式	外置专用电池供电
像元尺寸	3.9μm	POS 记录	自带 GPS 记录 POS 地理信息
曝光方式	定点、定时	数据读取方式	通过 USB 读取 POS 数据、照片
最小曝光间隔	ls	上位机软件	数据预处理，一键生成建模工程文件

6.2 无人机检查混凝土结构表面缺陷方案

　　首先，使用多旋翼无人机对坝体进行全方位多角度自动航线拍摄，获取影像，通过 Context Capture 等建模软件进行坝体模型的创建。然后，搭载高像素相机进行大坝表面全覆盖近距离影像获取，将获取的影像按照坝体结构进行无损拼接。最后，将无损拼接后的图像导入图像处理软件中进行裂缝以及其他缺陷的自动提取与量化计算，辅以坝体模型确定裂缝宽度、长度、位置信息以及其他缺陷信息。同时可以将解译过后的影像以原始分辨率放到建立的模型中对应的位置，可以通过模型直接观察解译结果。

6.2.1 创建三维实景模型

　　选用猎鹰 8 多旋翼无人机航线规划系统，对整个坝体进行多角度、多航线、多层次的航线规划（图 6－19～图 6－21），一键起飞进行拍摄获取影像，紧接着通过 Context Capture 建模软件进行全自动无需人为干预的三维真彩实景模型生成。

　　（1）航线拍摄规划。

图 6－19　高清规划底图

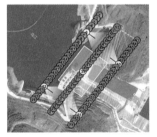

图 6－20　多角度航线规划

287

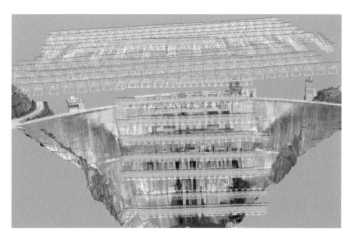

图 6-21　多层次航线规划

（2）模型创建。一键式导入所获取的影像数据，选择坐标系，自动进行空三加密（图 6-22）以及模型的创建（图 6-23）。

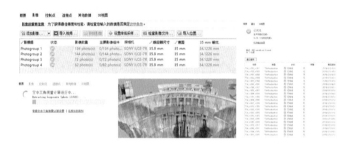

图 6-22　空三加密

图 6-23　模型创建

6.2.2　近距离影像获取

作为整个方案流程中最基础的也是最重要的一部分——近距离影像获取，相片质量以及数据的完整性显得尤为重要。猎鹰 8 是（图 6-24）一款专为监察监测应用而设计的多旋翼无人机，可根据需要搭载不同的负载。尤为突出的是猎鹰 8 内置一流传感器、自动减震器和自稳定相机托架，具有极高的灵活性，便于在狭窄空间等不利环境下作业。而上下可 180°旋转的相机云台则为数据获取的全面性提供了强有力的支持，高清无线图像传输系统（图 6-25）为数据远距离、稳定、清晰流畅、无干扰、低延时的传输提供了保障。

拍摄方法：

根据坝体结构进行分区域拍摄（图 6-26），例如坝体水工结构中的进水表孔、泄洪表孔、泄洪中孔、泄洪底孔等，通过调整相机角度进行全方位的影像数据获取。

对于相对平整的坝面（不同坝体坝面不同）则采用分坝段式的航线飞行获取影像。同一个坝段采用 Z 形或者 S 形的拍摄路径有重叠度的拍照，严格按照坝体结构编号进行有序拍摄（图 6-27），确保影像获取无遗漏、高质量。

拍摄角度上下180°

820mm
125mm
566mm
250mm

● SonyA7R 3600w全画幅相机

● 上下180°可旋转云台

● 31个传感器，极高安全性

● 抗六级风、抗磁干扰，超强稳定性

●高清图传系统

● 起飞重量只有2.3kg，便携易操作

图 6-24 猎鹰 8 无人机及其性能参数

图 6-25 高清无线图像传输系统　　　　图 6-26 坝体结构拍摄检查

图 6-27 坝体结构有序拍摄方式

6.2.3　影像拼接

通过无人机获取的坝面高质量影像数据是繁多的，如果对每张相片进行分析解译工作量十分繁重，并且通过单张影像无法直观地对坝体缺陷的位置信息进行展示。因此需要化繁为简，化零为整。飞测 SIS 软件根据坝体结构将所拍摄的照片按照坝段或者自定义区域进行拼接整合成为若干张坝体高清平面影像图，借此可以更加方便地对数据源进行提取、分析，影像拼接流程见图 6 - 28，坝面拼接样例见图 6 - 29，启闭机室拼图样例见图 6 - 30。

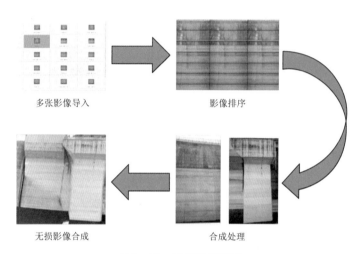

多张影像导入　　　　　　　　　　影像排序

无损影像合成　　　　　　　　　　合成处理

图 6 - 28　影像拼接流程

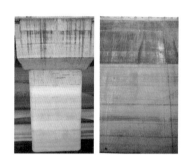

图 6 - 29　坝面拼图样例

图 6 - 30　启闭机室拼图样例

6.2.4　影像解译

影像解译即通过影像进行裂缝及其他表面缺陷提取分析，以达到确定裂缝宽度、长度、位置信息以及其他缺陷信息的目的。飞测 CFT 是一个专业混凝土结构缺陷诊断系统，它通过确定图像中一个已知长度信息，并以此信息为基准确定待解译影像中一个像素代表的量，对软件内部独有的算法自动提取的裂缝及其他缺陷进行量化计算。对于不同宽度的裂缝使用不同颜色的线条来显示（图6-31），同样的对于其他缺陷比如漏水、钙质析出、表面损伤等可以使用自定义网格形状进行显示（图6-32）。

图6-31 裂缝缺陷标记显示方式　图6-32 其他缺陷的标记显示方式

6.2.4.1 CFT软件操作流程

CFT软件的操作流程如下。

（1）启动程序。在桌面创建快捷方式，双击图标启动软件（图6-33）。

（2）读取图像文件夹。打开进行裂缝检出处理的图像文件夹，插入原始图像（图6-34）。选择图像格式（图6-35、图6-36）为JPEG或者BMP。

图6-33 启动软件　　　　　　图6-34 插入原始图像

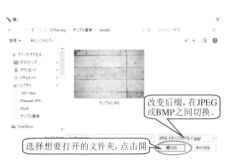

改变后缀，在JPEG或BMP之间切换。

选择想要打开的文件夹，点击开

图 6-35　选择图像格式

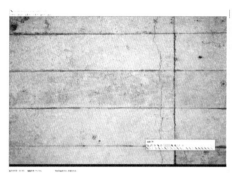

图 6-36　图像选择完成

（3）视野设定。点击设置菜单，选择视野设定（图 6-37），设定图像文件夹的实际尺寸（图 6-38）。将这里的设定值作为基准，计算检出的裂缝的宽度。

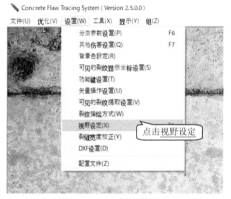

点击视野设定

图 6-37　选择视野设定

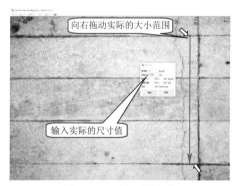

向右拖动实际的大小范围

输入实际的尺寸值

图 6-38　输入设定值

（4）分类参数设定。点击设置菜单，选择分类参数设置（图 6-39），设定检出的裂缝按照裂缝宽度分类显示的线图的画图方法。

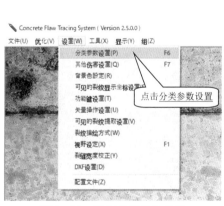

点击分类参数设置

图 6-39　选择分类参数设置

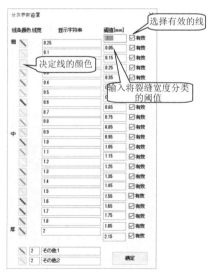

选择有效的线

决定线的颜色

输入将裂缝宽度分类的阈值

图 6-40　分类参数设定

（5）损伤提取。通过软件自动检出裂缝等损伤（图6-41）。

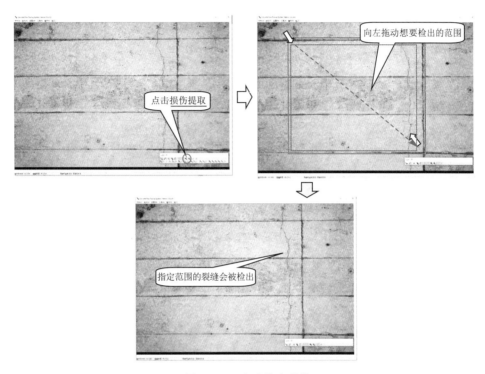

图6-41 自动检查裂缝

（6）编辑。对自动检出的裂缝进行修改、添加等编辑（图6-42）。

对于没有被自动检出的裂缝，使用画图工具的画笔功能（图6-43）和消除功能（图6-44）进行编辑。

在功能键设定里使用 F5 确认显示/不显示的裂缝并进行编辑。

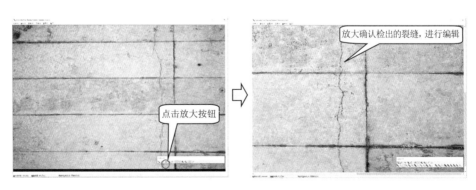

图6-42 裂缝编辑

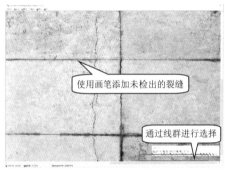

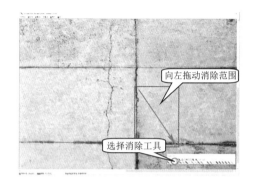

图 6-43　画笔功能　　　　　　　　　图 6-44　消除功能

（7）联合清除。接缝的部分作为裂缝被检出的时候，通过本操作可以去除（图 6-45）。被正确检出的裂缝也可能会被去除，运用此功能的时候须注意。

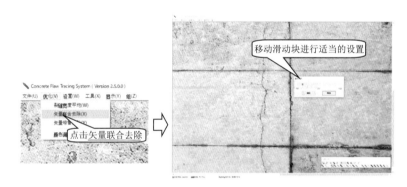

图 6-45　矢量联合去除功能

（8）噪声消除。去除作为裂缝被检出的噪声（图 6-46）。被正确检出来的裂缝也有可能被消除，运用此功能的时候须注意。

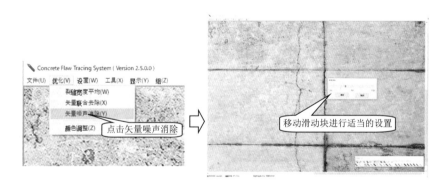

图 6-46　噪声消除功能

（9）添加其他损伤。从损伤模型库里选择想要添加的损伤，并描摹（图 6-47）。

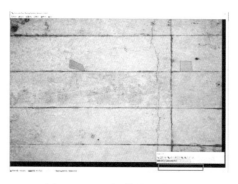

图 6-47　添加其他损伤标记

（10）输出检出结果。根据图 6-48 的顺序，进行检出结果的图像数据的保存和裂缝统计数据的输出。

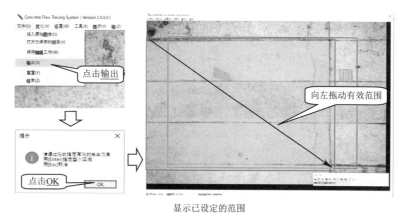

图 6-48　输出检出结果

（11）保存数据。设定影像显示形式（图 6-49）选择保存按钮，输入保存的文件夹名称，保存数据（图 6-50）。

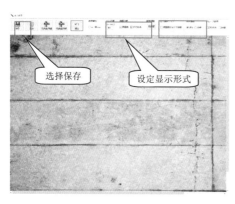

图 6-49　设置影像选项

图 6-50　保存数据

（12）输出裂缝的统计数据。点击结果按钮（图 6 - 51），确认输出格式并点击保存按钮（图 6 - 52），最后选择保存位置并保存（图 6 - 53）。

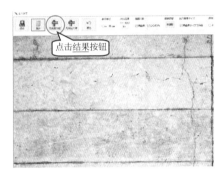

图 6 - 51　点击结果按钮

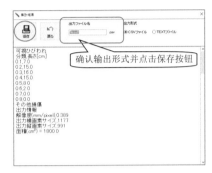

图 6 - 52　选择输出格式

图 6 - 53　选择保存位置

（13）保存编辑作业数据。如果操作过程中中断了编辑作业，在下次想进行后续编辑作业的时候，保存裂缝检出编辑作业数据的操作流程见图 6 - 54。

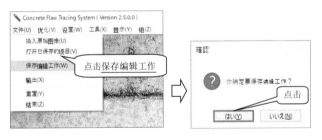

图 6 - 54　保存裂缝编辑作业数据操作流程

（14）结束程序。结束程序操作流程见图 6 - 55。

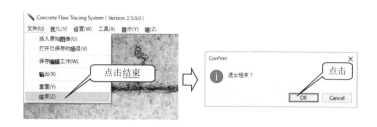

图 6 - 55　退出程序

6.2.4.2　CFT 软件裂缝检出性能

拍摄状态良好的时候，可以检出的最小裂缝宽度为 0.5 像素的一半左右。

相机的像素数和被摄体的横方向视野尺寸（被摄体的宽度）对应的可以检出的最小裂缝宽度见表 6 - 4。

使用最近普遍推广的 3600 万像素的相机，横方向视野设为 6.2m 左右拍照的话，可以检出宽度 0.2mm 左右的裂缝。

表 6 - 4　　相机的像素数和被摄体横方向的视野尺寸对应的可以检出的最小裂缝宽度　单位：mm

相机的像素数	横方向最大视野尺寸/m				
	0.1	0.2	0.3	0.4	0.5
500 万	0.52	1.04	1.56	2.07	2.59
600 万	0.57	1.13	1.70	2.27	2.83
800 万	0.65	1.31	1.96	2.61	3.26
1000 万	0.73	1.46	2.19	2.92	3.62
2000 万	1.03	2.06	3.10	4.13	5.12
3600 万	3.13	6.26	9.39	12.52	15.65

6.2.4.3　拍摄裂缝检出处理图像时的注意事项

拍摄的时候请注意以下事项。

（1）焦点：拍摄时要对准图像整体的焦点；

（2）解析度：请参照前面的裂缝检出性能确保拍摄视野；

（3）对比度：图像暗的话使用闪光灯等出现对比度后拍摄；

（4）拍摄对象的状态：如果有颜色、脏污，裂缝检出精度无法很好地保障；

（5）图像文件夹的压缩率：请不要压缩，使用原图像；

（6）图像文件夹格式：用 JPEG、BMP 格式记录；

（7）正面拍摄：请不要倾斜要正面拍摄。建议拍照时使用三脚架。

6.3 无人机检查混凝土结构表面缺陷实例

6.3.1 无人机检查拱坝表面缺陷

2018年1月对某大坝上游面和下游面水上部位总计68000m²进行全覆盖检测，查明坝体表面现状，提取坝体表面裂缝并确定其所在位置以及长度、宽度，并提供大坝表面模型，为大坝后期运维提供依据。现场工作人员两名，使用Falcon 8无人机外业飞行影像获取耗时10个工作日，飞行91个架次，共计拍摄影像数据2428张，内业数据处理生成报告用时10个工作日。每条裂缝的位置信息、长度、宽度、现状等都在报告里呈现。现场检测准备工作和现场无人机拍摄作业分别见图6-56、图6-57。

图6-56 现场准备工作 | 图6-57 现场飞行拍摄

某大坝位于遵义市余庆县，是一座高225m的混凝土双曲拱坝（图6-58）。坝顶部厚度10.25m，拱冠梁底厚50.28m，拱端的最大厚度58.62m，厚高比0.216，拱圈最大中心角88.07°。大坝采用6个表孔和7个中孔泄洪，坝下设置水垫塘消能布置方案。泄洪表孔堰顶高程617m，孔口尺寸12m×13m，装设弧形闸门。泄洪中孔进、出口均为有压流型式，为了分散入塘水流落点，出口分为上挑压板型和平底型两种，孔口尺寸为6m×7m。在大坝490.00m高程设置2孔放空底孔，孔口尺寸采用4m×6m。地下厂房位于右岸地下洞室群内，主厂房、主变洞、调压室3大洞室平行布置。

坝体结构复杂，泄洪表孔以下位置GPS信号微弱；现场存在阵风、旋风。

图6-58 大坝上游正面图

使用 Falcon 8 无人机飞行获取大坝影像数据后，通过 CFT 软件对拍摄的原始影像进行拼接，获得拼图成果 343 张（包括每个水工结构的细节影像），最后提交给客户的包括最原始的图像、各个坝段的拼接结果、解译过后的图像以及检测报告。大坝典型部位解译结果及原图对比见图 6-59～图 6-61，大坝部分结构检测结果见图 6-62～图 6-65。

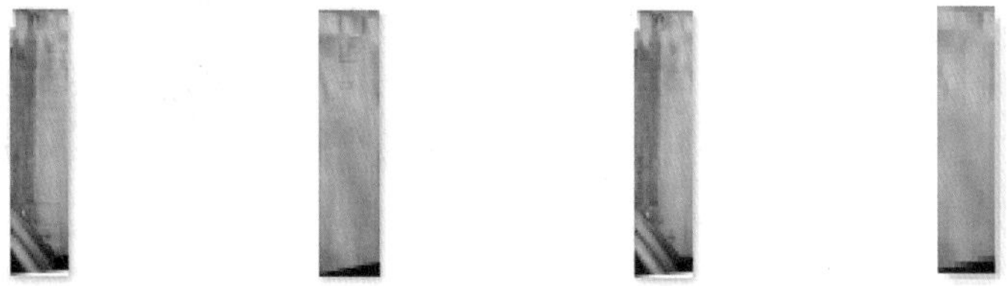

三层-2解译　　　　三层-1解译　　　　三层-2　　　　三层-1

图 6-59　坝后 19 号坝段解译结果及原图对比

1号底孔启闭机室　　　1号底孔启闭机室　　　1号底孔启闭机室
下部　　　　　　　　下部-解译　　　　　　正面

1号底孔启闭机室　　　1号底孔左侧　　　　　1号底孔左侧
正面-解译　　　　　　　　　　　　　　　　-解译

图 6-60　中孔解译结果及原图对比

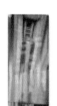

1号中孔　　　　1号中孔-解译　　　　2号中孔　　　　2号中孔-解译

6号中孔　　　　6号中孔-解译　　　　7号中孔　　　　7号中孔-解译

图 6-61　底孔解译结果及原图对比

90	3号泄洪表孔	3号表孔-1	K0+266.95	$H=$625.80	裂缝钙质析出宽度无法判别，长度833cm  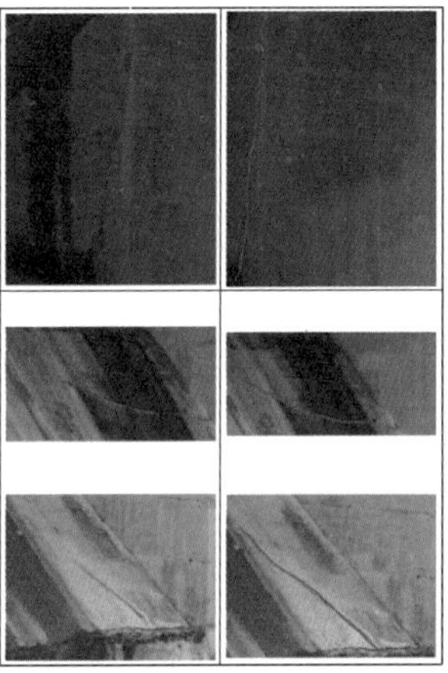	
91	3号泄洪表孔	3号表孔-2	K0+269.53	$H=$607.90	裂缝钙质析出宽度无法判别，长度513cm	
92	3号泄洪表孔	3号表孔-3	K0+266.3	$H=$599.37	裂缝宽度0.2~0.4mm，长度380cm	

图 6-62　部分泄洪表孔检测报告

7	6坝段	BH6-1	K0+118.61	$H=$554.50	裂缝宽度0.6~0.8mm，长度212cm，局部渗水  	
8	6坝段	BH6-2	K0+118.31	$H=$554.20	裂缝宽度0.6~0.8mm，长度90cm，局部渗水	
9	6坝段	BH6-3	K0+118.71	$H=$553.30	裂缝宽度0.4~0.6mm，长度80cm	
10	7坝段	BH7-1	K0+140.11	$H=$539.50	裂缝宽度0.2~0.4mm，长度53cm  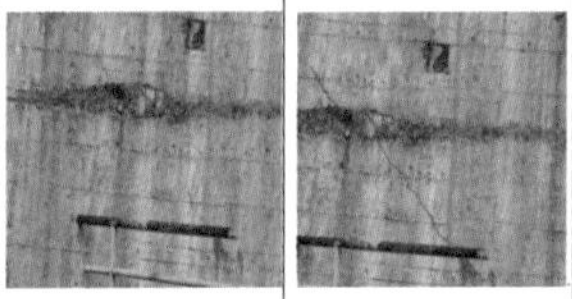	
11	7坝段	BH7-2	K0+139.71	$H=$539.10	裂缝宽度0.2~0.4mm，长度107cm	

图 6-63　部分坝面检测报告

106	1号泄洪中孔	1号中孔-1	K0+217.10	$H=$541.19	裂缝宽度0.2~0.4mm，长度456cm 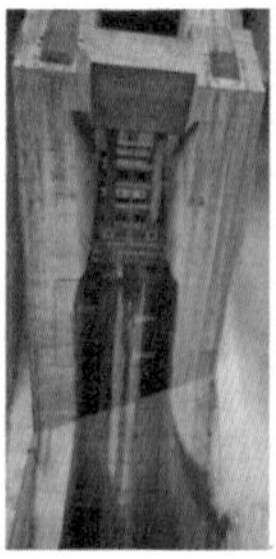 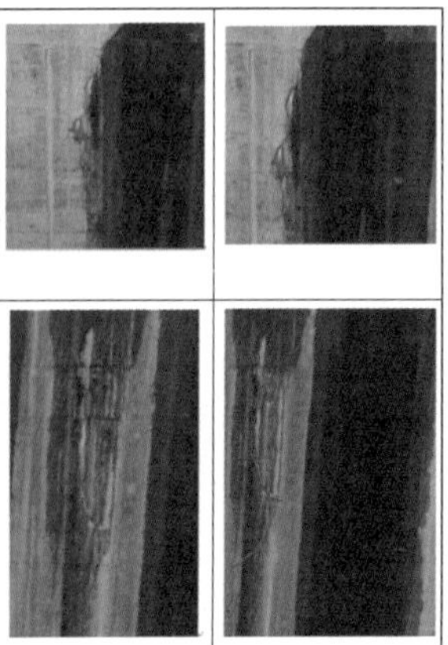	
107	1号泄洪中孔	1号中孔-2	K0+211.11	$H=$540.90	裂缝钙质析出宽度无法判别，长度505cm	
108	1号泄洪中孔	1号中孔-3	K0+210.91	$H=$537.30	裂缝钙质析出宽度无法判别，长度214cm	

图 6-64　部分泄洪中孔检查结果

103	1号泄洪中孔	1号底孔启闭机室-3	K0+271.61	H=494.51	裂缝渗水宽度无法判别，长度281cm		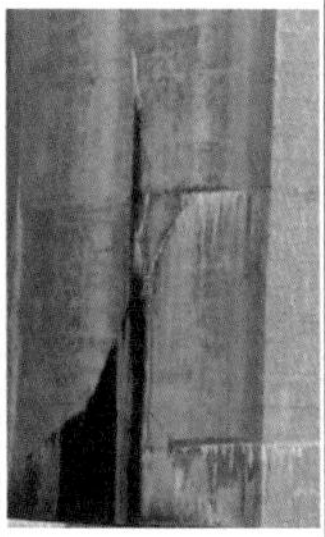	
104	1号泄洪中孔	1号底孔启闭机室-4	K0+271.61	H=492.42	裂缝渗水宽度无法判别，长度532cm			
105	1号泄洪中孔	1号底孔启闭机室-5	K0+271.61	H=490.52	裂缝钙质析出宽度无法判别，长度266cm			

图 6-65　部分泄洪底孔检查结果

2018年2月16日将检测报告提交给用户，经过内部成果验收评定，专家现场检核，完全满足用户对于大坝表面普检的要求规范，受到专家的一致肯定，尤其是对图像清晰度、完整性以及裂缝分析结果的系统性有很高的评价，认为是之后坝面检测的主要手段之一。

6.3.2　无人机检查混凝土重力坝表面缺陷

2020年对某大坝进行全覆盖检测作业（图 6-66），查明坝体表面现状，提取坝体表面裂缝并确定其所在位置以及长度、宽度，并提供大坝表面模型（图 6-67），为大坝后期运维提供依据。现场工作人员两名，使用 Falcon 8 无人机外业飞行影像获取耗时 7 个工作日，飞行 78 个架次，共计拍摄影像数据 3458 张，内业数据处理生成报告用时 5 个工作日。每条裂缝的位置信息、长度、宽度、现状等都在报告里呈现。

图 6-66　现场作业

图 6-67　大坝下游模型预览

获得拼图成果 343 张（包括每个水工结构的细节影像），最后提交给客户的包括最原始的图像、各个坝段的拼接结果、解译过后的图像以及检测报告。大坝部分结构拼接图像结果见图 6-68，部分坝面检测结果见图 6-69。

6-2(1.9mm).jpg　7-1(2.1mm).jpg　7-2(2.5mm).jpg　8-1(1.6mm).jpg　8-2(1.9mm).jpg　9-1(2.5mm).jpg

9-2(2.1mm).jpg　10坝段(2.8mm).jpg　15坝段(3.8mm).jpg　16-1(3.8mm).jpg　16-2(3.0mm).jpg　17-1(2.9mm).jpg

图 6-68　拼接图像预览

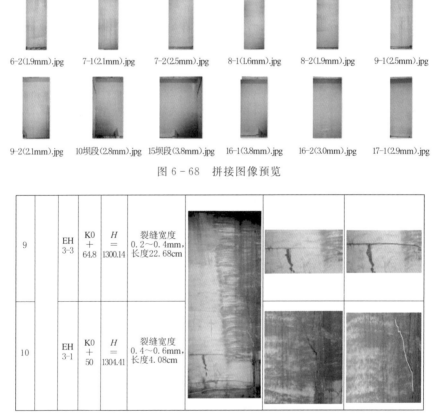

| 9 | EH 3-3 | K0 + 64.8 | H = 1300.14 | 裂缝宽度 0.2~0.4mm, 长度22.68cm | | |
| 10 | EH 3-1 | K0 + 50 | H = 1304.41 | 裂缝宽度 0.4~0.6mm, 长度4.08cm | | |

图 6-69　部分坝面检查结果

检测报告于 2020 年 7 月提交给用户，经过内部成果验收评定，专家现场检核，完全满足用户对于大坝表面普检的规范要求，受到专家的一致肯定。

6.3.3 无人机检查斜井内部表面缺陷

6.3.3.1 无人机选择

选用 E360 多旋翼无人机（图 6-70）。其参数如下。感知系统类型：二维激光雷达；雷达采样速率：9200 次/秒；雷达测量分辨率：1cm；无人机续航时间：25min；影像传感器：1 英寸 CMOS，有效像素 2000 万；云台轴数：三轴；云台挂载方式：上/下挂载；无人机轴距：75mm；起飞重量：4.1kg。

6.3.3.2 环境概述

（1）隧洞内无照明，湿度大。高隧洞内无照明设施，同时由于通风较差导致隧洞内湿度较大，对斜井内部总体情况无法目测探明。

（2）隧洞空间小，大型设备例如热气球挂载录像设备或者扫描仪无法进行合理使用。

6.3.3.3 检查前准备

（1）测试抗环境干扰性。斜井内部磁场干扰较大，无人机的传感器元件需要在磁干扰环境下稳定工作。为了保证三维数字化重构及检查工作的顺利进行，需要在检查前对无人机进行抗环境干扰性测试。

（2）无人机试飞。无人机在无 GPS 信号及周围完全黑暗的条件下飞行，需要先进行试飞（图 6-71），以便制定三维数字化重构及检查工作计划。

图 6-70 E360 多旋翼无人机

图 6-71 无人机在斜井
内部试飞

（3）无人机飞行安全保护准备。斜井结构并不是直上直下的圆柱体，有的垂直段为蜗壳式结构，并且斜井的直径一般在 20m 以内，相对较窄，加上黑暗的环境，并不能保证无人机在斜井内部飞行的过程中不与内壁发生碰撞。假如发生了碰撞，对无人机以及斜井内壁都会造成损坏。因此在无人机安全方面需要增加螺旋桨保护装置，确保无人机在飞行过程中的安全。

（4）飞行环境补光。为了使飞手可以对无人机进行定位，辨别无人机与其周围障碍物的相对位置关系，对斜井环境补光是整个三维数字化重构及检查中必要的一环。飞行环境补光见图 6-72。

（5）相机补光。为了使获取的影像足够清晰明亮，需要对相机视野范围进行额外补光。如果只通过相机自身调整进行加大曝光等措施会使得影像发生畸变、增加噪点等，影响影像质量。相机补光作业情况见图 6-73。

图 6-72　飞行环境补光

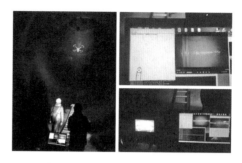

图 6-73　相机补光作业情况

（6）选择成像效果好的相机。无人机对斜井内部进行三维数字化重构及检查的主要数据就是无人机所带负载所获取的影像，影像质量的好坏从根本上来讲取决于无人机负载即相机的质量好坏。而在斜井环境中，负载最佳选择为单反相机。

6.3.3.4　检查实施流程

（1）飞手站位选择。在实际作业过程中，最为重要的就是飞手站位选择。一个好的选位对于飞手控制无人机有着极大的便利，随着飞手与无人机的距离加大，斜距加大，人的视线误差也会随之加大，哪怕无人机具有防撞装置也比较危险。因此在无人机对垂直斜井进行三维数字化重构及检查时，可以使用沙袋或者其他物体制作一个可站立平台，保证飞手及安全员可以平稳站立，在飞行过程中无人机一般情况下不要脱离飞手的视野范围。

（2）数据获取。在飞行过程中获取影像。通过无人机的图传模块，无人机安全员或者无人机第二飞手通过相机控制模块进行拍摄、录像等。无人机在同一高度通过自转进行角度的调整，继而进行数据的获取。

（3）无人机引导。飞行过程中无人机的位置会随着惯性水平方向发生位移，而这种偏移只能通过飞手进行位置纠正。在有防撞装置的前提下无人机在低速下与斜井内壁发生碰撞不会影响无人机的安全。在条件允许的情况下可以使用激光引导的方法对无人机的飞行路径进行激光引导，借此达到更安全更准确的无人机飞行数据获取。激光引导装置集成了水平仪、多束激光、自动防抖等功能，为无人机的安全飞行指引方向。

（4）数据处理。通过无人机对斜井内壁进行拍摄，采用影像播放的形式，实时进行三维数字化重构及斜井内部缺陷检查（图 6-74、图 6-75），通过特征点及设计图纸高程信息判断病害位置及数量，出具三维数字化重构及检查报告。

图 6-74　斜井内壁缺陷

图 6-75　斜井三维数字化重构模型

第 7 章

数据库操作

7.1 引言

随着信息技术的进步，工程施工质量、安全以及健康状态的信息可视化管理正受到前所未有的重视。但是，目前水工结构混凝土质量检测和安全评估基本仍停留在数据采集设备及方法的应用和研究，以及检测结果的常规查询和显示上，缺乏对大量、长期检测（监测）数据的集成化管理，检测结果的可视化程度普遍较低，缺乏对大量检测数据能够反映出的混凝土质量劣化趋势的智能化评估方法和理论。目前来看，数据库管理和分析技术是解决上述问题的一个比较可行的方案。事实上，在一些重要的水工建筑物（如大坝、长距离输水工程等）中，结构安全监测的数据已经实现了数据库管理模式。与之相比，水工结构的质量检测由于各种原因还是停留在相对比较低的技术水平上。

从水工结构混凝土质量检测和安全评估的四要素（数据采集、管理、可视化展示和分析）来看，在高质量数据检测（监测）技术的基础上，进一步研究和完善数据库及数据管理技术、数据可视化展示技术以及数据评估技术，是搭建智慧化混凝土质量检测的技术构架，并最终实现智能化安全评估的前提。

7.2 SQL Server 数据库简介

7.2.1 数据库的基本概念

数据库简而言之就是存储数据的仓库，而数据就是我们现实生活中可以存储的东西，比如声音、图像、数字和文字等。除存储数据外，数据库检索数据的功能必须十分强大，能够在极短的时间内在海量的数据中准确地查询到所需数据。数据库的数据具有永久存储、有组织和可共享 3 个基本特点。

数据库一般是和应用程序（如 MATLAB）一起工作：数据库提供数据，应用程序执行操作（如增加、删除、查询、更新等）。数据库和应用程序可以放在同一台计算机上，但大多数应用情况下数据库存放在数据库服务器，用户利用客户端应用程序通过网络登录访问数据库服务器，对目标数据库进行相应操作。

我们经常说的数据库（软件）其实全称应该是数据库管理系统（DBMS，即 Database Management Systems），而真正存储数据的数据库是存放在这个系统里面。数据库管理系统的发展过程可以大致分为三个阶段：第一阶段是网状模型（Network Model）和层次模型（Hierarchical Model）的数据库（类似于磁盘存储数据）；第二阶段就是现在应用最为广泛的关系型模型（Relational Model）数据库，如 SQL Server 和开源的 MySQL；第三阶段是正在发展的"关系-对象型"数据库，如 Oracle。

SQL Server 是由 Microsoft 公司开发的关系型数据库管理系统，具有非常好的易用性，和 Oracle 和 MySQL 一起是目前全世界最流行的三个数据库管理系统。从本世纪初开始，SQL Server 先后经历了 2000、2005、2008、2008R2、2010、2012、2014、2016 到 2017 等多个版本。SQL Server 2000 是以企业管理器作为重要的操作环境来执行数据库的管理操作，如创建数据库、创建表、创建视图、访问数据库以及数据的增、删、查、改等。从 SQL Server 2005 开始将 2000 版本中的企业管理器和查询分析器等功能合为一体，提供了一个新的集成环境 SQL Server Management Studio（SSMS），用于访问、配置、控制、管理和开发 SQL Server 的所有组件。

虽然微软已不再提供支持，但 SQL Server 2005 版仍是应用比较广泛的一个版本。事实上对于水工混凝土结构现场检测和监测数据的存储，SQL Server 2005 版提供的功能已经足够满足要求。因此本书中仍主要以 SQL Server 2005 版为例来说明数据库的基本操作。

7.2.2　SQL Server 数据库基本操作

7.2.2.1　启动数据库服务

在运行 SQL Server 之前首先要确定其服务已在计算机系统中被启动，具体步骤是打开 Windows 操作系统控制面板中管理工具里的服务列表，查看描述为"提供数据的存储、处理和受控访问，并提供快速的事务处理"的服务项"SQL Server（MSSQLSERVER）"是否处在"已启动"状态。若否，需要手动对其进行启动。一般情况下，数据库服务在 SQL Server 系统安装后随计算机（服务器）启动而自启。

7.2.2.2　创建、附加和分离数据库

Windows 系统启动后，通过依次点击"程序" — "Microsoft SQL Server 2005" — "SQL Server Management Studio"，弹出如图 7 - 1 所示"连接到服务器"对话框。服务器类型选择"数据库引擎"（数据库引擎是 SQL Server 2005 的核心服务，负责完成数据的存储、处理和安全管理），随后输入要连接到的服务器名称（连接到本台计算机输入"."即可）。身份验证可采用两种方式：采用 Windows 身份验证可直接连接；采用 SQL Server 身份验证需要输入登录名和密码（在安装 SQL Server 时设置的）。点击"连接"按钮后即进入 Microsoft SQL Server Management Studio（SSMS）界面，一般分为两个窗口部件：左侧的"对象资源管理器"窗口和右侧的"文档"窗口，如图 7 - 2 所示。

通过 SSMS 的对象资源管理器对数据库进行操作。打开已连接服务器下的"数据库"文件夹，可以看到系统数据库以及用户已创建的数据库（如果有）。在"数据库"文件夹上单击鼠标右键弹出包含创建、附加和刷新数据库等选项的下拉菜单。单击鼠标左键选择菜单中"新建数据库"选项，弹出"新建数据库"对话框，输入想要创建的数据库名称，点击"确定"按钮，系统自动生成该数据库的文件，并存放在对话框内指定的路径里（用户可以修改文件保存路径），数据库由数据文件（"数据库名".mdf）和日志文件（"数据库名 _ log".ldf）组成。此时 SSMS 的对象资源管理器"数据库"文件夹下即显示这个新

建数据库的子文件夹，下一步就可以对其进行数据表的操作（如创建、添加、查询、修改等）。

如果想要把其他服务器上已建好的数据库（数据文件和日志文件）添加到自己的系统里，则可在"数据库"文件夹上的下拉菜单中选择"附加"选项，弹出如图 7-3 所示的"附加数据库"对话框。在"要附加的数据库"下点击"添加"按钮，从弹出的文件目录下拉列表中找到并选择待添加数据库的 mdf 数据文件，连续点击"确定"按钮，即完成该数据库的添加。此时 SSMS 的对象资源管理器"数据库"文件夹下即显示这个新添加数据库的子文件夹。

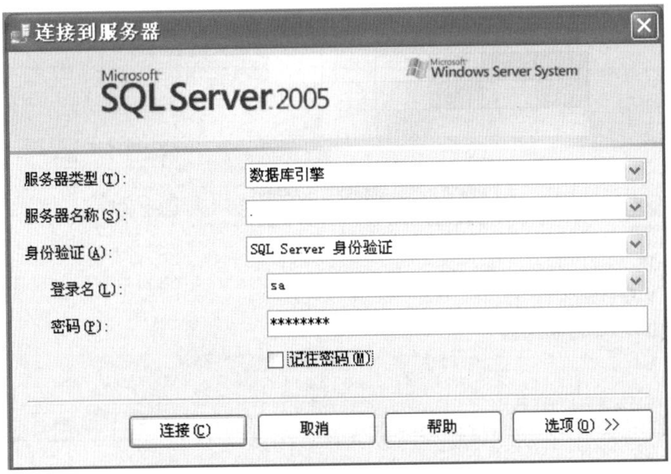

图 7-1　连接到服务器对话框

图 7-2　SQL Server Management Studio 界面

当需要从硬盘文件夹里删除、移动或拷贝数据库的 mdf 和 ldf 文件时，必须要先在 SSMS 的对象资源管理器上对其进行分离操作。具体步骤是在此目标数据库子文件夹上点击鼠标右键弹出下拉菜单，在其"任务"项的下拉菜单中选择"分离"（见图 7-4），在随后弹出的"分离数据库"对话框中勾选此数据库后面的"删除连接"方框，点击"确定"按钮即实现数据库分离。此时 SSMS 的对象资源管理器"数据库"文件夹下将不再显示这个数据库的子文件夹。

需要注意的是，在数据库子文件夹上点击鼠标右键弹出的下拉菜单中有一个"删除"项，此选项一定要慎重使用，避免造成数据库的误删。

图 7-3　附加数据库对话框

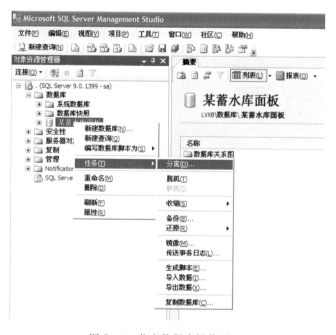

图 7-4　分离数据库操作界面

7.2.3 SQL Server 数据表管理

7.2.3.1 创建数据表

数据库由数据表、关系和视图等操作对象组成。代表不同实体信息的数据都存放在数据表里，表中的每一行数据对应一个实体的信息，数据表里存储的是格式相同的实体。数据库的增、删、查、改等几项基本操作基本上都是对数据表进行的。创建数据表一般有以下两种方法。

（1）常规创建方法。如果要在数据库中创建一个新的数据表，可以用鼠标右键点击其下的"表"操作对象，弹出一个包含"新建表""筛选器"和"刷新"等选项的下拉菜单，点击最上面的"新建表"，在 SSMS 右侧的文档窗口内输入表各个列的列名、数据类型以及标明是否允许为空，一般情况下还需设置主键（primary key，PK）。在所有列定义完成后，点击 SSMS 工具栏的保存按钮，弹出"选择名称"对话框，输入表的名称（此处为slabs），点击"确定"，一个只有表头的新表即创建完成（图 7-5），第一列"面板号"被设置为主键。此时数据库"表"对象下可以看到这个新建的表（dbo.slabs），在该表上鼠标右键点出的下拉菜单中选择"打开表"选项，在 SSMS 右侧的文档窗口输入数据表各行的内容，数据表即创建完成（图 7-6）。

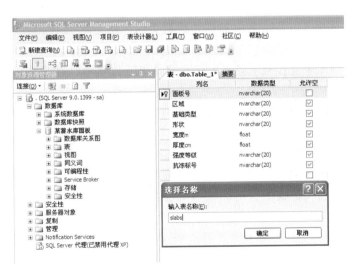

图 7-5 创建数据表

表的主键是用于唯一标识一条记录的单列或一组列，不允许为空。当主键为单列时列内不能有重复，当主键为一组列时，列组合不能有重复，称为主键约束。主键的作用是保证数据完整性。比如学生表（学号，姓名，性别，班级等），只有学号是唯一的，其他的都有可能重复，所以"学号"列可设置为主键；又比如学生成绩表（学号，科目，成绩），由于有好几门科目，只有学号＋科目才能唯一标识一条记录，所以要设置学号＋科目的组合列为主键。

SQL Server 2005 常用的数据类型主要包括 int 整型、float 浮点型和 nvarchar 可变长度字符型等。nvarchar 比 varchar 从名字上多了个 "n"，表示存储的是 Unicode 数据类型的字符。一般情况下英文字符存储只需要一个字节，但汉字需要两个，因此英文与汉字同时存在时容易造成混乱，Unicode 类型就是为了解决这种不兼容问题，它所有的字符都用两个字节表示，即英文字符也是用两个字节表示。

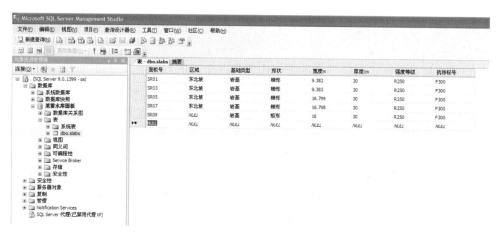

图 7-6 输入数据表的内容

（2）Excel 文件导入方法。另一种创建数据表的方法是将 EXCEL 文件直接导入数据库。具体步骤如下：

1）在目标数据库子文件夹上点击鼠标右键弹出下拉菜单，在其 "任务" 项的下拉菜单中选择 "导入数据"。

2）在随后弹出的 "选择数据源" 对话框中选择数据源为 "Microsoft Excel"，并指定 Excel 文件的路径和版本，点击 "下一步"。

3）在随后弹出的 "选择目标" 对话框中选择目标为 "Native Client"，并选择身份验证的方式（windows 或 SQL Server），点击 "下一步"。

4）在 "选择源表和源视图" 对话框中指定要导入的数据表的 "sheet"，点击 "下一步"，直到最后 "确定"，EXCEL 文件即导入数据库。

刷新数据库下的 "表" 对象就能看到这个新导入的数据表，鼠标右键点击此数据表后在弹出的下拉菜单中选择 "打开表" 即可查看该表的内容，并可对表的内容进行修改；选择 "重命名" 可改变该表的名称；选择 "修改" 可显示和修改该表各列的属性（列名、数据类型以及是否允许为空）并可设置某列为主键。

7.2.3.2 创建表的依赖关系

关系型数据库是由数据表和数据表之间的关联组成，外键（foreign key，FK）就是用于在两个表的数据之间建立关联。例如，一个公司的人员管理系统里有一张人员信息表，里面包含 "员工编号" "员工姓名" "年龄" "部门" "岗位" "手机号码" "住址" 等；另有一张出勤表，内有 "员工编号" 及相应出勤记录等。这两张表可以通过相同的列 "员工编号" 建立起联系，此时出勤表的 "员工编号" 就是外键，它关联于人员信息表的主键 "员工编号"，因此外键能够保证数据的一致性。

以下以"某蓄水库面板"数据库为例来简述如何建立外键关系,主表为记录面板基本信息的"slabs",外键表"rebound2005"为面板回弹强度检测的结果,步骤如下:①鼠标右键点击表"rebound2005",在弹出的下拉菜单中选择"修改";②在"rebound2005"表的任意列上鼠标右键点击,在弹出的下拉菜单中选择"关系";③在弹出的"外键关系"对话框中,点击左下角的"添加"按钮;④鼠标左键点击对话框右侧"表和列规范"项的右侧的"…"小按钮;⑤在弹出的"表和列"对话框中,主键表选择为"slabs",外键表选择为"rebound2005",两表的下方选择外键列"面板号",此时关系名被命名为"PK_rebound 2005_slabs",见图7-7;⑥点击"确定"按钮后回到"外键关系"对话框,在打开右侧"INSERT 和 UPDATE 规范","更新规则"和"删除规则"都可以选择"层叠"(即级联,外键表外键随主键表主键的变化而相应变化),见图7-8,点击"关闭"即建立一个外键关系。

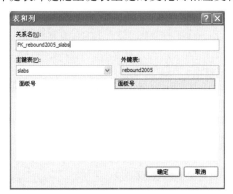

图 7-7 主键表和外键表

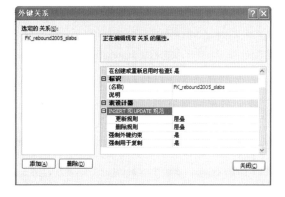

图 7-8 INSERT 和 UPDATE 规范

外键关系建立后,在表"slabs"和"rebound2005"鼠标右键点出的下拉菜单中选择"查看依赖关系",即可看到主键表和外键表的依赖和被依赖关系。

如果要删除这个依赖关系,在上述步骤③中的"外键关系"对话框左侧选中该关系,点击左下方"删除"按钮,该外键关系即被删除。

7.2.4 T-SQL 语言简介

SQL Server 中的 SQL 是英文 Structured Query Language 的缩写,译意是结构化查询语言。SQL 语言的主要功能就是同各种数据库建立联系,进行沟通。按照 ANSI(美国国家标准协会)的规定,SQL 被作为关系型数据库管理系统的标准语言。

T-SQL 全称为 Transaction-SQL,是 SQL 语言在 Microsoft SQL Server 上的增强版,是 SQL Server 用于操作数据库的编程语言。T-SQL 主要由四部分组成:

(1)DQL 数据查询语言。实现对数据表的查询,基本语句结构:SELECT<字段名>FROM<表或视图名>WHERE<查询条件>。

(2)DML 数据操作语言。实现对数据库表的插入(INSERT)、更新(UPDATE)、删除(DELETE)等操作。

(3)DDL 数据定义语言。定义和管理数据库及其对象(表、视图、索引等),例如 CREATE 语句、ALTER 语句和 DROP 语句等。

（4）DCL 数据控制语言。用来授予或回收访问数据库的某种特权，并控制数据库操纵事务发生的时间及效果，对数据库实行监视等。点击 SSMS 界面左上角菜单栏下方的"新建查询"按钮后，在 SSMS 界面右侧的文档窗口即可输入 T－SQL 语句对数据库对象进行相应操作，可以通过界面工具栏下方左侧的下拉菜单来选择目标数据库。其右侧的"！执行"按钮用于执行输入的 T－SQL 语句并显示操作结果。下面以"某蓄水库面板"数据库为例简要介绍几个数据库常用的 T－SQL 语句的基本用法。

7.2.4.1　CREATE 语句——创建表

如果要在"某蓄水库面板"数据库内创建一个列名与上面"slabs"表相同的新表"example"，并将"面板号"列设为主键，可输入如下 T－SQL 语句（当语句过长可以回车键换行继续输入）：

CREATE TABLE example(面板号 nvarchar(20)primary key,区域 nvarchar(20),

基础类型 nvarchar(20),形状 nvarchar(20),宽度 m float,厚度 cm float,

强度等级 nvarchar(20),抗冻标号 nvarchar(20))

点击工具栏下"！执行"按钮，一个名为"example"的空表创建完毕，刷新数据库的"表"对象即可看到这个新表。

7.2.4.2　INSERT 语句——插入数据

在上面创建好的"example"表中插入两条数据，可输入如下 T－SQL 语句：

INSERT INTO example(面板号,区域,基础类型,形状,宽度 m,厚度 cm,强度等级,抗冻标号)
VALUES('SF01','西南坡','堆石体','梯形',6.299,30,'R250','F300')

INSERT INTO example(面板号,区域,基础类型,形状,宽度 m,厚度 cm,强度等级,抗冻标号)
VALUES('SF21','主坝坡','堆石体','梯形',10.499,30,'R250','F300')

点击"！执行"按钮即插入完毕。

7.2.4.3　SELECT 语句——数据查询

查询语句的基本语法是SELECT ＊ FROM ＜数据表＞ WHERE ＜查询条件＞。如果要显示数据表内所有的记录，可省略最后的'WHERE ＜查询条件＞'。对于"slabs"表，如果要查询主坝坡面板宽度小于 10m 但不小于 8m 的所有记录，可采用如下 T－SQL 语句：

SELECT ＊ **FROM** slabs **WHERE** 区域='主坝坡' and 宽度 m<10 and 宽度 m>=8

T－SQL 语言还可以执行模糊查询。如果要查询"slabs"表中面板宽度为 8.3m 左右的所有记录，可采用如下 T－SQL 语句：

SELECT ＊ **FROM** slabs WHERE 宽度 m LIKE '8.3%'

7.2.4.4　UPDATE 语句——数据更新

如果要把已创建好的"example"表中西南坡区域上宽度小于 10m 的面板的宽度改为 16m，混凝土强度改为 R300，可采用如下 T－SQL 语句：

UPDATE example **SET** 宽度 m=16,强度等级='R300'
WHERE 区域='西南坡' and 宽度 m<10

7.2.4.5 DELETE 语句——删除数据

如果要把"example"表中所有西南坡区域的面板的记录删除,可采用如下 T-SQL 语句:

DELETE FROM example2 **WHERE** 区域＝西南坡

7.3 数据库连接

MATLAB 与数据库连接主要有两种方法:ODBC 和 JDBC。本书中只讲述 ODBC 的连接方式。

ODBC 是开放数据库连接(Open Database Connectivity)的简称,是 Microsoft 开放服务结构(Windows Open Services Architecture,简称 WOSA)中有关数据库的一个组成部分,为解决异构数据库间的数据共享而提供统一接口。ODBC 在 1996 年左右就比较定型了,长期以来 Microsoft 也并未对它进行很大的更新。但是,正因为它是一个比较成熟的规范,ODBC 在大多数数据库管理系统(DBMS)上都可以使用,可以说常见 DBMS(Oracle,SQL server,MySQL 等)都支持 ODBC 3.0 或以上的版本。

ODBC 是一种编程界面,它能使应用程序访问以结构化查询语言(Structured Query Language,简称 SQL)作为数据访问标准的 DBMS 的数据。应用程序(如 MATLAB,Java,C 等)要访问一个数据库,首先必须用 ODBC 数据源管理器配置一个数据源,管理器根据数据源提供的数据库位置、数据库类型及 ODBC 驱动程序等信息,建立起 ODBC 与具体数据库的联系。这样,只要应用程序将数据源名提供给 ODBC,ODBC 就能建立起与相应数据库的连接。

7.3.1 ODBC 数据源配置

以下以应用较为广泛的数据库管理系统 SQL Server 为例,讲述在 Windows 环境下如何使用 ODBC 数据源管理器配置 MATLAB 应用程序使用的数据源。

在 Windows 操作系统中,按照"开始菜单—设置—控制面板—管理工具—数据源(ODBC)"顺序依次点开,弹出"ODBC 数据源管理器"对话框,见图 7-9。在 MATLAB 环境下,在命令行输入并执行如下语句,也会出现相同对话框:

>> system('%SystemRoot%\system32\odbcad32. exe');

在"ODBC 数据源管理器"对话框中点击"添加",弹出"创建新数据源"对话框,选择安装数据源的驱动程序,此处为"SQL Server",如图 7-10 所示;点击"完成"按钮后,弹出"创建到 SQL Server 的新数据源对话框",输入数据源的名字(此处为"mySQL")以及安装 SQL Server 的服务器的 IP 地址,如果是本台计算机则输入"(local)",见图 7-11;点击"下一步"按钮后,弹出 SQL Server 的验证对话框,选择"使用用户输入登录 ID 和密码的 SQL Server 验证"时,登录 ID 和密码为安装 SQL Server 时的设置的用户名和密码,见图 7-12;点击"下一步"按钮后,进入如图 7-13 和图 7-14 所示的对话框,接受默认的选项后点击"完成"按钮,弹出如图 7-15 所示的对话框，提示将按照对话框中所列配置创建新的 ODBC 数据源；点击"测试数据源"按钮，将会弹出如图 7 - 16 所示的对话框，显示新建数据源测试结果，当显示"测试成功"时，新的 OD-BC 数据源即创建成功；点击"确定"按钮后，此时可以在 ODBC 数据源管理器中看到新创建的数据源（此处为"mySQL"），见图 7 - 17。

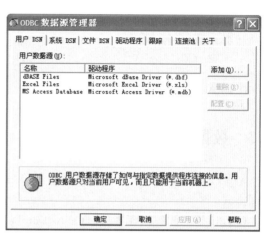

图 7 - 9　ODBC 数据源管理器

7.3.2　ODBC 数据源连接

MATLAB 中最常用与数据库进行连接的函数是 database，语法如下：

conn＝database（数据源名称，用户名，密码）；

该函数的输入参数依次为数据源名称（此处为"mySQL"）、安装数据库管理系统（SQL Server）时设置的用户名（"sa"）和密码。执行后如建立连接，则 MATLAB 返回一个数据库连接对象（database object），下例中为 conn：

图 7 - 10　创建数据源—选择驱动程序

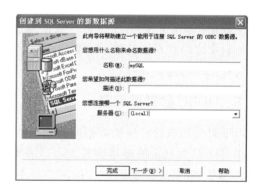

图 7 - 11　创建数据源—数据源命名

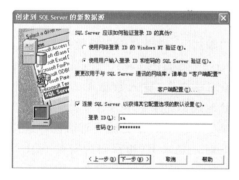

图 7 - 12　创建数据源—SQL Server 验证

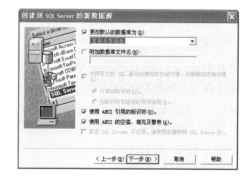

图 7 - 13　创建数据源—续 1

314

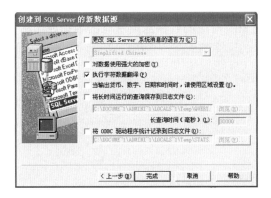

图 7-14 创建数据源—续 2

图 7-15 新建数据源测试

图 7-16 新建数据源测试结果

图 7-17 新数据源创建完毕

```
>> conn=database('mySQL','sa','**********')
conn=
        Instance:'mySQL'
        UserName:'sa'
          Driver:[]
             URL:[]
     Constructor:[1x1 com. mathworks. toolbox. database. databaseConnect]
         Message:[]
          Handle:[1x1 sun. jdbc. odbc. JdbcOdbcConnection]
         TimeOut: 0
      AutoCommit:'on'
            Type:'Database Object'
```

利用该数据库连接对象 conn 可以获取数据库的基本信息。

7.3.2.1 获取数据库名称—catalogs 函数

catalogs 函数语法如下：

315

DB_list＝catalogs(conn)；

　　该函数的输入参数为数据库连接函数 database 返回的数据库连接对象 conn。执行该语句后，MATLAB 会列出该数据库连接对象所对应的数据源内所有的数据库名称：

```
>>DB_list＝catalogs(conn)
DB_list＝
    'master'
    'msdb'
    'Northwind'
    'pubs'
    'tempdb'
    '某蓄水库面板'
```

　　catalogs 函数返回的是一个一维单元数组，本例中 DB _ list 为一个 6×1 单元数组，每个单元（cell）里面存放的字符串即为数据库名称。

　　MATLAB 早期一些版本（如 R14）并不支持 catalogs 函数，可以通过 dmd 函数和 get 函数来列出所有数据库名称：

```
dbmeta＝dmd(conn)；
database＝get(dbmeta,'catalogs')；
```

7.3.2.2　元数据 metadata

　　上面的代码中，dmd 函数为数据库连接对象 conn 创建了一个元数据（metadata）对象 dbmeta。元数据是描述数据结构的数据，简单说就是数据的数据，包括表、表的列、主键、外键等信息。

　　（1）显示数据库所有表的名称。使用 tables 函数可以显示数据库中所有的表的名称：

```
conn＝database('mySQL','sa','* * * * * * * * * *')；
dbmeta＝dmd(conn)；
alltables＝tables(dbmeta,'某蓄水库面板','dbo')；
close(conn)；
```

　　上述代码中 tables 函数的三个输入参数分别是数据库连接对象 conn 的元数据对象 dbmeta、数据库名称（"某蓄水库面板"）以及数据库架构名称（dbo）。执行后，MAT-LAB 返回一个二维单元数组（alltables），第一列为 dbo 架构下'十三陵面板'数据库中所有表的名称，第二列对应位置为这些表的类型（system table 或者 table）：

```
alltables＝
    'syscolumns'          'SYSTEM TABLE'
    'syscomments'         'SYSTEM TABLE'
    ……………
    'rebound2005'         'TABLE'
    'rebound2010'         'TABLE'
    'rebound2016'         'TABLE'
```

'sf06'	'TABLE'
'slabs'	'TABLE'
'sysconstraints'	'VIEW'
'syssegments'	'VIEW'

（2）显示表的列名称。使用 columns 函数可以显示数据库中指定表中所有列的名称：

conn＝database('mySQL','sa','＊＊＊＊＊＊＊＊＊＊');

dbmeta＝dmd(conn);

allcolumns＝columns(dbmeta，'某蓄水库面板'，'dbo'，'slabs');

close(conn);

上述代码中 columns 函数的四个输入参数分别是数据库连接对象 conn 的元数据对象 dbmeta、数据库名称（"某蓄水库面板"）、数据库架构名称（dbo）以及数据库中的指定表名称（"slabs"）。执行后，MATLAB 返回的 allcolumns 是一个一维（一行）单元数组，每个单元（cell）里面存放的字符串即为该指定表（"slabs"）中所有列的名称：

allcolumns＝

| '面板号' | '区域' | '基础类型' | '形状' | '宽度 m' | '厚度 cm' | '强度等级' | '抗冻标号' |

（3）显示表的主键名称。使用 primarykeys 函数可以显示数据库中指定表中所有主键的名称：

conn＝database('mySQL','sa','＊＊＊＊＊＊＊＊＊＊');

dbmeta＝dmd(conn);

allPKs＝primarykeys(dbmeta，'某蓄水库面板'，'dbo'，'slabs');

close(conn);

primarykeys 函数的四个输入参数与上面 columns 函数相同。执行后，MATLAB 返回的 allPKs 是一个一维（一行）单元数组，每个单元（cell）里面存放的字符串即为该指定表（"slabs"）中所有主键的名称：

allPKs＝

| '某蓄水库面板' | 'dbo' | 'slabs' | '面板号' | '1' | 'PK_slabs' |

7.4　数据库的基本操作

数据库的基本操作就是增（Create）、删（Delete）、查（Retrieve）、改（Update）。MATLAB 提供了一个解决与数据库连接的有效接口——Database Toolbox（数据库工具箱），它可以帮助用户使用 MATLAB 的可视化技术与数据分析技术处理数据库信息，在 MATLAB 环境下使用结构化查询语言 SQL（structured query language）来操作数据库。利用 Database Toolbox 函数可以比较轻松地完成这些工作。MATLAB 支持所有主流关系型数据库，包括 SQL Server、MySQL 和 Oracle 等。以下以应用较为广泛的数据库管理系统 SQL Server 为例，讲述实现这些基本操作的具体步骤。

7.4.1　数据查询

数据库的最主要功能就是数据查询。使用的函数主要包括 exec，fetch 和 fetchmuilti 等。下面仍以上节提到的"某蓄水库面板"数据库的"slabs"表为例，说明 MATLAB 查询数据库的方法。比如要查询这个"slabs"表中面板宽度在 6m（含）和 8m（含）之间的面板的信息，代码如下：

```
conn=database('mySQL','sa','********');      %连接数据源
sql='SELECT * FROM 某蓄水库面板.dbo.slabs WHERE 宽度 m>=6 AND 宽度 m<=8';
      %SQL 语句
curs=exec(conn,sql);      %生成游标对象,遍历查询结果的集合
curs=fetch(curs);         %把数据库中的数据读入 MATLAB,返回到新的游标对象
data=curs.Data;           %游标对象包含的查询结果数据
close(curs);              %关闭游标
close(conn);              %关闭数据库连接
```

上面的代码中，exec 函数的第一个参数是数据库连接对象，第二个参数是 SQL Server 数据库中执行查询操作的标准"SELECT * FROM………"语句。把查询数据读入 MATLAB 的是 fetch 函数，并存储到新建的游标对象 curs 中。这个新的游标对象 curs 类似一个结构体，其中的字段 Data 存储了查询的结果（本例中为 9×8 单元数组），使用"data=curs.Data"就可以方便地提取查询的结果：

```
curs=
  Attributes:[]
  Data:{9x8 cell}
  DatabaseObject:[1x1 database]
  RowLimit:0
  SQLQuery:'SELECT * FROM 某蓄水库面板.dbo.slabs WHERE 宽度 m>=6 AND 宽度 m<=8'
  Message:[]
  Type:'Database Cursor Object'
  ResultSet:[1x1 sun.jdbc.odbc.JdbcOdbcResultSet]
  Cursor:[1x1 com.mathworks.toolbox.database.sqlExec]
  Statement:[1x1 sun.jdbc.odbc.JdbcOdbcStatement]
  Fetch:[1x1 com.mathworks.toolbox.database.fetchTheData]
data=
```

'SF01'	'西南坡'	'堆石体'	'梯形'	[6.2990]	[30]	'R250'	'F300'
'SF02'	'西南坡'	'堆石体'	'梯形'	[6.3000]	[30]	'R250'	'F300'
'SF03'	'西南坡'	'堆石体'	'梯形'	[6.2990]	[30]	'R250'	'F300'
'SF04'	'西南坡'	'堆石体'	'梯形'	[6.2990]	[30]	'R250'	'F300'
'SF05'	'西南坡'	'堆石体'	'梯形'	[6.3000]	[30]	'R250'	'F300'
'SF06'	'西南坡'	'堆石体'	'梯形'	[6.3000]	[30]	'R250'	'F300'
'SF50'	'主坝坡'	'堆石体'	'梯形'	[6.2990]	[30]	'R250'	'F300'

'SF51'	'主坝坡'	'堆石体'	'梯形'	[6.3000]	[30]	'R250'	'F300'
'SF52'	'主坝坡'	'堆石体'	'梯形'	[6.2990]	[30]	'R250'	'F300'

通过这个新的游标对象 curs，可以采用 rows 和 cols 函数来获得查询结果的行数（不包括标题行）和列数信息，还可以采用 attr 函数来查看查询结果各列的属性：

```
conn=database('mySQL','sa','********');
sql='SELECT * FROM 某蓄水库面板.dbo.slabs WHERE 宽度 m>=6 AND 宽度 m<=8';
curs=exec(conn,sql);
curs=fetch(curs);
num_rows=rows(curs);      %查询结果的行数
num_cols=cols(curs);      %查询结果的列数
attribute=attr(curs);     %查看数据属性,列的属性
data=curs.Data;
close(curs);
close(conn);
```

代码执行后结果如下：

```
num_rows =

     9
num_cols=
     8


attribute=
1x8 struct array with fields:
    fieldName
    typeName
    typeValue
    columnWidth
    precision
    scale
    currency
    readOnly
    nullable
    Message
```

其中 attribute 返回一个 1×8 的结构体（struct），其中的第一个字段 fieldName 就包含了各列的名称。比如要获得查询结果第三列和第五列的名称，则可执行以下代码：

```
Col_name3=attribute(1,3).fieldName;    %查看某列的列名
Col_name5=attribute(1,5).fieldName;


Col_name3=
```

基础类型

Col_name5＝
宽度 m

以下是一个模糊查询的例子，查询"slabs"表中面板号以"SR8"开头的记录，代码如下：

```
conn＝database('mySQL','sa','********');
sql='SELECT * FROM 某蓄水库面板.dbo.slabs WHERE 面板号 like 'SR8%'';
curs＝exec(conn，sql)；
curs＝fetch(curs)；
data＝curs.Data；
close(curs)；
close(conn)；
```

查询结果 data 是一个 5×8 的单元数组，即 5 条记录，如下：

```
data＝
    'SR81'    '西北坡'    '岩基'    '矩形'    [    16]    [30]    'R250'    'F300'
    'SR83'    '西北坡'    '岩基'    '矩形'    [    16]    [30]    'R250'    'F300'
    'SR85'    '西北坡'    '岩基'    '矩形'    [    16]    [30]    'R250'    'F300'
    'SR87'    '西北坡'    '岩基'    '梯形'    [4.0070]    [30]    'R250'    'F300'
    'SR89'    '西坡'      '岩基'    '梯形'    [4.0070]    [30]    'R250'    'F300'
```

与 fetch 函数只能进行单条 SQL 语句查询不同，fetchmulti 函数可同时执行多条 SQL 语句，获得多个查询结果集。例如，如果想同时进行上面讨论过的两个查询，可以采用如下代码：

```
conn＝database('mySQL','sa','********')；        %连接数据源
sql1='SELECT * FROM 某蓄水库面板.dbo.slabs WHERE 宽度 m>=6 AND 宽度 m<=8;';
sql2='SELECT * FROM 某蓄水库面板.dbo.slabs WHERE 面板号 like 'SR8%'';
sql＝strcat(sql1,sql2)；        %组合多条SQL 语句
curs＝exec(conn，sql)；        %执行多条语句查询
curs＝fetchmulti(curs)；       %
data＝curs.Data；       %
close(curs)；
close(conn)；
```

不难看出，用 exec 函数执行多条 SQL 语句查询时，只需使用字符串操作函数 strcat 将多条 SQL 语句组合在一起，中间以分号相隔开即可。执行 fetchmulti 函数查询结果 data 是一个 1×2 的单元数组，其中第 1 个单元里是 9×8 单元数组（对应第 1 条语句查询结果），第 2 个单元里是 5×8 单元数组（对应第 2 条语句查询结果）。使用 data {1} 和 data {2} 就可以看到查询结果的具体内容，与前面 fetch 函数得到的完全相同：

data＝

{9×8 cell}　　　{5×8 cell}

data{1}＝

………(同上)…………………

data{2}＝

………(同上)………………… .

7.4.2　数据添加

利用 exec 函数执行 SQL Server 数据库中创建数据表的标准语句"CREATE TABLE ………"来添加一个新的数据表。例如，要新创建一个像上面"slabs"那样的数据表，可以采用如下代码：

```
conn＝database('mySQL','sa','* * * * * * * *');
sql1='CREATE TABLE 某蓄水库面板 .dbo. example';
sql2='(面板号 nvarchar(20) primary key,区域 nvarchar(20),';
sql3='基础类型 nvarchar(20),形状 nvarchar(20),宽度 m float,';
sql4='厚度 cm float,强度等级 nvarchar(20),抗冻标号 nvarchar(20))';
sql＝strcat(sql1,sql2,sql3,sql4);
exec(conn,sql);
close(conn);
```

由于该表有 8 列，所以"CREATE TA-BLE ………"语句会比较长。比较简单的处理方式为将这条语句拆分成几段比较短的字符串，然后用 strcat 函数将这些字符串连接起来。用 exec 函数执行后，在 SQL Server 的"某蓄水库面板"数据库中会创建名为 example 的表，该表的结构见图 7-18。

数据表创建完毕后，可以利用 MATLAB 的 insert 函数向里面添加数据，其语法格式如下：

```
insert(conn, 'table', colnames, coldata);
```

insert 函数的第一个参数和 exec 函数一样也是数据库连接对象，第二个参数是字符串形式的含有数据库和架构信息的数据表名称，第三个参数是存放列名称的单元数组，第四个参

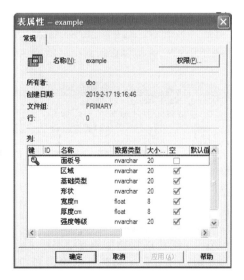

图 7-18　新建 example 表的结构

数是对应于列名称的列数据，也存放在单元数组中。例如，向刚才新建的 example 表里插入一条数据，可以采用如下代码：

```
conn＝database('mySQL','sa','* * * * * * * *');
```

```
colnames={'面板号','区域','基础类型','形状',...
    '宽度 m','厚度 cm','强度等级','抗冻标号'};
coldata={'SF01','西南坡','堆石体','梯形',6.299,30,'R250','F300'};
insert(conn,'某蓄水库面板.dbo.example',colnames,coldata);
close(conn);
```

上面代码中 insert 函数的第三个参数 colnames 是一个 1×8 的单元数组，即 {'面板号','区域','基础类型','形状','宽度 m','厚度 cm','强度等级','抗冻标号'}，每个单元内是以字符串形式存放的表的列名；第四个参数 coldata 也是一个 1×8 的单元数组 {'SF01','西南坡','堆石体','梯形',6.299，30，'R250','F300'}，分别对应每一列的赋值。插入后的结果见图 7－19。

面板号	区域	基础类型	形状	宽度m	厚度cm	强度等级	抗冻标号
SF01	西南坡	堆石体	梯形	6.299	30	R250	F300

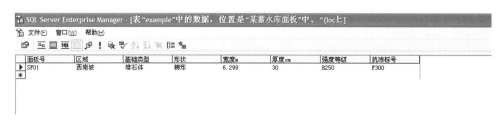

图 7－19 example 表中插入一条数据

insert 函数也可以向表中插入多条数据。如上例，如果要插入多条数据，只需将第四个参数 coldata 改成 n×8 的单元数组（n 是数据条数），其他的代码不变，代码如下，插入后的结果见图 7－20。

```
coldata ={'SF01','西南坡','堆石体','梯形',6.299,30,'R250','F300';...
   'SF21','主坝坡','堆石体','梯形',10.499,30,'R250','F300';...
   'SR01','东北坡','岩基','梯形',9.382,30,'R250','F300'}
```

面板号	区域	基础类型	形状	宽度m	厚度cm	强度等级	抗冻标号
SF01	西南坡	堆石体	梯形	6.299	30	R250	F300
SF21	主坝坡	堆石体	梯形	10.499	30	R250	F300
SR01	东北坡	岩基	梯形	9.382	30	R250	F300

图 7－20 example 表中插入多条数据

MATLAB 比较新的版本（R14 以后的版本）还提供了 fastinsert 函数和 datainsert 函数，其用法和 insert 函数差不多，但在某些情况下（如 JDBC 连接）运行速度要比 insert 函数快。但是 MATLAB 未来的版本中 fastinsert 和 datainsert 函数可能会被删除，取而代之的是 sqlwrite 函数，需要提请读者留心。

7.4.3 数据更新

MATLAB 修改数据库中表的数据使用的是 update 函数，其语法格式如下：

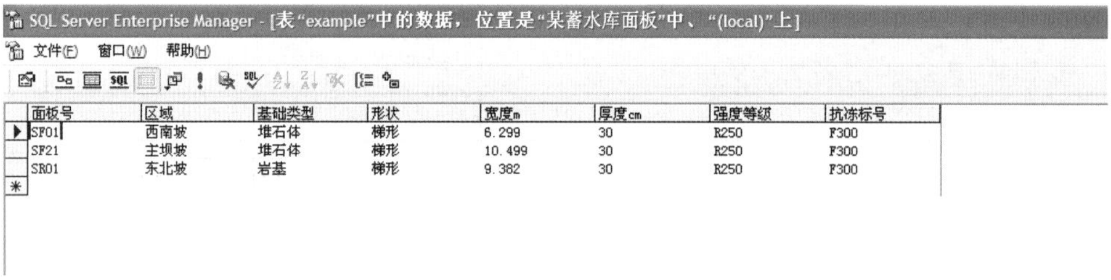

update(conn,'table',colnames,coldata,'whereclause')

与 exec 和 insert 等函数相同，update 的第一个参数 conn 是数据库连接对象。第二个参数'table'是字符串形式的含有数据库和架构信息的数据表名称，第三个参数 colnames 是存放要进行修改的列名称的单元数组，第四个参数 coldata 是新的列数据的单元数组，第五个参数'whereclause'是类似于 SQL 语言的限定条件。例如，要把上面 example 表中基础类型为岩基的记录中的厚度改为 40cm，强度等级改成 R300，可以采用如下代码，表更新后的结果见图 7-21。

```
conn=database('mySQL','sa','********');
colnames={'厚度 cm','强度等级'};
coldata ={40,'R300'}
update(conn,'某蓄水库面板.dbo.example',colnames,coldata,'where 基础类型='岩基'');
close(conn);
```

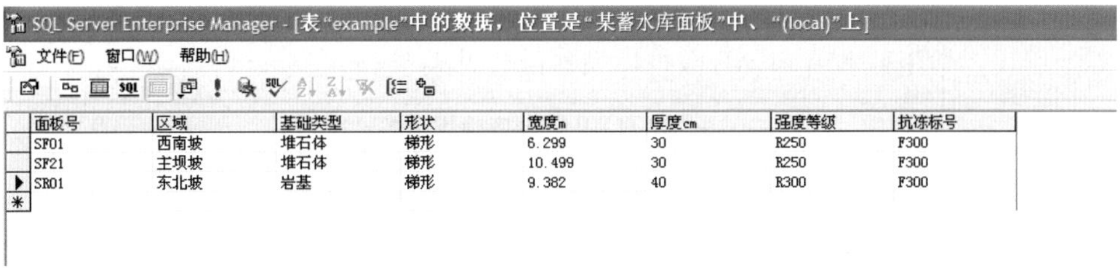

图 7-21 example 表数据更新后的结果

7.4.4 数据删除

MATLAB 也有专门用于删除数据库中表的数据的函数，只能利用 exec 函数执行 SQL Server 数据库中删除数据记录的标准语句"DELETE FROM ……"来实现这个功能。例如，要删除上面 example 表中基础类型为岩基的记录，可以采用如下代码，数据删除后的结果见图 7-22。

```
conn=database('mySQL','sa','********');
sql='DELETE FROM 某蓄水库面板.dbo.example WHERE 基础类型='岩基'';
exec(conn,sql);
close(conn);
```

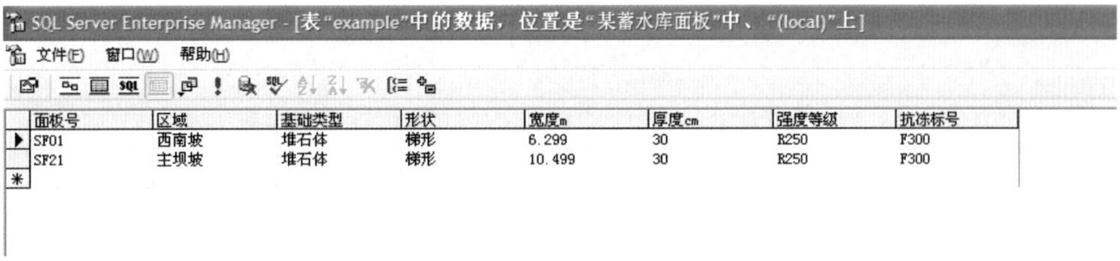

图 7-22 example 表数据删除后的结果

也可以利用 MATLAB 代码来查询数据删除后的结果：

```
conn＝database('mySQL','sa','＊＊＊＊＊＊＊＊');
curs＝exec(conn,'SELECT ＊ FROM 某蓄水库面板.dbo.example');
curs＝fetch(curs);
data＝curs.Data;
close(curs);
close(conn);

data＝
```

| 'SF01' | '西南坡' | '堆石体' | '梯形' | [6.2990] | [30] | 'R250' | 'F300' |
| 'SF21' | '主坝坡' | '堆石体' | '梯形' | [10.4990] | [30] | 'R250' | 'F300' |

7.4.5　数据库操作函数小结

综上所述，常用的 MATLAB 数据库操作函数见表 7－1。

表 7－1　　　　　　　　　　常用 MATLAB 数据库操作函数

函数名	语法及输入参数	说　明
database	conn＝database ('datasourcename', 'username', 'password') 输入参数：数据源名称、安装数据库管理系统时设置的用户名和密码	执行后则 MATLAB 返回一个数据库连接对象 conn。几乎所有 MATLAB 数据库操作都要基于这个参数进行
catalogs	DB_list＝catalogs (conn) 输入参数：conn—database 函数返回的数据库连接对象	列出该数据库连接对象所对应的数据源内所有的数据库名称。较早版本 MAT-LAB（如 R14）不支持
dmd	dbmeta＝dmd (conn); 输入参数：conn—database 函数返回的数据库连接对象	为数据库连接对象 conn 创建了一个元数据（metadata）对象
get	database＝get (dbmeta, 'catalogs') 输入参数：dbmeta—dmd 函数创建的元数据对象	与 dmd 函数联合应用，列出该数据库连接对象所对应的数据源内所有的数据库名称。同 catalogs 函数
tables	tabs＝tables (dbmeta, 'cata', 'sch') 输入参数：dbmeta—元数据对象；'cata'—数据库名称；'sch'—数据库架构名称	返回一个二维单元数组 tabs，第一列为 'cata' 数据库 'sch' 架构下中所有表的名称，第二列为这些表的类型
columns	cols＝columns (dbmeta, 'cata', 'sch', 'tab') 输入参数：dbmeta—元数据对象；'cata'—数据库名称；'sch'—数据库架构名称；'tab'—表名称	返回一个一维单行单元数组，每个单元（cell）里面存放的字符串即为指定表 'tab' 中所有列的名称
primarykeys	pks＝primarykeys (dbmeta, 'cata', 'sch', 'tab') 输入参数：同 columns 函数	返回一个一维单行单元数组，每个单元（cell）里面存放的字符串即为指定表 'tab' 中所有主键的名称

续表

函数名	语法及输入参数	说　　明
exec[1]	curs＝exec（conn，sql） 输入参数：conn—数据库连接对象；sql—SQL Server 数据库中执行查询操作的标准'SELECT ＊ FROM ………'语句	MATLAB 没有专门用于查询数据库的函数，需要执行 SQL 语言标准查询语句。生成游标对象，遍历查询结果的集合
fetch	curs＝fetch（curs） 输入参数：curs—exec 函数生成的游标对象；curs.Data—存放查询结果	读入数据库中的数据，并返回到新的游标对象 curs，其中的字段 Data 以单元数组形式存储查询的结果
rows	num＿rows＝rows（curs） 输入参数：curs—fetch 函数生成的游标对象	查询结果的行数
cols	num＿rows＝cols（curs） 输入参数：curs—fetch 函数生成的游标对象	查询结果的列数
attr	attribute＝attr（curs） 输入参数：curs—exec 函数生成的游标对象	返回一个结构体，其中的第一个字段'fieldName'包含了各列的名称。attribute（1，3）.fieldName 即为查询结果第三列的名称
fetchmulti	curs＝fetchmulti（curs） 输入参数：curs—exec 函数生成的游标对象	同时执行多条 SQL 语句，获得多个查询结果集
exec[2]	exec（conn，sql） 输入参数：conn—数据库连接对象；sql—SQL Server 数据库中创建数据表的标准语句'CREATE TABLE ………'	MATLAB 没有专门用于创建数据库表的函数，需要执行 SQL 语言标准语句。无返回值
insert	insert（conn，'tab'，colnames，coldata） 输入参数：conn—数据库连接对象；'tab'—表名称；colnames—存放列名称的单元数组；coldata—对应于列名称的列数据	向数据库中的指定数据表插入提条或多条数据
fastinsert	语法同 insert 函数	某些情况下（如 JDBC 连接）运行速度要比 insert 函数快。未来 MATLAB 版本中会被 sqlwrite 函数取代
datainsert		
update	update（conn，'tab'，colnames，coldata，'whereclause'） 输入参数：'whereclause'—SQL 语言的限定条件；其他同 insert 函数	修改数据库中表的数据
exec[3]	exec（conn，sql） 输入参数：conn—数据库连接对象；sql—SQL Server 数据库中删除数据记录的标准语句'DELETE FROM ………'	MATLAB 没有专门用于删除数据库表中数据的函数，需要执行 SQL 语言标准语句。无返回值
close	close（curs）或 close（conn） 输入参数：curs—游标对象；conn—数据库连接对象	完成数据库操作后要养成关闭游标 curs 和数据库连接对象 conn 的习惯

7.5　数据库编程实例

7.5.1　MATLAB GUI 编程简介

除了可以实现数字信号处理，矩阵运算、函数绘制等功能外，MATLAB 还可以通过句柄图形系统进行图形用户界面（GUI，即 Graphic User Interface）的设计。这是一种基于面向对象的程序设计方法，主要 GUI 对象的层次结构如图 7 – 23 所示，各类 GUI 对象主要属性的相关内容可以参考罗华飞编著的《MATLAB GUI 设计学习笔记》（北京航空航天大学出版社，2014）。

创建对象时，MATLAB 会自动返回一个用于唯一标识此对象的句柄 handle，其类型为 double，通过该句柄对此对象进行相应的操作。如：

h＝figure(1)；　　%生成一个名称为'figure 1'的图形窗口对象，该对象句柄为 h

又如：

datatable＝uitable(h,'NumColumns',10,'NumRows',100,'ColumnWidth',150,…
　　'Position',[700,150,500,200],'data',tables(dmd(conn),db_name,'dbo')…
　　'columnnames',{'表名称','表类型'})；

%在图形窗口对象 h 坐标[700,150]（像素）处创建一个宽 500 高 200 的表格对象，并显示数据库连接对象 $conn$ 中数据库 db_name 内 dbo 架构下所有数据表的信息（表名称和表类型）

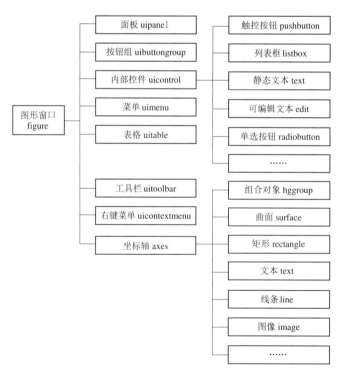

图 7 – 23　主要 GUI 对象的层次结构

上述的句柄图形系统在 GUI 编程中应用不是很方便，尤其是用户界面的设计和回调（callback）函数的调用，需要编程人员具有非常强的 MATLAB 语言基础和比较熟练的应用技巧。基于此，MATLAB 提供了图形用户接口开发环境，即 GUIDE（Graphic User Interface Development Environment），可以使一般的技术人员轻松利用 GUIDE 中的工具建立 GUI 对象，极大简化了图形用户界面的设计过程，相关步骤可以参考《MATLAB GUI 设计学习笔记》。

7.5.2　应用实例

以下用一个简单的数据库查询程序来说明利用 GUIDE 进行 MATLAB GUI 编程的基本步骤。这个程序的主要功能是：①点击"开始"菜单项中的"联接数据库"选项，在打开的用户窗口界面进行查询和连接 SQL server 数据源操作，查看数据源下所有数据库，并在此界面查看数据库内 dbo 架构下所有数据表的信息（表名称和表类型）；②点击"数据库操作"菜单项中的"SQL 查询"选项，在打开的用户窗口界面输入单条 SQL 查询语句，点击执行按钮后在用户窗口界面显示查询结果。

这个简单程序的 GUI 对象层次如图 7-24 所示，这也是 GUIDE 的对象浏览器（Object Browser）的显示内容。这些 GUI 对象的主要属性设置见表 7-2。当 GUIDE 创建 GUI 对象时，会自动生成一个 handles 结构体，保存所有 GUI 对象的数据（比如一个 GUI 对象的 tag 值为"tag1"，则可以使用 handles. tag1 获取它的所有数据），利用它可以

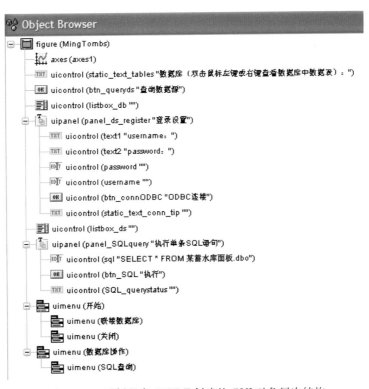

图 7-24　示例程序 GUIDE 创建的 GUI 对象层次结构

实现不同 GUI 对象和界面之间的数据传递。但需要指出的是表 7 - 2 中对象 16 和 23 的 uitable 不是由 GUIDE 创建的，因此 GUIDE 生成的 handles 结构体不会自动保存 MAT-LAB 的 M 文件中创建的 GUI 对象的信息，需要使用 guidata 函数来存储和更新 GUI 数据（详见下面 GUI M 文件代码中的 Opening 函数）。

表 7 - 2　　　　　　　　　　图 7 - 24 中 GUI 对象的主要属性设置

对象序号	类　型	用　途	属性名	属性值
1	figure	窗口对象	tag	figure1
2	uimenu	包含对象 3 和 4 的主菜单	label	开始
			tag	startup
			callback	（空）
3	uimenu	点击后等待执行以下对象 5～16	label	联接数据库
			tag	db _ connect
			callback	db _ connect _ Callback
4	uimenu	关闭程序	label	关闭
			tag	exit
			callback	exit _ callback
5	uicontrol（pushbutton）	点击后查询数据源	tag	btn _ quertds
			string	查询数据源
			callback	btn _ quertds _ Callback（…）
6	uicontrol（listbox）	在列表框内显示所有数据源	tag	listbox _ ds
			callback	listbox _ ds _ Callback（…）
7	uipanel	容纳以下 GUI 对象 8～13	title	登录设置
			tag	panel _ ds _ register
8	uicontrol（text）	显示 username 静态文本	tag	text1
			string	username
9	uicontrol（text）	显示 password 静态文本	tag	Text2
			string	password
10	uicontrol（edit）	输入数据源用户名	tag	Username
			string	（空）
11	uicontrol（edit）	输入数据源密码	tag	password
			string	（空）
12	uicontrol（pushbutton）	根据 GUI 对象 6 中的数据源选项以及对象 10 和 11 的用户名和密码连接数据源，并在对象 15 中显示其数据库	tag	btn _ connODBC
			string	ODBC 连接
			callback	btn _ connODBC _ Callback（…）
13	uicontrol（text）	显示数据源是否连接成功	tag	Static _ text _ conn _ tip
			string	（空）

续表

对象序号	类 型	用 途	属性名	属性值
14	static text	对 GUI 对象 15 的操作提示	tag	static _ text _ tables
			string	数据库（双击鼠标左键或右键查看数据库中的数据表）
15	uicontrol（listbox）	在列表框内显示被连接的数据源的所有数据库，双击某数据库在对象 16 中显示其 dbo 架构数据表的信息	tag	listbox _ db
			callback	listbox _ db _ Callback（…）
16 *	uitable	对象 15 的某数据库被双击后，显示该 dbo 架构数据表的信息	句柄	datatable
			Position	[700，150，500，200]
17	uimenu	包含对象 18 的主菜单	label	数据库操作
			tag	db _ operation
			callback	（空）
18	uimenu	点击后等待执行以下对象 19～23	label	SQL 查询
			tag	SQL _ query
			callback	SQL _ query _ Callback（…）
19	uipanel	容纳以下 GUI 对象 20～22	title	执行单条 SQL 语句
			tag	panel _ SQLquery
20	uicontrol（edit）	输入 SQL 查询语句	tag	sql
			string	SELECT ＊ FROM 某蓄水库面板.dbo
21	uicontrol（pushbutton）	执行 SQL 查询语句并在对象 23 的 uitable 中显示查询结果	tag	btn _ sql
			string	执行
			callback	btn _ sql _ Callback（…）
22	uicontrol（text）	SQL 查询语句语法报错	tag	SQL _ querystatus
			string	（空）
23 *	uitable	显示对象 21 的 SQL 语句查询结果	句柄	datatable2
			Position	[700，150，550，500]

＊ uitable 不是 GUIDE 创建的对象，它是直接由 MATLAB 的 uitable 函数创建并返回相应句柄，见本示例的程序代码。

本例的 GUIDE 布局如图 7 - 25 所示。uipanel 对象"执行单条 SQL 语句"应该在屏幕的左上方，只因为方便显示将其挪到屏幕右下方。

本示例程序的 MATLAB 代码如下：

% ――― GUI M 文件
% ――― GUI M 文件主函数，格式固定，不能修改
function varargout＝MingTombs(varargin)　　%M 文件主函数名MingTombs
gui_Singleton＝1；

```
gui_State＝struct('gui_Name',        mfilename, ...
                  'gui_Singleton',  gui_Singleton, ...
                  'gui_OpeningFcn', @MingTombs_OpeningFcn, ...
                  'gui_OutputFcn',  @MingTombs_OutputFcn, ...
                  'gui_LayoutFcn',  [], ...
                  'gui_Callback',   []);
if nargin && ischar(varargin{1})
    gui_State.gui_Callback＝str2func(varargin{1});
end

if nargout
    [varargout{1:nargout}]＝gui_mainfcn(gui_State, varargin{:});
else
    gui_mainfcn(gui_State, varargin{:});
end
```

％ －－－ GUI M 文件 Opening 函数

```
function MingTombs_OpeningFcn(hObject, eventdata, handles, varargin)
handles.output＝hObject;
％定义非GUI 产生的对象
handles.conn＝[];        ％数据库连接对象初始化
handles.datatable＝[];        ％列出数据库数据表的uitable 对象初始化
handles.datatable2＝[];        ％显示SQL 查询结果的uitable 对象初始化
guidata(hObject, handles);％更新GUI 数据
c＝imread('fig.jpg');        ％程序打开时窗口界面图片
image(c,'Parent',handles.axes1);
axis off;
dispinput＝{'某蓄水库面板数据库管理'};
htitle＝text(0.30,0.9,dispinput,'color','r','fontsize'...
    28,'fontweight','bold','units','normalized');
```

％ －－－ GUI M 文件 Opening 函数

```
function varargout＝MingTombs_OutputFcn(hObject, eventdata, handles)
scrsz＝get(0,'ScreenSize');
set(gcf,'OuterPosition',[scrsz(1),scrsz(2),scrsz(3),scrsz(4)]);        ％窗口界面全屏显示
varargout{1}＝handles.output;
```

％ －－－ 关闭程序窗口对象

```
function figure1_CloseRequestFcn(hObject, eventdata, handles)
delete(hObject);
if ～isempty(handles.conn)
    close(handles.conn);        ％关闭数据库连接
```

```
end


% ———— "开始"菜单中"连接数据库"选项的回调函数
function db_connect_Callback(hObject，eventdata，handles)
clearwindow(handles)；
set(handles. btn_queryds,'visible','on')；
set(handles. listbox_ds,'visible','on')；
set(handles. static_text_tables,'visible','on')；
set(handles. listbox_db,'visible','on')；
set(handles. panel_ds_register,'visible','on')；
set(handles. panel_SQLquery,'visible','off')；


% ———— 子函数：清除当前窗口界面坐标轴对象
function clearwindow(handles)
h1＝findobj(gcf,'type','axes')；
delete(h1)；
set(handles. datatable,'visible',0)；      %隐藏列出数据库数据表的uitable 对象
set(handles. datatable2,'visible',0)；      %隐藏显示SQL 查询结果的uitable 对象


% ———— 点击"查询数据源"按钮的回调函数
function btn_queryds_Callback(hObject，eventdata，handles)
set(handles. listbox_ds,'string',getdatasources)；
      %getdatasources 返回系统中数据源，列于列表框对象"listbox_ds"中


% ———— 点击"ODBC 连接"按钮的回调函数
function btn_connODBC_Callback(hObject，eventdata，handles)
data＝get(handles. listbox_ds,{'string','value'})；
if iscellstr(data{1})    %若有多个数据源
    handles. conn＝database(data{1}{data{2}},get(handles. username,'string')...
        get(handles. password,'string'))；   %连接数据源
elseif ischar(data{1})      %若只有一个数据源
    handles. conn＝database(data{1},get(handles. username,'string')...
        get(handles. password,'string'))；
else
    return；
end


if isconnection(handles. conn)
    %数据源连接成功在列表框对象"listbox_ds"中列出所有数据库
    set(handles. static_text_conn_tip,'string','ODBC 数据源连接成功！')；
    set(handles. listbox_db,'string',get(dmd(handles. conn),'catalogs'))；
    set(handles. db_operation,'Enable','on')；      %激活"数据库操作"菜单
```

331

```
else
    set(handles. static_text_conn_tip,'string','ODBC 数据源连接失败！');
end

guidata(hObject，handles)；   %更新 GUI 数据
```

% －－－列表框对象"listbox_db"的回调函数

```
function listbox_db_Callback(hObject，eventdata，handles)
clearwindow(handles)；
if strcmp('open',get(gcf,'SelectionType'))     %当前窗口对象上鼠标左键或右键双击
    data＝get(hObject，{'string','value'})；
    db_name＝data{1}{data{2}}；     %获得选中的数据库的名称
    handles. datatable＝uitable(handles. figure1…
        'NumColumns',10,'NumRows',100,'ColumnWidth',150,…
        'Position',[700,150,500,200],'data',tables(dmd(handles. conn),…
        db_name,'dbo'),'columnnames',{'表名称','表类型'})；
        %将选中数据库dbo 架构下的所有数据表列于uitable 对象
end
guidata(hObject，handles)；
```

% －－－"开始"菜单中"关闭"选项的回调函数

```
function exit_Callback(hObject，eventdata，handles)
delete(gcf)；
if ～isempty(handles. conn)
    close(handles. conn)；   %关闭数据库连接
end
```

% －－－"数据库操作"菜单中"SQL 查询"选项的回调函数

```
function SQL_query_Callback(hObject，eventdata，handles)
clearwindow(handles)；
set(handles. btn_queryds,'visible','off')；
set(handles. listbox_ds,'visible','off')；
set(handles. static_text_tables,'visible','off')；
set(handles. listbox_db,'visible','off')；
set(handles. panel_ds_register,'visible','off')；
set(handles. panel_SQLquery,'visible','on')；
```

% －－－点击"执行单条 SQL 语句"panel 对象中"执行"按钮的回调函数

```
function btn_SQL_Callback(hObject,eventdata,handles)
clearwindow(handles)；
if isempty(handles. conn)
    return；
```

```
end
sql1=get(handles.sql,'string');
curs=exec(handles.conn,sql1);
curs2=fetch(curs);
SQL_data=curs2.Data;
if isa(SQL_data,'double')      %SQL 语句语法错误时curs 2.Data 返回double 型 0 值
    if SQL_data==0
        set(handles.SQL_querystatus,'string','SQL 语句语法错误！');
        return;
    end
else
    set(handles.SQL_querystatus,'string','');
end
numrows=rows(curs2);
numcols=cols(curs2);


if numrows>1
    handles.datatable2=uitable(handles.figure1...
        'NumColumns',10,'NumRows',100,'ColumnWidth',50...
        'Position',[700,150,550,500],'data',SQL_data,...
        'columnnames',regexp(columnnames(curs2),'\w+','match'));
elseif numrows==1
    %uitable 对象显示只有一行的单元数组时容易报错,将单元数组扩展为两行
    for i=1:numcols
        SQL_data1{1,i}=SQL_data{i};
        SQL_data1{2,i}='';
    end
    handles.datatable2=uitable(handles.figure1,...
        'NumColumns',10,'NumRows',100,'ColumnWidth',50...
        'Position',[700,150,550,500],'data',SQL_data1...
        'columnnames',regexp(columnnames(curs2),'\w+','match'));
elseif numrows==0      %如果查询结果为空
    for i=1:numcols
        SQL_data1{1,i}='';
        SQL_data1{2,i}='';
    end
    handles.datatable2=uitable(handles.figure1...
        'NumColumns',10,'NumRows',100,'ColumnWidth',50...
        'Position',[700,150,550,500],'data',SQL_data1...
        'columnnames',regexp(columnnames(curs2),'\w+','match'));
end
```

close(curs2);   ％关闭两个游标对象

close(curs);

guidata(hObject，handles)；

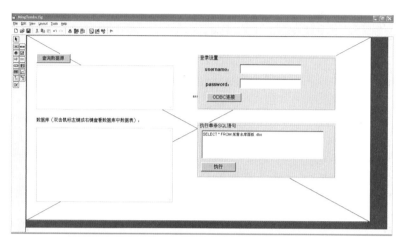

图 7-25　示例程序 GUIDE 布局

程序执行主要结果界面见图 7-26～图 7-28。

图 7-26　示例程序开始界面

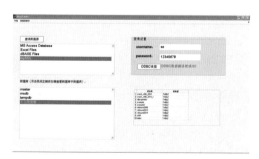

图 7-27　查询、连接数据源及选定数据
库数据表的信息显示

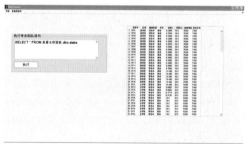

图 7-28　SQL 查询语句执行结果